中国古建筑修缮技术

文化部文物保护科研所　主编

中国建筑工业出版社

图书在版编目（CIP）数据

中国古建筑修缮技术/文化部文物保护科研所主编.
—北京：中国建筑工业出版社，1983（2024.11 重印）
ISBN 978-7-112-01413-2

Ⅰ.中… Ⅱ.文… Ⅲ.古建筑-修缮加固-中国
Ⅳ.TU746.3

中国版本图书馆 CIP 数据核字（2008）第 082360 号

本书着重总结老一代古建筑修缮工人的实际操作经验，内容包括木、瓦、石、油漆、彩画、搭材等六大作的修缮技术和传统做法，并对若干新材料、新工艺也作了简要的介绍。

本书适合从事古建筑修缮的工人、技术人员和管理人员阅读、参考。

* * *

责任编辑：张　磊

中国古建筑修缮技术
文化部文物保护科研所　主编

*

中国建筑工业出版社出版、发行（北京西郊百万庄）
各地新华书店、建筑书店经销
北京中科印刷有限公司印刷

*

开本：850×1168 毫米　1/32　印张：12　插页：7　字数：323 千字
1983 年 8 月第一版　　2024 年 11 月第二十五次印刷
定价：**59.00** 元
ISBN 978-7-112-01413-2
（36152）

本书主编单位：文物保护科学技术研究所

主　　　编：杜仙洲

编写组组长：杜仙洲　文物保护科研所

编写组副组长：翟修文　北京市房修二公司

各章执笔人：

第一章　中国古建筑概述　杜仙洲

第二章　木　作　李　林　北京市西城区房管局

第三章　瓦　作　刘大可　北京市西城区房管局

第四章　石　作　杜仙洲　文物保护科研所

李全庆　故宫博物院古建部

第五章　油漆作　方足三　北京市房修二公司

第六章　彩画作　方足三　北京市房修二公司

第七章　搭材作　李全庆　故宫博物院古建部

许以林　故宫博物院古建部

前 言

中国古建筑是我国悠久文化遗产的组成部分，是古代劳动人民伟大创造的结晶。这些建筑具有合理的结构型式，独特的建筑风格和巧思多变的设计手法，其辉煌成就在国际上久享盛名。解放后，党和政府十分重视古建筑的保护工作，1961年国务院公布了第一批全国重点文物保护单位名单和文物保护管理暂行条例。并在一些省市自治区建立了专门的古建筑维修队伍和文物保管所，对于若干重要古建筑陆续进行了维修整顿，取得了很大成绩。近年来，由于城市建设和旅游事业的发展，维修古建筑的任务日趋繁重。但是，随着时间的推移，从事古建筑修整的老工人越来越少，技术力量感到不足，这和古建筑维修工程量相比是很不相称的，深忧当前流传多年的古建筑维修技术渐有失传之势。因此，总结老工人的实践经验，剔除封建文化的糟粕，发扬传统技术的合理部分，编写成书，流传下去，对于继承我国优秀的文化遗产，培养青年工人是很有必要的。

就全国情况来看，以北京、山西、河北、山东等地区保存的古建筑最多。特别是北京，自公元十世纪以来，曾是辽、金、元、明、清等五个封建王朝的都城，文物古迹最多，至今还遗存着大量的明、清时代的古建筑，规模之宏大，质量之精萃，无不冠于全国。发展到清代的雍、乾时期，统治阶级基于生活享受和政治上的需要，土木建筑兴造日繁，一切营造工程皆奉工部《工程做法》为准则。沿用既久，遂形成一种历史传统，举凡木、瓦、石、油、搭材各作皆有一套成熟的施工技术规范，传播范围极为广泛。直到今天，北京和华北一带维修古建筑，基本上仍在沿用着这种传统做法，可见它在建筑界的影响是很大的。因此，本书确定以北方常见的明、清官式建筑做法为编写对象。

本书的主要读者对象是从事古建筑修缮的工人、工程技术人员和管理人员。因此，在编写过程中着重于总结老一代古建筑修缮工人的实际操作经验，并全面地介绍有关古建筑的工程做法，在施工技术方面，以古建筑维修中的传统做法为主要内容。对于成熟的、切实可行的新材料、新工艺，也作了适当的介绍。在文字叙述方面，力求简明切实，通俗易懂，并附以必要的插图和图表。关于过去沿用的较难理解的名词、术语，大都是历代劳动人民在生产实践中所创造的词汇，生命力很强，目前在古建筑施工中，工人还在广泛地使用，具有很重要的实用价值，为此特在有关章节中予以注释说明。

在编写中，除充分发挥编写组成员，特别是老工人的骨干作用外，我们还采用个别访问的方式，广泛征求了专家和老师傅们的意见。如单士元、王璞子、祁英涛，翟修文、邓久安、张海清、张春等老前辈都曾赐予很多有益的指教，在此深表感谢。

本书由文化部文物保护科学技术研究所、北京市房修二公司、北京市西城区房管局工程队及故宫博物院古建部等四个单位组成有工人、技术人员和领导干部参加的编写组，由文物保护科学技术研究所担任主编。

本书是在各单位党政领导大力支持下，以大协作方式写成的一部应用技术书，希望对于从事古建筑修缮的工人在提高业务水平上能够有所帮助。但由于我们学识浅陋，水平有限，还存在若干缺点和错误，欢迎读者批评指正。

图1　北京中南海新华门彩画

图2　北京国子监牌楼彩画

图 3　北京白塔寺前殿外檐彩画

图 4　清式大点金旋子彩画

图5　清式沥粉金龙和玺彩画

图6　清式雅伍墨旋子彩画

图 7　清式金线苏画

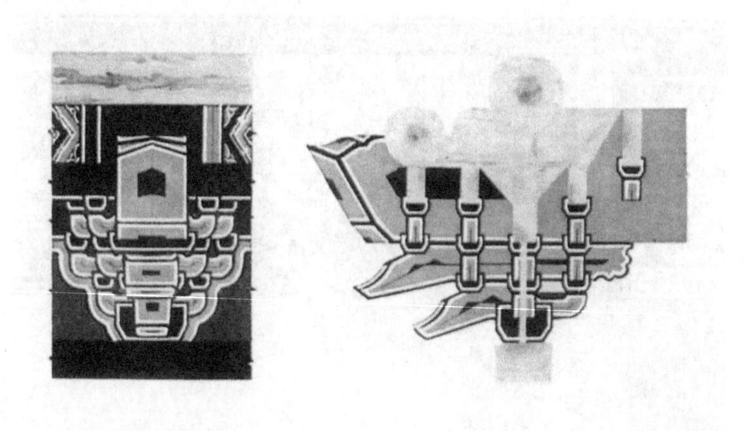

图 8　清式斗拱彩画

图9　落架大修（正定隆兴寺转轮藏殿）

图10　调脊瓮瓦（正定隆兴寺转轮藏殿）

图11　打牮拨正（承德普宁寺大乘阁）

图12　抽梁换柱（正定隆兴寺转轮藏殿）

图13　搭材施工（承德普宁寺大乘阁）

图14　屋顶苫背（正定隆兴寺转轮藏殿）

图15　石桥翻修（赵州安济桥）

图16　砖塔修缮（云南大理千寻塔）

目　录

第一章 中国古建筑概述

我国古代建筑是中华民族十分珍贵的文化财富，具有悠久的历史。远自原始社会末期，我们的祖先就发明了用“筑土构木”的原始方法就地取材建造房屋，解决人们的居住问题。如西安半坡仰韶文化的建筑遗址就是很有说服力的实物例证。此后，随着人类社会的进步，建筑活动的规模和范围日益扩大，在慢长的历史进程中，各地区、各民族对于中国建筑文化的发展都作出了卓越的贡献。

由于上古时期，我国辽阔的土地上，自然资源极为丰富，可供建筑用的天然材料也是丰富多样的，既有茂密的森林，也有可供开采的岩石。但在古代使用石器和青铜工具时代，石材的开采加工是很困难的。很早以前，我们的祖先发现木材不仅容易采伐，而且是一种既坚韧又易加工的理想材料。因此，从原始社会末期开始，人们就习惯于以木材为建造房屋的主要建筑材料。经过长期实践，对于木结构的性能和优点获得了充分的认识，觉得木构房屋便于就地取材，而且容易建造，并能满足生活和生产上多方面的功能要求，具有十分广泛的适应性，于是用木材构筑房屋便逐渐形成了一种传统。几千年来，中国建筑，大至宫殿、庙宇，小至商店、民居，尽管规模不同，质量有别，但从总的历史发展趋势来看，一直沿着以木构架为主体的方向继续发展，成为我国古代建筑的主流，在世界古代建筑中可称是独树一帜的建筑体系。

发展到明清时期，经过不断地继承与革新，建筑材料、建筑结构，建筑类型和施工方法，又获得了进一步的充实、改善和提高，工艺质量日趋精湛，建筑体系益臻完善，成为中国古代建筑史上光辉灿烂的最后一页。

今天概括地介绍一下中国古建筑的一些基本特点与成就，将有助于深入理解古代劳动人民在中国建筑史上所创造的光辉业绩，对于进一步作好古建筑维修保护工作是十分必要的。

第一节　完整的木构架体系

我国古代建筑普遍采用木结构，因地理环境和生活习惯的不同，有抬梁、穿斗和干阑等三种结构体系，其中抬梁式结构占主要地位。这种梁柱系统的木结构，至迟在春秋时期（公元前770—476年）就已形成。基本构造方式是用立柱和横梁组成构架，以数层重迭的梁架，逐层缩小，逐级加高，直至最上的一层梁上立脊瓜柱。各层梁头上和脊瓜柱上承托檩条，又在檩条间密排好多椽子，构成屋架。由于建筑物全部重量由构架负担，墙壁只起维护隔断作用，而非承重结构。因此，开辟门窗或分隔室内空间，以及墙壁的材料和做法有着很大的灵活性，这对于满足不同的用途和审美要求提供了便利条件。

使用榫卯组合木构架是中国建筑的一大特点。古代匠师在这方面创造了各种不同用途的榫卯，例如明清官式建筑的大木榫卯，常见者就有二十几种。固定垂直构件（各种柱子）使用管脚榫或套顶榫；垂直构件与水平构件拉结、相交（柱与枋）使用馒头榫、燕尾榫、箍头榫、透榫和半榫；水平构件互交（正身檩、扶脊木）使用燕尾榫、刻半榫和卡腰榫；水平及倾斜构件重迭稳固(额枋、平枋板与斗栱，老角梁与子角梁，脊桩，复莲梢等)，使用栽销榫、穿销榫；水平与倾斜构件半迭交（扒梁、抹角梁、角梁与由戗，檩与梁头）须作桁碗、扒梁刻榫、刻半压掌榫；板缝拼接（榻板、博缝板、实榻门、山花博缝）使用银锭扣、穿带、抄手带、裁口和龙凤榫（企口榫）等等。

明清建筑的大木榫卯，较之唐宋时期，在构造手法上虽然是大大地简化了，但它仍保持了原有的功能。从现存若干明清建筑物来考察，它们已经历数百年的考验，因地震或自身重量而被破损者甚少，充分显示了木构榫卯结构的严谨可靠。

我国木结构中使用斗栱，在世界建筑中是独一无二的。据考古资料表明，早在春秋时期，建筑上就已出现斗栱。从实用观点来讲，斗栱最初是用以承托梁枋，还用于支承屋檐。后来又进一步发展，广泛地用于构架各部的节点上，成为不可缺少的构件。特别是高大的殿堂和楼阁建筑，每以恢弘壮丽取胜，出檐深度越来越大，则檐下斗栱的层数也越来越多。至隋唐时期斗栱的型制已达成熟阶段，凡属高级建筑如宫殿、坛庙、城楼、寺观和府第等，都普遍使用斗栱，以示尊威华贵。但封建王朝的法制却严格规定："庶民庐舍，不过三间五架，不许用斗栱、饰彩色"，因之，建筑物上有无斗栱就成了识别等级地位的显著标志。可见斗栱在古建筑的结构和装饰方面占有突出的地位。

为便于估工算料和制作安装，斗栱逐渐形成了定型化构件，以栱的断面作为权衡梁枋比例的基本尺度，后来发展为周密的模数制，即宋《营造法式》所称的"材"。材的大小共有八等，而材又分为十五分，以十分为其宽。根据建筑类型先定材的等级，而构件的大小、长短和屋顶的举折皆以材为标准来决定。至明清时仍继承着这种传统，如清《工部工程做法则例》规定，材分十一等，最小者一寸，最大者六寸。以斗口的宽度为模数，各部构件的尺寸设计皆由斗口推衍而出。因此，大大地简化了建筑设计手续，提高了施工速度。而清代官式建筑中，流行的二十七种标准化大木做法，影响尤为深远。

现存著名的唐代建筑五台县佛光寺大殿、辽代建筑蓟县独乐寺观音阁、应县木塔，明代建筑昌平长陵大殿和清代建筑太和殿等，都是应用这种结构方法的范例。

第二节 多样化的群体布局

以木构架为主的中国建筑体系，平面布局的传统习惯是以"间"为单位构成单座建筑，再以单座建筑组成庭院，进而以庭院为单元构成各种形式的组群。布局手法，一般都采用均衡对称的方式，沿着纵轴线与横轴线布局。大多皆以纵轴为主，横轴为辅。但也有纵横二轴线并重的，以及只是局部有轴线或完全没有轴线的例子。

庭院布局大致可分两种。一种是在纵轴线上先配置主要建筑，再于主要建筑的两侧和对面布置若干座次要建筑，组合成为封闭性的空间，称为四合院。这种布局方式颇适合中国古代社会生活的各种功能要求。只要将庭院的数量、形状、大小，与木构建筑的形体、式样、材料、色彩等加以变化，就能够做到多样化。因此，长期以来，在全国各地，无论是宫殿、祠庙、衙署或民居都比较广泛地使用这种四合院的布局方法。

另一种庭院布局是"廊院"制。在纵轴上建立主要建筑和次要建筑，再于院子左右两侧用回廊将若干单座建筑联系起来，构成一个完整的格局，就叫做"廊院"。这种以回廊与殿堂等建筑相组合的做法，在空间上可收到高低错落，虚实对比的艺术效果。唐宋两代的宫殿、祠庙、寺观多采用这种群体组合形式。现存实例，如元代北京东岳庙和明代青海乐都瞿昙寺，其平面总体布局还保持着这种廊院制的传统形式，是十分可贵的实物例证。

至于巨大的建筑群，则常以重重院落相套向纵深方向发展，横向则配置以门道、走廊、围墙等建筑，分隔成为若干个互有联系的庭院。例如北京明清故宫、明长陵和曲阜孔庙等几个大建筑群，都体现了这种群体组合的卓越成就。

我国园林建筑大体可分为皇家园林与私家园林两种。前者规模大，建筑内容复杂；后者规模小，建筑内容较单纯。但无论是那种类型的园林，它们的总体布局多无明显轴线。皇家园林中的宫殿部分虽有明显轴线，然而从全园的总体布局来讲，其群体组合仍是比较自由的。一般的做法是因地制宜，或植树或盖房或凿池或堆山，皆须胸有丘壑，依据地形的自然条件进行总体布置。建筑组群中以假山、走廊、桥梁、曲径等作为联系。运用借景、对景和障景等手法创造出富有自然情趣的园景，供人居住或游赏。故与一般均衡对称的布局方式相反，曲折多变是其主要特点。如北京颐和园、承德避暑山庄和苏州的留园、网师园等，在总体布局上，或以高低错落取胜，或以迂回曲折见长，千姿百态，各有特点，反映了古代造园艺术的杰出成就。

第三节　美丽动人的艺术形象

我国古代建筑的艺术处理，经历代劳动人民长期努力和经验的积累，创造了许多美丽动人的艺术形象，成了中国古建筑的显著标志，概括说来，主要成就有以下几个方面。

一、在大木构造中，借助于木构架的组合与各种构件的形状及材料质感，进行艺术加工，使功能、结构和艺术达到谐调统一的效果，是中国古建筑特点之一。如房屋下部的台基与柱的侧脚、墙的收分等相配合，就从外观上增加了房屋的稳定感。各间面阔采用明间略大的尺度，既满足了功能需要，又使房屋外观具有主次分明的艺术效果。

梁、枋、斗栱、雀替、博风、门簪、墀头、天花、藻井等，都是具有功能的结构部分，经巧妙地艺术处理，克服了体形的笨重感，以艺术品的形象出现于建筑上，由于处理手法得当，使人并无虚假生硬的感觉。

二、我国古代建筑为了防止雨水淋湿版筑墙，很早以来，屋顶上就采用了较大的出檐。但出檐过深，必然妨碍室内采光，故从汉代起出现了微微向上反曲的屋檐。接着又出现了屋角反翘和屋面举折的结构做法，遂使体形庞大的屋顶呈现出一种舒展飘逸的形象，与欧洲建筑的坡顶屋面迥异其趣，成为中国古代建筑的一个非常突出的特点。

屋顶是中国古建筑的冠冕。为了适应功能和审美要求，屋顶的结构和式样不断发展，出现了丰富多采的艺术形象。据考古资料反映，从汉代起已有庑殿、歇山、悬山、囤顶和攒尖等五种屋顶形式。后来又陆续出现了丁字脊、十字脊、拱券顶、盔顶、盝顶、圆顶等以及由这些屋顶组合而成的各种复杂形体。中国古代匠师在运用屋顶形式方面取得了突出的艺术效果，如唐宋的绘画中就反映了很多优美秀丽的屋顶组合形象。今天如北京故宫、颐和园、天坛等处，均以屋顶形式丰富多采，加强了艺术感染力。

三、内外檐的木装修。由于木构建筑不需墙壁承重，可使屋身部分根据不同用途作出多种处理方式。例如外檐，或装木隔扇，雕以各种玲珑的窗格；或安装槛窗、支摘窗和栏槛钩窗；或安版门、格门和屏门、或全部开敞，只在檐柱之间安坐凳阑干。至于室内隔断，除板壁之外，还可装设半透空的、可开阖的碧纱橱、落地罩、花罩、栏干罩，以及兼用于陈设文物图书的博古架、书架；屏风及帷幔等等，以适应不同分间的要求，采用十分多样灵活的形式。

这些内檐装修，多采用紫檀、花梨、楠木等高级木料制作。全系榫卯结构，造型洗练，工艺精致，至明清时期已发展成为一种专门工艺。如清代皇家建筑师样式雷就曾供职于内府楠木作，主持装修图案的设计工作。今天在北京故宫、颐和园等处还能看到这些典雅优美的建筑装修。

四、使用色彩是我国古代建筑装饰最突出的特点之一。据文献记载，为了保护门窗柱额，免受雨淋日晒，很早以来就有在房屋上施加油漆彩绘的习惯。如“丹桓宫之楹而刻其桷”（左传·庄公二十三年）；“山节藻棁”（论语·公冶长），标志着远在春秋时期（公元前六世纪）帝王们为了显示华贵，就使用强烈的原色来装饰宫室建筑了。汉长安宫殿“绣栭云楣，镂槛文焕，裛以藻绣，文以朱绿”（汉·张衡《西京赋》）；孙吴建业宫室“青琐丹楹，图以云气”（晋·左思《吴都赋》），可见两汉以来帝王宫室雕饰彩绘的一般情况。

近年考古发现的沂南汉墓，墓门石雕藻井上，莲瓣菱文杂以朱、绿、黑色为饰；南京牛首山南唐李昪墓，通体砖构，壁柱和斗栱以石灰衬地，刷白粉，然后敷彩，杂间朱、黄、青、绿诸色，运用渍墨晕染做法，色彩极为绚丽；敦煌427窟，尚存北宋开宝三年（公元970）所建木构窟廊三间，外檐五彩装銮，以朱红为地，柱与阑额上彩绘连珠、束莲和菱文，青绿迭晕。斗栱，斗子刷染绿色，栱子刷红地，绘杂色花，略似《营造法式》所谓“解绿结华装”的做法，其构图、设色与明清时期彩画作风完全异趣，这是今日见于地面建筑最早的实例，极可珍贵。

彩画制作方法，宋《营造法式》中有明细规定，分为六大类：五彩遍装、碾玉装、青绿迭晕棱间装、解绿装饰、丹粉刷饰及杂间装。并对于如何衬地、贴金、调色、衬色、淘取石色及炼桐油诸项工艺，也都作了详细介绍。

明洪武初年规定：“亲王府第、王城正门、前后殿及四门城楼，饰以青绿点金，廊房饰以青黑，四门正门涂以红漆”。高下等级显然有别。惜明代未曾颁行有关营造方面的官书，至今无由详其彩画制度。仅见明代私人所著《碎金》一书中有片断记载，获知明代彩画有瑑色、晕色、彩画、间色四种做法。

清代彩画在继承明代工艺传统的基础上，又有进一步发展。见于《工程做法则例》彩画作各卷的名色细目多达七十余种。常用者大致有三种：合细五墨彩画（俗称“和玺”彩画），青绿旋子彩画和苏式彩画。其中合细和苏画是清代发展起来的新品种。从应用范围来讲，金线合细彩画用于宫殿、坛庙等高级建筑上，青绿旋子彩画多用于城楼、府第、寺观、街衢牌楼及较次要的建筑上，苏式彩画多用于皇家苑囿及高级住宅。总之，封建社会时期，建筑油饰彩画的应用，都有严格的等级限制，不准违章滥用。

我国古建筑在色彩运用上，由于受审美习惯的影响，表现了显著的时代风尚。例如南北朝至隋唐，宫殿、庙宇建筑多用白墙、红柱，或在柱、枋、斗栱上施以各种彩绘，屋顶覆以黑色及少数绿色琉璃瓦（即绿琉璃剪边）。宋、金的宫殿建筑，喜用白石台基、红色的墙、柱、门、窗和黄、绿两色琉璃瓦顶，檐下的斗栱、枋额等则用朱红或白粉衬地，绘青绿彩画，间装金色。这种做法，至元代，仍在大内宫殿建筑上继续沿用。不过从若干考古资料来看，青绿迭晕棱间装和解绿装饰在一般寺院、官廨中却广泛流行起来。至明清两代，彩色运用更趋制度化。白石台基，黄绿色琉璃瓦顶、朱红色的门窗墙柱和以青绿冷色为主调的金碧交辉的梁枋彩画，成了宫廷、坛庙中最盛行的建筑色调，在图案和设色方面形成了这一时代的传统风格，标准化、程式化的格调十分浓厚。今天我们在北京故宫、天坛、颐和园等处所看到的古建筑油饰彩画就是代表性的实物例证。

第四节　木结构优越的抗震性能

在1975年2月4日辽宁海城地震和1976年7月28日唐山大地震中，各种结构类型的建筑都经受了一次严酷的考验，触目惊心的震害提出了若干值得我们深思的问题。例如唐山地震时，蓟县的烈度是八度，独乐寺内的矮小建筑墙倒屋塌，大部震坏。但辽代（公元984年）所建高达20余米的观音阁与山门两座木构建筑却完整无损。海城地震中，一些水泥砂浆砌筑的混合结构的建筑多数震塌，但三学寺和关帝庙等古建筑只外墙和瓦顶部分略有损伤，整座建筑基本完整。这些震害情况深刻表明，木结构古建筑的抗震性能是十分优越的。而有斗栱的大式建筑比无斗栱的小式建筑更加耐震，这是我们在这两次震害中所目睹的真实情况。

我国古代建筑是用木构件组合而成的框架体系，柱网平面布置多采取均衡对称的格局，大都是正多边形平面。柱子是主要承重构件，墙体一般只起围护作用。木材是柔性材料，在外力作用下比较容易变形，但在一定程度上又有恢复变形的能力。同时，构架中所有节点普遍使用木榫结合，具有一定的柔性。整个构架不仅具有较好的整体性，又具有一定的整体刚度。特别构架中所使用的成组斗栱，是由纵横构件搭接起来的弹性节点，在地震时，每组斗栱好似一个大弹簧，在剧烈颠簸当中能消失掉一部分地震能量，可使整个框架减轻破损程度。

此外，如房屋转角部位使用双层额枋，转角斗栱采用连栱交隐做法，内转角使用抹角梁以加强正侧两面檐柱与额枋的联系，以及缩小梢尽间的面宽等各种加固措施，都大大地加强了房屋四角的结构刚度。古代高层建筑中，使用额枋与地栿，将柱网联结成一个整体，好似现代建筑中的圈梁，也是一种很有效的加固手段。又如柱脚下有管脚榫插入柱础内，以利固定柱身。地震时，既可防止柱根滑动，又能抵制摩擦与挤压的冲击力，从而消失掉一部分地震能量，从抗震学的意义来讲，等于在柱脚下设置了消能装置，效能之高妙不可言。

还应指出的：古建筑的檐柱多有侧脚和生起，可使水平与垂直构件结合得更加牢固，使整座房屋的重心更加稳定；还有横架上使用叉手、托脚有抵制构架变形的作用，这些做法都有利于抗震。特别是明清时期的一些高大建筑物，基础工程十分讲究。传统做法是房基槽坑以下先打木桩，以碎石掐档，灌浆砸实。然后夯筑小夯灰土若干步，砖砌磉墩和拦土墙，码柱础石，以砖石包砌台帮。这样就形成了下部是柔性结构，上部是刚性结构，刚柔相互结合，对于抗震是十分有利的。例如北京故宫、天坛等处的高大建筑，五百年来，经受了多次地震冲击，建筑物的稳定性从未发生问题，工程质量之高，实堪信赖。

以上种种做法，从设计者的功能观点来看，有些措施主要是为了加强结构 刚度和整体性，有些则是 为了创 造优美的艺术形象，这是很清楚的。但从抗震 角度来看，有些结构上的技术措施，客观上却很符合抗震要求。不难看出当初似曾考虑了抗震的需要，因而采取了一些必要的设防手段。如蓟县独乐寺观音阁、应县木塔、北京故宫太和殿和天坛祈年殿等高大建筑，它们在抗震设防上都是很成功的范例。

总之，大量震害情况一再表明，中国古代木构建筑在剧烈地震中，尽管会产生大幅度的摇晃，结构因之变形，但只要木构架不折榫，不拔榫，就会“晃而不散，摇而不倒”，当地震波消失后，整个构架仍能很快地恢复原状。即使墙体被震倒，也不会影响整个木构架的安全，所以中国有句谚语：“墙倒柱立屋不塌”，生动地说明了中国古代建筑所具有的优越的抗震性能。

古人虽然没有给我们留下有关建筑抗震的文字总结，但从现存的若干古建筑实例中，不难看出古代劳动人民对于建筑抗震确实创造了不少成功经验，是值得珍视的一项科学技术成就。我们应该认真进行分析研究，从地震学方面找出它的规律性，加以总结提高，或有可能起到“古为今用”的作用。

第五节　古代建筑的设计与施工

一、设计

据《周官》、《左传》记载，我国远在西周时期（公元前十世纪），统治阶级为了营建城郭宫室，就设置专职工官一司空，掌管设计与施工组织管理工作。此后，各个朝代相沿成习，在中央政府机构内设将作监、少府监或工部，管理皇家营造和水利工程的设计、施工、成为政府的一个职能部门。

关于建筑设计，据文献记载，我国在隋代已有百分之一比例尺的建筑图样及模型。隋代将作大匠宇文恺、唐代将作大匠阎立德和宋代将作监李诫等都是很有本事的建筑专家，当时的长安、洛阳和汴京，有些宫殿、府第就是他们设计建造的。那时的主要工匠称“都料匠”，他们熟悉营造工程，既从事设计图样，又主持施工。如北宋太平兴国六年（公元981）建造的汴京开宝寺灵感塔，八角十一层，高达三十六丈，就是都料匠喻皓规划设计的。此外，当时皇家画院中有些界画名手如郭忠恕、刘文通等也曾应征参予建筑图样的设计工作。明代工部营缮所，官员多由工匠出身，如木工蒯祥和石工陆祥，由于擅长营造技术，能主持重大工程，后来都晋升为工部侍郎。蒯祥在永乐间建北京宫殿和天顺末年建裕陵，出色地完成了大量建筑设计任务，驰名于时，因有“蒯鲁班”之称。

至清代，工部掌管“外工”，内务府掌管“内工”。设计机构分“样房”和“算房”。样房负责图样设计，算房负责编制施工预算，分工明确。当时著名的有“样房雷”和“算房刘”。建筑设计除绘制各种比例尺的图样（包括大样图）外，还使用不同比例尺的模型，称为“烫样”。并将房屋的面宽、柱高、柱径、台明高、出檐等关键性尺寸，以黄纸签标注在烫样上，使人可一目了然。烫样不仅能表示房屋的外部形式，还能表现出内部的结构情况，对进一步研究建筑设计的意图有很大帮助，可称是当时的一种先进设计方法。清同治间样房雷家所制圆明园烫样，北京图书馆和故宫皆有收藏，可供我们观摩研究。

二、施工

明代以前，统治阶级采取垄断政策，将若干专业匠工一律编为匠户，子孙不得转业，世世代代都要为皇家服役。至清朝初年仍沿用明朝旧制，例如康熙三十六年（公元1697）重建太和殿，大木匠梁九、瓦作马天禄、李保等匠作高手皆供役内府，参予施工。梁九且以“掌握尺寸匠”身份主持施工现场工作。当时大量的工匠皆征自全国各地，每年定期向皇家输役，称为“班匠”。不久便废除这种班匠输役制，改行雇役制，皇家一切建筑工程皆由私营木厂承包，这是中国建筑业生产关系的一个重要转变。

清代的建筑业有明确的专业分工。据《工部工程做法则例》记载，有大木作、装修作（门窗、槅扇、小木作）、石作、瓦作、土作、搭材作（架子工、扎彩、棚匠）、铜铁作、油作（油漆作）、画作（彩画作）及裱糊作等十一个专业。其中大木作为诸作之首，在房屋营建中占据主导地位。

如按专业工种细分。又有雕銮匠（木雕花活）、菱花匠（门窗隔扇雕作菱花心）、锯匠（解锯 大木）、锭铰匠（铜铁活安装）、砍凿匠（砍砖、凿花匠）、镟花匠（裱糊作：墙面贴络、顶棚上镟花岔角、中心团花）、夯硪夫（土作夯筑，下地丁，打桩）和窑匠（琉璃窑匠配合瓦工查点琉璃脊瓦料）等工。与上面所列各作工种总计约有二十多个工种。至于建材制作加工以外，如木装修的铜铁事件，铪钑花纹、宝顶、门环兽面鎏金，以及硬木装修的雕镂镶嵌等美术工艺，多与建筑有密切联系，还不包括在建筑业范围之内。

关于古代建筑的工程做法问题，清代《工部工程做法则例》一书，只列举了二十七种房屋的构造尺寸和各种物料名色，而对于瓦木油、石各作的施工方法和操作规程却未作介绍。但各作都有一套师徒相传，经久可行的技术规范。只要熟记房屋营造则例和口诀术语，并有丰富的施工经验，就能胜任古建筑的维修任务。特别是那些工艺性很强的砖、瓦、木、石雕刻和油漆彩画，全赖手工操作，须有多年艺术造诣和丰富的实践经验，才能胜任。工艺质量的高低，全凭手艺的熟练程度如何。工匠由于学艺出身的厂家不同，一个师傅一种传授，因此反映在工程质量上，就产生了各种不同流派的手法和风格。

《工部工程做法则例》在房屋构造的尺寸上虽作了严格统一的规定，但据若干古建筑实例表明，只是大体相似，基本上符合《则例》要求。至于细部做法则各有出入，存在着一定的差异，实际上一直未能达到完全规范化、标准化的程度。问题的产生不外以下几种原因：由于古时劳动人民受奴役、受压迫，没有文化，所有古建操作技术的流传一直采用“口传身授”的形式，历代劳动人民虽然创建了许多著名的建筑工程，积累了不少实际经验，但他们却没有留下什么文字总结或著作，因之“人亡艺绝”；由于当时历史条件所限，南北方很少交流技术经验，眼界狭隘，思想保守，因此各地的建筑工程各有自己的一套传统手法，地区性的差别十分明显。如江南有徽州帮、苏州帮；北方有北京帮、山西帮。由于古建中使用的材料种类规格繁多，有时因受材料供应的局限，而修改了尺寸规定；也有些是建筑师在做法上进行了创新，突破了旧有的规定；还有由于工人的错误修缮改变了原貌，或是封建把头在施工中偷工减料，有意变更做法，破坏了老传统。因此，所有这些因素便给今天的古建修缮带来了一定的麻烦和困难。

鉴于以上情况，为了保证工程质量，我们认为在修缮中应掌握以下几条原则：

（1）有统一规定的，一定要按统一的规定做，没有统一规定的要按当地常见的做法做；

（2）倘若建筑物没有被修缮过的历史记录，在修缮中应尊重和保持原状，不予改动；

（3）倘建筑物经后人修缮，改变了原有传统做法，重修时要尽可能地予以纠正，以使其符合原制。

（4）不同地区，不同时代的古建筑，都有各自不同的手法和风格。修理时要尊重当地的技术传统和建筑物的时代特色。切忌将晚期建筑手法施用于早期建筑上，破坏了原有的建筑特点。

（5）1961年，国务院公布的《文物保护管理暂行条例》中明确规定"恢复原状或保存现状"是修缮古建筑必须遵守的原则。我们应该深刻理解这条法令的重要意义，并应在文物保护工作中认真贯彻执行。

第二章　木　作

第一节　古建筑修缮中应了解的一般规则

一、配件的选材

在修缮工程中，如何合理地使用木材，与新建工程具有同样重要意义，所谓合理使用木材，就是既要保证工程质量，又要尽量考虑和建筑物原有构件的统一，还要注意节约问题。由于中国古代建筑物中的木构件要具有特殊的承重性能，所以我们在配制木构件时要选择能够满足其承重的木材。当然，与原有构件用同样树种的木材最为理想，不过在一般情况下这种要求是满足不了的，我们从现有的古代建筑和历史文献中可以了解到，我国的封建统治者的生活十分骄奢，因此，表现在建筑方面，特别是宫殿建筑中，如明朝的宫殿、陵寝，多用南方特产的楠木作建筑材料（这种木材坚实耐用，优点很多）。可是到了明朝后期在修筑工程时，对木材砍伐无度，结果使很多上等木材趋于绝种。因此，到了清朝，宫殿或较大的敕建庙宇，全部用楠木的构架已经很少见到，所以后来的建筑就大量的改用松木了。至于装修，特别是室内装修，则多用红木、花梨、铁梨、杉木、椴木等材，这些木材坚硬细腻，木纹美观，当然最为可取，不过现在这些木料中的大部分也很缺乏了。所以，现在一般古建筑修缮工程，就都使用普通木材了。为了合理地使用木材，我们就要对木材的主要性能有所认识。

树木有针叶树、阔叶树两大类，一般来说，针叶树年轮较阔叶树为疏，木色较浅，早晚材之分别较诸阔叶树显明，含有松香胶质，由于阔叶树成长慢，产量少，难得长而直的木材，所以承重的木构件多用针叶树。我国常用的建筑木材树种有红松、白松、黄花松、杉木等。其中红松质量较好，易干燥，不易开裂，变形性小。白松易干燥，但收缩性较大，干燥后不易变形。黄花松的强度虽高，但干燥较慢，易开裂，特别是在干燥过程中容易产生径向轮裂，它的耐腐性较好。杉木虽强度较低，但耐腐性强，很少受虫蛀，常可做原木构件。这些木材的共同特点是纹理顺直，木质较软，力学性能较好，易得到长材，而且便于加工，容重也比较小，因此，这些木材都能用来配制木构件。大部分阔叶树质密，木质较硬，加工较难，易翘裂、纹理美观。如柞木、色木、桦木、椴木等，可用来修配装修等件。

木材在使用前应详细检查是否有腐朽，疤节、虫蛀、变色、劈裂及因其它创伤断纹等疵病，若有某项严重缺陷，必须剔出不用。另外，用料时要有计划按原建筑物的构件尺寸规格适当使用，以免发生大材小用，长材短用，优材劣用等不良现象。

二、古代建筑模数的定义

我国古代建筑在很早的时期，各种构件就形成了某种比例关系，就是以斗栱中的一个栱子的用材定为衡量整个建筑构件的标准单位；称为“材”。栱高称为材高、栱宽称为材厚，两层栱子相垒时，其中间的空档高度称为契高，材高加契高称为足材。公元1103年宋代李诫著《营造法式》一书中有详细的规定，如“凡构屋之制，皆以材为祖。材有八等，度屋之大小因而用之”。又“各以其材广（高）分为十五分，以十分为其厚”。

随着社会的发展，建筑技术也不断进化，到了公元1734年（清雍正十二年），我国又出现了《工部工程做法》一书，书中规定了以“口份”作为标准单位，有关建筑权衡比例的问题基本定型了，因之，“口份”便成为我们今天在修缮古代木构建筑中常用的一种模数。

1.口份

口份也叫斗口，它是在宋代“材、分”制度基础上演变而来的，与宋制有渊源关系，但清代改用材厚为模数。实际上材厚就是口份。也就是平身科坐斗垂直于面宽方向的刻口尺寸的宽度，这个宽度，在不同规模的建筑中也各不相同，按照清式《工程做法》规定，把斗口分为十一等，最大的口份是6寸，最小的为1寸（指营造尺），每一等材和每一等材之间，以半寸递减。级差划一，直接以尺寸表示，减少换算程序，较宋制大为简化。斗栱分单材栱和足材栱两种。凡在檐柱中线上与建筑物表面平行的都叫正心栱（足材栱），正心栱一面向外，一面向里，在栱的纵中线上，要加上一道槽，以安放栱垫板，所以正心栱的厚度要比单材栱的厚度多出这一垫板的厚度，其余不在正心线上的栱子都叫单材栱。单材宽为1斗口，材高为1.4斗口，宽与高比为1:1.4。足材宽为1斗口，材高为1.4加0.6（栱垫板的厚度）斗口成为2斗口，其比例为1:2。每个构件所处的位置不同，用材也不同。

今天，我们为了应用方便，就不用营造尺定材再换算成公制单位，可直接定出实用等级尺寸。营造尺是旧时工匠用的一种木尺，江南称鲁班尺，由于尺度系手工制作，各地的长短也略有差异。根据清朝工部官定的营造尺，应为1尺=32厘米。虽然《工程做法》一书中所写最大的口份为6寸，可是我们在实际工作中，从清代实物中所见最大的口份为4寸，至今，尚未见到6寸的实例。营造尺与公制单位的换算见对照表。

对　照　表

公制单位（厘米）	营造尺（寸）	公制单位（厘米）	营造尺（寸）
19.2	6	9.6	3
17.6	5.5	8	2.5
16	5	6.4	2
14.4	4.5	4.8	1.5
12.8	4	3.2	1
11.2	3.5		

2.柱径（指直径）

另一种标准是以柱径为基本模数，多用于小式建筑上。而柱径是来源于建筑物的明间的面宽，如：面宽为10，其柱高为面宽的8/10，柱径则规定为柱高的1/10。每一构件的大小，都按柱径推算，所以，只要建筑物的尺度有一定标准，那么，只要丈量一个构件尺寸的宽窄即可推算出该建筑物的高宽、大小。相反，我们在进行建筑施工时，也同样按这个规定去决定用材大小，进行制作。比如：柱高为柱径的十倍，檩径约等于柱径，椽径为柱径的1/3，上檐出为柱高的3/10等等，这种比例关系，便是我们在施工时的依据。

三、步架与举架

步架和举架是古代建筑屋面造型的主要依据，由于构架体系采用了步架和举架的处理方法，使屋面坡度越往上越陡峻，越往下越平缓，形成了曲线优美，出檐深远的特征，体现出了我国古代建筑的造型特点。

我国古代建筑民族形式的特点大部分体现在屋顶上，特别是在木结构上从用材、配料及其计算方法均与其它结构不同，因为这种木结构是以若干木料杆件结构而成的，从设计到实际操作的过程中，就考虑到屋面形状最后所达到的效果，无论是设计或拼装都有一套完整的规律。屋面的造型类别很多，有庑殿（即屋顶前后左右成四坡、有五条脊的建筑）、悬山（即两山屋顶由檩伸出山墙以外的结构，也叫挑山）、硬山（即左右两面是直立的山墙、只有前后两坡的建筑）、歇山（即悬山与庑殿相交所成的结构）、以及多角型屋顶（如角楼、多边形 方亭等）等等 不胜枚举。这些屋面呈现凹曲线，而不是直坡，其凹度有一定的做法叫举架（宋代叫举折，清代叫举架）。屋顶形式见瓦作第四节图3-41。

步架：就是大梁之上竖立的木构架每一个节间长度的尺寸。梁的长短随进深而定，而步架尺寸又是根据梁的长短而定。几层叠用的梁，统称为梁架，各梁又按本身承托檩子的总数目称为"几架梁"。如七架梁，就是说在一条梁上承托了七根檩子，七架梁之上的一层梁称为五架梁，五架梁的上层是三架梁。在小式建筑中通常称最下层的一根柁为大柁，逐层往上，称二柁、三柁。每架梁有几个檩档就均分作几个等份，其中每根檩与檩之间的水平距离称之为一步架。步架在不同的位置，叫法也不同。如七架梁，前后带廊子（两步插金）就是九檩，从进深方向分，七架就有六步架，前后廊是两步架；这两步我们叫廊步，由廊步向里是金步，再往里是下金步，再往上是脊步。廊步要比里边步架稍大一些，如廊步按柱径五份定，廊步以里的步架则为廊步的8/10。大梁以上的每层短梁均比下层梁两端各短一步架，但每层梁的步架尺寸均按下层梁定好的步架尺寸不变（图2-1）。

[举架] 是指每一个建筑物要求屋面的坡度，举架的高低是由步架按举数计算出来的，通俗说来，举就是三角形勾股弦的勾，步是股，举架和步架的关系即可说成是勾是股的百分之多少。《工程做法》中有五举、六举、六五举、七举……直至九举，其实就是说举架的高等于步架长的50%、60%、65%、70%……90%的意思。换句话说，将每一进深尺寸分为若干步架，在步架的基础上求得每一步升起的高度就是举架（每架梁由平水线至上层梁平水线之间的垂直距离就是举架尺寸）。由于房屋布置规模大小不同，每步举架高度也不一样，廊步按廊步计算，金步按金步计算，脊步按脊步计算，但都有一定的规律。比如九檩房屋，檐步五举，飞檐三五举，下金步六五举，上金步七五举，脊步九举等。这样的举架就能使屋面形成柔和的曲面，不会出现死硬折弯。此外，还应注意，除亭子以外（有的亭子根据需要，增加了脊部坡度的陡势），脊步最高不会大于九五举。因为超出九五举时，屋面的坡度就会过于陡峭，对于屋面作业会带来困难。

四、古代建筑施工中采用的量具

由于古代建筑的特殊性，在施工中与新建的施工方法有所不同。在权衡制度上，除了采用口份这个特有的建筑模数以外，在实际操作中为了准确和便于施工，采用“杖杆”和“讨退”两种方法。多年来，经验证明，这两种量具方法确实达到了应有的效

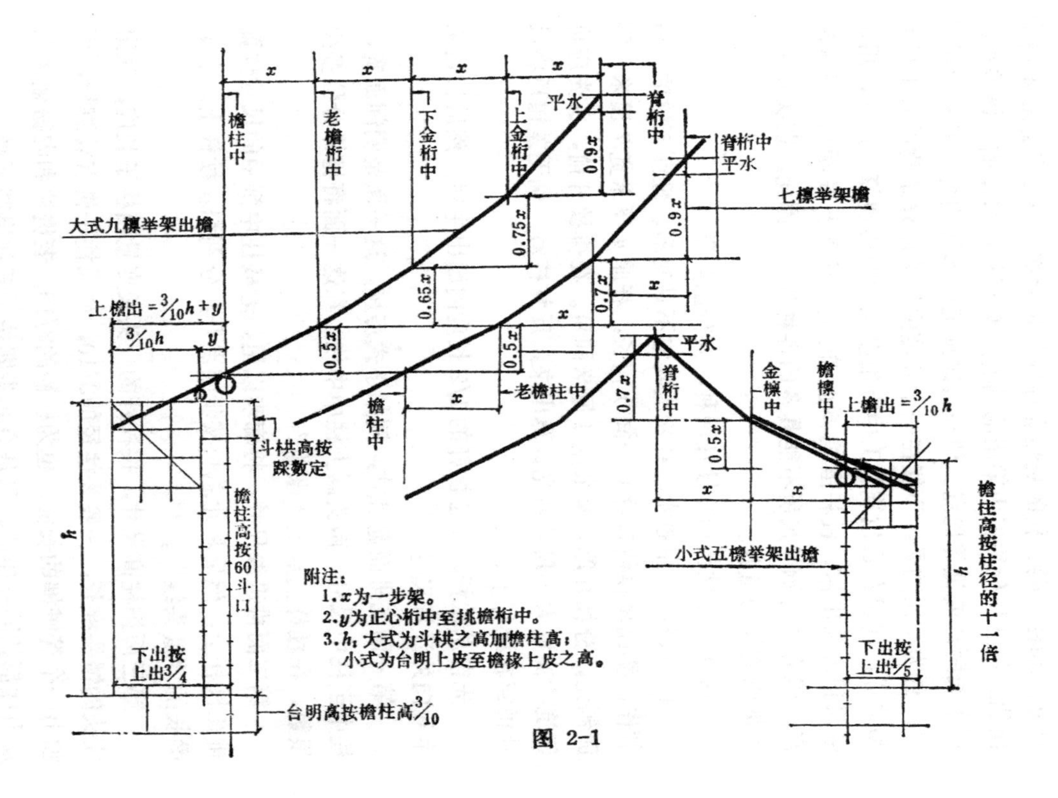

附注：
1.x为一步架。
2.y为正心桁中至挑檐桁中。
3.h：大式为斗栱之高加檐柱高；
小式为台明上皮至檐椽上皮之高。

图 2-1

果。

杖杆是大木工序中不可缺少的一个尺寸依据，一切木构件的尺寸，如柱、梁、枋的长短和榫卯的尺寸都是从杖杆过在木料上面的。虽然现代施工中采用的钢卷尺有不易热涨冷缩、误差小，便于长距离度量等优点。但在古建施工中单使用它，容易记错尺寸，更为不便的是，不能在一个长度内计算出建筑物的若干尺寸和位置，何况在古建筑施工中有很多尺寸需要现算。这样，用钢卷尺很容易出错。杖杆虽 有潮湿 变形及 不便于 长距离丈量等缺点，但它具有钢卷尺所不能具备的各种优点，因此，在实际施工中都以它作为量具。

杖杆分总杖杆和分杖杆两种，其排法如下：

［总杖杆］ 用杉木、红松或其它不易变形、轻而较软的木材制作，要比单体建筑物（一间）稍长，杆厚4厘米宽7厘米，四面刨光，分杖杆厚3厘米宽4厘米即可。在排杖杆前，首先应将建筑物高宽大小尺寸事先计算出来，反复核对，确无差错后将尺寸排写在杖杆上。

先排总杖杆，在总杖杆的1/2长度内画出中线，然后按这条中线向外计算尺寸。

第一面先排面宽尺寸，例如小式房屋，这一面是明间面宽，柱中至柱中尺寸，两头画上柱中中线，在这一面将檐椽分位多少根数，在杖杆上点上“椽花”。

第二面排进深尺寸，将廊步以里，老檐柱中到中的尺寸位置排在杖杆上，然后将此总长按步架点开，分别标在杖杆上，点上梁长的“盘头线”。

第三面排柱高尺寸，按杖杆的一头长度量出柱子长度，加出柱头的馒头榫长，一般为柱径的3/10，如果柱子带有管脚榫，再加出一个管脚榫的长度，也为柱径的3/10。老檐柱和内檐金柱以及山柱都按同样排法，只是有几步即按举架加出高度来。

第四面排檐出尺寸。按建筑物大小，得出柱高和檐出尺寸，然后将尺寸排在杆面上，这样，总杖杆就排完了。

［分杖杆］ 是计算每一个具体构件用的。古建筑的施工，不论什么部位、什么构件，都离不开杖杆。每一构件都要用一件杖杆。因为所有构件都是根据建筑比例得出来的尺寸，在一个部位上，先要按比例计算无误后，再排在杖杆上，否则，临场现算，既烦琐又易出差错。分杖杆要等总杖杆排出后按总杖杆点下尺寸。

要求施工人员在排杖杆时要反复核对，避免差错，最好和有关工种共同检查核对（如木工同瓦工、石工的搭接配合时），提出问题，共同解决，此项工作是十分必要的。在使用杖杆时，要注意线对线，不要让线口，线条粗细要一致。连续使用杖杆时，不要一杆顶一杆，要一线让半线。杖杆用毕后要妥善保存，以防受潮变形或摔折，使用前要首先检查杖杆两头有无变化后再用，防止使工程造成意想不到的损失。

在古建筑的大木操作过程中，还有一项度量方法，叫作讨退法，又称抽板法。例如，两根柱子之间加一根枋子，使这个枋子的截面与柱子的圆面吻合，成为整体无隙的构架。如何使它吻合是一件比较麻烦的事。多年来，工人们在实际操作过程中，为了解决这个问题，创造了一套符合实际的方法，这种方法就是讨退法。“讨退”从字意上来看，讨是探讨、寻找的意思，退是抽回来的意思。用这两个字去考虑我们的实际工作，就是解决枋子截头与圆面吻合的问题。

讨退的步骤：首先是准备工作，先将所要讨退的构件制作出来（如柱子砍圆、刨光，弹线，剔凿枋子口；额枋砍刮光平，弹出十字线），在平整地方码好。将抽板刮出来，抽板厚1.5厘米，宽5厘米，长为柱径的三倍。然后在抽板的任意一大面写清位置，板的两头要注明方向，带字的这面就为正面（上面）；这样就分清了上下面，不至混乱了。一个工程用抽板的数量较多，可以说一件大木构件要用一个。因为虽然有的榫卯相同，也是按照一个尺寸凿成的，但成活后，不见得完全相等，所以几件构件不要利用一个抽板。

讨退的具体操作：将柱子（前檐的排列一个尺寸，后檐的排列一个尺寸）在地面上放齐垫好，不使其晃动，十字线向上立直，然后开始讨退。讨退的人右手执抽板，左手拿档板，先讨枋子口大小深浅尺寸（柱头枋子口是上宽下窄，里宽外窄，呈鸽尾状的银定榫卯），标记在抽板上，每一头用一块抽板。然后把讨下来的尺寸退到额枋和杖杆上，把额枋放平垫好，在额枋长的1/2部位上，画出中线来，再把杖杆的中对准额枋的中，把已讨下来的抽板四面对一下，如果误差悬殊就调整一下，将杖杆柱中位置把讨下来的尺寸退到额枋上，用拐尺上下对准进行画线，把线过齐后取下杖杆，按柱头卯口的要求（或抱肩作法或回肩作法），画线作出额枋的银定榫来，这样，构件的一头就讨退完了（图2-2）其它不论多少，均按此法进行讨退。讨退要标写明白，

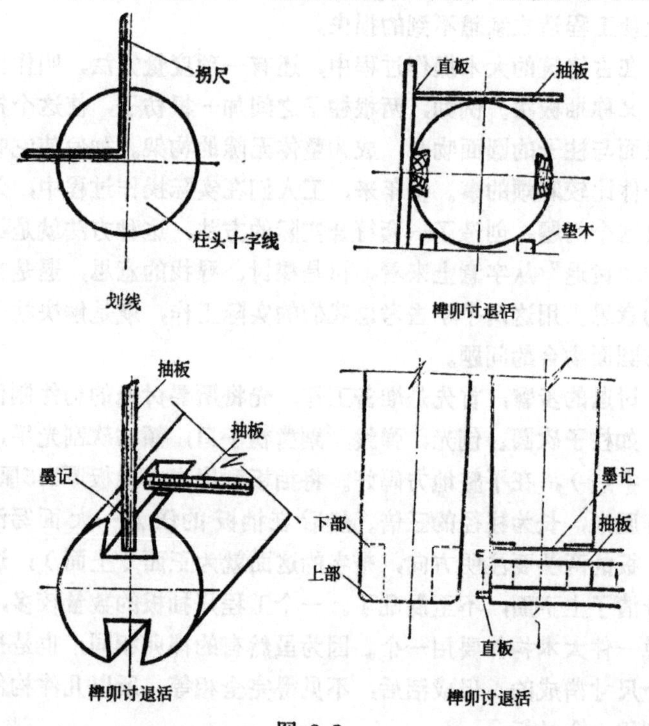

图 2-2

位置不要弄错，讨柱头枋子口的时候，要按线的地方讨，以免安装不下去。工作要细致，避免返工浪费。

木工画线常用的墨线符号

名称	符号	名称	符号
弹线		正线	
中心线	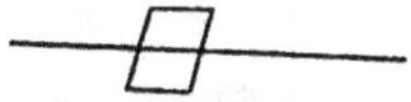	大面线	
废线		半眼	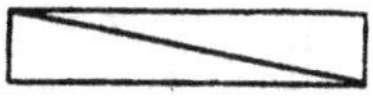
用线		透眼	
截线		大进小出	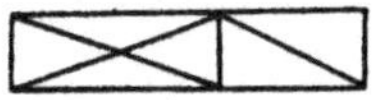

墨线符号全国也不尽统一，因此，在共同工作时，要把符号统一起来，以便配合避免差错。

五、大木位置的标写

古代建筑的大木结构是用若干单体构件拼合而成的，这些构件都有它一定的位置和一定的方向，不可搞错。这样，我们就首先应该对不同位置上的不同名称的构件搞清楚。

从单体建筑物的平面来看，在台明上排列着许多柱顶石，这些柱子的名称因其所在位置不同，名称也随之而异。柱子分为前檐、后檐和两山。前檐的外一排柱子叫檐柱，也叫前檐柱。最后一排柱子叫后檐柱，第二排的柱子叫金柱。在前檐的柱子称为前檐金柱，在后檐的柱子称为后檐金柱。两山墙的外一排柱子称为山檐柱、两山第二排柱子称为山檐金柱，在屋角上的柱子称为角柱。在前檐东山角上的柱子称为前檐东角柱，在前檐西山角上的柱子称为前檐西角柱。后檐的角柱称法也同前檐的角柱，分别称为后檐东、西角柱（图2-3）。

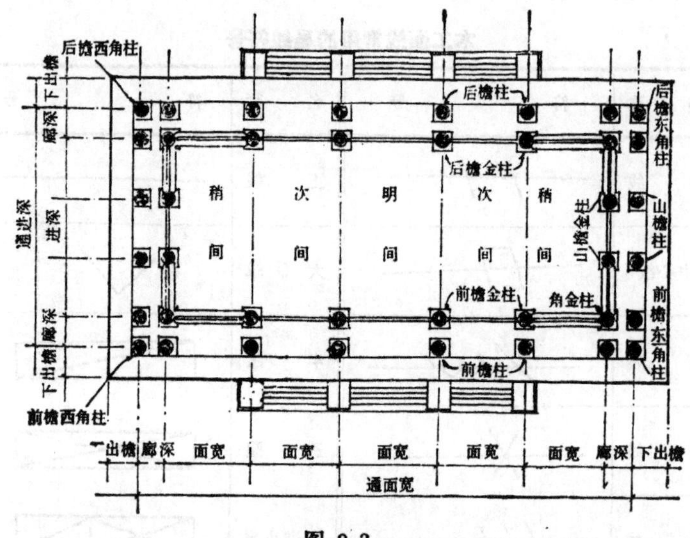

图 2-3

这些柱子的位置又都是按明间和梁架一起来分的。例如：前檐从明间算起，东边的叫“前檐明间东一缝檐柱”，西边的叫“前檐明间西一缝檐柱”，里边的叫“前檐明间东一缝金柱或老檐柱”。由明间往两边依次排列，到角上即为“前檐东角柱”或“前檐西角柱”等。对这些构件认识以后，便可标写大木。

每一件大木标写字号也有一定的位置，不要乱写。一般来说，柱子都是标写在柱脚下距柱根10厘米处里皮（标写在室内的一面），字迹要清楚，标写要用墨汁，用毛笔或藤、竹画笺标写。

梁的标写也是这样，从明间往两边分，如“明间东一缝七架梁”或“明间东一缝五架梁”等。所有的构件都要标写位置，甚至一个枋子、一块垫板，都要仔细认真标写，位置标写完以后才能进行讨退。标写大木号对于安装等方面都很方便。也可以防止因搬运而搞错位置。另外还要注意，标写梁、枋、翼角椽等类构件时，字要标在上面，即所谓“上青下白”。不要写在构件的下面或两侧。其它杂式大木编写号也和此法一样。例如八角亭子，其柱子的位置按其所在方位，第一根从西北开始，顺时针往下排列，六角亭、圆亭也同样。总之，要写清楚，不要记错位置，要有统一编号。

第二节　柱　　子

柱子是大木结构中的一个重要构件，主要功能是用来支撑梁架的。由于年久，柱子受干湿影响往往有劈裂、糟朽现象。尤其是包在墙内的柱子，由于缺乏防潮措施，柱根更容易腐朽，丧失了承载能力。根据不同的情况，应做不同处理。

1.挖补

柱子轻微的糟朽，往往只是柱子本身表皮的局部糟朽，柱心尚还完好，根本不至于影响柱子的应力，对于这种情况通常采取挖补和包镶两种方法。柱皮小局部的糟朽深度不超过柱子直径的1/2时，采取挖补的方法，具体做法是：先将糟朽的那一部分，用凿子或扁铲剔成容嵌补的几何形状，如三角形、方形、多边形、半圆或圆形等状，剔挖的面积以最大限度的保留柱身没有糟朽的部分为合适。为了便于嵌补，要把所剔的洞边铲直，洞壁也要稍微向里倾斜（即洞里要比洞口稍大，容易补严），洞底要平实，再将木屑杂物剔除干净。然后用干燥的木料（尽量用和柱子同样的木料或其它容易制作、木料本身的颜色接近柱子木料颜色的）。制作成已凿好的补洞形状，补块的边、壁、楞角要规矩，将补洞的木块楔紧严实，用胶粘结，待胶干后，用刨子或扁铲做成随柱身的弧形，补块较大的，还可用钉子钉牢，将钉帽嵌入柱皮以利补腻补油饰。

如果柱子糟朽部分较大，在沿柱身周圈一半以上深度不超过柱子直径的1/4时，可采取包镶的方法。包镶的作法和挖补的作法相同，只是将糟朽部分沿柱周先截一锯口，再用凿铲剔挖规矩或周圈半补或周圈统补，补块可分段制作，然后楔入补洞就位拼粘成随柱身形。补块的高度较短的用钉子钉牢；补块高度较长的需加铁箍1～2道；铁箍的宽窄薄厚规格，可根据柱径和挖补等具体情况酌定，铁箍的搭接处，可用适当长度的钉子钉牢，如柱子过于粗大，铁钉可加工特制，铁箍要嵌入柱内，箍外皮与柱身外皮取齐，以便油饰。

2.劈裂的处理

柱子可能由于原制时，选料的干湿程度不同，年久后由于木料本身的收缩而产生裂缝，此种情况可根据劈裂（指柱身纵裂）的程度采取下列方法：对于细小轻微的裂缝（在半厘米以内，包括天然小裂缝），可用环氧树脂腻子（其配方见下述）堵抹严实就行了，裂缝宽度超过半厘米以上，可用木条粘牢补严，操作程序和挖补的处理相同；如果裂缝不规则，可用凿铲制作成规则槽缝，以便容易嵌补。裂缝宽度在3厘米以上（应在构件直径的1/4以内）深达柱心的粘补木条后，还要根据裂缝的长度加铁箍1～4道，铁箍的选用和处理可参照柱槽包镶的作法。嵌补的木条最好用顺纹通长的。对于超出上述裂缝范围或有较大的斜裂，影响柱子的允许应力时，应考虑更换。

3.化学材料浇铸加固法

用化学材料浇铸加固是古代建筑维修采用现代科学的一种新方法。柱子由于生物性破坏，如白蚂蚁蛀蚀等，或者由于原建时选料不慎，也有外皮完好柱心糟空的现象，这种情况采用不饱和聚酯树脂浇铸加固，不饱和聚酯树脂是一种热固性的工程塑料，它具有强度高，比重小、防腐性能好以及加工成型方便等许多优点。其浇铸材料的配比（重量比）如下：

304号不饱和聚酯树脂：100克

1号固化剂：过氧化环乙酮苯　4克

1号促进剂：环烷酸钴苯乙烯液　2～3克

石英粉：100克

添加固化剂再追加促进剂，是使不饱和聚酯树脂能在室温下自行发热而固化，树脂的固化和环境、温度和湿度也有关系，温度高，湿度低则固化快，反之固化慢。使用时，先加固化剂，搅拌均匀，再加促进剂搅拌均匀即可使用。将上述浇铸液中再加适量的石英粉，就是堵抹漏缝用的环氧树脂腻子。

浇铸的具体作法是先把所要浇铸加固的柱子加上扶柱（扶柱的支法参照下述“更换柱子”），解除柱子的荷重，然后在柱子的一面（选便于工作的一面），由上而下分段开宽10～15厘米的浇铸槽，每段不超过一米为限，剔槽的方法同前述挖补法，将柱内的糟朽部分全部剔掉，将木屑杂质清除干净，把柱身上有可能漏浆液的洞、缝用环氧腻子堵严，然后由下往上逐段浇铸，每段浇铸后要间隔一下，等树脂固化后再浇铸上段。浇铸过程中或涂腻子过程中要不断用丙酮或香焦水擦去浇铸污迹。浇铸完毕后，补配好浇铸槽口木，用胶粘牢，作成随柱子原形。

4.墩接

柱子的墩接方法有多种，各地的作法也各有异，这里我们只谈谈几种普遍的墩接方法。

墩接前先加扶柱，解除原柱荷重（扶柱支法见下述抽换柱子）。

（1）刻半墩接（俗称阴阳巴掌榫） 即把所要接在一起的两截木柱，都各刻去柱子直径的1/2；搭接的长度至少应留40公分；新接柱脚料可用旧圆料（方柱用旧方料）截成，直径随柱子，刻去一半后剩下的一半就作为榫子接抱在一起，两截柱子都要锯刻规矩、干净，使合抱的两面严实吻合，直径较小的用长钉子钉牢，粗大的柱子可用螺栓（1.6～2.2厘米粗）或外用铁箍两道加固（铁箍施用同前述包镶法），直径大的柱子上下可各作一个暗榫（图2-4）相插，防止墩接的柱子滑动移位。

墩接后的柱子强度就减退了，也就是说当柱子受压力时其稳定性就不如整身柱子了，所以根据力学计算的数据，一般柱子的墩接长度不得超过其柱高的1/3，通常是明柱以1/5为限，暗柱以1/3为限。

刻半墩接还有一种常用榫即莲花瓣（也叫抄手榫）（图2-4）。在两截柱子的断面上画十字线分四瓣，各自剔去十字瓣的两瓣，用剩下的两瓣作榫按插，其它各项均同巴掌榫法。

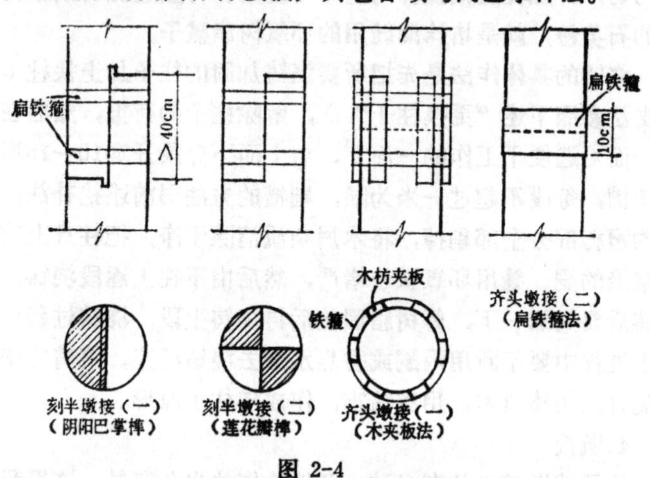

图 2-4

（2）齐头墩接　这种墩接方法一般多用于较短的柱子和土柱子（不露明，砌筑在墙内的柱子），或者是由于某种情况不可抽出的柱子，其方法是将柱子由已经糟朽的部截锯平直，新接柱墩可用废旧柱檩，按柱径依墩接高度选截一段，截面也要平直干净，将柱顶面及周围清扫干净后，把柱墩填入柱位，四面钉木枋子包好，如图2-4所示，在接口两头用铁箍2道箍牢，特别短的墩接也可以用一道宽10厘米厚半厘米的扁铁直接箍牢接口。在与墙接触的地方涂防腐剂，铁件涂防锈漆以防潮湿。

如果是常年处于潮湿环境的柱根糟朽，也可以采用现制和预制混凝土墩接；混凝土的标号一般以110～150号为宜。

现制墩接，先围柱支好灌注混凝土的木模，预留一个浇注口，支加扶柱时应适当留出混凝土收缩缝隙。此种墩接法也可采用巴掌榫，但混凝土柱墩不宜过高，因为混凝土凝固后，以原柱的接触面往往不太严实，对于柱子的稳定性很有影响。为了工作方便，如果不是特殊需要，柱墩可做方形（其法同预制）。

预制墩接，按墩接的高度预制方形的混凝土柱，每边要比原柱直径宽出适当的尺寸（可根据墙厚和具体情况酌定），要以原柱直径为宽度预埋两根扁铁，打好螺栓眼。然后用两根螺栓与原柱身联接夹牢。施用铁件要根据柱径酌定，一般用宽5厘米，厚0.5厘米的扁铁和1.6～2.2厘米直径的螺栓。此项工作还应注意，原柱的糟朽部分要待预制柱墩凝固后按其实际高度进行锯截。

5.抽换柱子

首先做好准备工作，如千斤顶（用油压或手摇的均可，按屋面局部重量考虑千斤顶的荷重量）、牮杆（即扶柱，根据应力酌定其直径，长短同柱高）、木垫板、掐杆（用两根长于柱高一半的木条，起临时杖杆的作用）、铁撬棍、高凳、手使的工具及所要更换的柱子（新制的柱子，作法见下述）等。上述物件备齐后，就可以开始操作了。

首先应把所要抽换的柱子周围清理干净（家具物品搬开，如柱子下截糟朽严重不能承担原有荷重时，应先加扶柱），将被换柱子的柱门每边掏开20厘米左右，清理干净。如果是前檐柱，则应先把坎墙靠柱子的部分拆除，然后再把窗扇、抱框及和柱子有关联的枋子榫卯拆下清理干净。在柱子里皮，对梁端部位放好垫板，在垫板上把千斤顶尽量平稳的放好，根据梁底与千斤顶的垂直距离支好牮杆，带斗栱的大式建筑，可把牮杆支在斗栱的翘头底皮。为了保证安全，在靠近千斤牮杆处，应再加扶一根太平牮杆（俗称等杆），使之不要移动，施以防备千斤牮杆一旦发生意外，梁仍不至脱落。此时，一个人掌观牮杆，另一人或两人转动千斤顶，此项操作要格外的稳而慢，将梁逐渐顶起，顶起的高度以原有柱子不承荷重为止（当然以能把新柱子装进去为合适），这时，千斤牮杆与太平牮杆就不能再动，要支撑牢稳。将旧柱子撤下，把新柱子换上立直。如果梁底原有海眼大小深浅与新换柱子的馒头榫不合适时，可将榫子略加修理合适，柱子换立完了，按中线垂直吊正。再将千斤牮杆与太平牮杆慢慢回收撤掉，将原有抱框及窗扇，归位重新装好，由瓦工按原样补砌坎墙或恢复柱门。

6.柱子新作

（1）制作　首先进行选料，根据柱子竖立的不同位置按柱高加出适当后备长度截料，柱子的直径以大头计算。

放八卦线　将柱料离地面20～30厘米以上放平垫正，使之不要移动。弹线宜两人进行，两人分别在柱子迎头处，根据柱径分中点好标记，再按标记用墨斗垂直吊好，画上中线，然后用方尺分中画成十字线。

放八方线用四六分之，即所谓“四六分八方”，如：做直径为一尺的柱子，先画出十字线，由十字交点向上下左右各点五寸，再由五寸各点向两侧点二寸，连接各点，成为正八方型。我们称之为八卦线。下一道工序是砍八方，按柱两端已放出的八卦线各点顺柱身弹好线，依此线用锛、斧砍平面（砍面要平，并且留线），砍完一面刨光一面，复弹线，再砍另一面，刨光，复弹线。依此类推，八面都完成后，即是八方形（图2-5(1)）。

在八方的基础上放十六角线，使之逐渐接近于圆形。十六方线放法：将八方每面分四等分，将每个角内接起来，成十六方形。依十六方形砍圆刨光。

砍刮柱子，要在柱头收出7/1000的溜来，这是根据柱径尺寸，按柱高每长一丈，直径七分所得。柱子砍刮完成后，应是正圆形，不能留有死楞，更不能将尺寸砍小，砍刨光平后，按两头十字线弹线。

中线和升线已有规定，升线应按柱每高一丈侧脚为七分，即7/1000。如前后檐的柱子都是向里倾斜，就在柱子中线侧反弹一道升线。安装时，以这道升线吊直，中线仍与柱顶中线相对做为拨正的根据。檐角柱的升线弹两面，一个檐面，一个山面，因为角柱两面均向里倾斜。

柱子弹完线后便可进行凿作榫卯，用杖杆在柱中线上点出柱高线来，然后在柱头、柱脚线外分别加出柱径的3/10长度做为馒头榫和管脚榫长；按点好的柱高线，用方尺按升线拐方。操线人

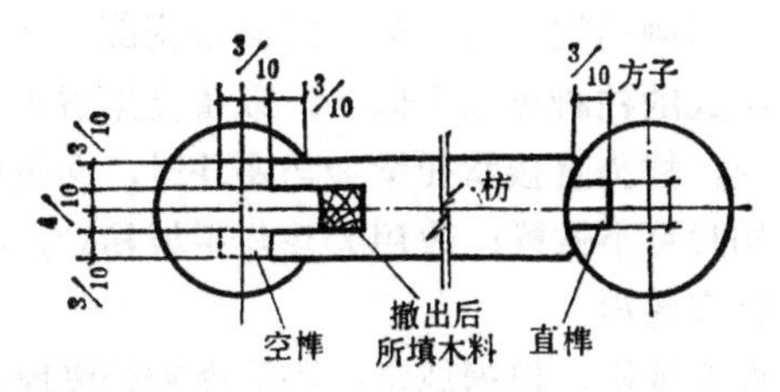

额枋与柱子平面

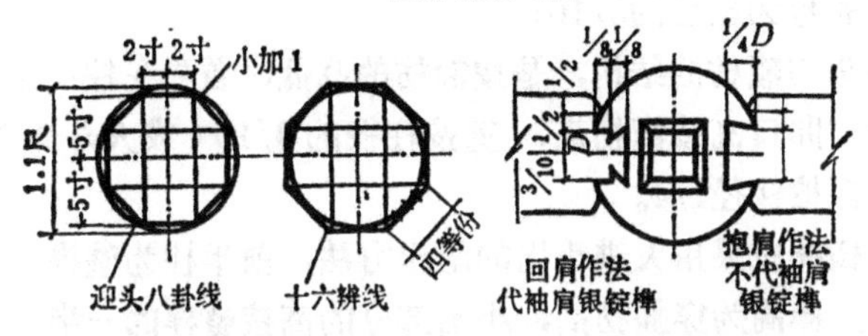

柱两头划线　　柱头与额枋平面

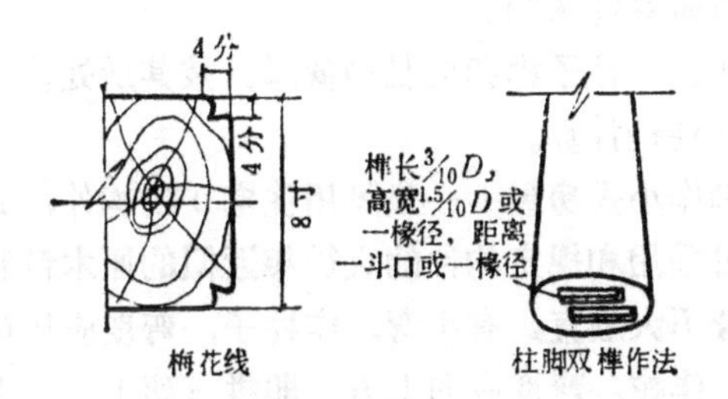

梅花线　　柱脚双榫作法

图 2-5(1)

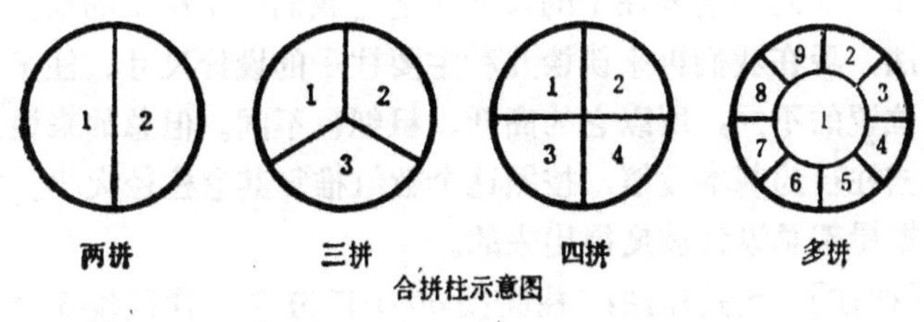

合拼柱示意图

图 2-5(2)

要注意站直看正，画笺要与所画面垂直。画完一面后翻转柱子，画另外一面，所画的柱头与柱脚轮线必须交圈，在柱脚四周开出十字撬眼（小式的柱脚可以不做），以备立架拨正时用。

一般来说，柱头直接承托梁架与座斗时，必须做馒头榫。如果施以平板枋时可不做榫；改用大斗与平板枋时，在平板枋上栽木梢，做斗栱安装用。

柱子的榫卯规格，根据规定，馒头榫和管脚榫应为柱径的3/10宽，长也为柱径的3/10。

柱头与额枋的结构，是按额枋的高低，首先在柱头上凿作额枋口子，卯口高按额枋高，宽按柱径的3/10（或大斗）做银锭口，口深按柱径1/4。

穿插榫应采用大进小出的凿作方法，前半柱为整榫，后半柱为半榫，榫高为穿插枋高，小出部分的高按整榫的一半；榫后为柱径的3/10。小出部分露出柱皮1/2柱径；做方头或三岔头，小式房屋也有做麻叶头的。

以上所述，柱子榫卯的长短薄厚，按其所处柱子的部位，即按此部位的柱径计算。

如果制作小式房屋（一般民用住宅）的构件，如柱子、柁、檩等，常可采用和规定构件的直径相近似的原木料制作。如果，原树干本身不大顺直，有小弯。作柱子，弯度应放在迎面（即拱弯朝前）；作柁，弯度应向上方（即拱弯朝上）。作檩，弯度应向水平方向（即旁弯使用）。

（2）几种主要柱子的尺度　上述我们讲了柱子的操作程序和方法，现在我们再来谈谈几种主要柱子的设计尺寸。柱子由于所处位置的不同，所以它的高低、粗细也不同。但总的来说，都是以檐柱径为基本数值，按照这个数值推算其它柱径大小。柱高是根据屋架总设计坡度得出来的。

［檐柱］　大式作法：柱高按60个口份定。柱径按6个口份定。如无斗栱，柱高按明间面宽的七分之六定。柱径按柱高的十分之一定。小式作法：柱高按面宽的十分之八定。柱径按柱高的

十分之一定。

［金柱］（老檐柱） 大式作法：柱高按檐柱高加出一举架定（其举高一般是五举，即为廊步长度的50%）。柱径按檐柱的直径再加出十分之一定。小式作法同大式作法。金柱没有升，它的竖立垂直于地面（水平面），所以在弹线时，就不弹升线了。

［内檐金柱］（重檐金柱） 大式作法：柱高按檐柱高度加檐步斗栱高度（座斗至挑檐桁）再加重檐部分构件的高度（挑檐桁至檐椽后尾）定。一般在挑尖梁后尾施加内檐额枋用以承托外檐溜金斗栱的后尾，其上有承椽枋、博脊板、上檐额枋、上檐平板枋和斗栱等构件。进深一面以接尾梁和跨空梁交于其上。柱径按檐柱直径再加出十分之二定。

［排山柱］ 大式作法：柱高按檐柱加上各步举高的总和，各梁架平水的总和与脊桁径的一半定。柱径按金柱径加一寸定。小式作法同大式作法。硬山上用的排山柱子，它的梁架都交于山柱上。例如：在正身上用的五架梁，到山上就改用双步梁和单步梁的做法，脊桁、扶脊木也都安放在排山柱上，这样，山柱的榫卯画法就不一样了（虽然在排山上所采用的梁架不同，但其步架举架也按正身梁架不变）。根据总进深计算出单、双步梁的长短薄厚。依这个尺寸在柱子上画出榫眼位置。双步梁多是前后两梁都交于柱上（两梁头榫作大进小出吻抱，即巴掌榫），凿作透眼。上层单步梁的榫做法同双步梁。柱头作脊桁碗，按脊桁的半径，中间做鼻子，鼻子的高宽均不小于一椽径。

（3）方柱（擎檐柱） 此柱多用在外檐四角，用以承托角梁（防止角梁受力下垂）。每个重檐建筑一般都有此柱。它的断面尺寸不得大于角梁断面尺寸。制作时用杖杆打截荒料，留出榫长和适当的后备长度，柱脚按柱子的宽窄作出管脚榫，按迎头十字线用拐尺找方，砍刮光平，按柱子的5/1000起梅花线（例如八寸的柱子，起四分梅花线）。起线要求两面深浅一致，凹凸要顺直。安装时，依据角梁举架坡度搬活尺或做样板，按样板断肩作榫，交于角梁上。

（4）合拼柱　木构件在通常情况下都是用整根木材做成，但在需巨大的断面而整根木材不易取得或者价值昂贵时，则可用几根断面较小的木材，拼合而成。此种方法，很早以前在古代建筑中就被采用了，我们在现有的很多古代建筑的构架中就常可见到，如梁、枋、柱都有拼合而成的。

柱子有两拼（即两根半圆木材吻抱拼成）、三拼（即三根圆锥形木材合抱拼成）、四拼（即四瓣圆锥形木材合抱拼成）、多拼（即以一根圆料为轴心柱，外用几根扁料合抱拼成）。为了拼接牢固，可施用胶粘（如树脂胶等），两端用铁箍箍牢（江南有用藤编箍的），待以披麻、抹腻、油饰等项，见图2-5(2)。

梁枋一般采用两材或多材相叠拼成，称为拼合梁或拼合枋。所拼合的梁枋在受力弯垂时，接触面易于滑动。故常用多道铁箍施以牢固。

古代建筑木结构中，用于结合和加固的铁件种类繁多，数以百计。现在我们从历史文献和建筑实物中仍可看到。其中有些铁件用料过于保守和不经济。比如铁箍多是宽二寸半（8厘米），厚二分半（0.8厘米）的，今天我们从事古建筑的修缮工作，诸如此类，可根据力学数据，采用现代技术。比如，直径(或矩径)在15～20厘米的木构件，可用宽3.5～4.5厘米，厚0.3～0.35厘米的扁铁箍；螺栓用直径1.6厘米的。直径（或矩径）在20～35厘米的构件，可用宽4.5～6厘米，厚0.4～0.5厘米的铁箍，螺栓用直径1.6～2.2厘米的。

第三节　大木构架

由于古代建筑的大木构架承受屋顶的荷重过大，随着时间的流逝，大木构架受到各种外来因素的影响，承载能力逐渐减退，当原有荷载和其它外力超过梁架本身的允许荷重时，大木构架就会发生变形、下沉、破损等情况。大木构架除了少数屋面构件施用钉子外，其它构件都是用榫卯结合的，因此，节点比较松弛，年久后，大木构架往往出现劈裂、歪闪、脱榫、滚动等现象。对于这些情况，都需要经过认真的检查和鉴定，然后根据残毁的程度，定出各种加固措施和修整的处理方法。

1.构件的加固与修配

（1）劈裂的处理　梁、枋、檩等构件的劈裂是由多种因素造成的，其主要原因是在制作当时，木料没有干透，由于表层部分比内部容易干燥，木纤维的内外收缩不一致，年长日久就出现了裂缝，致使构件的强度降低，所以要采取加固措施。对于构件轻微的裂缝，可直接用铁箍加固。铁箍的数量与大小，可根据具体情况酌定，铁箍可用圈形，接头处用螺栓或特制大帽钉联结牢固，使裂缝闭合。对于断面较大的矩形构件可用U形铁兜绊，上部用长脚螺栓拧牢。如果裂缝较宽可用木条嵌补严实，用胶粘牢。小式房屋中断面较小的构件也可采用铅丝或铁条扎绑。如果裂缝较长，糟朽不甚严重的，可在裂缝内浇铸加固，裂缝两头或其它漏隙处可用环氧树酯腻子勾缝补漏，按裂缝长度预留浇铸孔，待树酯固化后，用铁箍夹牢。上述各法均同柱子的劈裂处理。

根据试验资料，顺纹裂缝的深度和宽度不得大于构件直径的1/4，裂缝的长度不得大于构件木身长度的1/2，斜纹裂缝在矩形构件中不得裂过两个相邻的表面，在圆形中裂缝长度不得大于周长的1/3，超过上述限度，应考虑更换构件。

（2）包镶梁头　梁头一般不会糟朽，但梁头位置在漏雨处，或在天沟下表层有时会腐朽，可采用包镶法处理。一般情况下，此项工作都在挑顶或翻建时进行。其方法是：先将梁头四周的糟朽部分砍去，然后刨光，用木板依梁头原有断面尺寸包镶用胶粘补后，用钉钉牢（钉帽要嵌入板内），然后盘截梁头刨光，镶补梁头面板（可参照柱子的包镶做法）。

有时在新制大梁时，由于木料的断面尺寸不够大，也采用此法包镶梁头，以期能和其它梁头取得形式的统一。

进行此项工作前，应认真仔细地检查。如发现梁头桁碗和鼻子严重糟朽，以致影响其承截能力。甚至梁头出现横断裂纹（俗称大梁切脖），就不要包镶，而应考虑更换大梁。

（3）构件弯垂的处理　梁枋构件因受屋面荷载的重压和自重的负担，一般都微有弯垂现象，在结构力学中称为允许挠度，这是正常情况。如果超出了允许挠度的范围，他的承载能力就会减弱。如一般松木梁，根据验算数据，梁的垂度与跨度的比值大于1/120时就应采取加固措施，可在梁底弯垂部位支顶柱子来加固，还可用加砌砖隔墙或木隔扇的方法来顶住梁底。但有的房屋，因受使用上的种种限制不允许采用上述办法时，可用加附梁处理的办法来处理，即在靠前后檐柱的里侧，再立两根柱子托上一根梁，顶住梁底。以上这几种方法都是能维持现有垂度，加强大梁荷重能力的有效措施。

桁条也是直接承重构件之一，特别是金桁受压最重，往往出现弯垂现象，可在桁条下皮再加一根桁条以抵抗弯垂，附加的桁条用方木、圆木均可。方法是，在弯垂的桁条下端的短柱上（或瓜柱），各钉蛤蟆托垫木一块，蛤蟆托的宽度不能小于桁径（一般用厚6厘米高30厘米），蛤蟆托上须刻桁碗口，用五寸钉子五个钉作梅花式钉位。将所附之桁两端放入蛤蟆托碗口内，使桁与桁之间的缝隙背实。

还可在弯垂桁下钉加两根斜撑，斜撑的一头直接钉在桁的底皮，一头钉在瓜柱上，斜撑两头可锯作斜面，以增加接触面。此种处理方法一般在有顶棚的隐蔽部位采用。在挑顶或翻建时，可将弯垂的桁（指弯垂轻微，不影响其承载能力的桁）转个90°方向，还可继续使用。

（4）构件拔榫、滚动的加固处理　由于大木构架均采用榫卯结合，年长日久，因受各种因素的影响，如地基浸水下沉、柱根糟朽或构件制作不精、榫卯结合不紧密等等，会引起整个建筑的倾斜，构件也常伴随着出现松散、拔榫、滚动等现象。对于这些症状应酌情采取加固整修措施。使构件恢复原位，仍发挥其应有功能。

对于大梁滚动、瓜柱歪闪、梁枋拔榫的现象，可随梁架拨正时，重新归位吊正安好。将梁和柱子、梁枋和柱子、梁和瓜柱用扒钉（即两端尖锐的弓形铁条钉，俗称扒锯子。）拉接钉牢。对于排山柱上的单步梁与双步梁的游闪拔榫现象，将其归回原位后，可用铁板条（俗称铁拉扯）横向联接柱子和相邻的梁，三件一并钉牢。

桁条随着梁架的游闪走动，往往也出现滚动和脱榫现象，严重时能牵扯相连构件一同滑下。如果在桁条的榫卯完好的情况下，在重新拨正搭接好后，用扒钉与瓜柱钉牢或桁条与桁条用扒钉拉结，也可用铁板条或木板条做夹板拉接钉牢。如果桁条下有完好的替木，将替木与桁条重新钉牢。如无替木或替木已坏，可重换替木。上述各项应根据具体情况选用，严重者可同时并用。

由于桁条处于潮湿环境或雨漏浸蚀所引起的糟朽，常常是榫卯处严重。如果桁只是榫子糟朽了，可将朽榫锯掉，在截平后的原榫位，用凿铲再剔凿一个较浅的银锭榫口，选用纤维韧性好、不易钉劈的木块新作两端都呈银锭榫状的补榫，将较短的榫嵌入新剔的卯口，用胶（最好用不怕水浸的胶）粘接后用钉钉牢，归位插入原桁卯搭接。

对于桁条的局部糟朽者可挖补，如果钉椽时影响屋面坡度，可用适当厚度的木条垫在椽下。通常认为，木构件糟朽的断面面积大于构件设计断面的1/5时，应该考虑更换。

桁条滚动的加固方法：在梁头桁碗内或瓜柱桁碗内塞进一块大头楔，用钉钉牢，挤住桁条，使其不易滚动。也可以利用椽子作为加固构件，靠近桁头两端，选两组椽子，前后两坡全部钉牢（可用大钉子。直径大的椽子可用 1.2 厘米直径的透心螺栓），使桁的节点稳定不致移位。此种方法俗称拉杆椽，意思就是使前后坡每面形成两道通长的拉杆，将桁固定。遇面宽大的房屋时，可在桁身中间再加钉一组拉杆椽。

另外，当桁条发生滚动现象时，常常带动椽尾及承椽枋也向外扭闪。可在椽尾的承椽枋上附加一根枋木压住椽尾，此枋木习惯上称为压椽木，将此枋木用铁箍螺栓或与额枋之间用短柱支顶，使压椽木与承椽枋联为一体，夹住椽尾。还可以在承椽枋的外侧，椽子底皮附加一根枋木，固定方法与压椽木同。因椽子和承椽枋都受偏心压力，很容易扭闪，加此枋木可增大椽尾与枋木的接触面。

大连檐与仔角梁相交的榫卯，因受条件的限制，断面尺寸及咬进的尺寸过小，又由于易受雨水浸蚀而糟朽，因而常常发生脱榫现象。可在大连檐内皮、飞头和望板的上皮，顺着大连檐附加一条稍厚稍宽的扁铁，扁铁的长度应大于翼角开始起翘的三个椽挡。如果大连檐糟朽扭翘过甚，应考虑更换。

（5）角梁的加固　由于角梁所处的位置最易受风雨浸蚀、故常出现角梁头糟朽和角梁尾劈裂、糟朽等现象，或者是由于檐头沉陷，角梁也常伴随出现尾部翘起或向下溜窜等现象。

加固修补方法是，可将翘起或下窜耷拉头的角梁随整个梁架拨正时，重新归位安好，在老角梁端部底皮加一根柱子来支撑，用圆柱或方柱均可，但柱子要作外观处理。

角梁头糟朽，可采用接补法处理，其做法与墩接柱子相同。老角梁与仔角梁头糟朽程度小于挑出长度1/5时，老角梁的接法是，将糟朽部分垂直锯掉，用新料或其它断面合适的旧料，照原样制好后，与老角梁身刻榫搭接。仔角梁可做巴掌榫搭接。如果角梁糟朽部分超过上述限度，老角梁应自糟朽处向上锯成斜面，新做角头的下面锯成斜面，与老角梁身叠抱搭接，用胶粘结后再加铁箍2～3道缠紧。仔角梁仍可采用巴掌榫方式搭接，如果仔角梁糟朽程度大于挑出长度1/5时，就做整根更换。

梁尾劈裂，加固时可用胶粘补，再在桁的外皮加铁箍一道，抱住梁尾，用螺栓贯穿，将老角梁与仔角梁结合成一体。

（6）附椽子与更换飞椽　椽子由于顺钉孔漏雨和其它各种原因，常出现糟朽、劈裂、折断等现象，致使其丧失了承载能力，通常采用加附椽子的方法做加固处理。

如果屋面上的绝大多数椽子完好，只有个别几根需要更换，因受工作条件限制，又不易抽换时，可复制一根或两根新椽子（旧椽子也可以用），顺原椽身方向插进去，搭在上下两条桁上，用钉子钉牢，可起顶替作用。

如椽子糟朽、劈折的数量过多，就不宜再用附椽法，而应考虑挑修屋面，普遍更换椽子，可用多余的废旧椽子长短调解更换，以长改短。比如檐椽改做脑椽，脑椽改做花架椽等。必须添补新椽时，要用纹理顺直的木料照样复制，按习惯，圆椽一般不要用枋材制作，因为枋材到边皮（即膘皮部分）部分，很容易发生翘曲、扭斜，影响质量。最好采用圆料制做。

更换飞椽（飞椽俗称飞头），飞头如大部糟朽，就需要挑修檐头（指无翼角的硬山房屋）。先搭好作檐的架子，由瓦工将檐头陇拆下，并清理干净，然后由木工将连檐、瓦口、望板、飞头拆下。拆撬飞头时，要认真细致，尽量注意不要撬毁檐椽上的望板。飞头拆下之后，选择比较完好的一两根，留作样板。将制作好的新飞头先在檐头两端各钉好一根，飞头后尾用钉钉牢，然后在两根飞头迎面的上楞各钉一个小钉，在两个小钉间栓挂小线，用一垂直木杆上顶飞头下楞，下顶台明基石，在迎面看好平正，上下要和檐椽对直，迎头上楞要跟线，飞头尾要钉牢固。然后按飞头档装好所有闸档板。闸档板上口要平，缝口要严。最后钉连檐、望板，对准上边的旧瓦陇钉齐瓦口，由瓦工补宽檐头瓦陇。

连檐、瓦口是由几段木料联接而成的，年久后，由于受风雨浸蚀，常出现弯折扭翘现象。另外，在挑顶翻建时，这些小件在拆卸过程中，都不易保持完好，往往都有损坏，遇到这些情况，通常都要换新料。

2.打牮拨正

古建筑物由于地震或院落排水系统不好，地基浸水下沉等多种原因，引起整个房屋歪闪；梁架系统也随之出现构件游闪倾斜等现象如柱子出现歪闪，梁、枋、瓜柱、桁条也伴随出现游闪、滚动、脱榫，遇此种情况，需要进行整修工作，往往采取打牮拨正的方法。

打牮拨正，顾名思义，打牮，就是将构件抬起，解除构件承受的荷重。拨正，就是将倾斜、滚动、拔榫的构件重新归位拨正。此项工作，通常称之为大木归安。打牮拨正、大木归安是套完整的工作程序，但由于建筑物的毁损程度不同，因此在实际工作中，打牮拨正和大木归安也不一定都要连贯进行。比如抽梁换柱工作，就只需要打牮。如换梁，可用打牮的办法先将和此梁搭接的各桁用牮杆支起，将影响拆卸梁的墙或装修等构件拆掉，抽掉顶梁的各柱，把旧梁落下，按原位将新梁换上。一般情况下，新梁与旧有的其它构件可能有偏差，这是正常情况。因一般大木构架在使用期间，大都有走动现象，所以梁可随其它构件误差度吻合即可，不用再进行拨正归安其它构件了。但对于歪闪的构件需要拨正归安时，则往往和打牮分不开。因此，我们把这项工作统称为打牮拨正大木归安。

具体操作方法是，屋面拆除后，挑开椽子望板卸下。桁枋、垫板及其它构件都不落架，墙身如果完好可以不动，但须掏挖柱门，将影响工作的装修拆除堆放整齐。用杉槁（也可用其它现有圆木、方木或大板），扎绑绳、标棍等，绑好迎门戗（顺梁身方向，和梁身呈180°角的支撑斜柱）和捋门戗（在梁身中部和梁身呈90°角的支撑斜柱），打好撞板（如果房屋歪闪严重，绑戗工作应在拆挑屋面之前作好，以免发生危险）。

木构架首先应活动松开，然后在进行归安，先从梁架检查，把梁架的各构件调整完了之后，将屋面上的桁枋椽望整理复原后，再将前檐柱及其它有关柱子都吊直扶正，找出侧脚，把所有的戗杆依次绑好。为了保证施工操作安全，所以在宽瓦和墙身工程未完之前不要撤去戗杆。发戗时(推拉戗杆的过程称作发戗)，所有操作人员用劲要统一，指挥发戗的人要稳健、果断，掌握发戗程度要准确。所有操作戗杆的人也应精力集中，听从指挥。屋顶上的操作人员也要注意安全，要把屋顶上的工具和各种物品放好，移动时，要选择落脚点，不要把拆活松动的木构件蹬翻，上下要配合协调，以免发生事故。

高大建筑物，木构架断面大，体积重，用人力不能归安时，可以使用起重工具，如绞磨或起重吊车等。

3.落架拆除

根据建筑物各部构件破损的程度，需要落架或翻建时，首先应该进行普查摸底，弄清情况。所谓普查摸底，就是要对木构件进行逐一检查，发现疵病时，确定修整方案。比较重点的大式古建筑物，还需照像、勾画实测图。所以对于落架拆除的古建筑，要认真把原有的建筑形式和结构作法搞清楚，把每个构件、每个部位的损坏程度及各部尺寸进行详细记录，完好的原构件，要妥加保存，留作样板，以便据以加工，修配新构件。

房屋拆完后，清扫台基，复核基础轴线偏差，调整柱基位置轴线差与高低差。然后绘制平面图，图纸上的每一轴线都要编号，大木构件也要在图纸上标明规定的位置号。原有标号要与平面图的标号统一起来(标号由明间向两边分，由前檐向后檐分)。新添换的构件应在图上将尺寸标写清楚，以便配制。上述程序是针对比较重点的古建筑物而言的，一般古建筑可以根据情况从略。

拆除带有斗栱的大式房屋时，更要认真细致，因为斗栱物件繁多，榫卯比较复杂，很难拆除完整，添配也很费事，所以梁架如果没有重大问题最好不要拆卸斗栱。如果工程需要必须进行斗栱拆卸时，要有人专门负责拆卸并做详细记录。逐件编号。除非在特殊情况下，斗栱一般在梁架上不要拆散，在其它斗栱之上的构件拆除完毕后，用绳将斗栱捆绑结实，然后一攒一攒的拆下，运到一旁再开始整修工作。各科斗栱、各攒斗栱最好不要混杂在一起，要按照建筑物的方位标明位置方向。以防错乱。

各种构件在拆卸运输时，不要由上往下扔接，搬放时也要注意不要摔碰构件，要最大限度地保持构件的完整，尽量避免不必要的损失。

4.梁的新作

由于梁是大木结构中主要承重构件，因此，梁的选材和截面大小的设计是件非常重要的工作。在过去，古建筑中有的构件，用材十分保守。梁就是突出的一例，比如在明清的古建筑中，梁的截面高与宽定为十比八或十二比十近似正方形，这样的用材，力学性能既差又浪费材料。另外，梁的截面本来不小，但经过加工制作后，其连接部分只占整个构件截面的百分之三十左右，又由于操作人员在施工过程中划线不准，锯截不慎，就更加破坏了梁的承重强度，使建筑物无形中减低了寿命，这是应当特别注意的。

（1）七架梁　长按进深柱中到柱中的长度，宽按檐柱径加二寸（6.4厘米），高按檐柱径加四寸（12.8厘米）。梁的制作工作，在实际操作时，一般是两个人进行。将选好的荒料在场地上垫起20厘米以上放好，按杖杆点好的总长、中线和每步尺寸进行弹线。两人分别在两头吊墨线，按垂直线找出梁底90°线，再找出梁头宽窄线，用弯尺拐方，然后弹出中线和两肋（梁身两侧）线。

图 2-6

用锛斧刨将两肋砍刮光平，然后弹出梁底线也砍光刨平。

将梁向侧面翻倒，由底向上翻一桁径弹线，即为平水线。依平水线向上拐90°分别找出各步架中一中线，并过到梁背上。由平水线向上翻半桁径弹线，即为抬头线（即桁中线）。按抬头线向上加梁头高的十分之一弹线，即为熊背上皮线（抬头线以上为熊背）。然后，四面各按此线弹裹楞线，倒楞。

在梁侧两头中线上，用事先做好的桁碗样板（图2-6）。由平水线向上翻半桁径画出桁碗，并在中线两侧，按垫板厚度画出垫板口子。两侧分别按要求画完后，翻转梁底，按梁头十字中线画海眼，海眼大小按柱径3/10，深也同此，并将海眼外楞剔去。四面 按十 分之一 裹楞线，倒楞。

梁头上面按梁的宽度分为四等份，以每侧的一份剔凿桁碗，中间两份留做鼻子，鼻子做好后在其上方倒楞。

将梁两侧的每步架中线过到梁背上，按每步的十字中线画出五架梁的瓜柱眼来，眼长按瓜柱，眼宽为瓜柱宽的1.5/10，深按瓜柱径的3/10。

最后把梁头盘齐，将迎头十字线，抬头线仍旧画在头上，将梁头四周倒楞，按所做梁的位置在梁背上标写大木位置号。

通常我们说的“一缝梁”不是指单根梁，而是由七架、五架、三架梁装齐以后为一缝。所以五架梁、三架梁都要与七架梁同时做齐。

五架梁长比七架梁短两步架，其断面的高宽各比七架梁的高宽缩小2/10。

三架梁长比五架梁短两步架，其断面的高宽各比五架梁的高宽缩小2/10，三架梁上多两个角背眼，脊瓜柱管脚榫为双眼。

五架梁与三架梁其它操作方法均同七架梁。

（2）挑尖梁　挑尖梁用在大式大木中，在小式大木中叫抱头梁。

挑尖梁的长（以施用五踩斗栱为例），应按廊步进深加上正心桁至挑檐桁的两拽架，再加正心桁间0.15斗口（垫栱板尺寸的一半），在挑檐桁中线以外加出挑尖梁头六斗口，此外，挑尖梁后尾插入金柱的榫应按金柱径一份，合在一起，就是挑尖梁的总长。

挑尖梁高，由梁底皮向上，每层栱子加两斗口，如果五踩斗栱上用的挑尖梁为一层栱子、一层外拽枋，则是四斗口，在四斗口的基础上加挑檐桁高三斗口，为七斗口。再加上挑檐桁上皮至正心桁中线的距离。

挑尖梁的宽应为两部分，挑尖梁后尾宽六斗口，挑尖梁前边宽四斗口。因为有斗栱的配合，所以由前边的四斗口逐渐加大到六斗口。

挑尖梁头用于斗栱上，有多少踩，由正心桁往里外出几拽架。五踩往里外各出两拽架，七踩各出三拽架，九踩各出四拽架。在此基础上外加挑尖梁头六斗口。

挑尖梁正心桁的桁碗按正心桁四点五斗口做，挑檐桁碗按挑檐桁三斗口做。

挑尖梁头实际高为五点五斗口，从挑檐桁中往外挑尖六斗口，在这尺寸内做梁头，其做法如下：

从挑檐桁中至挑尖梁头为六斗口。上口锋从挑檐桁外皮往外一斗口，高0.5斗口，为一道曲线。下端挑尖按梁头全高分三份，其出锋的尖占一份，回第一道锋占一份，回第二道锋占一份，底面回锋占六斗口的一半，锋尖占一个斗口（图2-7）。

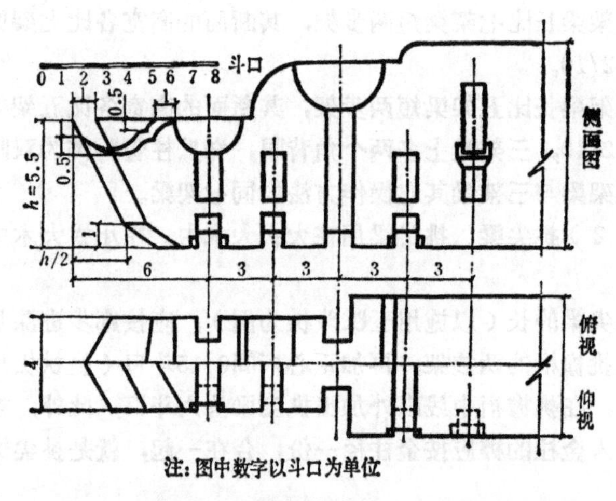

图 2-7

挑尖梁后尾做大进小出榫，插入金柱内，榫宽按梁宽的1/3。榫高，大进部分依梁高，小出部分为其1/2，出头由金柱中算出一个柱径，外露部分做方头或三岔头。

在挑尖梁下面使用挑尖随梁，其长按廊步进深，前后各加一桁径为总长。高四斗口，宽三点五斗口。用杖杆截料，留出后备长度，两头放十字中线，砍刨光平，四面各倒十分之一的圆楞，根据檐柱至金柱中一中尺寸，用讨退法找出柱与柱之间的净尺寸，做出肩膀来，榫宽按梁宽的1/3，高按梁高，小出部分减半，出头做方头或三岔头。

抱头梁的梁长按廊步进深加檐桁径一份。高按柱径加四寸（12.8厘米）；宽按柱径加二寸（6.4厘米）。各部做法均同七架梁，梁后尾同挑尖梁后尾做法（图2-8）。

（3）双步梁　梁长两步架加一桁径，高和宽均同三架梁的

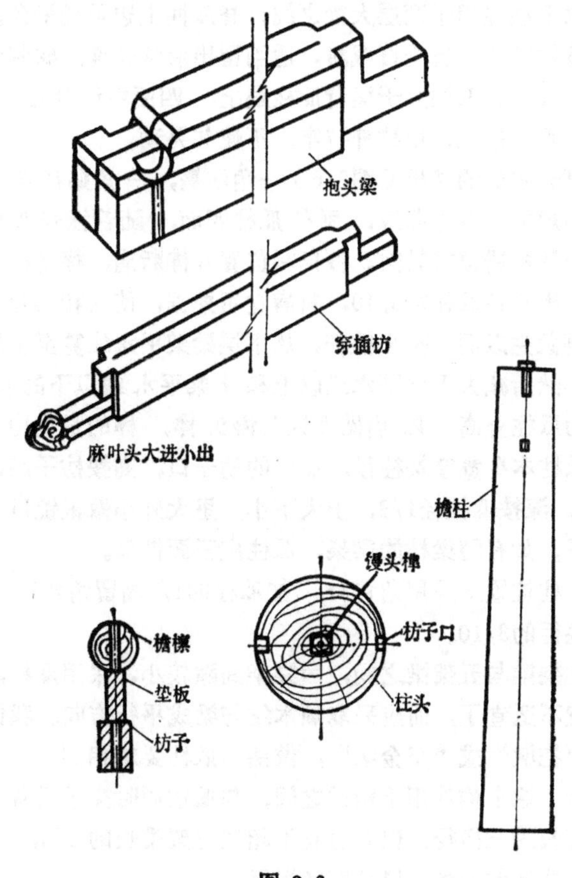

图 2-8

高宽。一端作梁头，一端做榫插入山柱两山面的双步梁，只在梁的里手做桁碗，外面不做，插榫宽按梁宽的1/3，榫高为梁高的1/2，梁榫在山柱眼内作巴掌榫交于替木上。其操作方法均同七架梁。

（4）单步梁：梁长比双步梁短一步架，高宽比双步梁的高宽各少二寸（6.4厘米），其法均同双步梁。

5.瓜柱的制作

瓜柱因所处位置不同，它们的名称做法也不同。瓜柱有下金瓜柱、中金瓜柱、上金瓜柱之分，属于槽瓜柱类，最上一层为脊瓜柱。槽瓜柱施用于两层大梁之间，脊瓜柱上边承托桁条。

槽瓜柱做法：首先打截料，适当留出后备长度。砍刨光平，四面弹中线。将瓜柱立于梁背瓜柱眼上，四面中线对准梁上中线，四面垂直吊正，用拉杆拉牢，不使其晃动。

用事先做好的叉板（图2-6）一角沾墨，一角贴在梁背上，沿梁背不规则的自然曲线，画在瓜柱四面，随着标好瓜柱位置号，以防瓜柱错位或转向。按标写位置开榫断肩，榫宽按瓜柱径1.5/10，榫长按瓜柱径3/10，断肩宜用挖锯，使其和梁背吻合。瓜柱下脚做完以后，按小杖杆，从下层梁架平水线算至上层梁的平水线，然后减去下梁平水线以上和上梁平水线以下的梁身部分，即为瓜柱全高。断肩做瓜柱头馒头榫，榫的长宽均为其径3/10。瓜柱本身宽窄按柱径。瓜柱的枋子口，高按枋子高，宽按枋厚1/3，深按瓜柱径1/3，上大下小，里大外小做银锭口，以备安装枋子。如有随梁枋的梁架，瓜柱应三面做口。

在瓜柱位置上采用角背时，按瓜柱的1/2高留角背口子，口宽应为柱径的3/10。

在七架梁与五架梁之间，因梁架间隙较小，采用瓜柱，立着用木料就不适宜了，而应采取顺木纹与梁成平行方向。我们通常称其为“柁墩”或“交金墩”，做法与瓜柱要求相同。

角背　这个构件用于两梁之间，与瓜柱同时交于梁背上。

角背长为三桁径，但其总长不超过三架梁长的1/2，高为一桁径或瓜柱高的一半，厚按3/10桁径。

在角背长的1/3处，下边凿眼栽木榫交于梁上，上边每面留1/4口子，瓜柱由此插入交于梁上。

6.桁的制作

［正心桁］ 其位置在檐头挑尖梁上，小式做法叫檐檩，有前檐和后檐的区别，在两山也有两山正心桁。

正心桁长按所在位置面宽，外加一个银锭榫长，正心桁直径为四点五斗口。小式檐檩直径同柱径。

正心桁的做法大致同柱子，按杖杆截料、放迎头十字线、八卦线，砍圆刨光，弹上下中线，做出上下金盘（按桁径3/10），两端一头做榫、一头做卯。榫卯大小按桁径的3/10，长也按3/10。小式做法还要按檩径1/4做刻半，落在梁头和桁碗之间。

正心桁全部工作完成后，将“椽花”点在上面，标写大木位置号。

挑檐桁 做法均同正心桁，只是直径为三斗口。

［扶脊木］ 按正身桁条长短大小尺寸，上面按正六边型搬尺，画在迎头三个面。下边三面随屋面脊步举架，在扶脊木上用杖杆点好椽花，凿作椽窝。在扶脊木与脊桁相叠时，找出脊桩的位置来，按所采用的脊桶子眼长短确定脊桩子眼位置（一般每节脊桶子要赶上一个脊桩），脊桩长按桁径1/4，扶脊木高和脊桶子高的9/10的总和为全高，厚按桁径1/3，宽按2/3，扶脊木与脊桁之间应栽木梢相连在一起。

［垫板］ 其长按净面宽加榫，高同桁径，厚一斗口。用于小式上，长也按净面宽加榫，高同檩径，厚2/10檩径或同望板厚。截料、刨光、做榫、编写位置号。

7.枋类制作

［大额枋］ 用于柱间，起连接两柱和承托上部斗栱之作用。其长度依位置不同而定。

首先按杖杆截料，加出榫和适当后备长度，额枋高为六点六斗口，宽为五点四斗口。

将已截好的料放平垫好，吊直弹线，找出宽窄高低，砍刨光平。

额枋与柱头相交，用杖杆和抽板采用讨退法，将柱子上的额枋口子大小讨在额枋上拉榫。额枋榫及肩膀做法也不同，榫有带袖肩和不带袖肩两种，肩有抱肩和回肩两种。按要求而定。额枋榫为大头榫，榫小头占额枋的1/3，大头为额枋的1/2，肩膀每面占1/4，榫长按柱径的1/4，榫做完后，四面按其所在面的1/10倒楞（图2-5）。

［小额枋］ 高为四点八斗口，宽为四斗口。榫宽按枋宽的3/10，榫高按枋高，其它均同大额枋。

［平板枋］ 又称坐斗枋，在大额枋上，用以承托大斗，高二斗口，宽三斗口，长按每间面宽尺寸加银锭榫长，在平板枋的上下两面各取中弹中线，按中线做银锭接斗榫，榫的大小按枋宽1/2。下面做暗梢与额枋相连，上面按斗栱攒位栽梢子（即坐斗榫）。

［承椽枋］ 用于庑殿或歇山等重檐大木上，以承托上檐檐椽和围脊之用。枋高七斗口，厚五点六斗口，长依每面面宽尺寸，在角柱上也做直榫交于柱上。

承椽枋榫高同枋高，榫宽按柱径的3/10，深按1/4，四面按每面的1/10倒楞。将杖杆上排好的椽径、椽当，点在承椽枋上，用弯尺画十字中线，按椽径大小凿做椽窝，椽窝下皮在承椽枋的平水下皮，按五举坡度凿椽窝。椽窝深度为半椽径。制作完工后标写位置号，以便讨退拉肩。

［随梁枋］ 小式做法用在五架梁和七架梁的下面，按金柱中一中讨退，做出银锭榫，其高宽同大额枋，枋与梁下皮相接处不用梢榫。

大式做法前后两端做出翘或昂，或一头出头，一头做榫插入柱内。如做翘昂时，在梁两肋拨腮，从正心桁开始向外做。

［穿插枋］穿插枋施用于抱头梁或挑尖梁下边。长按檐步进深加两柱径。用讨退法找出肩膀实际长度，开榫落肩膀。穿插榫宽为枋宽的3/10，高按枋高。做大进小出榫，榫出头各由柱中出一

柱径。榫可做方头、三岔头或麻叶头型状。

［桁枋］ 桁枋长按每间面宽净尺寸和银锭榫长。枋高按桁径，枋宽按高的8/10。榫宽按瓜柱径的3/10，深按瓜柱径的1/4，然后四面倒楞，标写位置号。

8.椽子、连檐、瓦口、望板的制作

椽子无论在那种结构形式的房屋上，用在下层时，出檐深度都按柱高计算。一般按柱高的3/10得出平出檐尺寸，若柱高超过一丈（3.2米）均按3.3/10计算。

［檐椽］ 长按平出（柱高的3/10），减去飞椽一份（平出的1/3），加上檐步架长，按五举加斜，加交掌0.5椽径即为檐椽总长。椽径按金桁径的1/3（即1.5斗口）计算。

椽子做法，按杖杆截料，留出盘头份。圆椽子应放线，砍圆刨光；方椽则放线找出大小，刨光。正身檐椽后尾，在金桁的外金盘线部位做椽碗子。

椽子如用于重檐，椽子长按檐步架加檐出减去飞椽部分，再加插入承椽枋内的部分（即承椽枋的一半或椽径的一倍），用五举增高即是全长尺寸。

花架椽、脑椽正身上均按步架增高加斜，加交掌一份为全长。脑椽长除依上法计算外，另加扶脊木入窝部分一椽径。

［飞椽］ 长按檐平出的1/3，加上二尾至三尾（一飞二尾、二尾半或一飞三尾），用三五举增高加斜为飞椽总长，飞椽径同檐椽径，高同厚（即檐椽之高）。

正身飞椽制作，可两头颠倒放线，在飞头母部位刻出闸档板口子，闸档板口子宽按望板宽，深可同宽。

［连檐］ 长按面宽总长加翼角飞檐长，适当加出余料，高与宽均按椽径大小。连檐一般都由若干段接续使用，钉正身飞头后，即可钉连檐，然后再将飞头，连檐分别牢死。

翼角连檐则不同，需要将这部分连檐开三道锯口，分为四批，每道锯口尽端相距30厘米左右，用水浸泡数日，方可拿来摽在翼角处，否则根本不可能搬出翘冲，并且使连檐易折。

制作连檐须用无疤节的好松木，否则极易摽折（图2-9）。

［瓦口］ 瓦口分两类，一类用于筒瓦屋面，一类用于板瓦屋面（板瓦屋面用的瓦口要做瓦口山）。

瓦口长按大连檐长，歇山屋面还须加上挑山部分所用瓦口米数。高按椽径的7/10，厚按椽径的4/10。如板瓦用的瓦口要加瓦口山尺寸。

瓦口制作要按瓦口宽的两倍备料，备料后，按分中号垄情况及瓦样尺寸做瓦口样板，按样板画线，画线翻样板时松紧要求一致，此工序应与瓦工协商进行。

翼角檐的瓦口，如瓦件没有异形瓦时，要将瓦口锯成斜瓦口或加大（图2-9）。

望板 有横望板和顺望板两种。顺望板按每坡椽长计算，厚按3/10椽径，一面刨光、埝口。横望板按面宽计算，做柳叶缝。顺望板板缝钉引条压缝，引条宽5厘米，厚3厘米。

9.翼角各部构件的制作

在古代建筑上，房屋的翼角是每个房屋构架上必要的结构之一，也就是说，出檐深远。

在歇山、庑殿建筑的屋面转角处，与建筑物正侧面的檐桁各成45°角，并随举架倾斜放置有角梁。角梁为两层合抱叠用，在下面的前端伸出檐桁外，做霸王拳雕饰的称为老角梁，叠在老角梁上面的，前端长过老角梁并向上翘起的叫仔角梁。仔角梁前端有套兽榫，为安放套兽之用。在同一檐面上，左右两个仔角梁前端（不计套兽榫）的连线至檐桁中线的水平距离称为“冲”，垂直距离称为起“翘”。角梁两侧的檐椽由下金桁起依次增加斜度安放，并随角梁逐渐加长出挑，同时前端渐次抬高离开檐桁，这些椽子称为翼角椽。在椽子下皮与檐桁上的空档内需垫一块三角木称为枕头木（或衬托木）。飞椽除了随翼角抬高加长出挑外，前端还应随仔角梁渐次上翘称为翘飞椽。翼角椽、翘飞椽若是方椽，还应随渐次抬高上翘的曲线扭撇成棱形截面。大小连檐也随之向斜上方翘弯成弧形交于老角梁和仔角梁前端的卯口中。

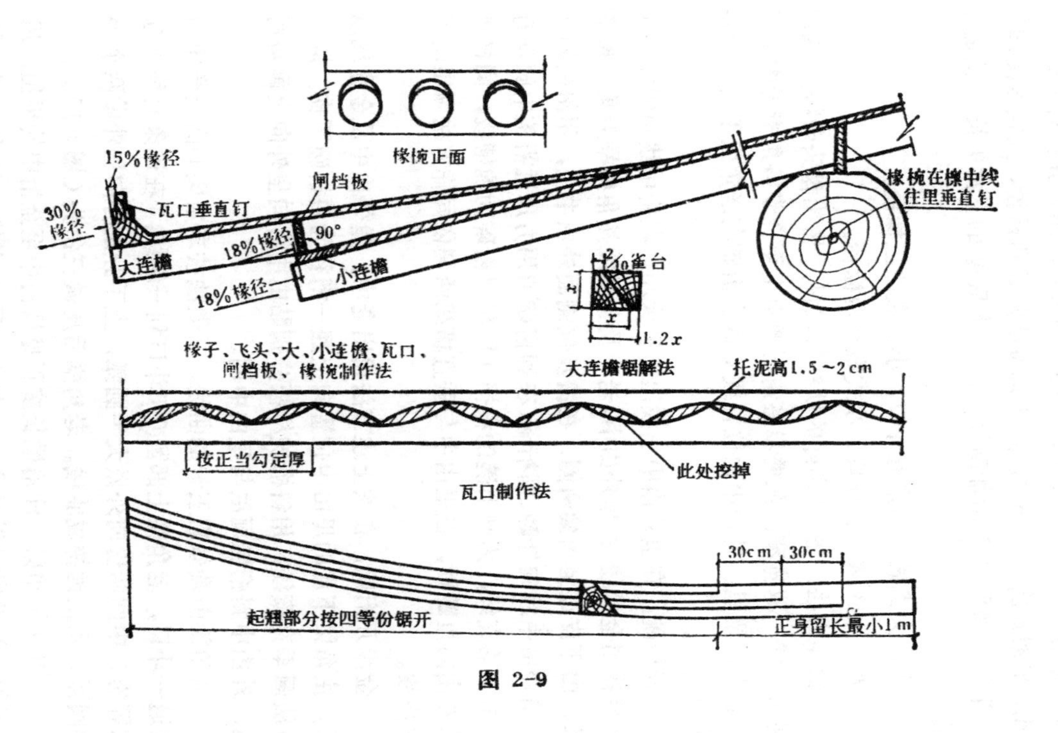
椽椀正面
15%椽径
30%
椽径
瓦口垂直钉
闸档板
90°
18%椽径
大连檐
小连檐
18%椽径
椽椀在檩中线
往里垂直钉
雀台
1.2x
椽子、飞头、大、小连檐、瓦口、
闸档板、椽椀制作法
大连檐锯解法
托泥高1.5～2cm
按正当勾定厚
此处挖掉
瓦口制作法
30cm
30cm
起翘部分按四等份锯开
正身留长最小1m

图 2-9

（1）老角梁　老角梁的长是由外往里（即由挑檐桁、正心桁至金桁的位置）占廊步转角的平出尺寸。用方五斜七之法，算出斜步架长度，再加冲。如小式做法加长两椽径，大式做法加长两斗口再加角梁五举加高尺寸，加上后尾的三岔头长，就是全长。

高：大式做法四点五斗口，小式做法三椽径。

宽：大式做法三斗口，小式做法两椽径。

操作方法：按已排好的杖杆打截料，留出盘头余料。放出迎头立线，取宽窄，在檐步搭角桁老中上至金步搭角桁老中上点上老中以及里、外由中的位置线（檐步桁碗在老角梁下皮、金步在上皮）。

开桁碗：在里外由中上找出桁径大小，在桁中线两侧按3/10桁径找出金盘线。把里外由中、老中及金盘线按角梁举架角度搬活尺，由下皮过至角梁两侧，在檐步位侧面外由中上，用斜桁碗样板贴外由中线向外翻、画桁碗（在画桁碗前用方尺过桁碗中画垂直于由中的直线，为画桁碗的根据）即将斜桁碗的碗槽线，同样再贴外由向里翻画，在里由中与垂直横线两侧依同样方法画出斜桁碗槽线。

金步开桁碗，在按上述方法找出老中，里外由中及金盘线以后，由角梁下皮的里由中位置向上翻一桁径为斜桁碗下皮。同上方法画垂直横线，用斜桁碗样板分别贴由中各向里外向上画斜桁碗，外由中斜桁碗画法与里由中同。

老角梁前端做霸王拳的曲线，其做法按老角梁的高由底面向里退一斗口，老角梁上部留0.5斗口划一斜线，在这条斜线上分六等份，中间两份向外做大半圆弧，上下分别各向里外做两个小半圆弧，用挖锯挖成曲线。老角梁后尾做三岔头（图2-10）。

（2）子角梁　仔角梁长按正身檐桁中至金桁中的平出，用方五斜七法求出斜平出尺寸，加上檐子（老檐、飞檐）斜出尺寸，再加出冲。如大式做法加长一斗口；小式做法加长一椽径，再加套兽榫长两椽径，用角梁自身举架增高为全长。仔角梁高宽

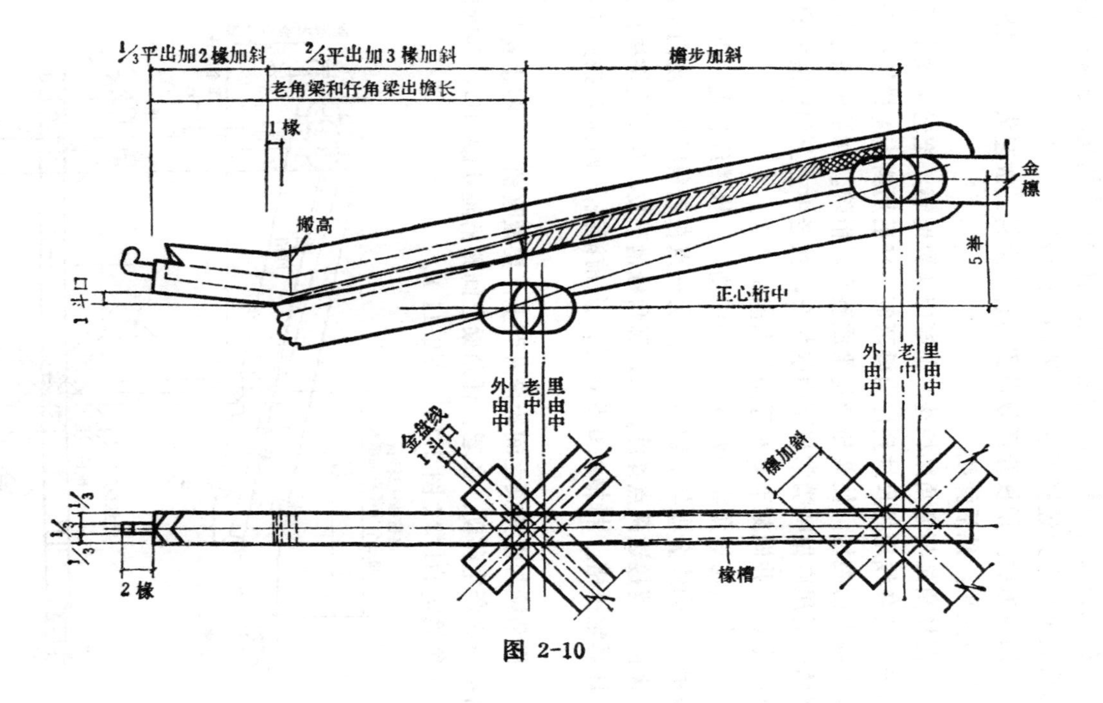
$\frac{1}{3}$平出加2椽加斜
$\frac{2}{3}$平出加3椽加斜
檐步加斜
老角梁和仔角梁出檐长
1椽
搬高
金檩
5举
1斗口
正心桁中
外由中
老中
里由中
金盘线
1斗口
1檩加斜
$\frac{1}{3}$
$\frac{1}{3}$
$\frac{1}{3}$
2椽
椽槽

图 2-10

同老角梁。

在老角梁上皮延长线的基础上，仔角梁应翘起。翘起高度按老角梁上皮至大连檐下皮，一般翘起四椽径。

操作方法：用杖杆打截料留出盘头余料，放迎头线，找出宽窄砍刨光平，然后弹线。

把仔角梁与老角梁相迭，前端出头要留够，把老角梁金桁上的斜桁碗各线用拐尺过到仔角梁两侧，然后用斜桁碗样板在仔角梁上画斜桁碗线，使其与老角梁成整个斜桁碗。如系庑殿建筑，仔角梁后尾应做鸭嘴掌与下由戗相交，按老中之上到里由中的金盘线定长，并做刻半（按仔角梁高的1/2）。

仔角梁与老角梁扣好以后，画椽槽线。椽槽线位置一点在金步里由中的外金盘与桁碗相交处，另一点在老角梁头上皮向下翻一椽径。连接这两点弹线，即是翼角椽槽下皮，从下皮按椽径大小计算定椽槽。椽槽深 0.5 椽径，向前渐浅，两面均按此法制作。

仔角梁与老角梁之间的接触面上，要做暗梢子，防止安装后两根角梁产生移动。在老、仔角梁之间斜桁碗处做闸口，其闸口宽为角梁宽的1/2（图 2-10 、图2-11）。

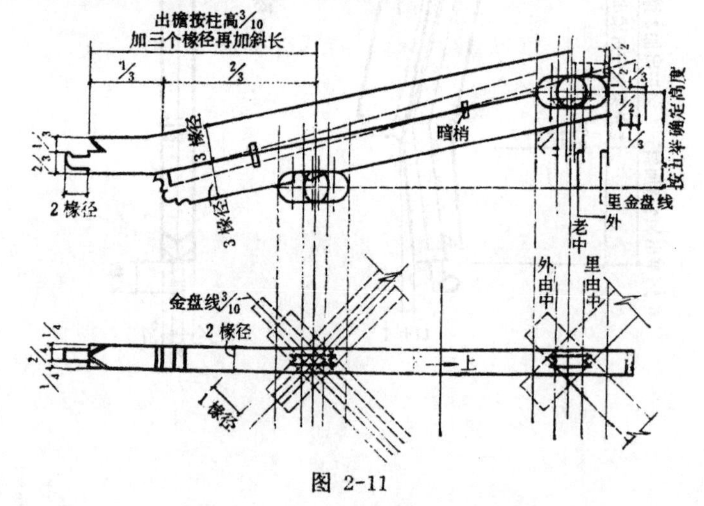

图 2-11

（3）翼角檐椽　首先按角梁长短排出杖杆，根据杖杆打截料，翼角檐椽按正身檐椽长，并以正身椽操作过程配料。如用圆椽按椽直径大小，从上下两面中线上找出椽子的上下金盘线，金盘宽按椽径的3/10。

放翼角椽子线：先依椽径大小制作两个放翼角用的线匣子，一个放在椽尾位置，一个在大约占椽身的0.8处，有时也将两匣分放两头，这要根据翼角根数和可能出现的肥瘦情况，见机行事。匣中弹中线，刻出一椽径的口子，在椽尾一头的匣子上，从中往两边各点0.4椽径，在每个0.4椽径范围内依翼角每面多少根分多少个小格，均分。由中向外，分别标写1、2、3、……，在椽头一端的匣上，由已刻得的一椽径口子两边，分别向两侧各翻一椽径，在这个范围内，按翼角椽数各分若干份，也由里向外标写1、2、3、……。

将已弹好中线的椽子放在匣内，使椽子迎头立线对准线匣中线，勿使移动。然后，用活尺在撇半椽的扳罾板上按第一翘搬好活尺，将活尺放在椽头中线上对准，画出斜线来，把这道线弹在椽碗正中线上，由这一点另一头在椽碗上面两边半椽径内的等分线最里边的两点，用墨斗弹线。

将椽子翻过来，再用同样的方法将另一面也弹上线，按此线即可进行砍刨（拔尾子）。

第二翘也是同样弹法。从扳罾板上，将撇的角度线用活尺搬下来，按第二翘划在椽头上，然后把椽子摆在椽匣内中线上，用拐尺贴在椽碗内板中线外的第二翘角度线上，垂直划线在椽头上，这一头由这一点，另一头在椽碗的第二翘等分线上，以这两点弹线，将椽翻转过来，用同样方法弹线，按线砍刨拔尾。

以下诸翘均按此法。

若翼角为圆椽，就可往下进行；若翼角为方椽，那么，在翼角备料时即应首先按不同撇向将各翘作好，以备拔尾子用。

扳撇放线 制作方法如下：用三合板一小块，格方，画出椽形，在一面上点中，连接中和对边一角，划斜线，在此三角形范围内，有多少翘，便在三角形内半椽份上等份多少份，分别将这些点与该边对角相连。然后，由半椽向里分别标写1、2、3、……。如果用规格板材，先将板材按檐椽长短截开，在板迎头按翼角边长点线，按此线，用活尺搬下翼角在三合板上所示各翘撇度，分别在板头上将一翘、二翘、三翘等依次画齐，另一头照样画好，要注意撇向一致。画好后分别在板上弹线（注意根与根之间要留出锯口份）。然后用电锯拉开，拉开后，注写明白一、二、三、……各翘名称，防止搞乱。

以上步骤完成后即可弹拔尾子线。将已放好的翼角椽放进匣内，尾与匣对齐，中线对准，勿使移动。两人用墨斗弹线。放第一翘时，尾部将线按在中上，即第一翘位上，头部将线头按在匣侧所示第一翘位上，弹好后，尾部线不动，头部移至另一侧，再弹。然后翻转翼角，下面也按上面弹法进行。

弹第二根时也是同样方法，不同的是头尾线都分别按在二翘位置上，依次类推。

放线时注意要左右各一根放，打对。

（4）翼角飞椽（翘飞）制作　翘飞一般采用集中配制的方法，用规格板材，一次放八根，对头放（一般单独一个建筑物有四个角，每翘需左右各八根翘飞）。

首先应准备好翘飞步架杆、举架杆和扳罾板来。

翘飞步架杆从角梁上得来，在已做好的角梁或角梁样板上，找出角上第一根翘飞的位置并弹出实样（一般为一翘三尾或一翘二尾半），由翘飞头向翘飞尾连直线，在直线上找出翘飞头、母和尾之间的距离，反映在杖杆上，然后，在杆上以翘飞母为飞头母，画出正身飞头的头尾所占位置。这样，除去正身飞头所占地位，翘飞头和尾部还各有一段距离。依翘飞根数，分别将这两段距离分为若干等份，用尺画好，分别由两头向中间标写1、2、3、……。直至正身飞头外一格为最后一翘位置线。所点各线，即为各翘位置线。

若为使用方便，可对头标画，在杖杆邻面，用已画好的翘飞母为这一面翘飞尾，用已画好的翘飞尾为母，再向一侧画出翘飞头，依样分格标号，这样就是一个两头对抽的翘飞步架杆。

翘飞举架杆是按上面方法在角梁样板翘飞位上引线连接翘飞头和尾两点。在直线上搭方尺，交于翘飞母，量出直线到翘飞母的距离。这段即是第一翘与正身飞头翘起的差，即第一翘实际翘起高度。用小杆一根，将这段距离标画于杆上，按翘飞根数将它分为若干等份，由上向下标写1、2、3、……。

扳罾板用于翘飞头上扳撇用的，可按放翼角用的板一翘撇半椽，依次递减，到正身格方。搬扭（翘飞母处用）依第一翘扭0.8椽径，依次递减，到正身格方。也有按扭半椽和扭一椽的，这要看具体操作时扳冲大小，因地制宜灵活掌握，过于呆板容易出现毛病。

以上工作齐备后即可放线。放线须两人进行，下面以翘为例说明：

用翘飞步架杆在板上点出两头翘飞头、母（尾）各点，沿板边弹一道直线（板是直边须借直边为线）用方尺搭在直边（或直线）上，将各点画垂直线，在垂线上按翘飞大小高低尺寸（适当留出加斜和锯口份）然后分别连接头与母（尾）、母与母，母（尾）与头各点弹线，再在母与母间斜弹出翘飞尾底皮线（图2-12、2-13），翘飞翘起用举杆点画。

将两迎头按撇扳尺画好椽头，在翘飞母处沿翘飞连檐方向搬扭，在背面画实线，依同一点再过方线，在背面画虚线。翻过板面，过好线，用举架杆和尺子分别在虚线上点翘飞位置尺寸，按虚线捺线，在实线上弹线，同上面一样进行。弹完后，两人用锯拉开，即是四对翘飞。

其它各翘，均按此法，所不同就是使用步架杆、举架杆和扳罾板时，各按不同翘递减空格。

（5）枕头木　枕头木用于翼角椽下面。因为翼角椽是随老角梁而翘起的，故此便出现了老角梁侧正心和挑檐桁上部翼角悬空的现象。枕头木就是用于此处，衬托悬空翼角用的。

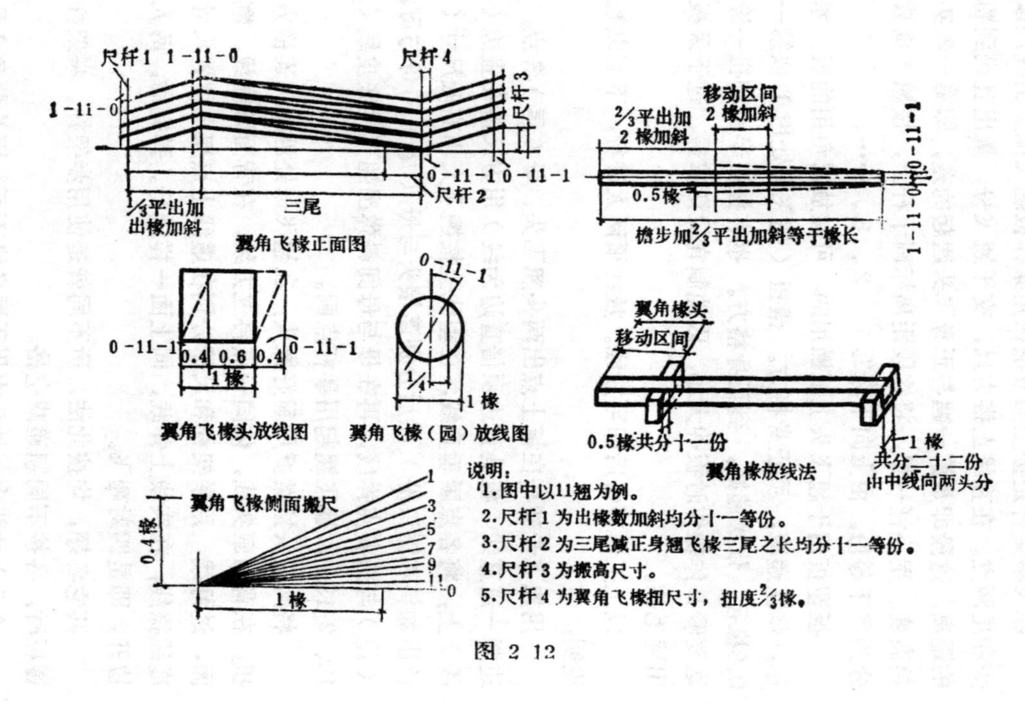

说明：
1. 图中以11翘为例。
2. 尺杆 1 为出椽数加斜均分十一等份。
3. 尺杆 2 为三尾减正身翘飞椽三尾之长均分十一等份。
4. 尺杆 3 为搬高尺寸。
5. 尺杆 4 为翼角飞椽扭尺寸，扭度⅔椽。

图 2 12

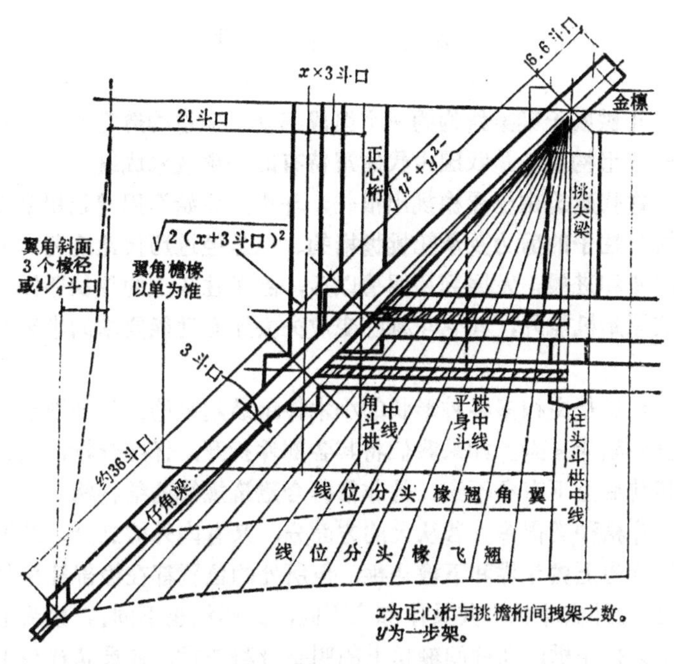

图 2-13

枕头木有用于正心桁和挑檐桁上的两种。用于正心桁上的，其长按步架，加斜榫长（也有不做榫，安装时拉斜角钉在角梁上的），高按两椽径（若翘起高度大，则高应大于两椽径。总之，枕头木高是从角梁上椽槽下皮线至桁上皮间距离得来的）厚按正心桁径几面一份，若无斗栱时，其厚可按一椽径计算。

挑檐桁上用的枕头木长按步架加上出踩拽架数（五踩斗栱加两拽架，七踩三拽架）加斜榫为全长。高两椽径外加挑檐至正心中尺寸的1/10为全高，厚按挑檐桁径几面一份。其做法是先打截料，刨光，按翼角放线位置确定椽碗位置。也有时不预做椽碗，在安装时根据翼角椽排列现剔凿椽碗。

第四节 斗 栱

斗栱属于梁架结构的一个组成部分，又是构造完善、制作精密的一组构件，是我国古代建筑特有的一项技术成就。

古代建筑由于屋檐挑出很长，斗栱的原始作用就是用来支承屋檐与柱子的剪力及承托挑檐桁的。但是经过历代建筑艺术的不断演变和进展，发展到了明清以后，除了柱头上的斗栱还保持着一些原始机能外，其它斗栱已变成失去原有功能要求的半装饰品了。

斗栱是由很多各种形状的小木件组装起来的，从外观看，重重叠叠颇为复杂。如果我们将其各部件拆开，仔细分析，则会发现其前后上下有条不紊，是非常符合建筑规律的结构物。

斗栱种类很多。若从大的方面分，又有内外檐之分。外檐斗栱又分为上檐斗栱和下檐斗栱，但所处的位置都在檐部柱头与额枋之上。外檐斗栱因其具体部位不同，其叫法也不同。在柱头上的叫柱头科斗栱；在柱间额枋上的叫平身科斗栱；在屋角柱头上的叫角科斗栱（图2-14）。在外檐平座上也有采用品字科斗栱的，与内外檐构架相关联的还有溜金斗栱。内檐斗栱除上述溜金花台科以外，还有梁架之间的隔架科斗栱和内檐品字科斗栱。

从细部看，每一攒斗栱（斗栱的全部统称为攒）又可分为三个部位。以檐柱缝为分界线，在檐柱缝上的叫"正心栱子"，包括正心瓜栱、正心万栱。在檐柱缝以外的栱子叫"外拽栱子"，在檐柱缝以内的栱子叫"里拽栱子"。

由正面自下而上看，分为大斗、十八斗、三才升、槽升子等小构件，正中挑出部分有昂、翘等构件。

在纵架上，用若干层枋子将各攒斗栱连接在一起的，叫做正心枋、外拽枋、里拽枋等。由此可见，斗栱是由若干大小不同的构件拼合而成的整体。但是构件尺寸的大小，不是千篇一律，而是根据建筑物的大小决定的，这个比例关系就是我们在本章第一

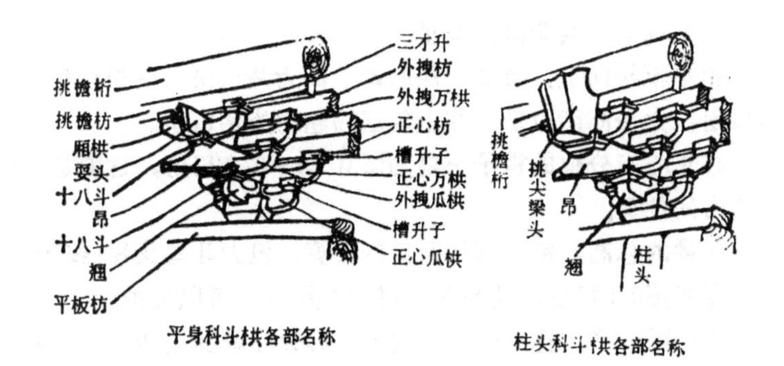

平身科斗栱各部名称

柱头科斗栱各部名称

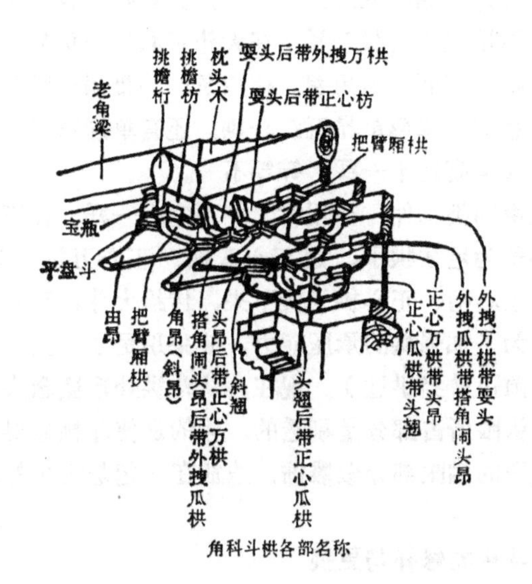

角科斗栱各部名称

图 2-14

节中讲到的“口份”。

斗栱，按建筑的类型和体量大小，确定口份以后，以口份作为建筑模数的基础，分别制作每一构件，然后组装。

一组斗栱的繁简，常以“踩数”的多少为标志。踩是什么意思呢？即以正心栱为中轴，挑出一层栱子为一踩，踩与踩的中心线间的水平距离称一拽架，每往里外支出一拽架，就多一踩，谓之出踩。如五踩，各向里外出两拽架，共四拽架。七踩各出三拽架，共六拽架，其余以此类推。

由平板枋向上，每高一层翘昂，高为两口份。平板枋自身高两口份，大斗高两口份，往上每层昂翘均为两口份。

在正心桁分位的栱子上要加厚0.25～0.3口份，这就是垫栱板所占的位置。

斗栱的总高，每一层按两口份计算，但大斗与头翘(或头昂)之间要减掉0.8口份，这是斗栱惯用的尺寸，可以类推。

斗栱踩数多，挑出的拽架就多，其分件就随之增多。一般来说从一斗三升开始，继之为一斗二升交麻叶，直到十一踩。在正面上有时不用翘（三踩斗栱）在大斗正面口子里施以昂，叫做单昂三踩斗栱。正面上不用翘，使用重昂为重昂五踩斗栱。将第一层昂换成翘即是单翘单昂五踩斗栱。还有单翘重昂七踩，重翘重昂九踩，甚至高达十一踩，等等不一。

斗栱中同类构件，在用材上并不完全一样。在正心桁下面所使用的栱子为足才栱子，如正心瓜栱、正心万栱。因屋面的压力，通过正心桁、正心栱子传下来，传给大斗，正心栱子要受很大压力，为了加强栱的承压能力，故采用足才（关于足材和单才的定义，前边曾经讲过）。现在，从斗栱外形概念来讲，即是：单材栱的栱眼所占部分是剔透的，为的是使斗栱显得玲珑美观，而足材栱子的栱眼部分做雕饰，迭放在一起是实拍的，为了便于承压。

一、斗栱的修补与更换

由于斗栱构件的件数最多，而且是小构件，结构复杂，富于变化，各构件互相搭交，锯凿榫卯，一般剩余的有效截面都很小。整攒斗栱由于外力作用，如檐桁向外滚动，柱子下沉，梁架歪斜等都能引起斗栱的各构件因受力不均而发生位移，因之扭闪、变形，常常伴随出现卯口挤裂，榫头折断和斗耳断落、小斗滑脱等现象。

木构件由于木材本身具有显著的湿涨干缩性，各个方面收缩不一致而发生裂纹，斗栱构件尺寸小，绝大多数都是没有木心的枋材，劈裂现象尤为严重，经常发生斗、栱、昂嘴裂断现象。

各种斗栱的“平”这一部分常被压扁。高度减小主要原因是斗的制作都是采取横纹受压，木材横纹受压的强度比顺纹受压强度小得多，但斗的形制又不宜使用顺纹材料，因为构件太小易断裂，因而存在此种不易避免的缺陷，维修时，需从修理单体构件开始，然后再进行整攒斗栱的归整。

斗栱的修补决定于是否大拆，因为斗栱中的构件所用材料都比较小。如果是大拆，破损较重，就须大部更换新料。如果不是大拆，除少量必须更换的构件外，一般轻微破损的构件，可根据“保持现状”的原则，进行修补。具体办法如下：

［斗］ 劈裂为两半，断纹能对齐的，粘牢后可继续使用，断裂不能对齐的或严重糟朽的应更换，斗耳断落的，按原尺寸式样补配，粘牢钉固。斗“平”被压扁的超过0.3厘米的可在斗口内用硬木薄板补齐，要求补板的木纹与原构件木纹一致，不超过0.3厘米的可不修补。

［栱］ 劈裂未断的可灌缝粘牢，左右扭曲不超过0.3厘米的可以继续使用，超过的应更换。榫头断裂无糟朽现象的灌浆粘牢，糟朽严重的可锯掉后接榫，用干燥的硬杂木依照原有榫头式样尺寸制作，长度应超出旧有长度，两端与栱头粘牢，并用螺栓加固。

［昂］ 最常见的情况是昂嘴断裂，甚至脱落，裂缝粘接与栱相同，昂嘴脱落时，照原样用干燥硬杂木补配，与旧构件相接平接或榫接。

［正心枋、外拽枋、挑檐枋等］ 斜劈裂纹的可用螺栓加固、灌缝粘牢，部分糟朽者剔除糟朽部分，用木料补齐。整个糟朽超过断面的2/5以上或折断时应更换。上述方法的具体施工程序可参照第三节的一些同病处理方法。

［斗栱构件的更换］ 由于斗栱构件是手工制作，原设计虽有一定的标准，但在制作时经过画线、锯截、锛凿、开榫卯等工序，不可避免的产生一些微小误差，构件大的，不易查觉，构件

小的就比较明显了。

构件数量多时，所用木材的干湿程度很难一致，在逐步干燥过程中收缩程度不同，锯截时相等的构件经过一段时间就会出现不同的后果，另外由于年久，构件受风雨侵蚀，干湿变化产生裂缝以后与原来设计尺寸就会有更大的差异。

由于以上这些原因，更换斗栱构件时，必须经过仔细研究，寻求其变化规律，定出更换构件的标准式样和尺寸，并做出样板以利施工制作。

更换构件的木料最好用相同树种的干燥材料或接近树种的木料，依照样板进行复制。根据经验，先做好更换构件的外形，榫卯部分暂时不做。中小型的修理工程时(多为不拆落梁架和斗栱)留待安装时随更换构件所处部位的情况临时开卯，以保证搭交严密，遇有落架大修工程时，整个斗栱都要拆卸下来，一攒一攒的进行修理，凡是应更换的构件就可照原状进行复制，并随时安装原位，以待正式安装。各攒斗栱之间的联系构件，如正心枋、外拽枋等构件的榫卯应留待安装时制作。

如遇重点建筑物的斗栱构件的修理和更换时，对其细部处理尤应特别慎重，例如栱瓣、栱眼、昂嘴、斗麣蚂蚱头和一些带有雕刻的翼形栱等，它们的时代特征非常明显，有时细微的改变都会反映时代的不同。因此，在复制此类构件时，不仅外轮廓需要严格按照标准样板，细部纹样也要进行描绘，将画稿翻印在实物上进行精心雕刻，以保持它原来的式样和风格。

二、斗栱的制作及各部尺寸

(一)平身科斗栱

1.大斗(坐斗)

平身科坐斗宽3口份，深3.25口份，高2口份。在高的2口份内分五等份，斗耳占两份，斗腰占一份，斗底占两份。斗底按底面0.4口份，侧面0.8口份倒楞。上按斗耳高刻十字口，垂直于面宽方向为1口份，平行于面宽方向1.25口份，横向留鼻子(图2-16)。

大斗可以单做，也可以联做。按坐斗尺寸大小开出规格料，即可划线。依坐斗高、宽、进深的不同尺寸，找好面，分别在各面弹出中十字线、十字口线、斗腰线、斗底倒楞线及斗间联做的截线等等。画线后，截开，拉十字口，剔凿十字口和斗底海眼，拉斗底八字楞，按0.25～0.3口份在正心方向刻出垫栱板槽口，然后净光。

2.槽升子

面宽1.4口份，进深1.65口份，高一口份，耳、腰、底的比例是2:1:2。槽升子做法是一面开垫栱板口子，一面按一口份做袖，基本与平身科大斗同（图2-16），用于正心栱子上。

3.三才升

宽1.3口份，进深1.4口份，高1口份，两边按0.2口份做出耳、腰、底楞，底中凿眼（图2-16）。

4.十八斗

面宽1.8口份，进深1.4口份，里面带袖，面宽方向开口，进深方向不开口（图2-15）。

（二）单翘单昂平身科五踩斗栱

1）翘的做法　翘与正心瓜栱十字相交，先按7.2口份长，2口份高做出样板。

样板具体做法是先按7.2口份长取中，划中垂线。在中垂线两侧各翻0.5口份，画中垂线的平行线。再按高2口份刻去一半，即为与正心栱相交的十字刻半口。未刻去的部分两腮剔袖（深按0.1斗口），在翘样板上面两头各向下0.6椽径画平行线，再由两迎头分别向里点一口份，交于平行线上一点，在翘上皮从迎头向里点1.2口份交一点，连接以上两点，将这块刻去。此处即放置槽升位置。再由翘上面刻袖线处分别向两侧点0.4斗口得一点，再由此点向下点0.4斗口，画线，再向下点0.4斗口，与上皮画平行线，再在一侧画弧线（弧中心处离刻袖线相距0.2口份），即为斗栱眼。在翘下皮刻口处，分别向侧向下点0.4口份刻袖（图2-15）。

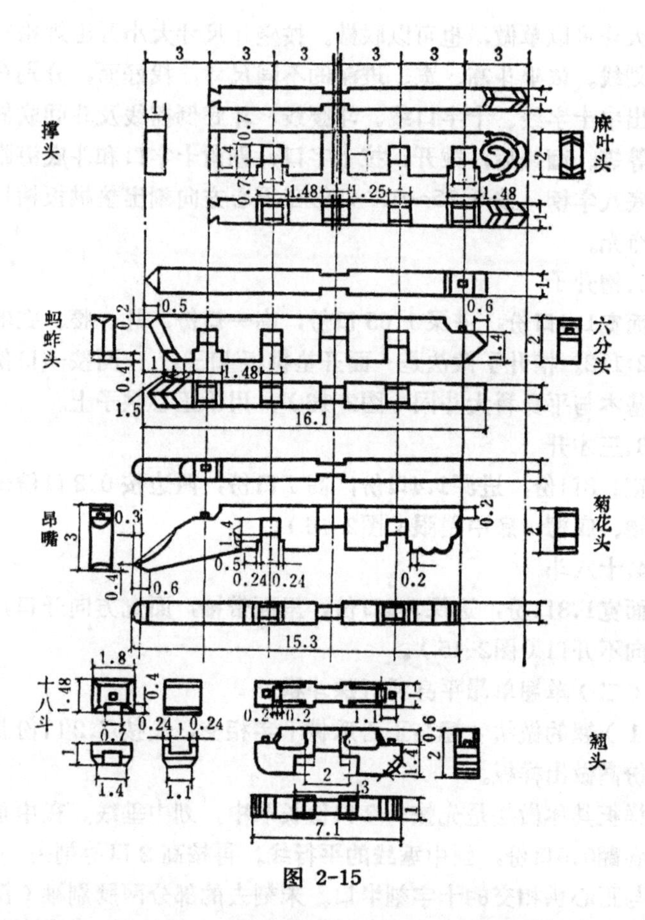

图 2-15

翘头分瓣卷杀法：翘头卷杀法有两种，虽然杀法不一，但所得的结果是大同小异。为明了起见，分别将翘（瓜栱）、万栱、厢栱头卷杀用图表示（图2-19）。

2）正心瓜栱　长6.2斗口，高同翘，其栱眼，卷杀法都按翘。厚为1.25斗口，有垫栱板槽。做出样板后，按样板尺寸备料刨光，将样板上各线过到料上，按线开口，剔凿、制作（图2-16）。

3）单才瓜栱　此栱用于里外拽。单才瓜栱长6.2斗口，高

1.4斗口，宽1斗口。卷四瓣，制作方法与上同(图2-16、2-19)。

4）正心万栱　长9.2斗口，高2斗口，足才。厚1.25斗口，有垫栱板口，卷三瓣。制作方法同前（图2-16、2-19）。

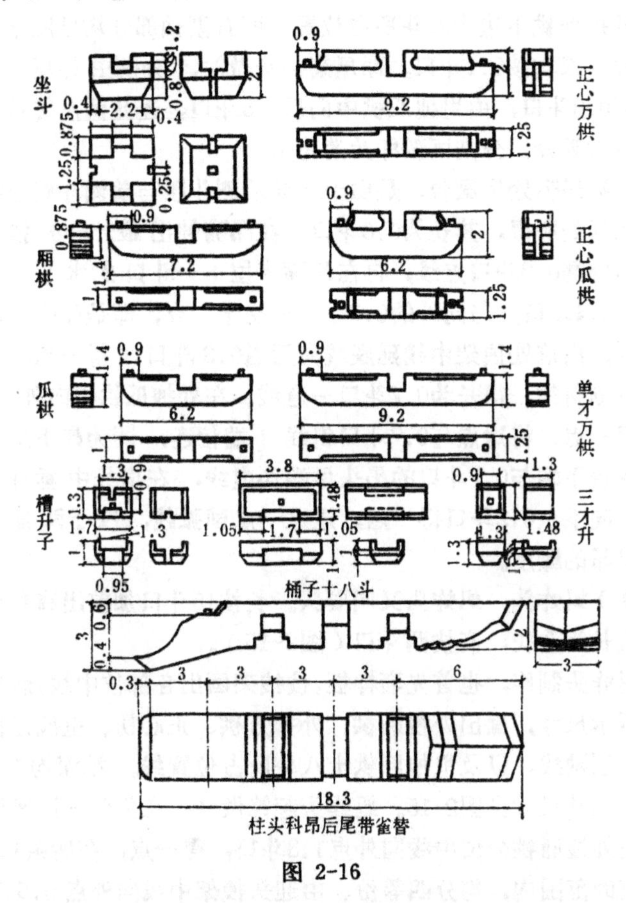

图 2-16

5）单才万栱　用于里外拽，长同正心万栱，高1.4斗口，厚1斗口，栱卷瓣及样板制作同前（图2-16、2-19）。

6）厢栱　长7.2斗口，高1.4斗口，厚1斗口。其做法同前，只是卷瓣为五瓣（图2-16、2-19）。

7）昂的制作　首先套样板，昂长以15斗口加昂嘴外0.3斗口为全长。高分两部分，伸出外拽瓜栱部分高为3斗口；后面部分高2斗口，共五拽架，应在样板上标出各拽架中线，按图2-15中所示尺寸、比例画出外拽瓜栱、里拽瓜栱、正心万栱的口子，以及外拽厢栱下边十八斗所占位置，所有剔袖部分均见图十五所示尺寸，深均按0.1斗口。昂尾菊画头做法，分别由昂尾尽端上皮翻下0.8斗口，由里拽瓜栱中向后1.5斗口，连此两点得斜线，将斜线六等分，分别画弧即为菊花头。

前端昂嘴处凤凰台，是由十八斗后侧斗腰与前侧斗底边缘两点连线延长所得，其长为0.8斗口。在昂嘴伸出最外一侧拽架中线，向外翻0.3斗口点线，再在昂嘴搭拉下一斗口的水平线上，向上点0.4斗口，与向外的0.3斗口线交于一点，即是昂嘴伸出的最远点。由该处拽架中线延底线向后退0.3斗口，得一点，连接这两点划斜线，得长为0.7斗口一道线。在外拽瓜栱中向外0.9斗口处得一点，将这点与0.7斗口斜线下端相连，即为昂下皮线。将凤凰台下端与0.7斗口的昂头尽端连虚线，在虚线中垂直于虚线方向向下点0.2斗口得一点，过这一点画弧线，交于两端点、即得出昂的颱度。

8）蚂蚱头　蚂蚱头又叫耍头。长按15斗口加前出锋和后尾六分头长为全长，高按两斗口（图2-15）。

蚂蚱头制作，也首先套样板，按拽架画出各部位中线，然后按图中所示尺寸，画出外拽厢栱、外拽万栱、正心枋、里拽万栱口和刻、剔袖线，以及里拽厢栱十八斗所占位置线。袖深均按0.1斗口，刻袖尺寸见图2-15。蚂蚱头起锋做法：在头部一拽架尺寸内，由外拽厢栱分位中线向外点1.3斗口，得一点，在所余1.7斗口距离的范围内，均分四等份。由迎头拽架中线向外点0.5斗口划线，在此线上，将蚂蚱头全高（2斗口）均分三等份，按图中画法连各点，即得起锋线。再退回，画平行于锋线的边线，即为蚂蚱头。顶端脑门向下0.2斗口画斜线。后尾六分头做法：由里拽厢栱中线向后点0.5斗口得一点，再由这点向后0.6斗口，再向下0.4斗口，再得一点。连接这两点，再由尽端点连接中线与下皮相交点，即得六分头（图2-15），然后，根据样板备料画线制作。

9）撑头木后带麻叶头　撑头木四拽架，加麻叶头3斗口加锋为长。作出样板，前端做大斗榫交于外拽挑檐枋，中部分别按拽中刻出外拽枋、正心枋、里拽枋刻半口子。袖深0.1斗口，在里拽厢栱位上刻里拽厢栱口子。

从厢栱中向外0.8斗口处点出两个0.2斗口，上边由麻叶头开始的地方画出一点，然后在料的四面画中线。再按三弯九转的麻叶云样子画弯、转曲线，后面起锋出0.5斗口，按麻叶头边线在周围画锋，曲线要自然（图2-15）。

（三）单翘单昂柱头科五踩斗栱

1）柱头科坐斗　进深长同平身科坐斗，面宽长加1斗口，高2斗口，头翘的口子按两个斗口开，其它部位放线做法均同平身科。

翘上用桶子十八斗（承托昂）长3斗口，外加两边十八斗斗耳为总长。

昂上用桶子十八斗（承托挑尖梁头）长4斗口外加两边斗耳为总长，其它如槽升子、三才升等做法均同平身科。

2）翘　套样板画法与平身科翘同，长度高度也同于平身科，宽为2斗口，十字相交处作刻半和袖，袖深按0.2斗口。

3）正心瓜栱、正心万栱、里外拽瓜栱、正心万栱　做法均与平身科相同，只是中间刻口不同。

4）昂后代雀替　此件高同平身科昂，宽三斗口，昂嘴、栱子刻半口及剔袖做法参看平身科昂、柱头科翘的做法。雀替全长18.3斗口，雀替占6斗口，从里拽瓜栱十八斗斗腰向后点0.4斗口，再向后点三个0.2斗口，依0.1斗口深向后按30°角画线，后尾由尽端按面上中线分别向前依30°角回锋，在回锋线与起凹线中部过雀替2/3点作曲线，即得雀替全形（图2-16），首先制作样板，按样板所示尺寸、角度画线制作。

5）挑尖梁头　五踩柱头科挑尖梁头，由正心桁中向外12斗口加出锋尺寸为全长。桁碗高五举，柱科挑尖梁头反映在平身科即是耍头与撑头木，桁碗三合一体，理解这一点，挑尖梁头上的枋、栱眼、斜盖斗板画线制作便好掌握了。上部从梁头尖部至挑檐桁中（半径）画锋线（此线为回锋画法），再按拽架画出正心枋槽、里外拽万栱、厢栱及拽枋、挑檐枋槽、井口枋槽、并画出挑檐桁、正心桁的桁碗和鼻子。按样板长、高和四个斗口宽备料，按样板所示各处尺寸画线制作。

（四）五踩角科斗栱制作

1）角科坐斗　在面宽和进深方向都加出垫栱板厚，成为3.25至3.3斗口见方。外面出跳按1斗口开口，里面加出垫栱板份，按1.25至1.3斗口开口，四十五度角上斜翘开口为1.5斗口，其余做法均同平身科（图2-19）。

2）搭角正头翘后代正心瓜栱　此件在角上有相同两件，一在檐面，一在山面。两件作十字搭角，并与斜头翘相交一处。其前端按翘长，后按瓜栱长，高两斗口，在样板中线上，将高2斗口份为三份，以其和另一面正头翘与斜头翘成三卡腰做法，栱眼等做法均同平身科。按样板依1.25至1.3斗口备料，制作时，将前端翘头两腮拔去，剩一斗口。在中线上四十五度角方向，按1.5斗口开斜口，此两件分别留腰的中份和下份，上面一份留给斜头翘作三卡腰用。正心瓜栱头要剔凿垫栱板槽（图2-18）。

3）斜头翘　按正身头翘乘1.414加长，在中线上沿四十五度角方向刻口去掉2/3，留出袖，栱眼、栱瓣做法均同平身科斗栱。在样板上画出三道中线，两头为平盘斗、无斗耳。

按样板长，2斗口高，1.5斗口宽备料，均按样板上线条、尺寸、要求过线制作（图2-17）。

4）搭角正头昂后带正心万栱　按13斗口加前昂嘴外0.3斗口，后斗外0.5斗口为全长，高2斗口，前昂嘴三斗口做样板，前部昂做法与平身科昂相同，后面正心万栱做法参看正心万栱和搭角正头翘后代正心瓜栱件做法。

由前向后第三道中线（与搭角闹头昂后代瓜栱相交处）下面

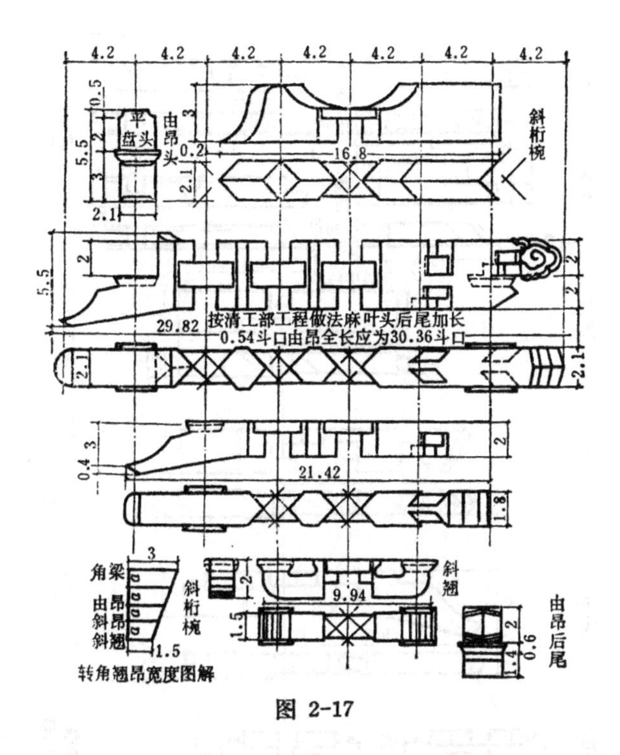

图 2-17

画出刻半和袖来，第四中线由上向下 2/3 画袖及十字搭角线，山面的正头昂画法同，只是十字搭角及袖是由下向上2/3，上边1/3按斜头昂，依 2 斗口宽开四十五度斜口。按样板长、高及1.25斗口宽备料，正头昂处拔腮落 1 斗口，后正心万栱做垫栱板槽（图2-18）。

5 ）搭角闹头昂后带单才瓜栱　按12斗口加前0.3、后0.5斗口为全长，高 3 斗口，厚一斗口。昂嘴做法同前，后单才瓜栱画法也同前，与闹头昂和搭角正头昂相交处刻半、袖画法同前，与檐面闹头昂相交处画十字中线，依斜头昂宽在四十五度角方向刻口，深按高的1/3。按已做好的样板及尺寸备料制做（图2-19）。

6 ）斜头昂后带菊花头　按15斗口加0.3斗口之长再乘1.414加斜为长，昂嘴 3 斗口、身 2 斗口、宽 2 斗口。

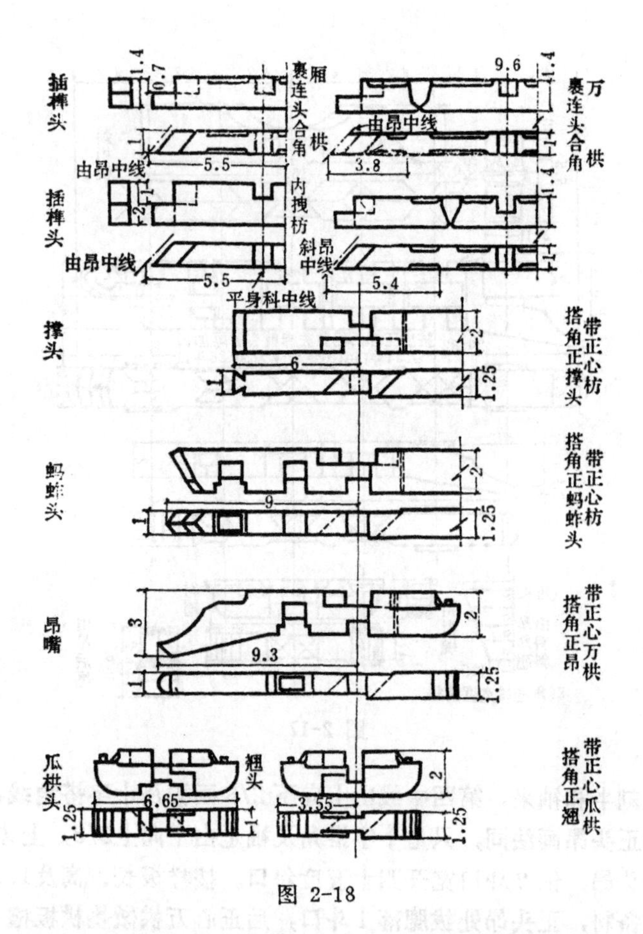

图 2-18

做样板，昂嘴与菊花头做法同正身，所不同是要加斜。按尺寸要求备料，画线，在下面与搭角闹头昂和搭角正头昂交点处做四十五度斜搭角（做法同前），菊花头里边与里连瓜栱相交处，在十字中线上，按四十五度角向外画出里连瓜栱槽，按线制作。

7）搭角正蚂蚱头后带正心枋　此构件要与山面的搭角正蚂蚱头后带正心枋以山面压檐面方法相交，按由昂宽（2.5斗口）做出四十五度斜搭角，由正心之前宽为一斗口，高均按两斗口，把臂厢栱和闹蚂蚱头相交，其刻半、袖做法均同前。长随平身科

（图2-18）。

8）搭角蚂蚱头后带单才万栱　前端按蚂蚱头长，后尾按万栱长的1/2，再加中间一拽架为全长，高2斗口，厚一斗口。蚂蚱头画法同前，下边与把臂厢栱画出1/3刻半及袖。与正蚂蚱头相交处做1/3刻半，后尾单才万栱画法同前。

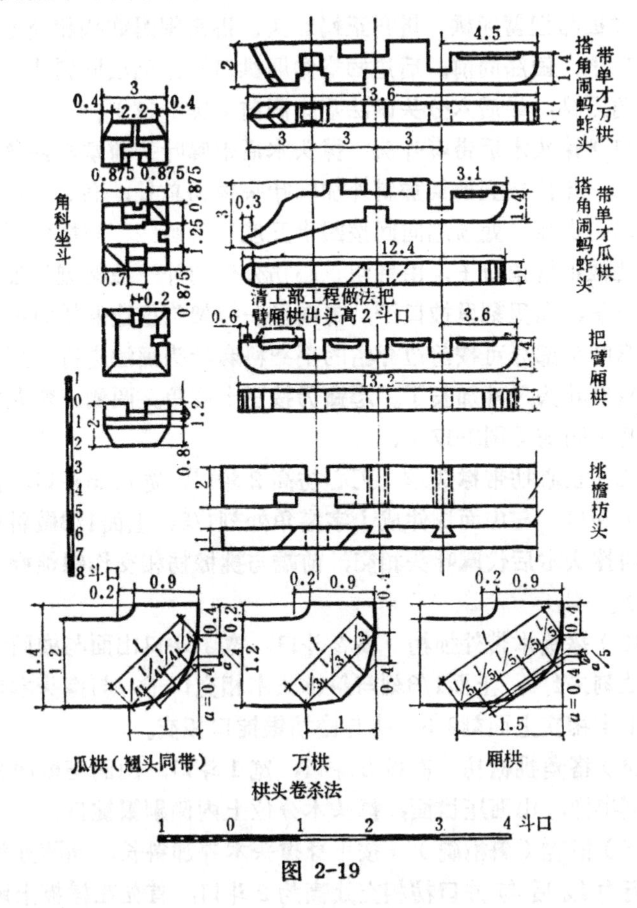

图 2-19

按样板备料画线，在正十字搭角处沿四十五度方向按由昂的宽做搭角槽，深1/3（图2-19）。

9）把臂厢栱　按8斗口加2拽架为总长，高1.4斗口，做

样板，两头按厢栱画线，当中两拽架与搭角正蚂蚱头，搭角闹蚂蚱头后尾代单才万栱相交，做刻半，山面扣檐面成十字搭角（图2-19）。

10）由昂后带六分头　按18斗口，外加昂嘴前部分，后尾六分头长（约两斗口）按1.414加斜为其总长，3斗口高，2.5斗口宽做样板与把臂厢栱、搭角正蚂蚱头、搭角闹蚂蚱头相交处画斜搭角口子，画法同前。后边画搭角厢栱口子，画法同斜头昂上的里搭角万栱，最后六分头画法基本同前（图2-17）。

11）撑头木后带麻叶头　撑头木后带麻叶头前端与搭角挑檐枋相交。此件按五拽架加斜外加麻叶头锋为总长，高2斗口，宽同由昂。由相交处顶端向回按四十五度拐尺画线，与搭角正心枋相交处做斜搭角口子，由搭角正心枋分位向外一拽架刻外拽架斜搭角口子，向里刻里拽口子，再向里一拽架刻里连厢栱斜槽，再后的麻叶头部分可按前边介绍的平身科麻叶头画法进行，所不同的是斜麻叶头尺寸加长了。起锋仍按三十度角。两侧三弯九渠线画法基本同前（图2-17）。

12）正心枋带撑头木　正心枋高2斗口，宽1.25斗口，撑头木按1斗口，与山面该件成十字搭角处刻1/3，上面1/3做斜搭角口与斜撑头木后代麻叶头相交，前端与挑檐枋相交作银锭榫（图2-18）。

13）撑头木带外拽枋　高2斗口，宽1斗口山面与檐面十字相交处刻去1/3，上面1/3刻与斜撑头木相交口子，与撑头木带正心枋十字相交上面刻2/3，头与檐枋银锭口相交。

14）搭角挑檐枋　高按2斗口，宽1斗口，山面与檐面相交处做刻半榫，山面压檐面，撑头木分位上内侧剔银锭口。

15）桁碗（斜桁碗）　按正身撑头木外加斜长，高随五举。正心桁中线后与井口枋相交处高为2斗口，首先在样板上画出挑檐桁桁碗，画法与正心桁桁碗同。在中部正心分位上，把老中、里由、外由、外金盘、里金盘线都反映在样板上，然后根据里外由中画桁碗（按正心桁半径加斜）。

按样板长、高、2.5斗口宽备料制作，后尾做出与井口枋相交的斜槽，在正心桁分位的中线上，按撑头木后带正心枋一斗口宽，由中按四十五度角画斜线刻口，即是桁碗与正心撑头木的斜搭角口子。口子深按枋2/3，两侧剔袖，深按0.1斗口(图2-17)。

三、斗栱的安装次序

斗栱部件是分件制作而成的，必须通过组装才能成攒。现将各类斗栱安装次序分述如下：

（一）单翘单昂平身科五踩斗栱安装

第一层：安坐斗一个。

第二层：安头翘一件，中心十字扣正心瓜栱一件，在翘上两头安十八斗各一件。

第三层：头昂一件，十字中线正心万栱一件，昂上前边安十八斗一件，正心万栱两头各安槽升一件，单才瓜栱上各按三才升两件，前后共计四件。

第四层：按蚂蚱头一件，中心十字上放正心枋一根，前后各安单才万栱一件，前扣厢栱一件，蚂蚱头下安十八斗一件，单才万栱上两头各置三才升两个，共四个。厢栱左右各按三才升一件。

第五层：撑头木一件，中心十字扣正心枋一根，两边安拽枋两根，前安挑檐枋一根，后扣厢栱一件，厢栱下置十八斗一件，两斗放三才升各一件。

第六层：安桁碗一件，中十字上扣正心枋一根，后带井口枋一根。

（二）单翘单昂五踩柱头科斗栱安装

第一层：按筒子大斗一件。

第二层：按头翘一件、中心十字扣正心瓜栱一件，桶子十八斗两个、槽升子两个。

第三层：安头昂一件，中心十字扣正心万栱一件，单才瓜栱两个，筒子十八斗一件，槽升子两件，三才升四件。

第四层：安装挑尖梁一件，单才万栱两个，厢栱两个、三才升八件。

（三）单翘单昂五踩角科斗栱安装

第一层：角科坐斗一件。

第二层：搭角正头翘两件后代正心瓜栱，斜头翘一件，正头翘上按十八斗一件，共两件，正心瓜栱上安槽升子两个。

第三层：搭角正头昂两件后代正心万栱，搭角闹昂两件后代单才瓜栱，里连合角单才瓜栱两件，斜头昂一件后带菊花头，正头昂后尾各按槽升子一件，前置十八斗各一件，闹头昂后代单才瓜栱上各按三才升两个，前各置十八斗一件，里连单才瓜栱上各安三才升两件。

第四层：搭角正蚂蚱头两件后代正心枋，搭角闹蚂蚱头两件后代单才万栱，搭角把臂厢栱两件，里连合角单才万栱两件，扣由昂一件后代六分头，蚂蚱头单才万栱上各置三才升一件，把臂厢栱上各安三才升两件，里连单才万栱上安三才升一件，闹昂前后贴升耳四件，宝瓶一件。

第五层：搭角正撑头木两件后代正心枋，搭角闹撑头木两件后代拽枋，里连头合角厢栱两件，斜桁碗一件，里连合角厢栱各安三才升两个。

第五节 装 修

由于古建筑主要是靠柱子承重，因此，装修在一般情况下，不起承重作用，它和墙体的功用一样，是建筑的从属部分。为了室内光洁明亮和使用的需要，常用门、窗、格扇（隔扇）等把每个柱间镶填起来。在古建筑中我们把各种门、窗、格扇、天花、藻井等项统称为装修。

装修虽不属于建筑结构的主要部分，但其构造形式却十分精美复杂。按其施用地位来分，可分为外檐装修和内檐装修两大类。

外檐装修（前后檐都为外檐）：其中包括门厅上的街门、垂花门，月洞墙的屏门及走廊上采用的倒挂楣子、坐橙楣子、什锦窗等等。

内檐装修（施用于室内）：一般有槛框、隔扇、帘架、花罩以及护墙板、随墙壁厨等等。

在木工工艺中，装修属于木工和雕刻工合作部件，通常门窗、槛框等较大的构件是由木工制作，而门窗的菱花、隔心、花罩，以及各种雕龙、花鸟山草等都是由雕刻工制作。

一、槛框

用于安门窗的架子叫槛框。其水平方向横着施放的叫槛；抱着柱子垂直竖立的叫抱框。槛根据所处地位的高低又分上、中、下槛。上槛也称替桩，在檐枋之下，中槛也称挂空槛，下槛放在地下。抱框一般有长短两种，长的俗称通天框，短的称短抱框。

槛框按面宽大小而定。比如，明间的下槛长应根据面宽中到中的尺寸减去一份柱径为全长，宽为柱径的8/10，厚按宽的4/10。中槛和上槛长和厚与下槛相同，中槛宽按下槛的8/10，上槛宽按中槛的8/10定。抱框高按檐柱高减去上下槛宽，外加两头榫长，宽按下槛的8/10，厚同下槛。如果明间隔扇中间有中槛，上边按短抱框，短抱框的宽厚与下边抱框相同，高按中槛以上至上槛下皮尺寸，外加两头榫长。

用于稍间次间的抱框，长按窗的分配尺寸。如用在稍间下有槛墙，上按榻板和支摘窗，应将檐柱的全高尺寸减去檐枋和上槛所占尺寸，其余由上往下分三等份，榻板上皮以下到槛墙下皮为一等份，榻板上皮往上至上槛下皮为两等份，由中槛分中，下一份做玻璃屉，上一份作纱篦子。面宽方向，中间用笨柱一根，长厚按抱框，宽为抱框的15/10。

槛的安装：首先按柱子中线，引至地面，按槛的宽度在柱子上分做双榫凿眼（榫须做倒脱靴即一头长，一头短）。拐出断肩线，在下皮按鼓镜位置叉好，用锯挖去这一部分。安装时先入长榫，后入短榫，用撬拨好后，用木楔将中间口子堵严，用水平尺找平，调正。

抱框的安装：先用搯杆量好抱框施放位置的实际高度，外加榫长，开榫断肩。将抱框立于柱旁（使下面靠紧柱子），用吊线法将抱框里口吊直，用一小块木板（板宽要以框和柱之间的最大空隙为限），将此木板与画签同贴于柱上划线。由上而下，两面画好。然后拿下抱框砍去多余部分，砍时外口要留线，里口要多砍亏一些，砍完安装，与柱子吻合后，还应再校正砍后的抱框是否垂直，如有误即进行调整，务使其与上下槛成直角。

二、榻板

榻板施放于槛墙顶上。长按所在面宽尺寸中到中减半柱径，宽按柱径的一倍半，厚按宽的1/4。

将榻板三面刨光，下面两边各刨一个小面。在上面面宽方向弹一道中线，用搯杆法将柱里皮尺寸量下来反映在中线上，用拐尺拐线。

把榻板一头放在槛墙上，板中线对柱中，然后用一条1/4柱径长的木板，按柱圆周曲线逐点反映在榻板上，连接各点，用挖锯挖去这部分，使其和柱子吻合。两端同样做法。然后按135°角，将四个角抹去，即可安装。

安装榻板一定要在数间拉通线，统一高度，以防邻近的榻板高低不平。榻板一般都在砌好槛墙后安装，在考虑高度时，可少许灵活一些，照顾槛墙砖的层数。

三、门窗

古建的门窗，一般明间为外檐门（明间前后檐相同），多为四扇五抹隔扇门。高按上下槛的净空尺寸，宽分为四扇（按面宽减去一个柱径再减去两个抱框宽，剩余尺寸除四，即是每扇宽）。

五抹隔扇全高分五份，以腰抹头（中绦环的上面一根）向下返2/5是群板及中绦环板，下绦环板所占部分，腰抹头向上返3/5是上边隔扇窗（亦称花心）所占部分。隔扇窗是通气进光部分，四周在门边抹头之内单做窗子仔边，按要求用棂条做成“步步锦”、“冰裂纹”、“六方菱花”、“正搭斜交”等几何形状。

中绦环、下绦环及群板一般采用起鼓落地雕饰或云盘线等装饰。还有复杂些的就在群板上雕作“团龙”和“五蝠捧寿”等图案。隔扇的门边上线条常见的为三柱香，复杂一些的则在交点处雕上兽草（图2-20）。

帘架　高按隔扇高，加上下插榫长（立边宽的三倍），宽按明间面宽尺寸减一柱径及两抱框宽，所剩尺寸分成四等份，其帘架宽占两等份为帘架立边的中。帘架心，高按隔扇高的1/5，在这1/5的范围内作步步锦或其它式样的窗心。

帘架的立边安在“荷叶墩”和上边“荷叶栓斗”上。在帘架心下边的抹头上安两个铜钩，供挂帘笼之用。

隔扇的后面，在上下槛上，按每扇的宽安装隔扇轴窝，中间在隔扇中抹头以下部位上，在老檐柱上安铁环子两个，用作穿门栓。古建的装修，除槛框以外，其它都是活的，随时可移动。

在一般小式房屋的明间上，除安四扇隔扇以外，在帘架上还安两扇小“余塞扇”，中间按风门一扇，这三扇的高按隔扇高的4/5，宽按余塞扇每扇占帘架宽的1/5，风门占3/5。

在另外一种小式房屋，明间砌槛墙，中间安挟门窗，其门宽占明间1/3（竖立通天框），槛墙和窗高度要随次间，挟门窗的高按柱高的1/5、门占4/5。此种门上的窗心多采用步步锦。

殿堂上的窗就是一层，如采用菱花窗，其窗高、枋及菱花窗中抹头，都要明次间一致（水平高度）窗宽尺寸也要四扇分匀。

无论明间次稍间，横眉子一般不分扇或者分为三扇，但不要与其下门窗分缝重迭。

大式硬山房采用的支摘窗，这种窗分为两层，里面一层在榻板以上和上槛以下按1/2的尺寸按玻璃屉子，上按纱篦子。外面一层为步步锦窗。上下两部分尺寸相同，下扇在窗边上下安四个销子。在抱框和间柱上凿销子眼，可以摘掉，上一扇在上窗边安两块合页，在窗下端大边上安销子。在上边扇上按挺钩两个，用以支起窗扇。这种窗叫支摘窗，下层玻璃屉外有安护窗板的（图2-20）。

古建门窗一般都采用双榫实肩大割角做法，一般在门窗大边

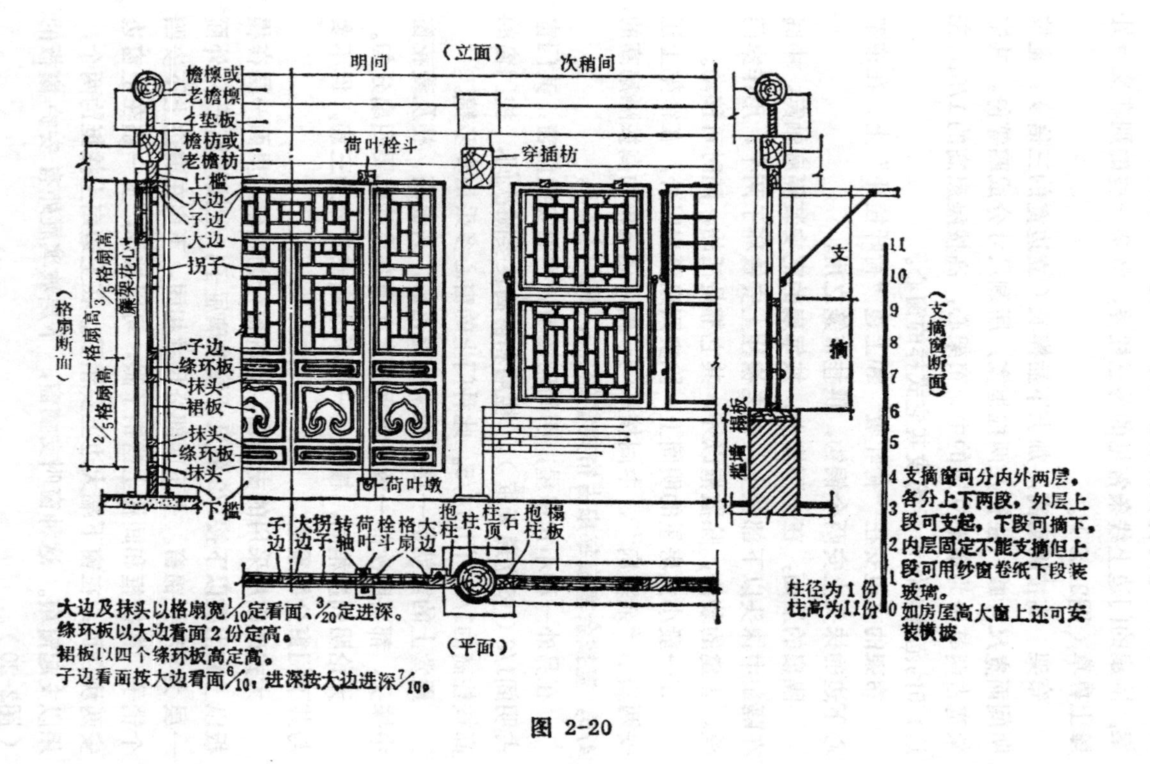
（立面）
明间
次稍间
檐檩或
老檐檩
垫板
檐枋或
老檐枋
上槛
大边
子边
大边
拐子
子边
绦环板
抹头
裙板
抹头
绦环板
抹头
下槛
荷叶栓斗
穿插枋
荷叶墩
（格扇断面）
格扇高
3/5格扇高
2/5格扇高
帘架花心
子边
大边
拐子
转轴
荷叶
栓斗
格扇
大边
抱柱
柱
柱顶石
抱柱
槅板
（平面）
槛墙
榻板
支
摘
（支摘窗断面）
11
10
9
8
7
6
5
4
3
2
1
0
柱径为1份
柱高为11份
支摘窗可分内外两层，各分上下两段，外层上段可支起，下段可摘下，内层固定不能支摘但上段可用纱窗卷纸下段装玻璃。
如房屋高大窗上还可安装横披
大边及抹头以格扇宽1/10定看面、3/20定进深。
绦环板以大边看面2份定高。
裙板以四个绦环板高定高。
子边看面按大边看面6/10，进深按大边进深7/10。
图 2-20

上做“窝角线”、“三柱香线”，棂子条多用盖面线。另外，棂子条一般都不直接交于门边或抹头，而是单做仔边小屉塞入框边，以便承做维修。

门窗的格子心是由棂条组成的各种几何图形；如“步步锦”“冰裂纹”“灯笼框”“盘肠”“角菱花”等，其中较易做常见的是步步锦窗。棂条一般是1.8厘米×2.4厘米的，掐腰、漂肩，盖面。古建棂条做用蚂蜂掐腰（图2-21）。

庭院中常见的门，如月洞门、屏门都是木板拼合而成，大部分为每樘四扇。门厚是门高的百分之二。拼板后，落薄厚，背面穿带，上下两边拍抹头，抹头上要两个以上榫卯，角上做大割角榫。

街门，要看其使用条件和大门过道的房座而定，有的用府第宫门，也有用规模较小的棋盘门或五带拈边小门。宫殿式大门一般适用于三间以上的宫殿门座上。按明间山柱中到中尺寸减去一中柱径，用杖杆排好总尺寸。高按中柱高减去脊枋高，向下返至柱顶上皮加柱顶鼓镜高为全高。宽按中到中减中柱径一份，在此尺寸内做门框。门框宽按柱径8/10，厚按4/10，门槛高同柱径。

门框的中槛在门框总高的3/5处，中槛以上为“走马板”，门框靠两中柱处按面宽尺寸分为八等份，以两等份做边框，中间安腰枋及余塞板，下边交于门枕上，下槛做活槛，在中槛的正面安门簪四个，与门背面的连楹交在一起，打眼下楔。

大街门门扇一般大于门口（里口）的一寸至一寸半，特别门立边要加长，以安门轴用。如是宫门，门边宽最少与门框同。后面最少用五抹至六抹。门正面安门钉，门钉路数为九路，横向九支，竖向九支，共计八十一支。门正面安兽面环两个。

门背面在两檐柱上安装门栓铁环两个，配安门栓，楔子全份（图2-22）。

四、内檐装修

此种装修在古建中是比较复杂的，由于要求制作精细，而且种类繁多，没有什么统一规则。通常是按使用要求，随匠艺发

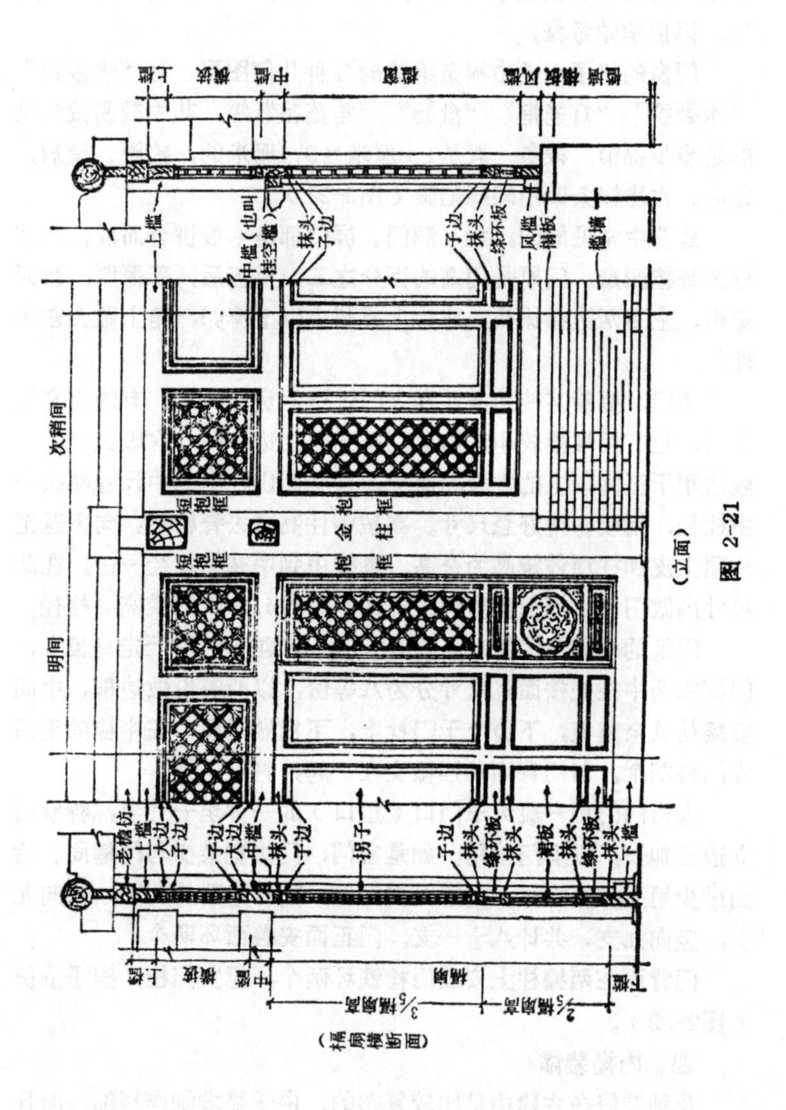
明间
次稍间
老檐枋
上槛
大边
子边
中槛
抹头
拐子
绦环板
裙板
下槛
短抱框
抱框
金柱
中槛（也叫挂空槛）
风槛
榻板
槛墙
（槅扇横断面）

（立面）

图 2-21

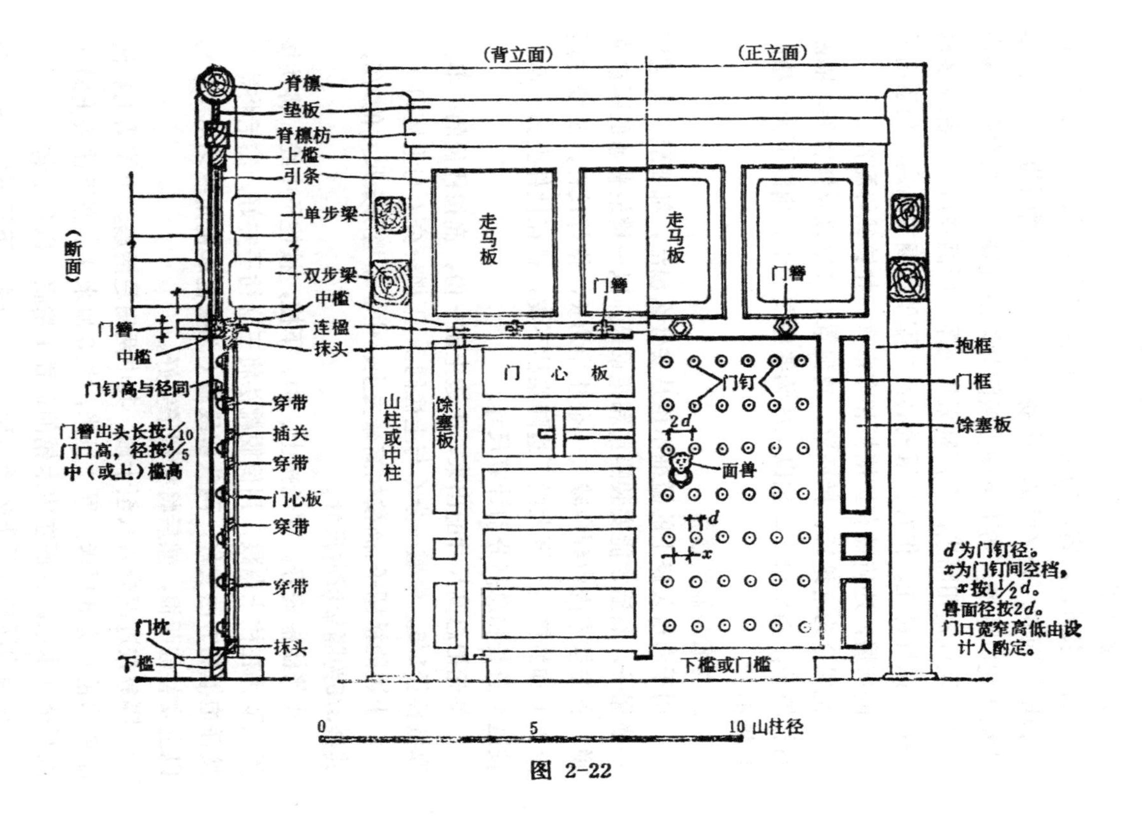
(断面)
脊檩
垫板
脊檩枋
上槛
引条
单步梁
双步梁
中槛
连楹
抹头
门簪
中槛
门钉高与径同
门簪出头长按1/10门口高，径按4/5中（或上）槛高
穿带
插关
穿带
门心板
穿带
穿带
门枕
抹头
下槛
(背立面)
(正立面)
走马板
走马板
门簪
门簪
门心板
山柱或中柱
馀塞板
门钉
2d
面兽
d
x
抱框
门框
馀塞板
下槛或门槛
d为门钉径。
x为门钉间空档，
x按1½d。
兽面径按2d。
门口宽窄高低由设计人酌定。
0
5
10 山柱径
图 2-22

挥，美观新颖为最。下面就以现有的形式分述如下：

1.隔断花罩类

就北京而言，室内的装修，如隔断和花罩等，大都是活的，可以随拆随安。较考究的室内安二到三槽，以明间为主，在两缝大梁下配以两槽，均不重样。两间如果用板墙子，东间则配隔扇一槽，两间施用隔扇，东间则采用花罩。明间在后炕上配炕装修一槽，以资衬托。但有花罩的必然要配壁纱橱或隔扇。如系用做居室的房屋，还应设有护墙板和窗帘盒、挂镜线等配件。

花罩分为落地罩、栏杆罩、鸡腿罩、飞罩以及博古架。隔断有板墙子，隔扇中十二扇以上的为壁纱橱，十二扇以下为一槽的叫隔扇。

2.内檐装修的槛框

用于内檐装修上的槛框不论是安什么扇活，都要配一套槛框和横楣子，然后才能安装隔扇和花罩等。以一槽最普通的隔扇来说，首先按室内中到中减去一金柱径为长，排好杖杆，高按柱顶上皮（加鼓镜高）至大梁下边随梁枋下皮，排在杖杆上另一面，按这个总长和总高分别计算尺寸。

首先把总高尺寸配出来，上边上槛一份，高按柱径的一半，厚按柱径1/5。中槛一分（与上槛同）,下槛一分（与上槛同）。

上边的横楣子,高按柱高减去上、中、下槛所余尺寸的2/5，其余3/5为隔扇所占尺寸。

先将槛框安好。首先按上、中、下槛，按柱子中线，将枋按厚做双榫在柱上凿眼，用倒脱靴法将三套枋子安好，然后将抱框按插抱框的方法安好，两头留线肩（为槛框起窝角线之用）中枋以上安替桩两根，然后将横楣子安好。

隔扇按进深分为八至十扇，其中两扇是活扇。上抹头上有两个死木销（宽 3 厘米，厚 1 厘米，长 3 厘米），在下抹头上同样做两个活木销，背面在安木销的位置上凿眼，以备安装。

在两扇活扇位置上安装帘架，上至中槛，下至下槛，帘架下端用荷叶墩固定在下槛上，上面按帘架腿宽 7/10 凿眼，眼深3～

5厘米，帘架拉榫插入荷叶墩上。上端帘架头拉银锭榫钉在中槛上，然后用荷叶栓斗套在帘架银锭榫上。两活扇按合页，就算安装齐备了。

隔扇有正面和背面之分。讲究一点的隔扇常做两面活。例如，按隔扇心说有“二面夹纱”的，按群板绦环说，前面群板上有镶嵌木雕饰（如花篮、子孙万代、四季花等）。绦环板上有龙草、草如意，以及万字不到头等。上边隔扇心内有灯笼锦和冰裂纹的，其仔边起窝角线，棂子条作凹面。两面活中间夹一层绢纱。

五、装修工程的修缮

1.老檐推小檐

古建中前后带廊子房屋的装修，由于增加屋内使用面积的要求，可将原安装于老檐的装修（即金柱一排的装修）推出安装在小檐上（即前檐柱一排的位置）。一般说来，只要房屋初建时是按规则施工的，那么，老檐位置的尺寸应和小檐的相同，推出的装修，重安在小檐上应该基本合适，装修的各部件均无须改动。我们以支摘窗下面有槛墙明间隔扇带有帘架的装修为例，简述其推出的操作过程如下：

明间首先拆去风门，拆下帘架，落下栓斗及荷叶墩，然后将四扇隔扇拆下。上面有横楣子的也随后拆落，最后拆抱框和上下槛。

次稍间，首先应摘掉上部的支窗，然后将下面的玻璃屉摘下（先用改锥起开玻璃屉的销子即可拿下），上部的纱篦子也要用改锥精心细致撬下，根据房间位置，编号放置，随后将风槛、间柱子、抱框等按顺序拆下来最后拆榻板。

老檐推小檐的安装步骤，最好瓦工先拆槛墙，为了节省时间，一面由木工拆除整修，一面由瓦工砌好槛墙，以便随时安装。

老檐装修移安在小檐上虽然尺寸相同，但老檐柱子是比小檐柱子直径略大的，此差异要在抱框重安时调整过来。首先按每间开间找出中来，以中间向两边赶，中心点就是间柱子的中，在水平方向，在三至五间之内按槛墙高拉通线，然后将原来拆下的装修按号安好，两侧柱间的抱框不足之处尽量向装修这边赶，余下的缝隙用木条镶嵌严实，榻板头缝隙也照此处理。

另一方面在拆下窗扇时要进行整修加固，扇活要使鳔、加楔，调方找正，玻璃屉纱扇缺棱条的要添配整齐。由于隔扇、槛窗的菱花心在早先均是双层糊纸，菱花支条细软，因此很容易破碎，又因菱花的透孔小，妨碍进光，因此目前的维修中，多是改为方格支条或改为玻璃开扇纱窗作法了。可将上部的支摘窗纱篦子一并拿下，将原扇口内重新调方找正好，然后按每间的尺寸，排在小杖杆上标明位置，按这个尺寸新制扇活，外面用木条（一般6×3.5厘米）贴出纱窗口来钉好，在此口上添配开扇纱篦子，下部摘窗的护窗板仍可采用。

2.门窗的修理

门窗的种类繁多，但大体可分为两类，即板门与隔扇，常见的残破情况及修理方法如下：

（1）板门　六大框的大街门一般安装在山柱上，下槛做活槛采取五带攒边作法，门板以五条木带前边留出板厚度来钉于正面，门可以随便摘下，修理时可将门开成90°向上提出海窝，由上往下落门即可摘下。另一种小于六大框的街门，门框安在檐檩上，里面做大门道，此种门只有门口上有走马板，两边没有余塞板，仍用五带攒边作法，拆安方法与大六框门相同。

板门是由厚板拼装而成的，由于原建时，所用木料不干及年久木料收缩出现裂缝现象，细小裂缝可待油饰断白时用腻子勾抿，一般裂缝要用通长木条嵌补粘接严实，裂缝较宽时，也可按各种裂缝的总合宽度，补一块整板，木条或整板要与门厚度相同。

板门最边上的一块木板叫“肘板”用它上下长出的一段做为门钻，安在连楹和门枕内，门的关开以此为轴来转动。由于古建筑中板门又大又厚，仅依门钻支承，因而常常出现门钻被磨短压劈，有时连时板下部也被压劈，甚至断裂，致使门扇下垂，此种情况，可在下钻外表上套一个铸铁筒，以恢复其原高度。再由铁筒的上部伸出两块或一块铁板，高度应超过时板断裂处，用螺栓或上脚钉钉牢，同时，在门枕的钻窝处放置一个铸铁碗来承托铁筒，防止门枕被磨损。

有时，由于上门钻磨损或伸入连楹的圆孔被磨，整体门扇发生倾斜，两扇板门对缝不严时，应在上门钻的外皮和连楹孔内，各套一个铁板筒补足，以校正被磨损的扇斜。

另外一种屏门，有的用于四合院的东西角上，有的用于四合院垂花门以外的屏门上，由于门宽，一般不是独板制成，年久后，板缝开裂，严重者以致散开，修理时要打开抹头，退出串带，将门板用鳔粘好，如经过刮刨不够宽时，要加条补足，所加的条要加到里边，以免安铁活时劈裂脱落。

对于板门附属的铁件，如门钉、门钹等，最好还用原样的，因为它不但起拉扯作用，而且还代替了合页。

（2）隔扇 门窗由于年久，开启活动多，四框边梃的抹头榫卯松脱，修理时应整扇拆落，归安方正，接缝要加楔重新灌胶粘牢，最后在扇活背面加钉铁三角和铁丁字（三角和丁字要嵌入边梃内与表面齐平，用螺钉拧牢）。边梃和抹头局部劈裂槽朽时应钉补牢固，严重者应予更换。

隔扇心，从简单的直棂到较为复杂的三交六碗菱花窝，它们的棂条都比较细软，交接点多，整体连接的强度弱，常因碰伤或巨震而残缺不齐，局部残毁后如不及时补修，就会使整扇棂条脱落。

通常遇到的情况多属于局部残缺，补配时应根据旧棂条的样式，依样配制，单根做好后，进行试装，完全合适时，再与旧棂条拼合粘牢，如果是新旧棂条搭接，接口应抹斜，背后要加钉薄铁片拉固。

走廊里倒挂楣子的添配修理，其方法大致与隔扇心处理相同，眉子心添配时要按旧样翻样画在薄板上，按条子大小制作。

3.天花、藻井的修补

天花板有两种，一种是井字天花；一种是海漫天花，它除了本身的重量外不承担其它重量，其结构是在每间井口枋内的空间用纵横十字相交的支条搭成方格子，格子上盖木板，在古代天花称为仰尘。

井字天花由于支条断面小，跨度长，年久失修，造成天花下垂，支条折断，会严重影响安全。

在加固时，应首先检查一下梁架有无劈裂或倾斜现象，天花贴梁有无脱落现象，挺钩是否还能起作用等等。一般来说天花梁是不会出大问题的，但贴梁或帽儿梁极易出现裂缝折断问题。由于天花支条所刻的腰子很多，年久后木料干缩，劈裂而造成折断，外加木骨架的走动或受地震等外来影响，往往出现天花支条脱落和天花下垂等弊病。

首先要普查一下天花支条的损坏根数和其它构件的添配情况，，然后将顶棚支顶加固好，将一井一井的天花板拿下进行加固。先检查一下天花贴梁，发现疵病后即进行处理，然后再加固添换支条。天花板要在下面设专人检查、修配（即随检随修），板开裂之处要用胶贴好，带口用钉子钉牢，天花支条可在上边复枋子，然后根据起拱高度下面长楔子，上边的操作人可以紧挺钩，顶好。最后将每块天花板如数盖好。

海漫天花，现在经常采用多层胶合板制作，加固时与井字天花加固法基本相同，只是天花下垂的原因完全在于上边，如果帽儿梁支条不出问题，加固就比较简单了。

对于结构简单的藻井，一般无雕饰，只绘画龙纹、花卉。复杂的藻井在顶部装饰有木雕盘龙，四周施安斗栱天宫楼阁等装饰构件，仿佛一组小的木制建筑模型。这些构件的榫卯简单，年久后常出现整体下沉、松散、构件脱落残缺等现象。

整体松散下沉，应搭满堂红架子详细检查，松散轻微的，在藻井背面加铁板拉扯、铁钩等与周围的梁枋拉接牢固，严重的应折卸下来在背后加钉铁活，修整后重新归安。整体下沉时，用支顶加固法支起应有高度，用铁钩固定在附近梁枋上，然后再修配小构件。修配齐整之后，再装回原位。

第三章　瓦　　作

本章着重介绍的是瓦作修缮中经常遇到的项目，如整修台明、拆砌砖墙、揭墁地面及翻修瓦顶等项工程。至于古建筑的基础工程，因修缮机会较少，本章就不详作介绍了。

古建筑瓦作分大式和小式两种作法。但瓦作大、小式的区别，与木作不尽相同。小式木架的房屋可用大式瓦顶，大式木架房屋也可用小式瓦顶。大式瓦作大多使用石活、筒瓦和琉璃，在屋顶上有特殊的脊瓦和兽头。歇山、庑殿等有翼角的建筑无论有无兽头也算大式建筑。小式瓦作无兽头，屋顶瓦面多用布板瓦。另外应注意的是，大式建筑群中可以有小式作法，但小式建筑群中绝不可以有大式作法。

中国古代建筑的艺术风格，到了宋代已趋完善，但到明、清时期，在造型艺术上又有了发展和变化。所以在修缮中一定要注意保持原有的建筑风格，不可将不同的历史时期的建筑风格混在一起，尤其是不可在早期建筑的修缮中出现晚期建筑的风格。比如宋式建筑中的山尖部分常带“垂鱼”，但在清式建筑中却从未见过，所以在清式建筑(或建筑群)的修缮中如果使用了“垂鱼”，就是犯了画蛇添足的错误。现将瓦作中宋式与清式建筑在外形上的几处明显的不同之处开列于后，供读者在修缮中参考。

明代以前的建筑，尤其是宋式建筑，常做“升起”。所谓升起，即整个正脊为一条曲线，正脊的两端往上翘起。在操作时，应在苫背抹扎肩灰时就将升起抹出。调脊时应拴囊线。

宋式建筑常采用砖望板的形式，即用砖代替木望板。采用砖望板的特点是不易糟朽，但整体性不强。

宋式悬山建筑的小红山“财神洞”比清式的深，即檩子挑出的尺寸比清式的多，因而它的博脊也就不是一条直线。

宋代以前建筑较多采用布瓦屋顶或琉璃剪边作法。

宋式悬山建筑的两山博缝板相交处，应做“垂鱼”。

宋式建筑所用走兽的数目、脊的构件，瓦的形状与清式建筑都有差异。如：宋式建筑中正脊的两端用鸠尾而不用清式的正吻，檐头用花边瓦而不用滴子瓦。

宋式建筑的须弥座中的束腰部分约占总高度的二分之一。

宋式建筑的墙体厚度一般比清式墙体厚四分之一柱径或者更多。

明、清两代的建筑的瓦作风格相仿，一般可归为一类。在修缮中，只要不影响原有建筑的外观，一般可按清式建筑的作法做。如：明代琉璃瓦件比清代建筑的瓦件种类更加繁多，但多出的瓦件大多并不外露，因此可省去不用。

第一节 台 基

一、概说

台基、墙体和屋顶是古建筑的三大组成部分，台基是基础部分。其规模的高大雄伟是中国古代建筑的一个突出特点，因此它的地位是十分重要的。

台基露出地面的部分叫做“台明”。由于房屋的木柱和墙体都是建立在台基上，因此建筑物的稳定性和艺术造型都与台明有密切关系。台基各部尺寸，受着屋顶出檐深度和檐柱径等的制约，有一定的比例关系，所以说整座台基的长度和高低，其尺度是根据屋顶和木架设计出来的，因而对于台基必须有个明确的认识。为此，特将台基各部的名称、尺度与上部建筑的关系分别列表、画图（图3-1、3-2、3-3），说明如下：

如果上檐出的尺寸超过了步架（檩中至檩中的距离），则应减去一些。就是说，不能“过步”。这时下檐出也要相应地减去相同的尺寸。如果因木材长度的局限而不能与理论上的尺寸相符时，下檐出也应相应变化。总之，在着手设计台基时，要因地置

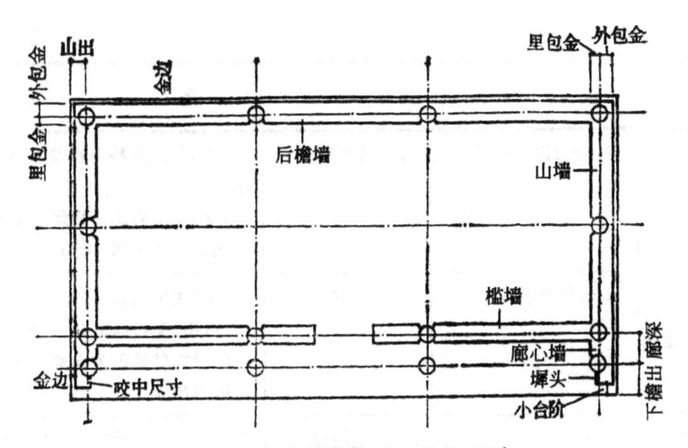

图 3-1 小式封护檐硬山台基平面

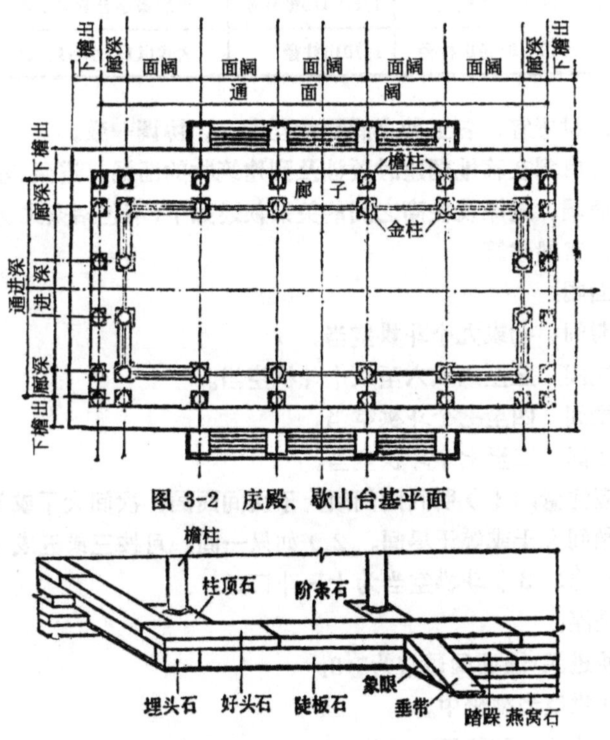

图 3-2 庑殿、歇山台基平面

图 3-3 庑殿、歇山台基一角

表 3-1

	大　　式	小　式	备　　注
台明高	1.5～2倍檐柱径	1.5倍檐柱径	（1）如地势特殊或须弥座，可加高； （2）配房应比正房矮一级（一级为12.8厘米即4寸）
下檐出	2～3倍檐柱径	2倍檐柱径	（1）硬山、悬山以2/3上檐出为宜。歇山、庑殿以3/4上檐出为宜； （2）如经常做为通道，可大于上檐出尺寸
山　出	1.6～2倍山柱径	1.6倍山柱径	悬山、庑殿为2～2.5倍山柱径
小台阶	1/5～4/5檐柱径	1/5～4/5檐柱径	封后檐小台阶同山墙金边尺寸
金　边	1/10～3/10山柱径	1/10山柱径	大式以1/2小台阶尺寸为宜

宜、因材置宜，各工种之间要相互配合、协调一致。

考虑到在移地翻建时要涉及到建筑物的面阔、进深等问题，现将面阔、进深及柱高之间的关系叙述如下(不包括杂式建筑)：

1.宫殿建筑

面阔：

明间　七或九个斗栱空当。

次间　五至六或六至八个斗栱空当。

稍间　四至七个斗栱空当。

尽间　二至七个斗栱空当。

应注意：1）明间面阔须大于次间面阔，次间大于或等于稍间，稍间大于或等于尽间。2）如只一间，可按三或五或十一个斗栱空当。3）斗栱空当为十一斗口。

进深：

通进深：通面阔通常为5:8。

斗栱空当须坐中。

檐柱高：60斗口。

2.无斗栱之大式建筑

面阔：明间面阔比柱高可按7比6算，也可以按5比4算，又可按1比1算。柱高的多少，取决于建筑物的性质。

次间面阔应比明间面阔减少1/8或1/10或1/20。稍间、尽间依次递减。次间面阔也可与明间相同。

进深：明间面阔通常为1.25～1.85:1。廊深约为2/5檐柱高。

柱高：不小于8尺（256厘米）。

3.小式建筑

面阔：明间面阔比柱高可按4比3算，也可按5比4算。柱子的高矮，取决于建筑的性质。

次间面阔应比明间减少1/8或1/10或1/20，稍间、尽间依次递减。次间面阔也可与明间相同。

进深：明间面阔通常为6:5。廊深为4～5倍檐柱径。

柱高：一般取7.5尺（240厘米）～1丈（320厘米）之间。

无论是无斗栱的大式建筑还是小式建筑。一般都是先定面阔。然后再决定柱高和进深。面阔的决定程序是，根据材料定檩长，根据檩长定明间面阔，根据明间面阔定其它各间及通面阔。最后根据地形和设计要求进行调整。

如因地势或材料局限，面阔和进深均可酌减。但柱高不可降低。

二、整修台明

台明的整修可分为石活归安和拆砌台明。局部石活的整修复位叫石活归安。整个台明的拆修叫拆砌台明。这两项作法基本类似，因此将这两项修复工程统述如下：

在整修之前应先检查柱顶石和柱根是否牢稳。经检查或加固确认牢稳了。再拆除阶条石或陡板。如果两端的“好头石”或“角柱”（角：音“绝”）发现损坏或位移，应先行更换或归安。

操作时以两端好头石外皮为标准拴一条横线即“卧线”。（俗话说，“巧眼不如拙线”，无论何种工程，修缮中凡能拴线操作的都应尽量拴线）。陡板、阶条石的更换或归安都要以线为准找正立直（古建中凡立置的砖都叫“陡板”）。阶条石里口下面要用大麻刀灰锁浆口(灰浆的配制详见附录常用灰浆的配制)。

砌筑完毕后应灌“桃花浆”,浆应分几次灌,每次不要太稠。最后用干灰砂填缝并用笤帚守缝扫严。

三、须弥座

宫殿式建筑的台基常用石头或砖砌成“须弥座”形式（见图3-75）。中国古代建筑台基部分的最大特点就是舒展和雄壮，须弥座在这方面表现得尤为突出。

须弥座的高度一般都比普通台基高。建筑越高大越重要，须弥座就越高。尤其是带有石头栏杆的石头须弥座（俗称“石活全件”），其高度可以根据需要做较大的增加。

清式须弥座束腰以上部分，束腰及束腰以下部各占总高的三分之一。如不能平分时，束腰高度可做适当调整。

束腰的陡板砖用城砖或方砖砌筑。

束腰以上为小檐、半混、炉口、枭砖、盖板等。束腰以下为小檐、半混、炉口、枭砖、土衬等。其中盖板和土衬应用石头砍制，其余均用停泥砖或方砖砍制。每层出檐可参照墙体砖檐冰盘檐各层出檐。（详见第二节墙体院墙部分）但盖板和土衬应出檐较多。一般说来，它们的总出檐尺寸可加以变化，但应小于1.5倍檐柱径。

四、平水、中与升

（一）平水

平水是指未进行建筑施工之前，先决定一个高度标准。然后根据这个高度标准决定所有建筑物的标高。这样一个高度标准，就是古建施工中的“平水”。平水不但决定整个建筑群的高度，也决定着台基的实际高度，因此平水与台基有十分密切的关系。

古建筑群在未破土动工之前，应先在建筑群的中轴线位置上用砖砌成并用灰抹好两个砖墩，这两个砖墩叫做“中墩子”。在中墩子的正面弹一道水平的墨线和一道与水平方向垂直的墨线。垂直方向的墨线就整个建筑群的中轴线，水平方向的墨线就是

"平水"。平水线的高度就是建筑群的正房或正殿的台基高度。那么平水线的高度又是怎样决定的呢？在一般情况下，我们应该先决定整个建筑群东南方向上的"沟眼"的高度位置。即沟眼的最低处应高于院外自然地平。决定了沟眼最低处的高度后（这个高度也可称为整个建筑群的平水），再根据这个高度逐渐往里增高，越往西北方向应越高。增高的原则是，如果海墁院子是细墁，高度与长度之比应为5/1000，如果是粗墁院子，应为9/1000。根据上述原则，我们就可以决定正房（或正殿）的土衬金边上棱的高度。然后加上正房台基的高度（见表1-1）就是平水线的高度。请注意，这里所说的平水线的高度，是指正房（或正殿）台基的高度。同一建筑群中不同院子的北房的台基高度，也应根据越往西北方向越高，越往东南方向越低的原则，先定土衬金边的高度，再加上台基的高度。在同一个院中，应注意，耳房比正房矮一"级"，一"级"即为四寸（12.8厘米）。东、西配房和南房比正房也矮一级。门道台基的高度应与第一层院子中的北房台基高度一致。

（二）中

如果说"平水"决定了古建筑的标高，"中"则决定着古建筑的方位。"没有规矩，不成方圆"。而古建施工中的许多规矩，都要以"中"为本。比如，刨槽、放线、砌基础墙要先找中，决定门道位置要先确定全院中轴线到门道面阔中的距离，排瓦当也要先找中。总之，是"万法不离中"。可以说，只要是想确定水平方向上的位置，就要先找到中。

古建施工中所使用的中有：整个建筑群的中轴线，各种面阔中线和进深中线，各种墙体的中线（即柱中）。使用这些中时应注意下面三个问题：1）凡是房屋的面阔或进深的尺寸，都是指柱子中到柱子中的距离，即古建施工中常说的"中到中"的尺寸。2）中在瓦作中有时含有平分的意思，有时则没有。比如山墙或后檐墙的"墙中"就不是平分墙体的中心线，而是柱子的中线。3）按照古建施工的传统，北房或南房的进深中线不应与建筑群中轴线互相垂直。调整的方法是移动进深中线而不动建筑群中轴线，即“断横不断竖”。南、北房的其它各条中线当然也要随进深中线而做相应的移动，以保持与进深中线的相互垂直或平行。移动后的北房东山墙应向北偏转，即应“抢阳”。南房的东山墙应向南偏转，即应“抢阴”。

（三）升

“升”在古建施工中的含义是倾斜。“升”可分为正升和倒升。向室内方向倾斜为正升，反之为倒升。为了增强建筑的稳定性，柱子和墙体一般都要有正升。在个别情况下，比如某些房屋的墙体的室内一侧，可以有倒升。升的大小（即倾斜度）一般不超过5/1000。

柱子要不要升应视情况而定。一般情况下，檐柱和金柱应有正升。如果有耳房，山柱不应有升。如果没有耳房，山柱也要有正升，角柱不但要向室内方向倾斜，还应向檐柱方向倾斜。使柱子倾斜的方法是将柱子的下脚往外挪动即“掰升”，挪动的尺寸应为柱高的5/1000。

为了能使柱子“掰升”应在砌柱顶石时就将升掰出。当然，掰升所需的尺寸，应在刨槽放线、码磉之前算出。

由于基础工程在古建修缮中很不常见，而且由于基础并不露明，在修缮中完全可以用现代先进的施工方法代替，所以本书就不再叙述了。

应该指出的是，古建基础工程中往往存在着以下两个问题：一是灰土步数过多，二是基础过浅。因此在修缮中如遇有上述情况，应加以改正。如仍用灰土基础，灰土的步数应根据建筑的荷载重新设计。灰土标高应低于冰冻线 。

第二节 墙 体

在中式建筑中，一般是用木结构做为负重部分，在古建行业中，有“墙倒屋不塌”之说。墙体主要起防寒、隔音及对木架起横撑作用。当然，在一定条件下，墙壁也起一定的承重作用，比如当柱根、柁头糟朽或木架倾斜的时候。不过一般说来，它并不在设计考虑范围之内。

在古建墙体中，只要使用的是新整砖，就极少抹灰粉饰（极考究的房屋内壁做护墙板），几乎每一块砖都看得很清楚。它同木架一样，既是结构中不可缺少的部分，又是装饰部分。因此它有着十分严密、完整的规定。下面我们就分几个方面进行介绍。

一、砖的种类

古建中所使用的砖种类很多。不同等级、不同形式的建筑所选用的砖也多不相同。清式建筑常见砖的规格见表 3-2。在修缮中如无表中材料时，可参考表中的规格用现代材料代替。

表 3-2

名　称	规　格（厘米）	常　用　部　位
停　城	47×24×12	大式院墙；城墙；下碱
沙　城	47×24×12	随停城背里
大城样	45.4×22.4×10.4	大式糙墁地面；基础；混水墙；小式下碱
二城样	45.1×22.1×10.1	大式糙墁地面；基础；混水墙；小式下碱
大停泥	41×21×8	墙体上身；小式下碱
小停泥	27.5×14×7	大式杂料
大开条	28.8×16×8.3	小式下碱；墙身；杂料
小开条	24.3×11.2×3.8	大式檐料；墁地，小式墙身
斧　刃	24×12×4	大式檐料；墁地；小式下碱；杂料
二尺四方砖	76.8×76.8×14.4	大式墁地；大、小式杂料
二尺二方砖	70.5×70.5×12.8	大式墁地；大、小式杂料
二尺方砖	64×64×12.8	大式墁地；大、小式杂料
尺七方砖	54×54×8	大式墁地；大、小式杂料
金　砖	同尺七以上方砖	宫殿室内墁地
尺四方砖	44×44×6.4	小式墁地；大、小式杂料
尺二方砖	38.4×38.4×5.76	小式墁地；大、小式杂料
大沙滚	28.8×16×8.3	随其它砖背里
小沙滚	24.3×11.2×3.8	随其它砖背里

由于清代砖瓦的尺寸修订过几次，各地砖窑制做得又往往不

十分准确，再加上许多商人为了赚钱，故意修改砖的规格及瓦的形状，因此造成了清代砖瓦规格比较混乱的现象。在修缮中如发现与本表不符而又不便更换时，应因材、因地制宜地进行选配。

二、常用工具

古建修缮中常用的工具有：瓦刀、抹子、鸭嘴、煞刀、扁子、刨子、磨头、包灰尺、方尺、平尺、木敲手、0.3厘米至1.5厘米钻子（共5种）、灰板、蹾锤、木宝剑（图3-4）。

在修缮中，如能采用新式机械代替传统工具则更为理想。

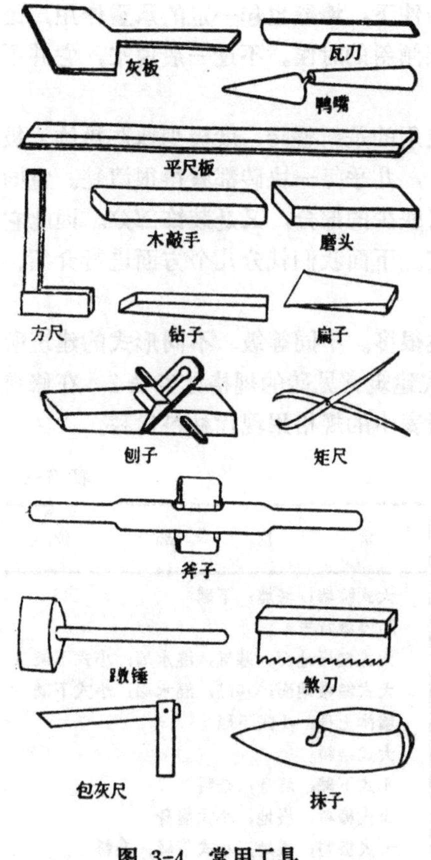

图 3-4 常用工具

三、几种砌法

（一）干摆

干摆墙即闻名于世的“磨砖对缝”砌法。干摆墙须使用干摆砖。砌筑之前要检查一下砖的棱角是否整齐。并应有专人“打截料”，即负责补充砍砖工作中未能做到的工作。

1.在两端拴两道立线，即“拽线”。（拽：音“夜”）并拴两道横线。下面的叫“卧线”，上面的叫“罩线”（打站尺后将罩线拿掉）。

2.砌第一层砖时应先检查一下基础是否水平。如有偏差，应用灰抹平，即“衬脚”。然后摆砖。砖的立缝和卧缝都不挂灰。

摆完砖后用平尺板逐块进行“打站尺”。打站尺的方法是，将平尺板的下面与基础上弹出的砖墙外皮墨线贴近，中间与卧线贴近，上面与罩线贴近。然后检查砖的上、下棱是否也贴近了平尺板，如未贴近或顶尺，必须纠正。

砖的后口要用石片垫在下面，即“背撒”。背撒时应注意：（1）石片不要长出砖外。（2）接缝即“顶头缝”处一定要背好。（3）不能用两块重叠起来背撒。背好撒后用未加工的砖将里、外皮之间的空隙填满（即“填馅”）。然后“刹趟”。即检查上棱是否平直，如有不平，要用“磨头”（糙砖或砂轮）将高出的部分磨去。

灌浆。灌浆要用桃花浆或生灰块调成的白灰浆。极考究的建筑可掺少量江米汁（见附录：常用灰浆的配制）。浆应分三次灌。第一次和第三次应较稀。第二次应稍稠。第三次叫“点落窝”，即在两次灌浆的基础之上弥补不足的地方。灌浆时应特别注意不要过量，否则会把砖撑开。点完落窝后要用刮灰板将浮在砖上的灰浆刮去。然后用大麻刀灰将灌过浆的地方抹住，即“抹线”。抹线可以防止因上层灌浆往下串而撑开砖，所以这是一项很重要的工作。

3.以后每层除了不打站尺外，砌法都同第一层一样。砌筑时应做到“上跟绳，下跟棱”，即上棱以卧线为标准，下棱以底层砖的上棱为标准。在砌筑中应特别注意背撒、灌浆和抹线这几项工作，决不可敷衍了事。

4.干摆墙砌完后要进行修理。其中包括墁干活，打点，墁水活和冲水。

（1）墁干活：用磨头将砖与砖交接处高出的部分磨平。

（2）打点：用“药”将砖的残缺部分和砖上的砂眼抹平（“药”的配方见附录：常用灰浆的配制）。

（3）墁水活：用磨头沾水将打点过的地方和墁过干活的地方磨平。

（4）冲水：用清水将整个墙面冲洗干净，做到“真砖实缝”。

由于干摆墙不用灰砌，所以遇有柱顶石时，那里的砖需要随柱顶的形状砍制。具体方法是，把砖放在砌筑的位置上，然后把矩尺张开，一边顺着柱顶滑动，一边在砖上划出痕迹来。然后按划出的痕迹砍制。干摆砌法常用在墙体的下碱或重要建筑的整个墙身（即“干摆到顶”）。

（二）丝缝

丝缝墙应使用丝缝砖。其砌法与干摆墙大致相同。不同的是，由于丝缝墙用砖不如干摆砖加工得那样细致，所以外口要挂老浆灰（砖缝应极细）。无包灰的一面（“膀子面”）应朝上。最后不用清水冲，但要用平尺和竹片“耕缝”。耕出的缝子应横平竖直，深浅要一致。丝缝砌法常用在墙的上身。

（三）淌白

淌白砖墙用料比丝缝又粗糙了些，叫做淌白砖。淌白砖下面必须铺灰。砖缝不超过3～5毫米。淌白砖墙不刹趟，不墁干活。其它同丝缝砌法，但也有不耕缝的。淌白砌法常用在墙的上身。

（四）糙砌

凡砌筑未经砍磨加工的砖都属此类。糙砌一般可分为带刀灰缝墙和掺灰泥碎砖墙。带刀灰砌法，是用深月白灰挂在砖的四边上，进行砌筑，即“打灰条”或叫抹“爪子灰”（有些丝缝墙也采用这种铺灰方法），灰缝厚度不应超过3～5毫米。为了增强墙体的抗压能力，在修缮中应将带刀灰砌法改为现代“满铺满挤”砌法。

古建中的碎砖墙所用的砖不一定非是碎砖。凡用未经加工的砖和掺灰泥砌筑的墙体都叫碎砖墙。砌筑碎砖墙时应注意：1）里、外皮砖要互相咬拉结实。2）要适当用整砖“拉丁”即砌丁砖。3）要与四角整砖咬拉结实。4）砌到柁或檩底时应“背楔”。5）砖不可陡砌。6）四角应放置2～3道钢筋勾尺。7）泥缝厚度不得超过2.5厘米。8）提高掺灰泥的强度。提高的办法除了适当增加白灰的数量外，最简便有效的办法就是提高砖的含水率。俗话说："6月（农历）砌墙6月倒，6月不倒站到老。"就是说，由于雨季时砖、泥都很湿，墙很不容易砌平整。但砌筑时只要不出问题，质量就会比其它季节砌筑的都好。这就说明了砖的含水率的多少与掺灰泥的强度有很密切的关系，所以在修缮中如遇砖较干时，一定要用水浇湿后再使用。

碎砖墙体多用于墙体的上身或院墙。带刀灰砌法除廊心墙外，各种墙体均可使用。

（五）虎皮石墙

虎皮石墙是用山石砌筑的墙体。虎皮石墙用料可以经过加工，也可以不经加工，但砌角的石料最好能预先加工。

砌筑程序：

1.砌第一层时先挑选比较方正的石块放在拐角处。然后在两端角石之间拴卧线，按线放里、外皮石头，并在中间用小石块填馅。第一层石头应平面朝下，一般不铺灰。铺完第一层石块后用灰将大的石缝塞满1/2。然后用小石块从外面塞进去，并敲实。

2.砌第二层石块时应注意与第一层尽量错缝，并应尽量挑选能与第一层外形严丝合缝的石头，选好后在第一层上铺灰。灰缝厚度应在2厘米左右，石块间的立缝也应挂灰，石块如有不稳，应在外侧垫小石片，使其稳固。

3.以后逐层均同第二层砌法，最后一层应找平砌。虎皮石墙不同于砖墙，只要求大体上的跟线，不要求"上跟线、下跟棱"。其砌筑方法可以归纳为"平铺、插卧、倒填、疙瘩碰线"。砌筑时应注意尽量大头朝下，大头朝外，里、外皮应尽量咬拉结实，不能砌成"两张皮"。每隔几层应砌几块横贯墙身的石头做为里外皮的拉结石。上下层拉结石应互相错开。同层拉结石之间的距离以1米左右为宜。拉结石的长度须超过墙宽的2/3。虎皮石墙的质量要求可以归纳为"稳、实、严、拉结好"。

4.最后勾缝，缝子形式有凹缝、凸缝和平缝三种。

还有一种"干背山"作法。即不铺灰，用小石片垫稳，砌完后勾缝。最后灌浆。这种作法的特点是缝子细，适合于经过加工的石料。虎皮石墙常用在墙体的下碱或园林中的墙体。

古建墙体中常在下碱、槛墙、盘头等处采用较细的砌法并使用较好的材料。墀头上身、砖檐、博缝和山尖等处次之。墙体上身和院墙又次之。

四、砖的排列形式

古建墙体中砖的排列形式一般有三种：一顺一丁、十字缝和三七缝，又称三顺一丁（图 3-7、3-8、3-9），其中一顺一丁为明式砌法。

三顺一丁墙有两种安排方法(图3-8、图3-9)。注意：丁头必须安排在上、下层“三顺”的中间，绝不可“偏中”（角砖除外）。操做时应先试摆即“样活”。两种摆法中选哪种都可以，以能摆成“好活”即排出整活为准。如实在赶不上“好活”时，可用一个“一顺一丁”调整。除山尖外，一顺一丁墙必须安排在墙体的中间。三顺一丁墙不可用“七分头”（为普通砖长的十分之七）进行调整。如所用材料须经砍制加工，可在砖的长度上进行调整。

五、砖加工

（一）砍砖

古建修缮中经常需要砍制的砖，一般包括墙身用砖、地面用砖和杂料。杂料包括檐料（指砖檐和盘头用料），脊料和廊心墙用料。

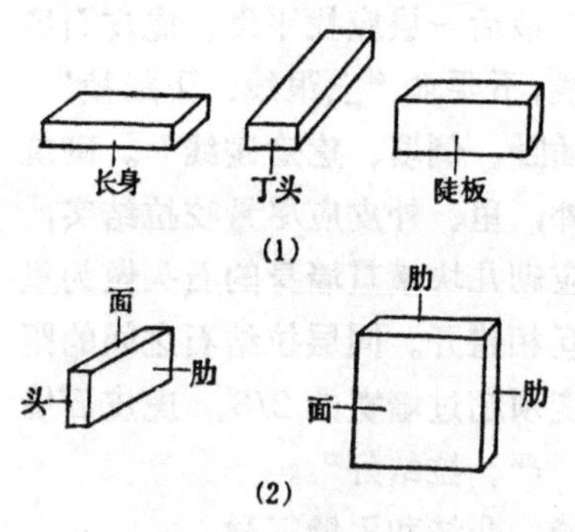

图 3-5 砖各面名称

（1）砖砌筑名称；（2）砖加工名称

墙身用砖绝大部分是条砖，条砖各面名称分别为：面、肋、头。地面用砖有条砖和方砖两种。方砖各面名称为：面、肋（图3-5）。

砍砖所必需的工具有：斧子、木敲手、矩尺、扁子、刨子、弯尺、包灰尺、制子及砖桌。如能用机械代替更好。在未砍之前，应先砍出样板砖（“官砖”）。然后统一按样板砖砍制，样板砖的规格应以墀头和下碱能排出好活为准。

1.墙身用砖

（1）干摆砖　干摆砖一般包括城砖干摆和停泥砖干摆。

1）用刨子铲面并用磨头磨平。

2）用平尺和钉子顺条的方向在面的一侧划出一条直线来，即“打直”。然后用扁子和木敲手沿直线将多余的部分凿去，即“打扁”。

3）在打扁的基础上用斧子进一步劈砍，即“过肋”。后口要留有“包灰”（图3-6）。城砖包灰不大于5～7毫米，停泥砖不大于3～5毫米。过完肋后用磨头磨肋。

4）以砍磨过的肋为准，按“制子”（即长、宽、高的标准，通常用木棍制做）用平尺、钉子在面的另一侧打直。然后打扁，过肋和磨肋，并在后口留出包灰。

5）顺头的方向在面的一端用方尺和钉子划出直线并用扁子和木敲手打去多余的部分。然后用斧子劈砍并用磨头磨平，即“截头”。头的后口也要砍留包灰。城砖包灰不超过5毫米，停泥不超过3毫米。

6）以截好的这面头为准，用制子和方尺在另一头打直、打扁和截头。后口仍要留包灰。

丁头砖只砍磨一个头，另一头不砍。两肋和两面要砍包灰。但只需砍到砖长的6/10处。长短和薄厚均按制子，以上均见图3-6。转头砖（砌筑后可见一个面和一个头）砍磨一个面和一个头。两肋要砍包灰。转头砖一般不截长短，待操做时根据实际情况由打截料者负责截出。

（2）丝缝砖

丝缝砖与干摆砖大致相同。不同的是有一侧肋不砍包灰，肋与面互成直角，叫做“膀子面”。膀子面可以砍得稍糙，夹角只要不大于九十度就可以，即能“晃尺”即可。

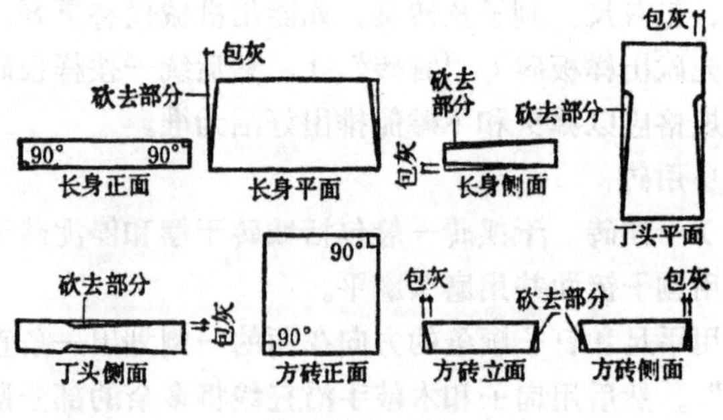

图 3-6 干摆砖

（3）淌白砖

1）[细淌白]细淌白只砍磨一个面或头并按制子截头。淌白砖不过肋。

2）[糙淌白]糙淌白只砍磨一个面或头。不截头。

2.地面用砖

（1）条砖　墁地用条砖有面朝上和肋朝上两种。如是面朝上，砍磨方法同干摆砖；如是肋朝上，先砍磨肋，其余四面要砍包灰，四角要均为直角。地面用条砖的包灰应比墙身用砖小，一般在1～2毫米左右，城砖在2～3毫米左右。

（2）方砖　参照墙身用干摆砖的方法。先铲磨面，然后砍四个肋，四个肋都要砍包灰（1～2毫米）四个肋要互成直角。园林庭院地面用砖的包灰可稍大，但最大不应超过1厘米。

无论墙身还是地面用砖。要求砍磨后不得有“花羊皮”（即没砍磨到的地方）和“斧花”。看面不得缺棱掉角。看面的四边要互成直角，并应在同一个平面上，即不得“皮楞”，肋上不得出现“肉肋”和“棒锤肋”，即高出外口的部分。

3.杂料

杂料种类很多，所用部位也各不相同。为了便于读者记忆，我们将随叙述顺序陆续介绍它们的材料及规格。至于它们的具体砍制方法，本书就不再详细介绍了，读者可以参照本书的插图和所注规格，可举一反三。

（二）砖雕

砖雕俗称“硬花活”。中国古建中的雕刻艺术有着它独有的生动、细腻的特点，这一点在小式建筑中表现得尤其突出。砖雕的格式、图案和等级制度都没有什么太明确的规定。一般说来，雕刻在什么部位都可以。图案也可以自由选择，雕刻的部位常选在墀头、影壁、屋脊、门楼和博缝头上。常用的图案有花草、鸟兽、山水、如意等。

砖雕的工具有：0.3～1.5厘米钻子各一种、木敲手、磨头等。如能用机械代替则更好。

砖雕可以在一块砖上进行，也可以由若干块组合起来进行。一般都是预先雕好，然后再进行安装。

雕刻的手法有：平雕，浮雕(又分浅浮雕和高浮雕)，透雕。如果雕刻的图案完全在一个平面上，这种手法就叫平雕。平雕是通过图案的线条给人以立体感，而浮雕和透雕则要雕出立体的形象。浮雕的形象只能看见一部分，透雕的形象则大部分甚至全部都能看到。透雕手法甚至可以把图案雕成多层。下面介绍砖雕的一般程序：

1.画　用笔在砖上画出所要雕刻的形象。有些地方若不能一下子全部画出，或是在雕的过程中有可能将线条雕去，则可以随画随雕，边雕边画。一般说来，要先画出图案的轮廓，待镳出形象后再进一步画出细部图样。

2.耕　用最小的钻子沿画笔的笔迹浅细地“耕”一遍，以防止笔迹在雕刻中被涂抹掉。

3.钉窟窿　用小钻子将形象以外的部分钉去，为下一步工序打下基础。

4.镳　将形象以外多余的部分镳去，并镳出图案的轮廓。

5.齐口　在镳的基础上将细部图案雕刻出来。

6.捅道　用钻子将图案中的细微处（如花草叶子的脉络）雕刻清楚。

7.磨　用磨头将图案内外粗糙之处磨平磨细。

8.上“药” 用药将残缺之处或砂眼找平。药的配制方法是：七成白灰，三成砖面，少许青灰加水调匀。

9.打点 用砖面水将图案揉擦干净。

透雕的方法与浮雕大致相同，但更细致，难度也更大。许多地方要镖成空的。有些地方如不能用钻子敲打，则必须用钻子轻轻地切削。

在砖雕过程中应小心、细致，尤其是透雕，更要小心。但如果局部有所损坏，也不要轻易抛弃，因为图案本身并无严格的规定，所以除了可以将损坏了的部分重新粘好外，也可以考虑在损坏了的部分结合整体图案重新设计图案和雕刻。雕出的形象应生动、细致、干净。线条要清秀、柔美、清晰。

除了硬花活（即“凿活”）以外，还有一种“软花活”。古建中凡用抹灰方法制的花饰、瓦件等，都叫“软活”。以砖瓦制成的都叫“硬活”。软花活制做手法分“堆活”和“镂活”两种。堆活就是用麻刀灰先堆成图案的粗糙轮廓。然后用纸筋灰按设计要求堆塑。纸筋灰的制法是用水将草纸泡糟后与白灰膏加水调匀。如在石头上堆塑，应先用砂子灰打底。如成批生产，可制模浇注（具体方法见花饰的修复）。镂活是先用麻刀灰打底，然后薄薄的抹一层素白灰，再在其上刷一层烟子浆，待灰浆干后，用钻子和竹片按设计要求进行镂画。镂画过的地方应露出白灰，为了使图案有立体感，图案中表现光线较弱的地方要轻镂，使白灰似露似不露（即“阴线”）。因为镂活不易修改，所以最好预先将图案镂画熟练了，再实际操做。

（三）花饰的修复

软花活修起来比较容易。堆活一般仍用纸筋灰或石膏将损坏了的部分重新堆塑。镂活可以用烟子浆再刷一遍，然后重新镂画。硬花活的修复比较复杂。一般可分为三种方法。

（1）见新：如果图案损坏的不严重，只是被轻度的风化了。则可用钻子重新“齐口”，“捅道”，并用砖面水刷净。

（2）剔凿挖补法：先将损坏了的部分挖去(要挖成方形)。

然后按挖去部分的大小重新砍磨出一块（或几块)砖来，并按原设计要求在其上雕刻。如无法按原设计要求复原时，应根据损坏部分四周的图案重新设计和雕刻。然后用炭火将雕好的砖与花饰中被挖去的部分同时烤热。再用紫胶（即紫草蓉）或漆片涂抹需要粘合的地方。涂完后趁热粘在一起，冷却后打点交活。也可以用现代化学方法进行粘接。已采用的有乳胶和环氧树脂胶等，其中环氧树脂胶的强度较大，适宜大型粘接。环氧树脂胶的配方是：环氧树脂#618（或#634）100个单位（重量）加水泥50～100个单位（视粘度而定，水泥越多，粘度越小），加苯二甲酸二丁脂20个单位，再加适量颜色，30分钟至二小时以内使用完毕。如花饰为浅色，应使用白水泥。化学胶粘剂种类较多，这里就不一一介绍了。在实际操做中，如不属重要建筑可以用现代材料代替古建材料。

（3）堆补法：先用麻刀灰在损坏的部分打底，再用纸筋灰按照原样堆塑，如系青砖，纸筋灰中须加适量青灰，并可加适量水泥。趁纸筋灰未干时在上面洒上砖面，并用轧子赶轧出光，最后打点并刷砖面水。如需要，可用水泥砂浆代替麻刀灰和纸筋灰。

如系琉璃花饰，除了更旧换新外，可以先用水泥砂浆堆塑，打点后进行油饰。目前已采用的油饰材料有有机硅油漆和刷缩丁醛涂料。缩丁醛涂料的配方是，（1）酒精加缩丁醛（6:4 重量比）。（2）3号防水剂加稀盐酸（10:1）。（1）加（2）（1:1）加适量颜色。使用时应注意随用随调，一般不要超过5～6小时。

以上这两种方法都具有较好的防水性能和附着能力，并有较好的耐腐蚀能力，老化期也较长。但不足的是光洁度不够理想。尤其是缩丁醛涂料的光洁度更差。这里再介绍一种油饰方法。这种方法具有较好的光洁度，同时也具备上述优点。具体方法是，先在表面刷一层聚氨脂底漆，然后刷一层聚氨脂清漆。刷时应注意表面要保持干燥。空气中湿度较大时亦不可使用。除了聚氨脂油漆外，聚甲基丙稀酸酯类清漆和聚甲基丙酰胺类清漆等都可以使用。

上述几种刷色方法也可应用于琉璃瓦釉剥落的修复。此外还有一种修复花饰的方法叫做制模浇注法。这种方法适用于一切可以制模的花饰及脊兽等，尤其适用于成批生产。

第一种制模方法：

先找一个完好的样品（如无备存，可用泥雕塑），然后用泥或石膏或水泥做模，用样品做内胎制做模子，内胎上应涂抹凡士林或有机硅脱模剂等。模子应分成若干块（在能脱模的原则下越少越好）。模子做好后抹上脱模剂并组合在一起绑扎结实。然后浇注水泥砂浆（水泥与砂子比为1:2）。脱模后应及时修理合模缝，根据要求刷色，如仿青砖制品，可刷砖面或砖面水如系琉璃花饰，可在刷色后刷漆。

第二种制模方法：

如果花饰的造型复杂，用石膏模等不能脱出时，可以采用第二种方法，即“胶模脱模法”，胶模的制做方法是：先将猪膘用水发开后加热至摄氏八十度（膘锅不可直接接触火），然后往膘内加入十分之一的煤油，搅拌均匀后即可使用。将制成的煤油膘浇在内胎上，冷却后即成胶模。如果花饰较大，可将胶模分成若干块。胶模损坏后可重新化开并重新加入煤油。

花饰或兽头制成后应进行养护。

六、墙体的检查鉴定和修缮

（一）墙体的检查鉴定

墙体发生损坏的情况有下面几个方面：倾斜；空鼓；酥碱；鼓涨；裂缝。根据损坏的程度可以将维修项目分为择砌；局部拆砌；剔凿挖补；局部抹灰；局部整修。这些手段都不能解决问题时，应考虑拆除重砌，由于各地用料情况的不同，且由于其它因素的干扰，所以墙体损坏的检查鉴定无法制订固定的标准。有时虽然看上去损坏的程度不大，但实际上潜在着极大的危险性。有时表面上损坏得较重，但经一般维修后，在相当的时期内不会发生质的变化。一般说来，造成墙体损坏有如下四个因素：

1.木架倾斜造成。如是这种因素造成的倾斜或裂缝一般可以不采取拆砌的方法。因为在一定范围里，只要木架不再继续倾斜，墙体就不会倒塌。对于这种情况一般只采取临时支顶的方法就可以避免木架继续倾斜。

2.自然因素造成的，如雨水侵蚀，风化作用等。在这种情况下，只要排除了漏雨和在风化的部位整修一下，就可以解决问题。但如果损坏的程度很大，则应考虑局部拆砌或全部拆砌。

3.用料简陋或作法粗糙造成的。这种情况往往表现为不空鼓和无裂缝。如属此种情况，只要能保证墙顶不漏雨，墙身不直接受自然因素的侵蚀，一般不会倒塌。

4.基础下沉。如果木架没有倾斜，整个墙体也较完整，但却发生了裂缝或倾斜，大多是因为基础下沉造成的。如属这种情况。一定要拆除重砌，并对基础采取相应的加固措施。

检查鉴定时，先应确定墙体的基础是否下沉和墙顶是否漏雨。如经检查确认后应立即采取措施。因为这两种情况有可能在短期内发生倒塌。如一时不能确定的，可在裂缝处抹一层麻刀灰，观察麻刀灰有无随墙体继续裂缝及开裂的动态。

超过下述情况之一的，应拆砌。未超过的可进行维修加固。

碎砖墙　歪闪程度等于或大于8厘米，结合墙体空鼓情况综合考虑；墙身局部空鼓面积等于或大于2平方米，且凸出等于或大于5厘米；墙体空鼓形成两层皮；墙体歪闪等于或大于4厘米并有裂缝；下碱潮碱等于或大于1/3墙厚；裂缝宽度等于或大于3厘米，并结合损坏原因综合考虑。

整砖墙　歪闪程度等于或大于墙厚的1/6或高度的1/10，砖碹下垂等于跨度的1/10或裂缝宽度大于0.5厘米。其它同碎砖墙。

应特别注意的是墙体只要墙顶不渗水，灰缝不酥碱，地基不下沉，就不容易倒塌，所以遇有上述情况，一定要立即排除。

（二）墙体的一般修缮

1.剔凿挖补　整个墙体完好，局部酥碱时可以采取这种办法。先用钻子将需修复的地方凿掉。凿去的面积应是单个整砖的整倍数。然后按原墙体砖的规格重新砍制，砍磨后照原样用原做法重新补砌好，里面要用灰背实。

2.局部抹灰　损坏情况同上，但系次要墙体，可以采取这种做法。先用大麻刀灰打底，然后用麻刀灰抹面，(可以掺些水泥)趁灰未干时在上面洒上砖面。并用轧子赶轧出光。如果是大面积找补抹灰，可以刷青浆，刷浆后赶轧出亮。最后仿砖缝的样子用平尺和竹片做成假缝子。

3.局部整修　整个墙体较好，但墙体的上部某处残缺。常遇到的整修项目有整修博缝；整修盘头；整修墙帽等。具体作法可参考后面的拆砌部分。

4.择砌　局部酥碱、空鼓、鼓涨或损坏的部位在墙体的中下部，而整个墙体比较完好时，可以采取这种办法。择砌必须边拆边砌。不可等全部拆完后再砌。一次择砌的长度不应超过50～60厘米，若只择砌外（里）皮时，长度不要超过1米。

5.局部拆砌　如酥碱、空鼓或鼓涨的范围较大，经局部拆砌又可以排除危险的，可以采取这种办法。这种方法只适用于墙体的上部，或者说，经局部拆除后，上面不能再有墙体存在。如损坏的部位是在下部，只能择砌。先将需拆砌的地方拆除。如有砖槎，应留坡槎。用水将旧槎洇湿，然后按原样重新砌好。

（三）墙体拆除注意事项

在拆除之前应先检查柱根，柱头有无糟朽，如有糟朽应墩接好，严禁先行拆除再墩接。然后检查木架的榫卯是否牢固，特别应注意检查柁头是否糟朽，如有糟朽，要及时支顶加固。除屋架特别牢固外，一般要用杉槁将木架支顶好。尤其是在木架倾斜的情况下更应支顶牢固。拆除前应先切断电源，并对木装修等加以保护。拆除时应从上往下拆，禁止挖根推倒。凡是整砖整瓦一定要一块一块地细心拆卸，不得毁坏。拆卸后应按类分别存放。拆除时应尽量不扩大拆除范围。

择砌前应将墙体支顶好。择砌过程中如发现有松动的构件，必须及时支顶牢固。

墙体的裂缝和倾斜常与基础有关，因此应考虑基础是否受到污水的侵蚀和树根的破坏。有些是因原有灰土步数不足或基础太浅造成的。如经检查证实，必须设法排除。

七、墙体拆砌

经检查鉴定为危险墙体时，应立即拆除重砌。拆砌项目一般包括拆砌墀头；拆砌廊心墙；拆砌山墙；拆砌坎墙；拆砌后檐墙；拆砌院墙和碹的拆砌等等。

（一）墀头

墀头俗称"腿子"。它是山墙两端檐柱以外的部分。如果硬山后檐是封后檐墙，则只前檐有墀头。庑殿、歇山、悬山腿子无盘头。（硬山、庑殿、歇山、悬山区分见第四节屋顶）墀头可以分成三个部分：下碱；上身；盘头（图3-7、3-8、3-10）。

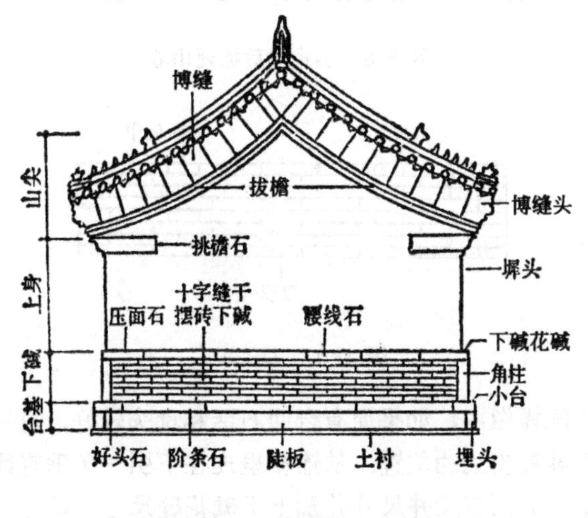

图 3-7　大式硬山墙及一顺一丁摆法

1.下碱

腿子下碱长度为下檐出减去小台阶所余的尺寸。就是说，从好头石外皮往里减去小台阶，就是墀头下碱前（后）檐侧的外皮

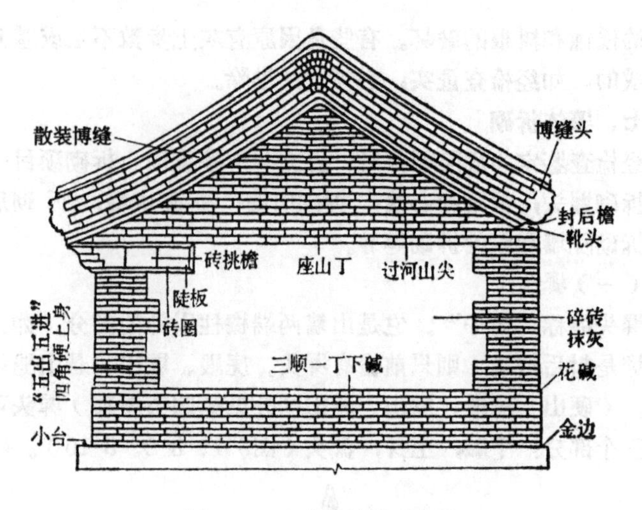

图 3-8　小式封后檐硬山墙

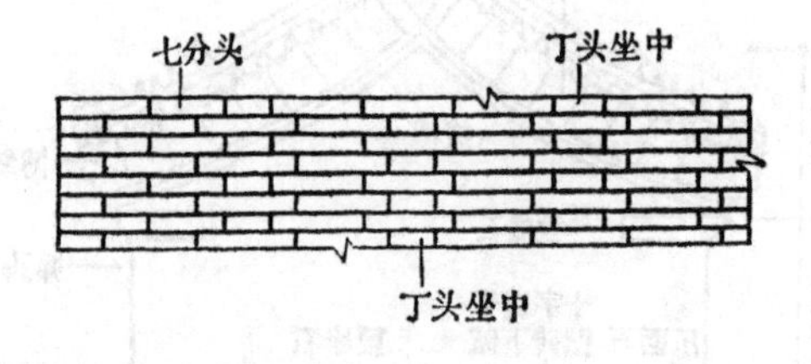

图 3-9　三顺一丁

线。在实际操做中，如果原有台明石活和盘头较好，可按下述方法求得下碱外皮线的位置：从连檐里皮往下引一条垂直线。从这条线往里减去原有天井尺寸并加上下碱花碱尺寸，就是下碱的外皮。距台基山面阶条石外皮1/10～3/10山柱径（金边尺寸）的地方，是大式建筑墀头下碱山墙侧外皮。这种决定方法是修缮中的简易方法。如果以柱中线为标准，外包金的宽度应为1.5～1.8山柱径。小式建筑的金边尺寸为1/10山柱径。外包金为1.5山柱径。

因为檐柱是略向里倾斜的，所以墀头下碱里皮应比檐柱中线再往里侧移动一些。这往里的部分叫“咬中”。咬中的尺寸应等于柱子“掰升”的尺寸加上花碱尺寸（或按 1/10 檐柱径）。这样，腿子上部里皮才能与柱中线重合。

知道了下碱的宽度，再根据材料（大式一般用城砖，小式一般用城砖或停泥砖）就可以决定墀头下碱的“看面”形式。墀头下碱和上身的看面形式一般分为“马莲对”、“担子勾”、“狗子咬”、“三破中”和“四缝”几种(图3-11)。

下碱应采用同一建筑中最好的砌筑方法和材料，如干摆或丝缝等，砖的层数应是单数。许多腿子下碱有石活（图3-7），其宽窄尺寸应按墀头尺寸，由石工制做。角柱石后面里侧，用方砖（立置）或城砖砌筑。如有特殊需要，墀头宽度和金边尺寸可以略有增减。

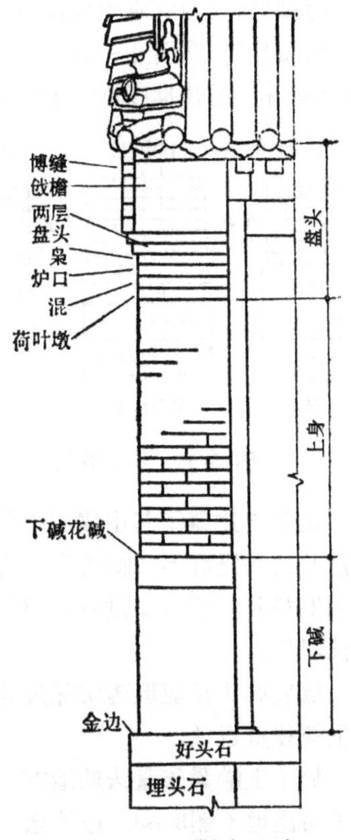

图 3-10 墀头正面

2.上身

上身每边比下碱退进0.6～1.5厘米。退进的部分叫“花碱”。上身一般采用丝缝或干摆砌法。砖的规格可以比下碱用砖小，如下碱用城砖，上身用停泥。上身看面形式的决定同下碱决定方法。应注意的是，这里指的尺寸是加工后的尺寸，因此未砍之砖应比这个尺寸大。

由于柱子本身不一定非常直顺，所以腿子与柱子相挨的地方应根据实际差距砌“砖找”。砖找由打截料者负责砍制。砖找应与柱子交接严密。

砌腿子前应拴三道立线：两道角线一道曳线(曳：音“夜”)。

两道角线从正面看应为垂直线。从山墙面看，应向里倾斜，即应有“仰面升”。仰面升一般不大于5/1000。曳线应有“正升”，即略向里倾斜。正升也应不大于5/1000。但如有耳房时，曳线应为垂直线。曳线与外侧角线拴在一处，供砌山墙时拴卧线用（只拆砌腿子不动山墙时，可以不拴曳线）。因曳线有升而外侧角线无升造成的腿子与山墙相错的部分，应在墁水活时用磨头磨平。

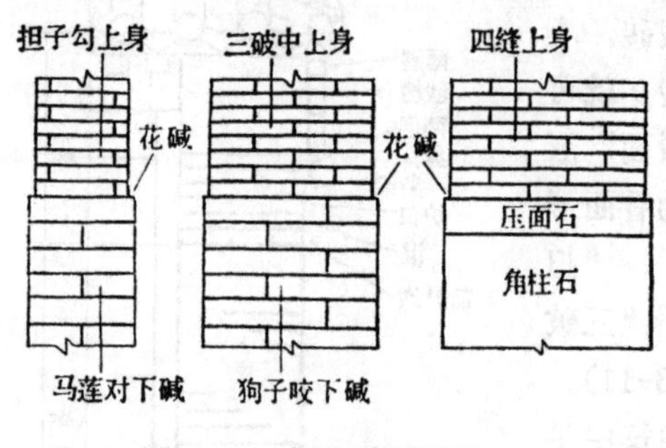

图 3-11 墀头看面形式

由于上述腿子与山墙相接部位的砖料经磨头磨去了一些，所以这些砖料已经不“搁方”（直角），因此在修缮中应注意，凡使用旧料时，应重新过斧，使之搁方。这种重新砍磨的做法叫做“洗澡”。

琉璃墀头按琉璃砖实际尺寸排活。退小台阶按天井尺寸从连檐里棱往里返活。

腿子上端紧挨盘头的地方，可用方砖雕成“垫花”，垫花比腿子略出檐（图3-83）应注意，凡有垫花的腿子，盘头必须雕花饰。可以每层都雕，也可以只在荷叶墩、两层盘头及戗檐上雕刻。与这样的砖腿相配的博缝头一般也应雕成花饰。

3.盘头

盘头又叫“稍子”。它是腿子出檐至连檐的部分。或者说，它是下檐出与上檐出的连接部分。它的总出檐尺寸即“天井”一般应为8/10柱径。带石头挑檐的盘头，天井尺寸可以酌加（图3-10、3-13）。

腿子自好头石退进的部分叫“小台阶”。从连檐里皮往里返天井的尺寸，此点距台基好头石外皮的尺寸即是小台阶尺寸。所以，如要调整变动天井尺寸，要通过调整小台阶尺寸来进行。带石挑檐的腿子的小台阶一般为4/5檐柱径。不带石挑檐的则至少不小于2寸。

盘头的逐层是：荷叶墩、半混、炉口、枭、头层盘头、二层盘头和戗檐。这些分件均应用方砖砍制并可雕花饰（图3-12、3-83）。大式建筑的荷叶墩为不雕花饰的直檐砖。

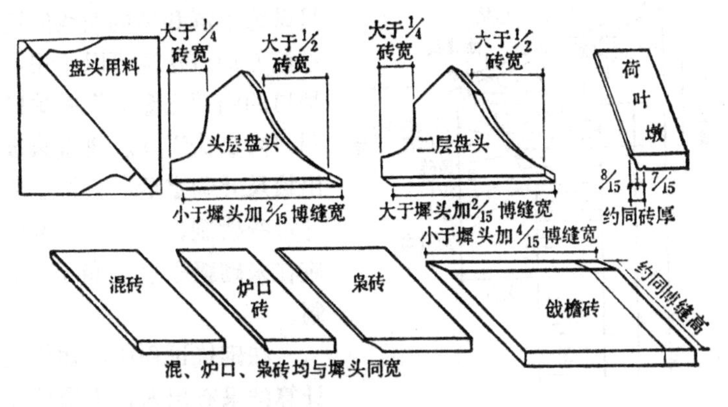

图 3-12　盘头分件

戗檐砖的高度约等于博缝砖高尺寸（博缝砖高的规定见山尖部分），宽为腿子上身宽加两层山墙拔檐尺寸并减去博缝砖在拔檐砖上所占尺寸。如果一块方砖不够宽，可以加条。两层盘头应比墀头宽，即应向山墙侧出檐，与山墙两层拔檐碰齐即“交圈”（古建施工中凡构件与构件能碰齐交汇的就叫“交圈”）。拔檐尺寸：将博缝头中间的半圆直径分成5份。1份为博缝头在山墙侧出檐的尺寸，4份为两层拔檐出檐尺寸。头层与二层拔檐尺寸比为5:4。

盘头各层出檐的分配：荷叶墩出檐4.8厘米（1.5寸）。两层盘头每层出檐约为1/6砖厚尺寸。假如把这两层盘头出檐的最远点连成一条直线，则戗檐外棱应与这条直线重合（图3-13）。这样就决定了戗檐的倾斜角度即“扑身”。通过扑身，就可以量出戗檐的出檐尺寸了。用天井尺寸减去荷叶墩、戗檐和大约二层盘头出檐尺寸的总和，就是半混、炉口和枭砖的总出檐尺寸。枭砖出檐最远点应与戗檐外皮在同一条直线上（图3-13）。混砖出檐尺寸为$1\sim1\frac{1}{4}$砖厚度。枭砖应比混砖多出些，多出的尺寸一般应大于混砖出檐的1/4（或按枭砖出檐比混砖出檐约等于七比五计算）。炉口这一层出檐要小，只做为半混和枭的曲线的连接过渡（炉口这层可以不用，无炉口的叫“五盘头”有炉口的叫“六盘头”）。将盘头每层出檐尺寸确定后，就按这个尺寸进行砍制。在实际操做中，应在未砌腿子之前就进行砍制。

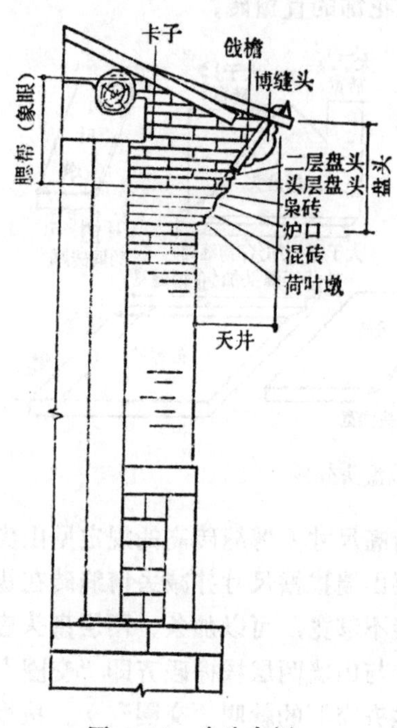

图 3-13　盘头内侧

在砌筑过程中，如与上述计算结果有出入，出檐尺寸可在半混或两层盘头上调整。所谓“舍了命的枭”，“死枭活半混”。就是说，计算时，枭应尽量多出，但在砌筑(即“下盘头”)时，半混的出檐却可以灵活一些。

盘头层数翻活方法：

由于博缝头比连檐高一个瓦口，又由于戗檐下棱与博缝头下棱平，因此根据博缝的大小和戗檐的“扑身”就可以得出戗檐砖的垂直高度。应注意，这里指的是连檐以下的部分。实际操做时应留出一部分，以使戗檐得以搭在连檐上。从连檐里皮上棱往下减去戗檐砖的垂直高度，再减去六层砖的厚度（“五盘头”减五层，带石挑檐的，减石挑檐的厚度及三层砖的厚度）。如不是干摆砌法，还应减去灰缝厚度。腿子上身砌到这个地方，就该“下盘头”了。在实际操做中，可以把计算结果标在墀头角线上。在修缮中，如遇旧连檐不平，应从连檐最低处往下翻活。

如用石挑檐代替枭混等，下盘头时应注意，两层盘头应比石挑檐退进若干。在小式建筑中，有一种“阁里盘头”。阁里盘头的两层盘头与普通作法的形状不同。其头层盘头为圆混形状，二层盘头与枭的形状相似。两层盘头叠在一起呈S形。

墀头上身用砖的薄厚及层数，应根据上述计算结果定。因此，以上各项工作都应提前进行。如在实际操做中发现仍不能与腿子层数赶上“好活”，或是没有统一进行计算砍制，则允许上下挪动进行调整（尽量往上挪动）。应在戗檐砖上和灰缝上调整。

盘头外侧山墙这面，要沿着荷叶墩和枭砖（或头层盘头）砌一圈砖，中间是“随厚”和“陡板”，即做“砖挑檐”。（图3-8）挑檐圈末端要砍成45°“割角”。砖挑檐的长度至金檩中。如无整砖，可以抹灰耕缝做“软活”挑檐。许多大式建筑的挑檐（包括盘头内侧）连同枭、混、炉口等统用一块石活代替。石挑檐的长度、出檐、形状、参照上述各项。一般说来，带石挑檐的房屋的天井尺寸都较大。

盘头内侧砖缝立缝可以和腿子立缝不一致。丝缝砖不耕缝。

4.象眼

墀头内侧枭砖以上的部分叫象眼俗称“腮帮”。

腮帮立缝计算方法：腮帮立缝不同于墀头上身立缝，应重新计算。首先应算出柁头下面紧挨柱子那几块砖的宽度，一种砖的长度要砍成与柁头的长度一样，另一种砖应砍成长度为柁头长加1/2砖长。

象眼砖缝形式必须为十字缝。紧挨戗檐的砖要由打截料者负责打“砖找”。砖找斜度应与戗檐扑身同。

腮帮卧缝计算方法：从柁头下开始翻活。紧挨柁头下皮的砖不能用与柁头同长的那种砖（否则会与柁头外皮形成“齐缝”），而必须用柁头长加1/2砖长的那种。根据上述原则，计算一下层数，如是单层数，则象眼第一层，紧挨柱子的砖要用长的那种。

如是双数，则要用与柁头同长的那种。这种单数用整砖，双数用“破”砖的计算方法叫做“单整双破”法。如果层数不合适，不能整除也按整除算。最上面的一块差多少就砍多少，叫“打卡子”（图3-13）。

在实际操做中，应先砌腮帮后砌戗檐，这样做起来比较顺手。为了帮助确定“砖找”的大小，可以沿戗檐里皮的位置拴一道线代替戗檐里棱。

以上这种作法叫“清点腮帮”。如抹灰按上述要求耕缝，叫做“混点腮帮”。

5.琉璃盘头

琉璃盘头的各层出檐按原设计要求做。琉璃盘头的第二层盘头为半混形状。与山墙的随山半混交圈。有些琉璃盘头在枭砖之上只有一层盘头（半混形状），山墙拔檐也只一层。有些大式青砖盘头作法同上述琉璃作法，叫“青砖仿琉璃”作法。

（二）山墙

悬山、庑殿和歇山的山墙由于没有盘头和山尖，因此比硬山山墙简单得多。其厚度可以同硬山墙，也可以略有增加。其上部作法同老檐出后檐墙相仿（详见后檐墙）。四角做法分为三种（图3-14）。悬山山墙可以一直砌到顶再做墙肩俗称“签尖”，也可以沿着柁和瓜柱砌成阶梯形（图3-15），每级顶上须做签尖，签尖的位置在柁的下皮。这样的山墙叫“五花山墙”。

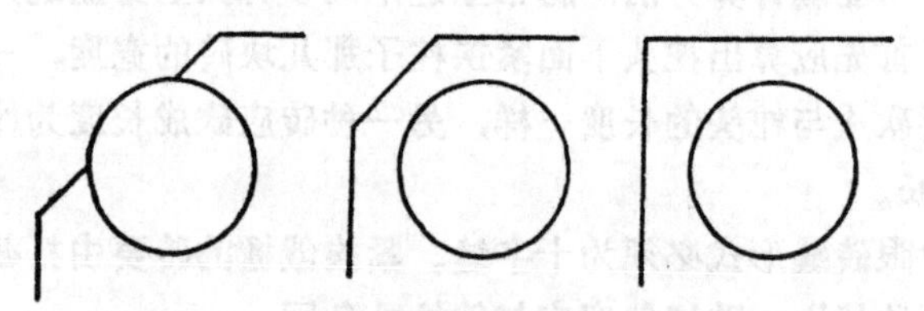

图 3-14 悬山、庑殿、歇山山墙四角形式

硬山山墙比较复杂，其作法详细介绍如下：

硬山山墙可以分为下碱、上身、山尖（图3-7、图3-8），三个部分。

1.下碱

下碱是山墙下面的三分之一部分。下碱高度为檐柱高的3/10。下碱宽度：外皮同腿子下碱外皮。里皮线在山柱里皮往外返一个下碱花碱尺寸的地方。花碱尺寸为1/10～1/6砖厚度。就是说，普通建筑的山墙(上身)里皮应与山柱里皮在一条直线上。较重要的建筑（尤其是庑殿和歇山）的里包金比较大，一般应比普通的里包金大1/4山柱径。

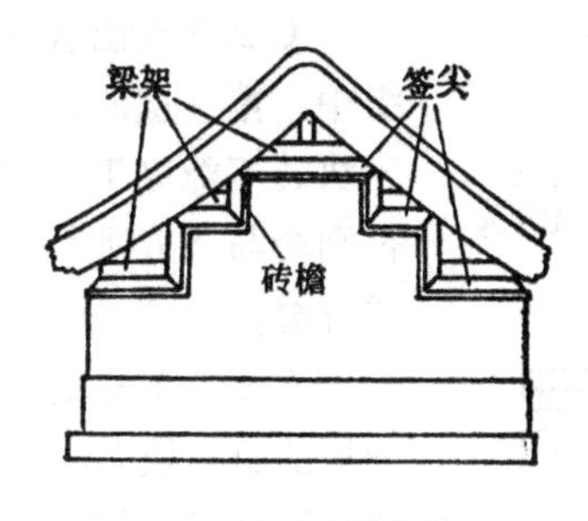

图 3-15　五花山墙

里皮靠柱子的砖要砍成六方割角形状（图3-1），两块割角砖之间叫“柱门”。柱门最宽处应与柱径同宽。

山墙的长度：前后檐腿子外皮之间就是山墙的长度。如后檐墙是封后檐墙，从阶条石外皮往里返一个金边尺寸就是山墙的外皮。（封后檐墙金边同山墙金边）如是庑殿、歇山等无墀头作法，山墙长度应在前后檐墙外皮线之间。

古建中很重视墀头和山墙的下碱。一般都使用最好的材料和最细致的作法。大式建筑中，还多带有石活（图3-7）。下碱砖的层数应为单数。

2.上身

山墙中间的1/3部分是上身。上身里、外皮比下碱里、外皮各退花碱。花碱尺寸为1/10～1/6砖厚度。大式建筑的山墙上身砌法和用料一般同墀头上身，或者可以稍糙，也可以抹灰粉饰。如是整砖露明，在中间正对正脊的地方应隔一层砌一块丁头，叫“座山丁”（图3-8）。小式建筑中，上身经常采用五出五进作法（图3-8），圈三套五作法（图3-16）及海棠池作法(图3-17)。

五出五进砌法是在山墙两端（腿子外侧）将砖5层为一个单位，邻近的两个单位长度相差一个丁头，如此循环砌筑，直至山尖。山墙中间则用较粗糙的材料和砌法,即砌“软心”。软心外皮应比四角五出五进退进1～1.5厘米。五出五进砌法根据每组砖的长短可分为“个半俩”，“俩半俩”，“俩半仨”等几种(图3-18)。

无论哪种砌法，都应符合下列规定。

（1）下碱以上，第一组必须砌“五出”。

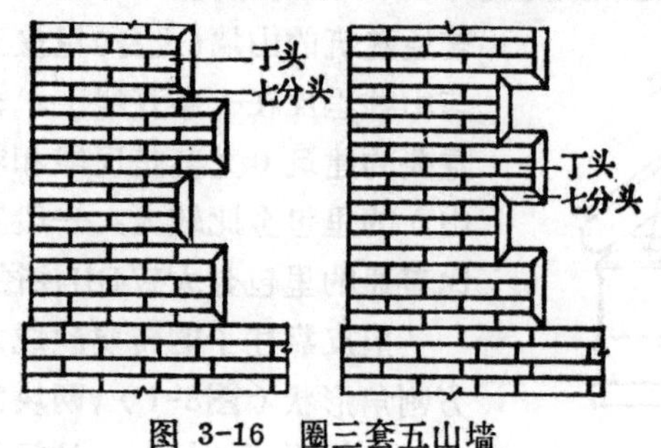

图 3-16　圈三套五山墙

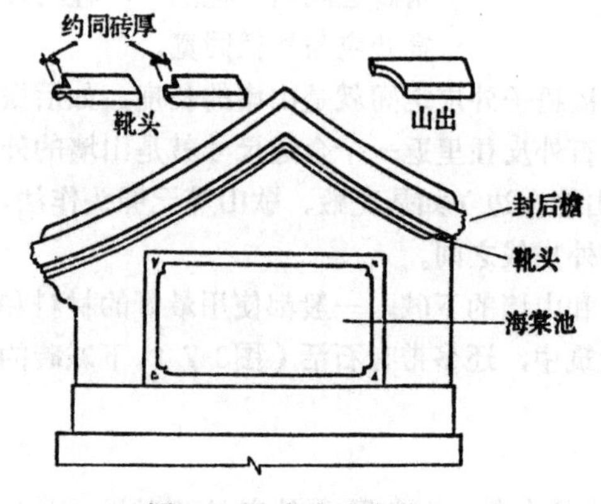

图 3-17　海棠池山墙

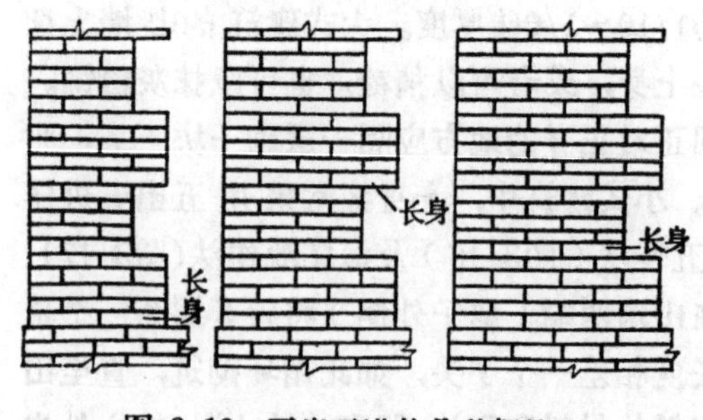

图 3-18　五出五进的几种摆法

（2）五出这一组中，第一层的最后一块砖不能砌丁头，否则会与“五进”形成齐缝。

（3）下碱最后一层的第一块砖，不能与五出第一层的第一块齐缝。

（4）如果因有设计要求或是材料数量有限，而不能自由选择五出五进摆法，且下碱又不带石活时，根据（3），应在未砌下碱之前推算出下碱两端第一块的摆法。比如，设计要求是“个半俩”摆法，根据（2）则五出五进第一层的第一块必须砌条。为避免与下碱齐缝，则下碱最后一层的第一块就应砌丁头（山墙第一块砌丁头叫“爬山”，砌条叫“顺山”）。因为下碱层数必须单数，所以可以推算出下碱第一层的第一块也应该砌爬山。

圈三套五和五出五进大同小异，但因多了一个圈边，所以更为复杂。海棠池山墙比较简单。对于以上两种作法，本书就不做详细介绍了，读者可以参照图3-16和图3-17研究砌筑。

山墙四角可以与上身中间采用不同的材料砌法和摆法。但应注意要互相咬拉结实。里皮用料和砌法可以比外皮粗糙，叫做“外整里碎”。山墙砌砖用的卧线拴在腿子曳线上。如果后檐墙是封后檐又同时拆砌时，应在交角处拴三道的立线（即“一角三线”），一道是角线，两道为拴卧线用的曳线。曳线掰升同前檐腿子曳线。如果只拆砌山墙，只拴一道角线和一道山墙曳线。如果是五出五进四角硬砌法，“软心”外皮曳线应比四角退进1～1.5厘米。

里皮曳线拴在柱子上。里皮曳线不要正升甚至可以有“倒升”，即可以向室内倾斜。山墙里皮山柱与金柱之间或金柱与金柱之间叫“囚门子”。囚门子可以和普通山墙里皮一样，也可以有特殊作法。其特殊作法可分为两类。一类与廊心墙作法相同。另一类为抹灰后画壁画的作法，这两类作法多用于门楼、游廊、庙宇及宫殿建筑中。如果采用抹灰后画壁画的作法，所用之灰应以纸筋灰或蒲棒灰代替第二遍麻刀灰（打底灰仍用麻刀灰）。另外应注意，凡是采用抹灰后作画的作法，无论是何处，都应使用纸筋灰或蒲棒灰。

3.山尖

山尖是硬山墙最上面的1/3部分，山尖的形状为三角形（图3-8）。三角形的两边为曲线，叫做“囊”。囊的大小应随屋面曲势。实际操做中，应由屋顶作法，正脊作法，博缝作法及木架举架（坡度）来决定。

大式山墙的山尖拔檐以下同上身砌法。为了防止木架糟朽，在山尖正中柁与柁之间的位置上，应砌一至二块有透雕花饰的砖，叫做“山坠”（又叫“透风”）。琉璃博缝山墙一般都放两块有透雕花饰的琉璃砖，叫“满山红”。

小式山墙的上身如果是碎砖墙心，山尖外皮也应全部用整砖砌筑，叫做“整砖过河山尖”。“过河山尖”从挑檐以上或荷叶墩同层开始，也可以根据“五出五进”能排上整活为准。过河山尖的缝子形式须同下碱一致。如采用“三顺一丁”摆法，山尖中间正对正脊的地方应隔一层砌一块“座山丁”。山尖排活方法与下碱正好相反，须以座山丁为中心往两端赶排三顺一丁（十字缝摆法也应从中间开始），“破活”应赶排到两端。

山尖的外皮线同山墙四角外皮线，里皮线在柁以下同山墙上身里皮线。在柁以上，应以柁中线（柱中）为里皮线。山尖里皮柁以上的部分叫做“山花”。山花的用料及作法应较细致，摆法应为十字缝摆法。如是抹灰耕缝作法，应在四周做成砖圈。（详见廊心墙象眼部分）。

（1）退山尖　决定了山尖的砌筑方法并且排好砖缝以后，就可以砌筑了。因为山尖呈三角形，所以每一层两端都应比下面的一层退进若干。退成的角度应与屋面坡度相符，并应留出拔檐砖和博缝砖的位置。

山尖也应有正升。山尖升随山墙上身升。

（2）敲山尖　在退山尖的基础上，进一步把山尖每层两端的砖砍成◺形“砖找”，然后砌筑，以求同山尖坡度的吻合，这项工艺即为“敲山尖”也叫“敲槎子”。砌（“下”）山墙拔檐，砌（“熨”）博缝，下披水砖檐或排山勾滴，以及它们位置的合适与否及囊的柔美程度，全凭敲槎子的好坏所决定，所以这是一项很重要的工艺。敲槎子要拴三道线，一道立线和两道槎子线。

在脊檩或扶脊木上皮正中顺檩钉一根平尺板。将立线栓在平尺板和上身下端之间。从腿子正面看这道立线应与山墙拽线在同一平面上。从山墙正面看，立线应从座山丁的正中垂直通过。在实际操做中，可以在未砌上身之前就拴好这道立线。这样可以使上身和山尖的座山丁的位置很容易确定。

拴槎子线方法：先从前后坡脑椽交点上皮往上翻活，算出望板，灰背（或泥背），脊瓦等总厚度。这样就可以找到前后坡底瓦陇的交点。因为披水砖檐（或排山勾滴的滴子瓦）与屋面底瓦的高度是一致的，所以我们就知道了前后坡披水砖檐（或滴子瓦）的交点位置。然后再从这个位置往下翻活，除去博缝及拔檐砖的厚度的地方，就是两道槎子线上端的交点。在实际操做中，应在立线上做出标记，然后把槎子线拴在这个地方。槎子线的下端，拴在头层盘头的底棱（如不是干摆，还应除去灰缝）。如果后檐墙是封护檐墙，后檐槎子线下端应拴在靴头底棱（靴头等位置详见封护檐墙）。

山尖的形式叫"山样"。山样有5种（图3-19）。大式建筑为尖山形式（图3-7）；小式建筑除尖山外,还有苇笠式(圆山)、琵琶式、铙钹式(即南琴式）和天圆地方式共5种。其中天圆地方为官式作法。山尖最后一层要砌放一块"山样"砖（图3-19），山样砖用城砖或方砖砍制后立置。

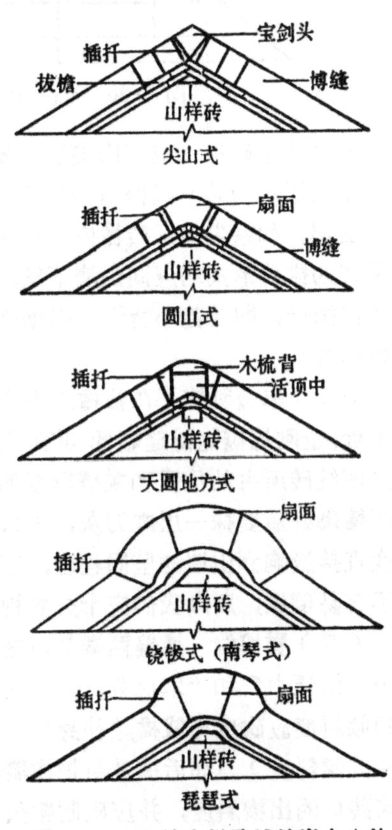

图 3-19　山墙山样及博缝脊中分件

砌琵琶山和铙钹山时应从槎子线和立线交点处往下翻大约两层砖的厚度，然后通过这点引一条与立线垂直的卧线拴在两边槎子线上。槎子砖就敲到横线为止，卧线以上砌放山样砖（图3-

20）。

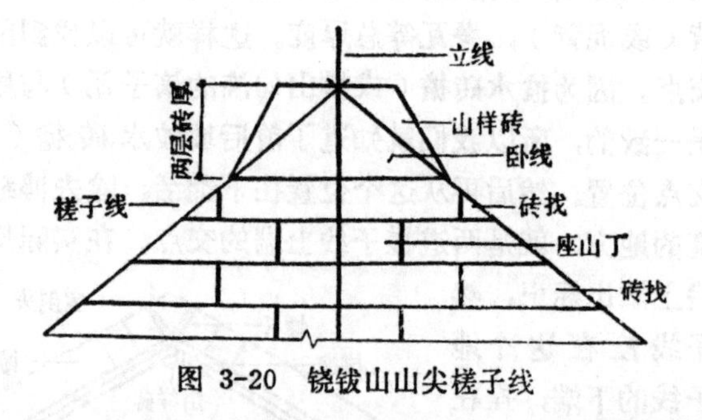

图 3-20　铙钹山山尖槎子线

（3）下砖檐　敲完山尖后，先用灰将山尖的囊抹顺，然后开始下两层拔檐砖（拔檐出檐尺寸详见盘头）。两层拔檐与两层盘头交圈。如系尖山，砖檐应“前坡压后坡”。砖檐的用料、砌法及砖的排列形式均应同山墙下碱。下完砖檐后应用麻刀灰将砖檐后口抹严，即“苫小背”，以增强山墙的防水性及砖檐与山墙的整体性。

（4）串金刚墙　在拔檐之上应砌几层混水砖墙，即“串”金刚墙。金刚墙应比博缝略低，其外皮线在从二层拔檐砖外皮往里除去博缝砖所占的位置和灰缝厚度的地方。金刚墙囊同博缝囊。金刚墙砌好后要抹一层麻刀灰，上口与博缝抹平。金刚墙的坚固程度直接影响到山墙的坚固程度，因为只要墙顶不进水，墙体一般不容易倒塌，所以我们应十分重视这项隐蔽工程。

（5）熨博缝　博缝两端是博缝头，中间或用“宝剑头”，或用“活顶中”和“木梳背”，或用“扇面”（图3-19）。博缝头的倾斜度应砍成与戗檐“扑身”一致（包括博缝砖本身的坡度造成的倾斜度）。如后檐是封护檐墙，后坡博缝头的斜度应随后檐墙砖檐的出檐斜度，并应砍制靴头一份（图3-17）。博缝头和博缝砖铲一个面，过两个肋，这两个肋应互成直角。一个肋在砌筑时应朝山尖放置。另一个肋朝下，并应将这个肋的两端稍稍磨去一些，以求同砖檐囊度一致。这个肋与铲磨过的面的夹角应不大于九十度，即应能“晃尺”。博缝头的形状依图3-21中所示博缝头的形状砍制。这里介绍的是最基本的做法。在实际操做中，常变更做法，常见的做法有：调整各个半圆半径的比例。将各个半径的连线由直线改为弧线，雕成花饰，比如如意、牡丹等。博缝砖上棱后口应剔凿揪子眼。博缝高度为1～2倍檐柱径，另视建筑等级酌定，也可按稍小于腿子宽。如：腿子为1.6尺，博缝则定为1.4尺。每块博缝砖的宽度，按所用方砖宽度砍制。

博缝砖的块数（不包括脊中分件）是用比椽子通长稍短的尺寸除以博缝砖宽得到的。余下的尺寸为两边"插扦"俗称"插旗"的尺寸。插扦应待熨完博缝后砍制。

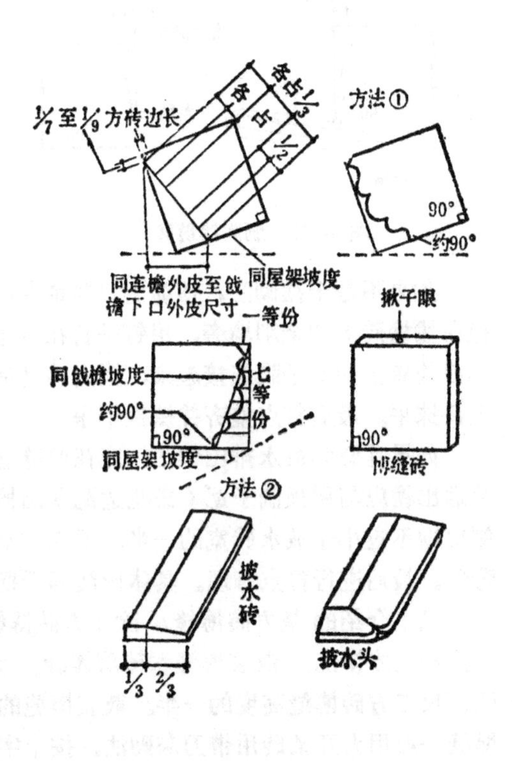

图 3-21　博缝砖及披水砖

脊中分件及插旗形状应随山样的形状砍制（图3-19）。散装博缝的博缝头后口应剔凿插口(图3-8)。前后坡的博缝形状是轴线对称的，因此砍制时应注意不要砍成"一顺边"。

博缝的砌筑方法应同山墙下碱，一般应用干摆或丝缝砌法。熨博缝时所用的线叫"浪荡线"。浪荡线只做为出檐标准而不做高低标准。熨博缝时先将博缝头和脊中分件稳好，博缝头上棱应与前后檐瓦口上棱平。从山墙正面看，连檐和戗檐都应被博缝头挡住，然后臌博缝砖。博缝砖之间（即“碰缝”）应严丝合缝，不可出现“喇叭缝”。如不合适，应按实际情况在没加工过的肋侧（即“荒肋”）画线，由打截料者删砍。在实际操做中，不必举着博缝砖比划，可以用方尺代替下一块博缝砖，碰缝合适后由打截料者在下面按量出的尺寸在下一块博缝砖的荒肋上画线并删砍（荒肋在臌博缝时叫“来缝”，已过好的肋叫“去缝”）。来缝和去缝的碰缝砍磨合适后，再拿上来安装（图3-22），最后量出插旗尺寸交打截料者砍制。

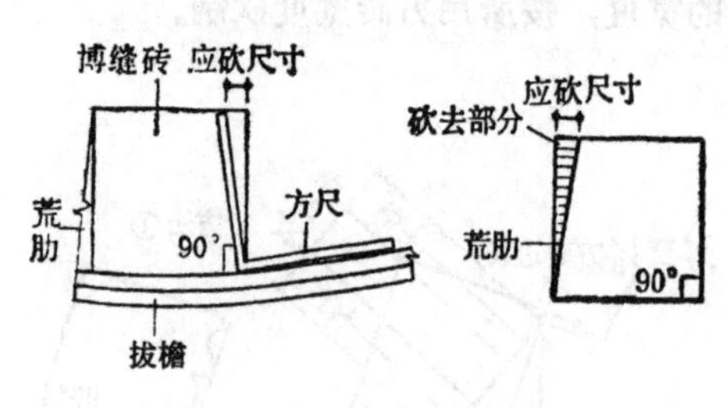

图 3-22 删砍博缝砖

如果不是干摆砌法，博缝里口要铺灰，肋侧也应挂灰，然后稳在拔檐砖上和金刚墙旁，用钉子钉在椽子上，再用铅丝把钉子和博缝砖上的揪子眼连接起来，臌完博缝后应灌浆并用麻刀灰把上口抹平。最后打点整齐并擦拭干净。

如果垂脊为披水排山作法，应在博缝之上砌一层披水砖檐。两端出檐应与屋顶滴子瓦（或花边瓦）出檐一致。披水砖在山墙侧出檐不应小于披水砖宽的一半。下完披水檐后应在后口“苫小背”。最后进行打点修理。具体做法同干摆墙。

以上介绍的是方砖博缝。除了方砖博缝外，还有大三才博缝，小三才博缝，散装博缝和琉璃博缝。大、小三才博缝是尺四、尺二方砖博缝高度的一半。散装博缝的博缝头用方砖砍制，博缝一般用大开条砖用带刀灰砌法，按十字缝形式分层砌筑。层数按博缝头高度及开条砖厚度定，要单数。前后坡相交处附近的砖要用长度为1/4砖长的砖（即“条头砖”）砌筑，以求得曲线的柔和。散装博缝的囊应特别注意要自然适度，砖与砖之间不应出现死弯。散装博缝多用在庙宇的山墙上。

琉璃博缝是预制件活，不能随便删砍。应先进行计算，以确定槎子线的位置。计算方法如下：把博缝头、博缝砖、宝剑头、拔檐砖等在地上按博缝的形状依次码好。从山尖头层拔檐底棱交点往两端博缝头下面的头层拔檐砖底棱处引两条直线并量出它们的长度。然后沿直线每隔一距离（如每隔1米）量出至拔檐砖的垂直距离，并记住这些尺寸。以上这项工作叫做“拢活”。

拴槎子线时按拢活时所得的两条直线的长度及每段至拔檐砖的垂直距离即可确定槎子线的曲线形状及两条槎子线交点的位置了。

琉璃博缝的砌筑方法与方砖博缝大致相同，但打点用灰要用小麻刀灰加颜色（黄琉璃加红土子，其它加青灰）。最后用麻头（或用拆散了的扎绑绳代替）沾水擦拭干净。琉璃博缝的第二层拔檐砖为半混砖，或者只用一层半混拔檐砖，叫做随山半混。

有些悬山的木博缝板外，再贴一层琉璃砖博缝。这种琉璃砖的构造和普通博缝砖不同（图3-23）。事先应在木博缝板上画出标记并凿眼，安装时将砖胆装在眼里，并用铅丝将揪子眼栓牢。

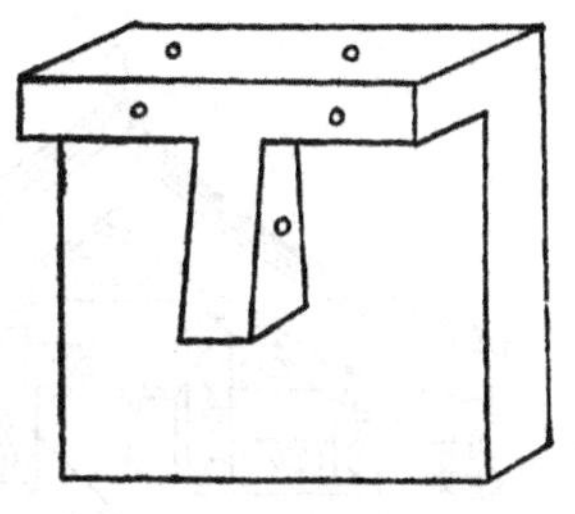

图 3-23　带胆琉璃博缝砖

4.宫殿式琉璃硬山墙

宫殿式琉璃硬山墙下碱及上身和山尖里皮与大式硬山墙作法一样。上身和山尖外皮是用预制的琉璃砖仿照木屋架的样子砌筑起来的。下碱和琉璃砖之间用普通砖仿五花山墙形式砌成阶梯形后抹灰并刷红土浆。与琉璃砖相接的地方要抹成45°“八字”。五花山墙外皮应比琉璃屋架宽1/4柱径。琉璃屋架之间及背后也要用普通砖砌筑并在外皮抹灰刷红土浆。这段墙的外皮应比琉璃屋架退进若干，即应露出琉璃砖侧面的花饰（图3-24）。

砌筑宫殿式琉璃硬山墙，应先经过计算。先按山尖槎子线的翻活方法找出两坡拔檐砖交点的底棱，然后再除去琉璃砖在墙上所占的高度尺寸，就是五花山墙的八字上皮。在实际操做中，为了便于计算和求得精确的数字，应在地上用墨线弹出实样。先弹出木架的侧立面实样图，然后在图上按上述翻活方法把琉璃博缝及琉璃屋架等按设计要求摆好。琉璃屋架底棱，就是五花山墙八字上口的准确高度。然后把这些高度标在木屋架上，并按这些高度砌五花山墙。砌完五花山墙后在上面砌普通砖墙，凡到琉璃屋架位置时放置琉璃砖，琉璃砖后口要紧贴普通砖墙。上棱多出的部分压在墙上（并被上面的一层砖压住）。然后用铅丝把砖拴在木架上。

山墙转角处的琉璃砖叫做“柱头”。琉璃柱头各部应与木架各部的高低一致。

博缝金刚墙在砌筑时应预留豁口。熨博缝时将博缝砖胆卡在豁口里，并用铅丝拴牢。最后打点并擦拭干净。

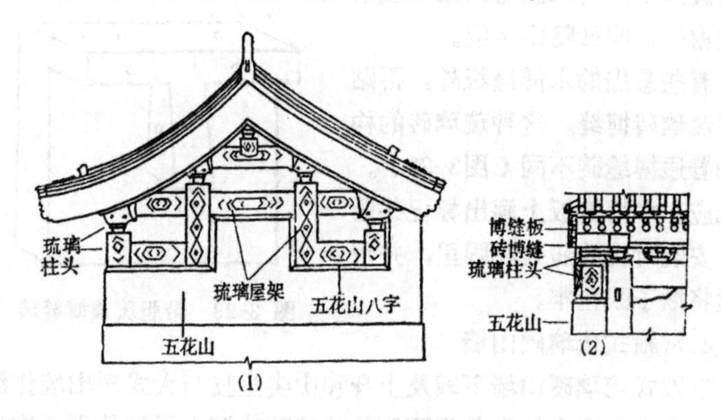

图 3-24　宫殿式琉璃硬山墙

(1)正面；(2)侧面

有少数琉璃硬山墙无墀头。金柱处同悬山作法一样，前后檐签尖与随山半混交圈。金柱前面的博缝同悬山贴琉璃博缝作法一样。

（三）廊心墙

廊心墙是山墙里皮檐柱与金柱之间的部分，由于古建墙体中很重视廊心墙的装饰，因此我们在这里着重介绍一下(图3-25)。

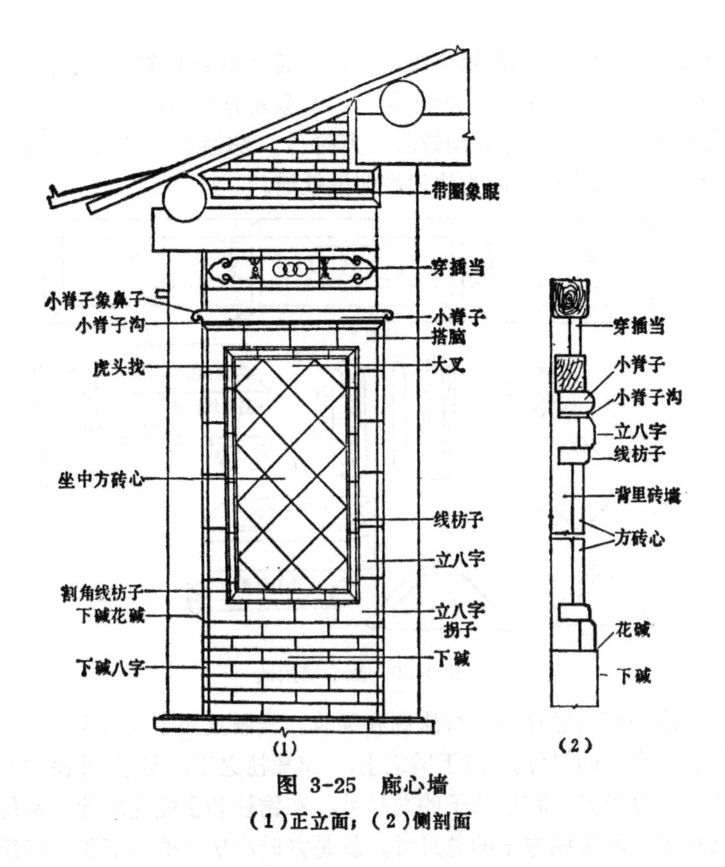

图 3-25 廊心墙
(1)正立面；(2)侧剖面

1.下碱

廊心墙下碱外皮与山墙里皮在同一条直线上。里面与山墙融在一起。下碱的高度，用料和砌筑方法同山墙下碱。缝子形式须为十字缝。两端要留八字柱门。两端的砖要砍成六方八字。

2.廊心

（1）用料 廊心方砖、穿插当、大叉、蝴蝶叉、立八字，搭脑及拐子用方砖砍制；线方子和小脊子用停泥砖砍制。线方子和立八字要“起线”，线的两端距离约等于花碱尺寸。穿插当高等于穿插枋至抱头梁之间的距离，并按穿插枋进深分三段砍制和雕刻。小脊子应砍成圆混形式，两端要雕“象鼻子”。小脊子 高 为1/2立八字宽。小脊子是用两块停泥砖叠在一起砍制的（图3-26）。其下有层“瓦条”，叫“小脊子沟”。瓦条用斧刃砖砍制，高度为斧刃砖厚的1/2。在实际操做时，方砖心、穿插当、小脊子沟和小脊子都可以用抹灰的方法代替即做软活。

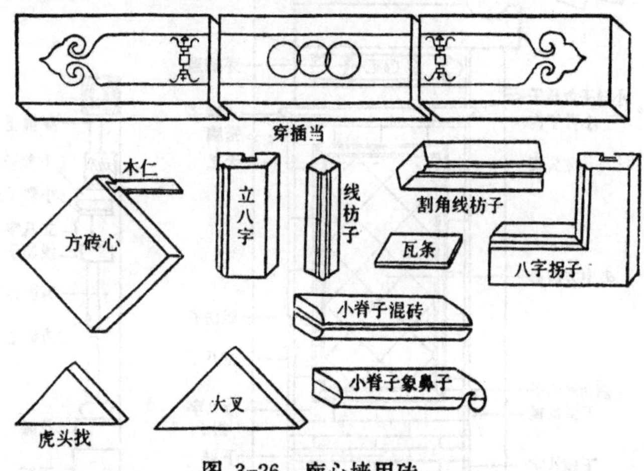

图 3-26 廊心墙用砖

廊心墙应经计算再行砍制和砌筑。先假定一下立八字，线方子和小脊子的尺寸。在下碱之上，穿插枋之下，除去两份立八字，两份线方子和小脊子的总尺寸，在檐柱和金柱之间除去两份立八字，两份线方子的总尺寸，就是方砖心所占的总面积。然后在这个面积里进行分配。先假定一个正方形方砖心边长，用这个边长试分一下。应注意：1）大叉应等于1/2方砖心。2）蝴蝶叉（又叫“虎头找”或“叉角”）应等于1/4方砖心。3）大叉和蝴蝶叉均为等腰直角三角形。4）在正中间应为一块“坐中方砖”，即方砖心总面积的中心点应为坐中方砖的对角线交点。

如果分配的结果不合适，应调整假定的方砖心边长。如仍不能排出整活，应调整立八字、线方子等的尺寸，调整合适后砍制备用。

（2）砌法 廊心墙砌墙所用拽线拴在檐柱和金柱上。廊心墙要有“倒升”（即向室内倾斜），升应与柱子升一致。廊心墙背后可用碎砖填馅。如不是干摆砌法细砖要用泼浆灰稳好。然后用木仁卡在细砖后口凿好的缺口上，并用碎砖将木仁压住。每层砌完之后都应灌浆，最后修理打点。小脊子要用黑烟子浆刷色。穿插当的外皮不应超过穿插枋，如无方砖时可采用抹灰镂雕的方法。

廊心墙象眼作法请参看墀头象眼作法。但如是抹灰做假缝，应在四周做砖圈（图3-25）。廊心墙的廊心除可采用方砖心作法外，还可采用花瓦作法。花瓦图案参见图3-31、3-32。廊心墙的方砖可雕花饰。廊心墙可采用琉璃作法，琉璃廊心墙常用在宫殿建筑中。

如果廊心墙恰在游廊的通道上，叫做闷头廊子。闷头廊子用木板圈成一个矩形门洞，门洞上方的作法与廊心墙的廊心作法大致相同，只是不叫廊心而叫“灯笼框”。灯笼柜以上作法则和廊心以上作法完全一样。游廊中的墙体与廊心墙完全一样，只是更加细致和考究。其廊心作法常采用砖雕（包括字画的雕刻）、琉璃、什样锦、彩绘及花瓦作法等。

（四）后檐墙

后檐墙有两种，露椽子的叫露檐出后檐墙，俗称“老檐出”（见图2-24）；不露椽子的叫封护檐墙。封护檐作法是清式作法。老檐出后檐墙与山墙后坡腿子里皮相交。封护檐墙与山墙外皮相交，即这种建筑只前檐有腿子。有些建筑的老檐出墙因所处地理位置不引人注目，这样的后檐下檐出可以比前檐少一些，一般为前檐下檐出的四分之三。

1.下碱

后檐墙下碱宽：里包金等于1/2檐柱径加花碱尺寸。外包金等于1/2檐柱径加2/3檐柱径。如系高大建筑，里包金可为3/4檐柱径，外包金也可酌增。下碱长：老檐出墙在两端腿子里皮之间。封护檐墙在两端山墙外皮之间。下碱高：同山墙下碱高。砖层要单数。

砌筑用线拴线方法参见山墙拴线方法。用料及砌法可以同山墙一致，也可以稍糙。但砖的排列形式应同山墙。后檐墙里皮也应留柱门，规格同山墙柱门。

2.上身

后檐墙里皮和外皮同山墙一样，应退花碱。其用料及砌法可以同山墙上身，也可以略糙。砖的摆法应同山墙上身一致。

3.签尖

老檐出墙的上部(至檐枋)要砌拔檐一层并堆顶，叫做墙肩，俗称“签尖”。签尖高度应为外包金厚度。签尖最高处不应超过檐枋下棱。拔檐砖的位置从檐枋下皮按外包金尺寸往下翻活。砖檐出檐尺寸应不大于砖本身厚度。下完砖檐后，退回到墙外皮的位置，开始做顶。顶的形式为馒头顶（图3-27）和宝盒顶（用灰抹成“八字”）。

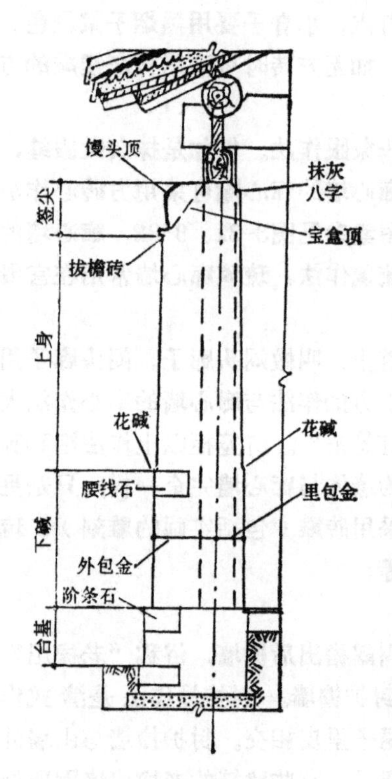

图 3-27 老檐出后檐墙侧剖

4.封护檐出檐

封护檐墙不做签尖。从上身以上层层出檐。出檐形式有菱角檐、鸡嗉檐和冰盘檐（具体出檐尺寸详见院墙）。砖檐两端与山墙博缝头紧挨。上端与屋顶滴子瓦（或花边瓦）相接(图3-28)，砖檐最上面一层的里口，要用麻刀灰苫小背。

砖檐的位置，应从屋面往下翻活，否则会影响屋面瓮瓦。先算出砖檐的总出尺寸，按这个尺寸找出砖檐出檐最远点。通过此点做一条假设的垂直线。再从椽子往上计算一下望板、泥背（灰背）等总厚度。从这个高度顺着木架的曲线（囊）向外延长。延长线与假设的垂直线的交点就是理论上砖檐最上面一层砖的上棱外口（图3-29）。因为屋顶滴子瓦的坡度，应比其它瓦的坡度和缓，并且为了照顾到木架可能不平的情况，所以一般应将理论上的高度再提高一些（一层砖左右），所谓："俏做山，冒做檐"，意思就是山尖要做得优美、合适，而封护檐墙出檐宁可要高一些。

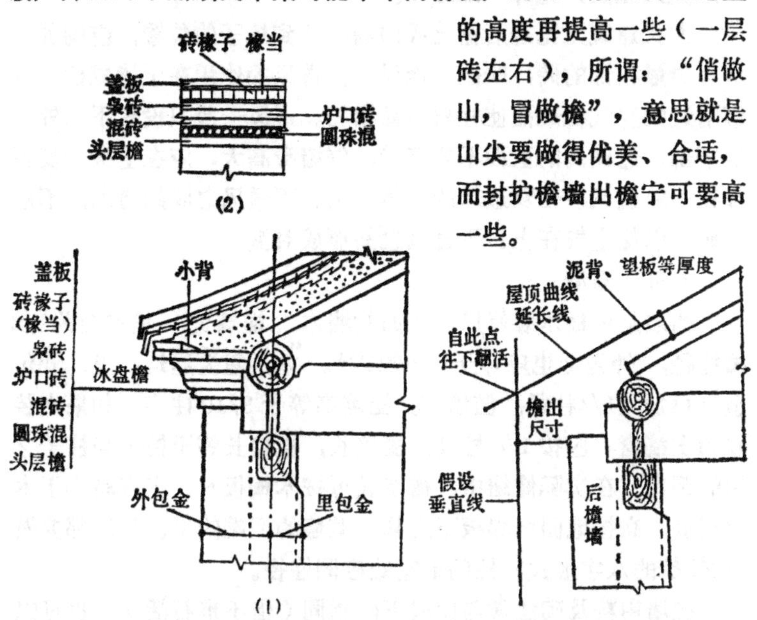

图 3-28 封护檐后檐墙

（1）侧剖面；（2）冰盘檐正面

图 3-29 封护檐墙檐出翻活方法

找到了砖檐最后一层的位置，往下翻活，减去砖檐的总厚度（不是干摆砌法要加灰缝）就可以确定头层砖檐的位置了。

确定了砖檐的位置后，就能够确定博缝头及靴头的位置。后檐博缝头应比砖檐高一个瓦口，从山墙正面看，博缝头应能挡住砖檐。博缝头下脚应与同层的砖檐出檐一样。靴头安放在博缝头下脚但不出檐（图3-8），靴头应与砖檐同时砌筑。如果山墙和后檐墙同时拆砌，一般应先下完后檐墙砖檐后再蔵山尖。因为这样做，山尖后坡槎子线下端可以不用计算而直接拴在靴头底棱（不是干摆要加上灰缝）的位置上。如果四角是"五出五进"作法，后檐墙墙心作法同山墙墙心作法。砖檐之下应砌三至五层整砖清水墙，叫“倒花碱”。倒花碱用料、砌法及缝子形式均应同下碱。其外皮线应同四角外皮线。砖檐的用料及砌法应同下碱。缝子形式无定式，允许“乱缝”。

大式建筑无论是后檐墙或山墙，凡到柱子的位置，应砌置一块有透雕花饰的砖，叫做“透风”。透风的作用在于造成柱子根部附近的空气流通而使柱根不易糟朽。透风一般只设在下碱外皮的下部。透风砖的里面不要砌砖，倘墙身高大，应在上身外皮再加设一块透风，带双透风的墙体，上、下透风之间的墙内，不应砌砖，以使空气在上、下透风之间形成对流。

（五）槛墙

槛墙是前檐木装修风槛下面的墙体。槛墙宽：里包金为1/2檐柱径，外包金也应等于1/2檐柱径。如系重要建筑，里、外包金可再加大1/4柱径。槛墙高：槛墙高等于3/10柱高。如果木装修为支摘窗，应按1/4柱高。槛墙长：槛墙长等于柱子与柱子之间的距离。在实际修缮中，槛墙长可按木榻板长，宽应略小于木榻板宽，高按地面至榻板下皮算。槛墙的两端的里、外皮都要做成六方的八字形式，柱门最宽处应同柱径。

槛墙用料及砌法常与山墙下碱相同（但不带石活），也可以粗糙一些。小式建筑的槛墙还可以做成海棠池形式，其作法同山墙海棠池作法。有些宫殿建筑的槛墙常用琉璃砖砌筑。有些则只在里皮做成琉璃贴面。有些宫殿建筑的室内所有的下碱包括槛墙，都用琉璃砖做贴面，其砌筑方法参见琉璃硬山墙作法。

（六）金内扇面墙和隔断墙

在宫殿建筑的室内金柱与金柱之间，有时也需要砌墙。与檐墙平行的叫“金内扇面墙”或“扇面墙”。与山墙平行的叫“隔断墙”或“夹山”。扇面墙和隔断墙的作法可以与露檐出后檐墙作法一样，也可以和四门子作法一样。金内扇面墙和隔断墙的宽度为1.5倍柱径。

（七）院墙

院墙是建筑群或宅院的防卫或区域划分用墙。在中国古建中，凡有建筑群，就必有院墙。建筑越重要，院墙的作法就越细致，高度和宽度也越大。院墙也可以分成三部分：下碱、上身、墙帽（包括砖檐）。

院墙的宽与高没有严格的规定。一般以不能徒手翻越为最低标准。如遇有屋檐，墙帽必须低于屋檐，祭祀用的坛类建筑的院墙应较低，其高度应以不遮挡视线为宜。院墙的宽度至少应在30厘米以上。

1.下碱

小式院墙的下碱高度应为下碱和上身总高度的1/3；大式院墙的下碱高度为院内正殿台基高的2倍。院墙大、小式的区分，应根据墙帽的形式而定。院墙下碱用料及砌法一般应较山墙下碱粗糙，但也可一样。下碱砖的层数应为单数。

2.上身

院墙上身，里、外皮都应退花碱。花碱尺寸为0.6～1.5厘米（不包括抹灰厚度）。上身用料及砌法一般应较下碱粗糙。一般都采用糙砌抹灰的方法。有些院墙的下碱和上身的用料、砌法及宽度完全一样，就是说，这种院墙不分下碱和上身。

处于全院最低处的院墙，应考虑在下部做排水的“沟眼”。如果大式院墙下面的台基较高，其沟眼常用石头雕成兽头形状（俗称“喷水兽”），或将石头凿成半个圆筒形的“沟嘴子”伸出墙外，伸出的尺寸应稍小于墙体厚度。小式院墙的沟眼可砌一块石雕或砖雕的“沟门”，或者只砌成一个方洞。

3.砖檐

院墙砖檐的形式有菱角檐；鸡嗉檐；冰盘檐（包括琉璃冰盘檐）。菱角檐因第二层砖出檐为菱形而得名。鸡嗉檐因第二层砖象鸡胸而得名。冰盘檐则因砖檐形似冰盘而得名（图3-30）。院墙砖檐的用料和砌法可以同封护檐墙砖檐，也可稍糙一些。各种砖檐出檐尺寸如下：

（1）菱角檐　头层檐出檐尺寸不大于条砖厚度（如用方砖，为1/2砖厚）。二层菱角出檐是这样决定的：菱角应为等腰直角三角形。三角形的直角边等于条砖的宽。第三层盖板出檐是这样决定的：其里口不应超出直角三角形菱角的斜边。即仰视不应看见盖板里棱（图3-30）。

（2）鸡嗉檐 头层出檐同菱角檐头层檐；二层混砖出檐应等于砖厚；三层盖板出檐为1/4砖厚（图3-30）。

（3）冰盘檐 头层直檐出檐同菱角檐头层檐；二层圆珠混出檐等于圆珠直径。圆珠直径应等于砖厚度；三层半混出檐尺寸应比砖厚度略大；第四层炉口出檐应为1/3砖厚；第五层枭砖出檐应为砖厚度的1.5倍；第六层砖椽（只封护檐墙有，院墙无此层）出檐应等于1～2.5倍椽径，但最大不应超过盖板砖宽尺寸，椽当应比枭砖退进少许；第七层盖板出檐应与砖椽子出檐平（盖板砖下棱若不起线则应略出）。盖板砖应用薄一些的砖（图3-30）。如无砖椽一层，盖板出檐应为1/4～1/2砖厚。

有些冰盘檐无圆珠混或炉口。琉璃冰盘檐按预制尺寸出檐。

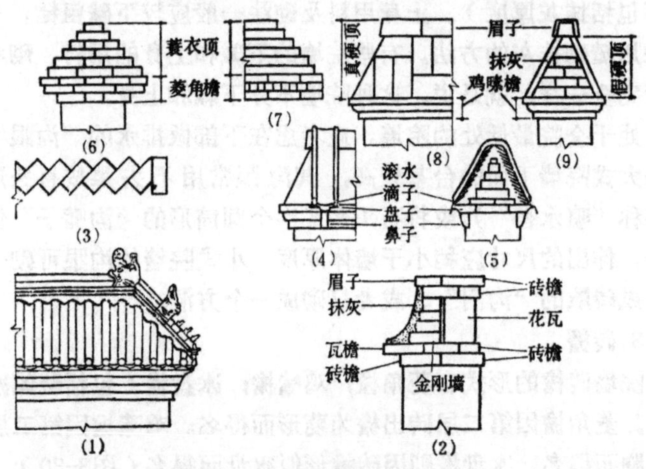

图 3-30 墙帽及砖檐

(1)大式瓦顶及冰盘檐；(2)鹰不落及花瓦顶侧剖面；(3)菱角檐二层平面；(4)正立面；(5)侧立面；(6)侧剖面；(7)正立面；(8)正立面；(9)侧立面

大式院墙的砖檐绝大多数为冰盘檐。有些宫殿建筑的院墙采用斗栱作法。这种院墙大多用头层砖檐代替斗栱的平板枋。头层檐以上即为砖斗栱。砖斗栱之上再砌一层盖板，盖板之上就是瓦顶。有些坛庙等礼制建筑的院墙的檐子部分不用砖檐而用木架代替。具体作法是，在头层砖檐的位置上放置“横担木”。横担木的长度约为2倍墙宽度。每根横担木之间的距离等于砖宽。横担木的两端要做榫。横担木之下要预先放置“随墙枋子”，枋子应与墙外皮平。横担木的两端安放挂檐板。此种挂檐板的厚度约为普通挂檐板的3倍。挂檐板上要凿做榫眼，以便与横担木的榫头结合。横担木之上应铺放望板，望板以上堆砌瓦顶。

4.墙帽

墙帽常见的形式有蓑衣顶、眉子顶（分真硬顶和假硬顶）、瓦顶（有什么样的屋面形式，就几乎有什么样的瓦顶）、各式各样的花瓦顶和花砖顶（图3-30、3-31、3-32）。其中使用脊兽或琉璃瓦件的为大式作法，其它均为小式作法。

院墙的砖檐和墙帽所采用的形式，要根据主体建筑的形式及院墙本身的高度来决定。其用料和作法的细致程度不应超过主体建筑。院墙越高，其砖檐的层数应越多，墙帽也就越大。反之，就要相应减少，否则就会给人以不协调之感。如果院墙的某段恰处在屋檐之下，而墙帽作法又为假硬顶等抹灰作法，则应考虑在墙帽上做“滚水”（图3-30），以保护墙帽不受屋顶雨水的直接冲击。与游廊并行的院墙（如垂花门两侧的看面墙）的墙帽应为瓦顶。但这种瓦顶只做半坡，里面的半坡不做。瓦顶屋脊处的底瓦应稍低于游廊瓦檐。黑活瓦顶的抹灰当沟应抹出沟眼。琉璃瓦顶应使用带有沟眼的“过水当沟”。没有当沟的过陇脊虽不做“过水当沟”，但走水当也应与游廊屋顶的走水当一致，以利排水。为防止漏水，与游廊并行的院墙墙帽上一般都不做天沟，而采取上述作法。

5.花瓦顶

花瓦顶是小式院墙墙帽常采用的形式，其主要特点是在墙帽部分采用花瓦作法。花瓦作法也常用在门楼、廊心墙、园林中的院墙、屋脊等处。花瓦作法具有独特的民族风格。能用形状简单

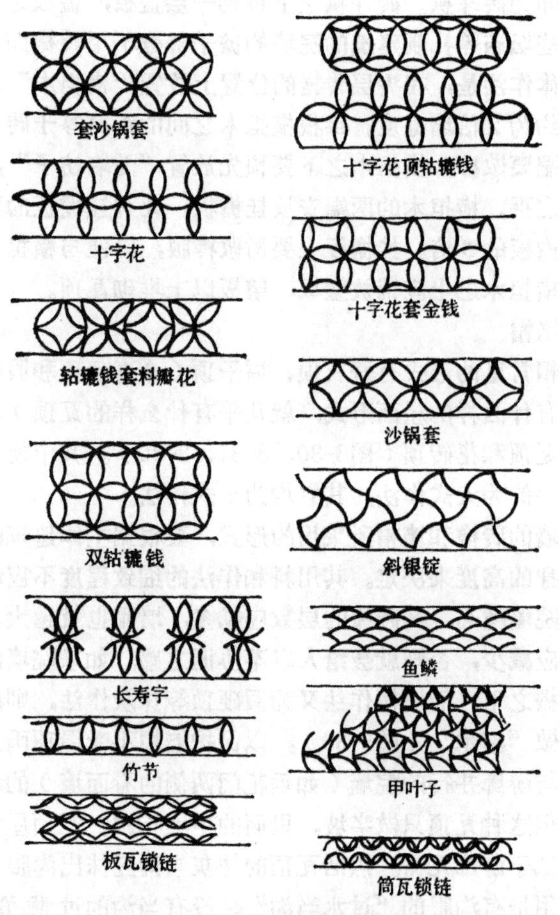

图 3-31 常见官式花瓦作法

的瓦料摆成各种各样复杂优美的图案，充分表现了我国古代人民的聪明才智。

花瓦作法的常见官式手法有：轱辘钱（又称古老钱）、沙锅套、十字花、锁链、竹节、长寿字、甲叶子、鱼鳞、银锭、料瓣花等以及它们的变化和组合，如：套沙锅套、套轱辘钱、十字花顶轱辘钱、轱辘钱加料瓣花、斜银锭、十字花套金钱等等（图3-

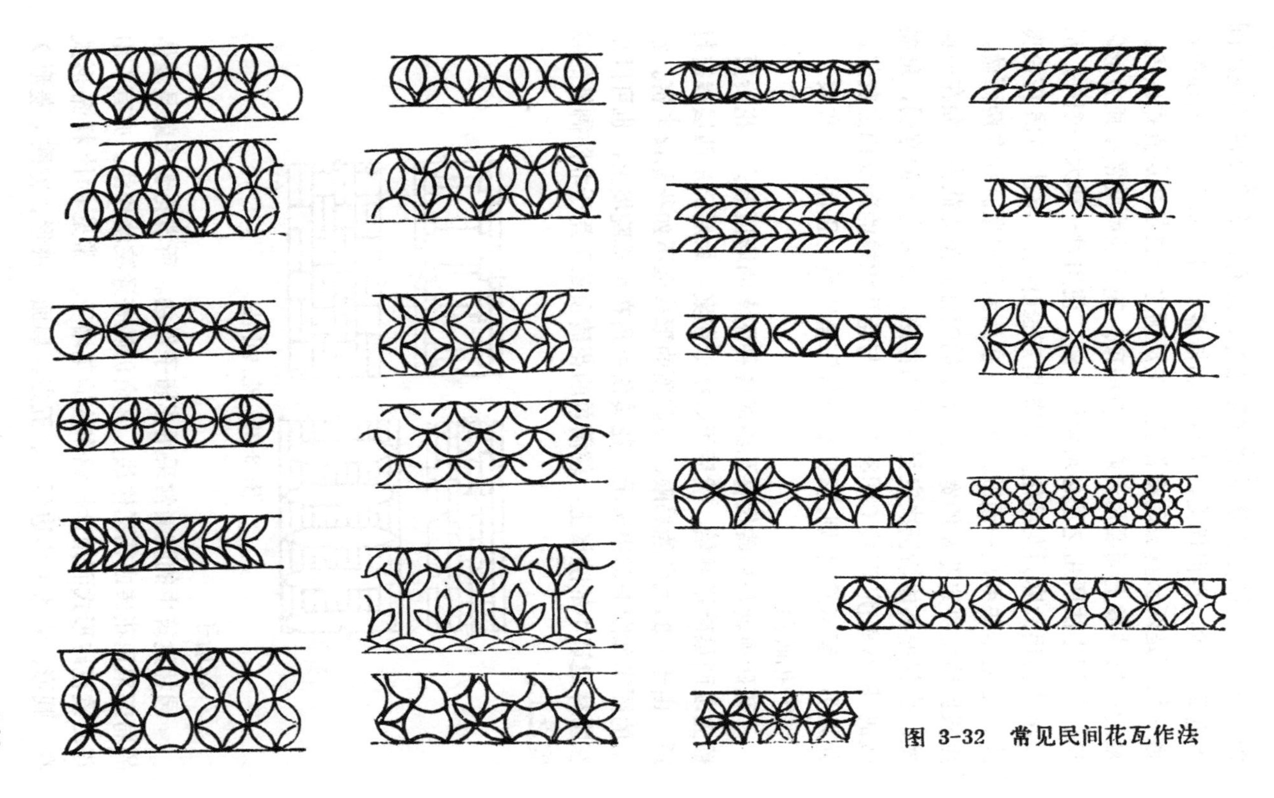

图 3-32 常见民间花瓦作法

31、3-59）。除了上述的这些手法外，还有许许多多流传在民间的花瓦图案，也很优美，值得我们借鉴（图3-32）。花瓦顶的砖檐一般都是两层直檐砖檐作法。花瓦顶之上也是两层直檐砖檐。最后一层砖檐上面要用大麻刀灰抹顶。花瓦顶两端常砌成方形砖垛。花瓦作法所用之瓦必须规格一致。使用时一律大头朝外，后口小头要用大麻刀灰稳住。砌筑时应拴卧线，超过两层应拴曳线。花瓦作法可在一面做，也可以在两面同时做。如在两面做，应根据墙宽决定花瓦的宽度，多出的部分应预先砍去。如在一面做，应根据具体情况决定另一面的作法。如果另一面露明，就要做成"鹰不落顶"形式（图3-30）。与花瓦相挨的砖要刷白灰浆。如果另一面不露明，则应砌"金刚墙"，金刚墙的正面刷白灰浆。

6.花砖顶

花砖顶就是用砖代替瓦组成各种图案的墙顶形式。花砖顶一般先以两层砖檐开始，然后用砖摆成图案，最后仍用两层砖檐封顶。由于砖的线条的局限，花砖顶的形式远不如花瓦顶丰富。常见的图案如图3-33中所示。花砖顶可用在小式院墙上，也可以用在园林建筑中的院墙上，较简单的花砖顶还可用于非防御性的城墙之上。

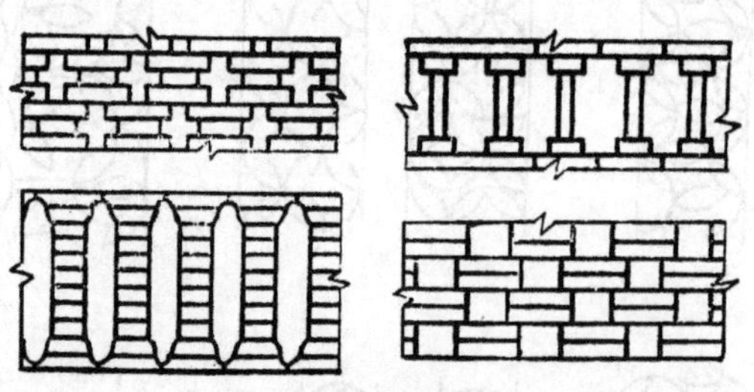

图 3-33　花砖作法

7.花墙子

园林建筑中的院墙常采用花墙子作法。所谓花墙子就是墙体的局部采用花砖或花瓦作法，其余仍随普通院墙作法。亦有不用花瓦或花砖形式而用什样锦作法的花墙子。常见的什样锦形式有：圆形、六方（六边形）、五方、扇面、桃形、方乘（菱形）

（乘：音“胜”）、石榴、叠落方乘（双菱形）、海棠花、瓶形等等。什样锦图案的轮廓或用木框或用砖圈。如用砖圈，砖圈上也应雕做花边（具体做法参见（十）碳）。采用什样锦作法的花墙子一般用于游廊之中。

（八）城墙

城墙工程的设计和施工都比较复杂，但由于在修缮中城墙翻建并不常见，所以我们不再专题叙述城墙工程，而把它归入普通墙体中，就修缮中一些常见的问题做个简单的介绍。

城墙没有下碱。城门一段可以加砌几层条石。做为宫门用的城门或皇宫内的城墙可以使用石须弥座。普通城墙自土衬石（或砖）往上即是上身墙体。城墙的高度不定。用于防御的至少应在10米以上，其它类的可酌减。总的效果应给人以高不可攀和望而生畏之感。城墙的总厚度也应视用途而定。用于防御的城墙应较宽，其城上地平宽度应大于两辆辎重马车的宽度。城墙的实墙体的厚度应按下述方法决定：外檐“垛口”或内檐“女儿墙”处的墙体厚度一般为1.5倍砖长度。土衬石处的墙体厚度则应根据城墙的“升”的大小算出。就是说，城墙越往上应越往里收进去，这在古建施工中叫做“收分”。一般来说，城墙内檐墙的“收分”应为13%城墙高。普通非防御类的城墙的外檐墙的收分可以与内檐墙相同，也可以稍大。防御性的城墙的外檐墙的收分一般应为25%墙高。根据上述比例，就可以得知土衬石处墙体的宽度。应该注意的是，城墙墙体只外皮线退收分，里皮线仍为垂直线。城墙退收分的作法不但使城墙外观雄伟，稳定性强，同时也增加了墙体下部的宽度，从而加强了它的防御性能。

城墙用砖可以使用各种规格的城砖，但少数城墙也可使用开条砖等小砖。砌法从带刀灰砌法到干摆砌法等均可使用。具体作法应根据原设计要求及建筑等级决定。采用糙砌的城墙，每层砖应比下面的一层退进若干。退进的尺寸可以根据收分和砖的厚度算出。采用干摆，丝缝和淌白砌法的城墙不必每层退台阶，但应根据收分在砍砖时将砖砍出“倒切”。皇宫的城墙可以采用糙砌后抹灰刷红土浆的作法。若为干摆砌法，则可只在城门一段采用抹灰刷浆作法。城墙内、外檐墙之间应用黄土层加瓦砾层填充夯实。城墙的墙顶作法不同于院墙的墙顶作法，在修缮中要特别注意不可用院墙的墙顶作法代替城墙的墙顶作法。城墙分内、外檐两部分，外皮面向城外的叫外檐墙，外皮线在城内一侧的叫内檐墙。城墙的外檐部分从城上地平算起砌至人体胸腹部高度时，应开始砌筑“垛口”（俗称“躲口”）。垛口可以砌成矩形，也可以砌成品字形。垛口之下的实墙上还可以砌一个小方洞即瞭望洞。垛口的宽度以能并排遮掩两人为宜。高度约为一人高（从城上地平算起）。垛口之间的距离应不大于1/3垛口宽。城门中轴线两侧的垛口要对称。排到拐角处时应能赶上“好活”。城墙的内檐墙的总高应不超过人体肩部。内檐墙的墙顶部分从一层与墙体同宽的“压面”条石开始，压面石之上开始砌“女儿墙”。女儿墙的宽度应比压面石略窄，即里、外应各退金边1～2寸。女儿墙通常砌6层左右。既可以砌实墙也可以采用花砖作法。女儿墙之上应先砌一层砖檐。然后在砖檐之上砌筑“屋脊砖”。屋脊砖和檐子砖用方砖同时砍制。屋脊砖倾斜立置，从侧面看，呈底角为45度角的等腰梯形。根据这个图形，可以算出屋脊砖的高度。一块方砖砍制屋脊砖后剩余的部分就是檐子砖。屋脊砖之间的空当要用砖、灰背好，屋脊砖之上砌一层扣脊筒瓦。也可以用一块“联办”石活代替砖檐、屋脊砖和扣脊筒瓦。所谓联办石活，就是将多层构件的形状用一块石料凿成。少数极不重要的城墙建筑或非防御性的城墙，可以采用下列作法：1）不用压面石；2）不用女儿墙；3）不用压面石和女儿墙；4）女儿墙以上的部分改为两层砖檐（第二层为半混砖）封顶；5）用枭石（形状同挑檐石）代替压面石；6）在垛口等上雕刻图案；7）内、外檐同时用压面石或枭石。

城墙的内檐墙上须砌筑排水的沟眼，沟眼下可以放置石沟嘴子。如果放置石沟嘴子，一般也应在同一层放置枭石或压面石。非防御性的城墙可以在外檐墙上砌筑沟眼，但防御性的城墙的外檐墙上绝对禁止砌筑沟眼。如果城墙外伴有护城河，又需与城内的河流湖泊沟通时，应在城门附近的城墙下部砌筑贯通城内外的通道即“水关”。水关的高度和宽度至少在2米以上，水关的底部要用石板铺垫，顶部一般要砌砖碳。水关走向的路线与水流方向的夹角必须成锐角（此角俗称“斩龙剑”），而绝对禁止砌成直角，水关的入水口应大于出水口，以减少入口处的阻力和避免形成旋涡，在水关的出入口处应安置铁制的栅栏门。

（九）女儿墙、金刚墙和护身墙

1.女儿墙

高度不超过人身胸部，位于露天，处在房上、台上或墙上之墙，就叫女儿墙。女儿墙常用于城墙、平台房或楼台之上。女儿墙的作用与护身栏杆相同。女儿墙的墙体既可以砌实墙，也可以采用花砖或花瓦作法，还可以用经过砍制雕刻的砖仿各种木制栏杆砌筑。女儿墙下碱高度应小于墙顶，作法同墙顶作法，也可以略简。女儿墙两端作法可以同下碱作法，也可以砌“撞头”（即砖垛）。如果墙体为实墙，两端作法可同墙体作法相同。女儿墙墙顶作法比较灵活，各种作法均可采用。如在女儿墙中使用琉璃砖瓦则为大式作法。

2.金刚墙

古建中凡是隐蔽而不可见的墙体都叫金刚墙。比如，博缝砖里面的几层砖。又如，带有天沟的起脊瓦屋中，瓦陇与天沟交界处，代替连檐、瓦口的那几层砖。再如，单面用的花瓦后背的几层砖。另外象陵寝建筑中被土掩埋的墙体（系指出土之前），都叫金刚墙。各种金刚墙的高度和作法差异很大，具体作法完全取决于它所服务的对象。

3.护身墙

护身墙用于马道、山路、楼梯等两侧。护身墙最高不应超过人体胸部。其作法与女儿墙作法相同。大式护身墙要使用琉璃砖瓦。

（十）碳

由于古代没有钢筋水泥，所以古建中凡窗户的上方除可使用“过木”外，也可采用整砖砌碹的办法。

碹的宽度应同墙厚度，高度从1/2砖长到任意高（视荷载和跨度而定）。

根据碹底棱线条的弯曲程度，可将碹分成木梳背碹和半圆碹两种。为能达到抗震的目的，经修缮后的木梳背碹的跨度不宜超过1.5米，半圆碹的跨度则可以任意大。在修缮中，如遇超过1.5米跨度以上的木梳背砖碹应改为半圆碹作法。

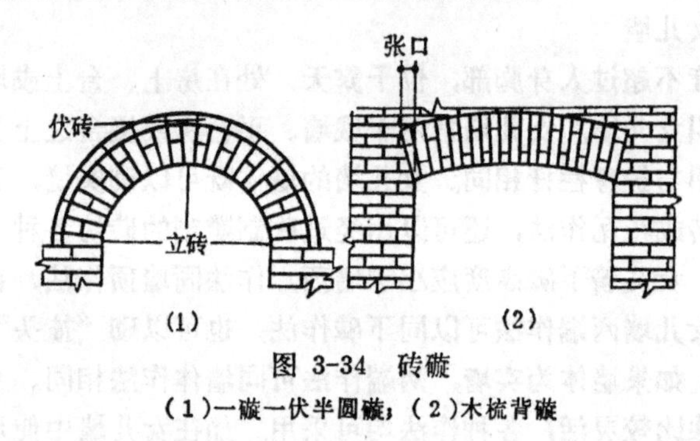

图 3-34 砖碹

（1）一碹一伏半圆碹；（2）木梳背碹

碹的砌筑方法：

碹的砌筑俗称“伐碹”。伐碹应在碹胎上进行。碹胎应由木工按碹的大小和形状预制，也可以支放一块木板，在木板上用砖堆砌成碹胎的形状，并用灰抹好。如果是半圆碹，应在碹胎中间用干砂铺成起拱。起拱高度应为跨度的百分之一左右。在未伐碹之前应先进行计算。计算时应注意下列各项。

1.砖应小面朝外放置。如是“马莲对”看面形式，中间一块及两端的两块应长身这面朝外。

2.砖应砍成上宽下窄（即“镐楔”）。如是糙砌，上、下之差应用灰缝调整。

3.在碹胎弧形长度之内须以单数砖平分（如不是干摆砌法还应加灰缝厚度）。所得尺寸即为镐楔窄头的宽度，然后按这个尺寸进行砍制镐楔。

4.如果是糙砌，而计算时又不能整除时，可以占少许砖墙尺寸来进行调整。被占用的部分叫做“雀台”。

5.如是木梳背碹，上皮比下皮长出的部分叫做“张口”。张口不应大于30°。

6.如不是干摆砌法，计算时应注意碹正中那块砖左右各有一个立缝，因此应按两分灰缝宽度算。这块砖的立缝叫做“合龙缝”。

在实际操做中，为了便于操做，可将计算后确定的每块砖的位置在碹胎上做出标记。

伐碹时应拴卧线，最好能拴两道以上。如果不是干摆砌法，砖与灰浆的接触面应达到100/100。砌完后应在上口用沙石片“背撒”，即将沙石片塞入灰缝内，然后灌浆。在修缮中，最好能改用100号水泥砂浆砌筑。注意不能采用带刀灰砌法，最后灌浆的方法。因为浆中的水分会降低灰浆的强度。

有些院内的墙洞常做成“月光碹”（即“月亮门”）、“瓶碹”（即“瓶子门”）等。有些游廊的窗户常砌成“什样锦”形式的什锦窗。这些碹的大致作法是，上半部支碹胎砌筑。下半部先用薄木板做成样板，然后按样板砌筑。下半部为圆形的可先用砖砌成一个砖垛，然后把钉子钉入一根木杆中，这根木杆叫做“抡杆”。把抡杆上的钉子插入砖垛中间，然后一边旋转抡杆，一边砌砖。砖要顶住抡杆，抡杆的长度应等于1/2碹的跨度。做为门使用的碹（如月光碹等）须在下部正中位置放置一块与碹同宽的方形石活，这块石活叫“元宝石”。

有些碹的上方，有几层冰盘檐。还有些碹的上方砌几层雕有花饰的砖或砌石活，叫做“帽正”。

碹的修复方法：

（1）支撑加固方法　在窗台中间用砖柱或木柱将碹撑住。但这种方法只能做为临时措施。

（2）化学加固方法　先将碹底及外侧裂缝用灰抹严。待灰干后，在里侧裂缝处用高压枪往里注射化学胶粘剂。（胶粘剂详见本节中花饰的修复）化学加固方法为现代修缮方法。

（３）拆除重砌　如碹裂缝较大，形状也有大的变化时，应采取这种方法。

古建墙体跨空部分如不起拱，一般都采用放置木过木的方法。过木外侧往往放置砖“挂落”（落：音“涝”）。挂落的具体作法可参见木博缝挂砖博缝的作法。由于挂落砖比带胆博缝砖形状简单，所以作法也就更为简便。

在本节中，我们介绍了墙体的一般修缮方法和拆砌方法。但由于古建材料目前已不大批生产，因此在修缮中，材料问题是个经常存在的问题。这就要求我们一方面要做好经常性的维修养护工作，另一方面可以用现代材料代替古建材料。常采用的方法有：（１）把旧砖一分为二，砌“外整里碎”或“外清里混”墙。（２）里面用现代材料（如砖或混凝土等）外皮用旧砖做贴面（但必须放置钢筋和灌浆）。（３）砌混水墙，然后抹灰做成假缝。（４）砖檐和墙帽可以用现代砖砌出大致轮廓，然后依古建式样抹灰制成。（５）如外皮不得不使用现代砖时，应使用青砖。砖的排列形式须按古建中砖的排列形式。（６）不露明的柱子可以用混凝土柱子或砌砖柱代替。

古建墙体素有“墙倒屋不塌”之称，说明了古建墙体不是承重墙。但实践证明绝大多数柱根或柁头糟朽的建筑也并未发生倒塌。这可见在一定条件下，墙体并不是没有发生承重作用。在实际操做中，有经验的工人往往将强度较差的木架放在与墙相连的地方。这也可见墙体对屋架具有辅助作用，不全然是墙倒屋不塌。因此，我们应该充分发挥和大胆革新，吸收现代墙体的特点，变古建墙体的不承重为承重。即采用硬山搁檩（山墙或隔断墙之上不放柁）和硬山搁柁（无后檐柱）作法。或可以变不承重墙体为半承重墙体，即降低对山柱、山柁、后檐柱及后檐檩的强度要求。这样就可以为国家节省大量材料而又加强了建筑本身的整体性。但采用“硬山搁”作法时，必须注意以下几个问题：（１）必须使用整砖并适当加大墙体厚度。（２）水泥砂浆应在

100号以上。（3）柁底须放置30厘米以上长度的木柁垫。（4）因为后檐墙和山墙灰土受力面积的扩大，实际上等于加大了前檐灰土的荷载，因此前檐灰土及基础墙要相应加大安全系数。（5）由于山墙、后檐墙变成了承重墙，因此其基础灰土必须保持在两步以上并禁止采用浅基础。

如属重要建筑，则应按原设计要求做。

明代建筑的墙体厚度应比清代建筑墙体厚四分之一柱径或更多。

第三节　地　面

古建室内地面及室外散水、甬路等，一般都采用砖墁地的形式。宫殿的甬路有用条石铺墁的，叫做“御路”。地面用砖可分为方砖和条砖两大类。方砖中有一种叫“金砖”的，为淋浆焙烧而成，规格也较大，常在宫殿庙宇的正殿中使用。地面的缝子形式有：十字缝；拐子锦；褥子面；人字纹；丹墀（柳叶斜栽）；套八方（图3-35、3-36、3-37）。

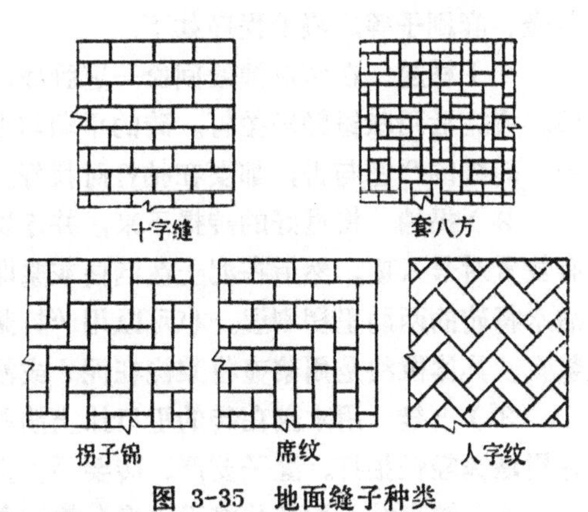

图 3-35　地面缝子种类

砖墁地的操做方法分细墁和糙墁两种。

一、室内地面

（一）细墁

细墁地面用砖应事先加工砍磨（详见第二节砖加工）。操作程序如下：

1.素土或灰土夯实。

2.按设计标高抄平。按平线在四面墙上弹出墨线。廊心地面应向外留7/1000的“泛水”，即里高外低。

3.在房子的两侧按平线拴两道拽线，并在室内正中向四面拴两道互相垂直的十字线（冲趟后撤去）。冲十字线的目的是为使砖缝与房屋轴线平行，并将中间一趟安排在室内正中。

4.计算砖的趟数和每趟的块数，趟数应为单数，中间一趟应在室内正中。如有破活必须打“找”时，应安排到里面和两端，就是说，门口附近，必须都是整砖。

5.在靠近两端拽线的地方各墁一趟砖，叫做“冲趟”。

冲趟后开始墁地。墁砖铺泥要稍硬，白灰与黄土的比为3:7。砖缝用灰叫做“油灰”。油灰的材料是面粉、细白灰粉（要过绢箩）、烟子、桐油按1:4:0.5:6搅拌均匀。烟子事先要用熔化了的胶水搅成膏状。墁地的工具有木宝剑、蹾锤、瓦刀、油灰槽、浆壶、麻刷子等。墁地程序如下：

1）样趟　在两道拽线间拴一道卧线，以卧线为标准铺泥墁砖。墁完后用蹾锤轻轻拍打。砖的平顺与否，与泥的接触严实与否，砖缝的严密与否，都要在拍打时找好。

2）揭趟　将墁好的砖揭下来，并逐块记上号码，以便按原有位置对号入座。然后在泥上泼洒白灰浆即“坐浆”，并用麻刷沾水将砖的两肋里楞刷湿。也可以用“打浆窝”的作法代替“坐浆”。具体做法是用浆壶将浆浇在泥（或沙）上的低洼部分。

3）上缝　用木剑在砖的里口抹上油灰，按原有位置墁好，并用蹾锤轻轻拍打。缝子要严。砖要平、直顺。

4）铲齿缝　用竹片将面上多余的油灰铲掉，然后用磨头将砖与砖之间凸起的部分磨平。

5）刹趟　以卧线为标准，检查砖楞，如有多出，要用磨头磨平。

以后每一行都要如此操做，全屋墁好后，还要做如下工作：

1）打点　砖面上如有残缺或砂眼，要用砖药打点齐整（砖药配方见花饰修复）。

2）墁水活并擦净　将地面重新检查一下，如有局部凸凹不平，用磨头沾水磨平。并将地面全部擦拭干净。

3）攒生　待地面干透后用生桐油在地面上反复涂抹或浸泡。如系重要建筑，可采用“攒生泼墨”法。具体做法见金砖墁地。

（二）糙墁

糙墁地面所用的砖是未经加工的砖。其操做方法与细墁地面大致相同。但不抹油灰，也不攒生桐油，最后要用白灰砂子（1:3）将砖缝守严扫净。

（三）金砖墁地

金砖墁地的操做方法大致和细墁地面相同。不同的是：1）金砖墁地不用泥，而要用干砂或纯白灰。2）如果用干砂铺墁，每行刹趟后要用灰“抹线”，即用灰把砂层封住。3)在“攒生”之前要用黑矾水涂抹地面。黑矾水的制做方法是：把10份黑烟子用酒或胶水化开后与1份黑矾混合。将红木刨花与水一起煮熬，待水变色后将刨花除净。然后把黑烟子和黑矾倒入红木水中一起煮熬直至变为深黑色为止。趁热把制成的黑矾水泼洒在地面上（分两次泼）。然后用生桐油浸泡地面。此种作法叫做“攒生泼墨”法。金砖墁地在泼墨后也可不攒生而采用烫蜡的方法，即将四川白蜡熔化在地面上，然后用竹片把蜡铲掉，并用软布将地擦亮。

宫殿式建筑的地面中有一种“五音石”（即“花石板”）地面。由石工按金砖规格砍制，由瓦工铺墁。铺墁方法同金砖墁地一样。但五音石地面只烫蜡而不泼墨也不攒生。

二、室外地面

（一）散水

散水是在屋檐、台基旁，沿前后檐（有时连山墙）墁砖，用来保护地基不受雨水浸蚀。散水的宽度应根据出檐的远近来定。就是说，从屋檐流下的水一定要砸在散水上。散水要有泛水，外口不应低于室外地平，里棱应与土衬金边同高。散水的缝子形式除了可以参照室内地面缝子形式外，还可以做成一品书和联环锦的形式（图3-36）。无论何种形式，外口一律要先“裁”一行“牙子砖”（图3-36）。裁牙子砖之前，应先算出散水砖所占的尺寸。散水铺墁方法同室内墁砖（窝角、出角、攒角分缝，见图3-36）。

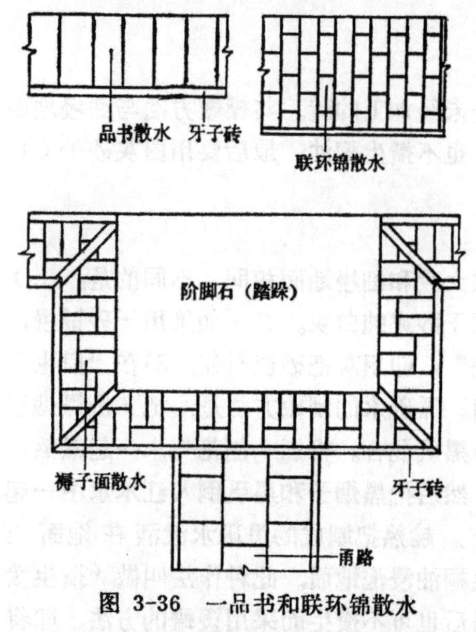

图 3-36　一品书和联环锦散水

（二）甬路

甬路是庭院中的主要交通线，一般都用方砖铺墁，甬路砖的趟数应为单数，先按中线和砖趟所占的尺寸裁好牙子砖，然后墁中间一趟砖（交叉甬路的中线交叉点应为一块方砖的中心点），再墁两边的方砖。御路应先裁牙子石，牙子石外侧应墁散水（图3-37）。

甬路的宽窄按其所处位置的重要性决定。最重要的甬路砖的趟数应最多，然后依次递减。砖的趟数一般为一、三、五、七、九趟。甬路可以做成中间高，两边低，牙子砖更低的圆拱形，以利排水。无论散水还是甬路，都应考虑到全院的水流方向。

大式甬路的交叉比较简单，一般都是先将主要的（趟数多的）

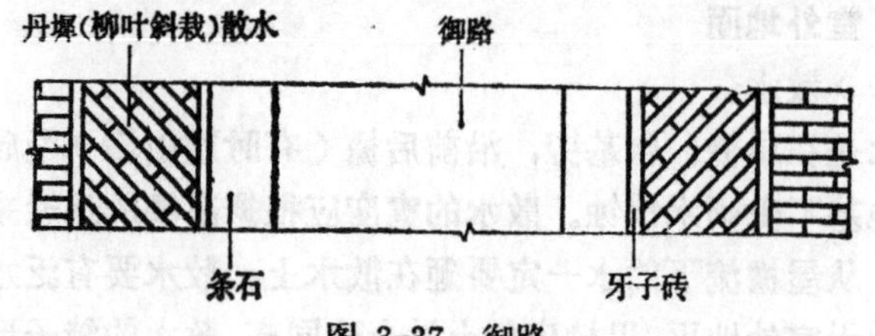

图 3-37　御路

甬路墁好，再从旁边开始墁。因此砖比较好摆（图3-38），大式甬路的牙子多为石头牙子。

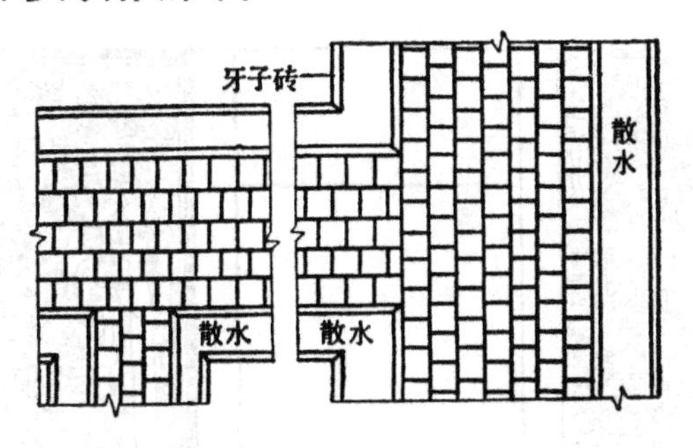

图 3-38　大式交叉甬路

小式甬路交叉分缝比较复杂，常见的缝子形式有龟背锦和筛子底两种（图3-39）。

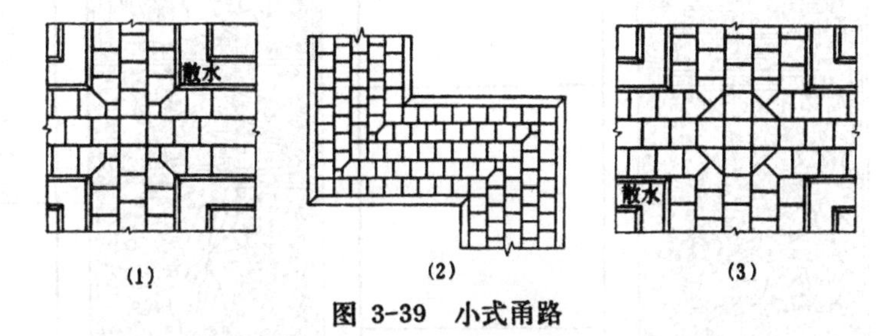

图 3-39　小式甬路

（1）三趟交叉筛子底十字甬路；（2）五趟交叉筛子底交叉甬路；（3）三、五交叉龟背锦十字甬路

（三）雕花甬路

雕花甬路是指甬路两旁的散水墁有经过雕刻带有花饰的方砖，或是镶有由瓦片组成的图案。有些则用什色石砾摆成各种图案（图3-40）。雕花甬路常用在宫廷园林中。

1.雕花甬路的作法

雕花甬路有三种作法，即方砖雕刻、瓦条集锦和花石子作法。

（1）方砖雕刻法　先设计好图案，然后在每块方砖上分别

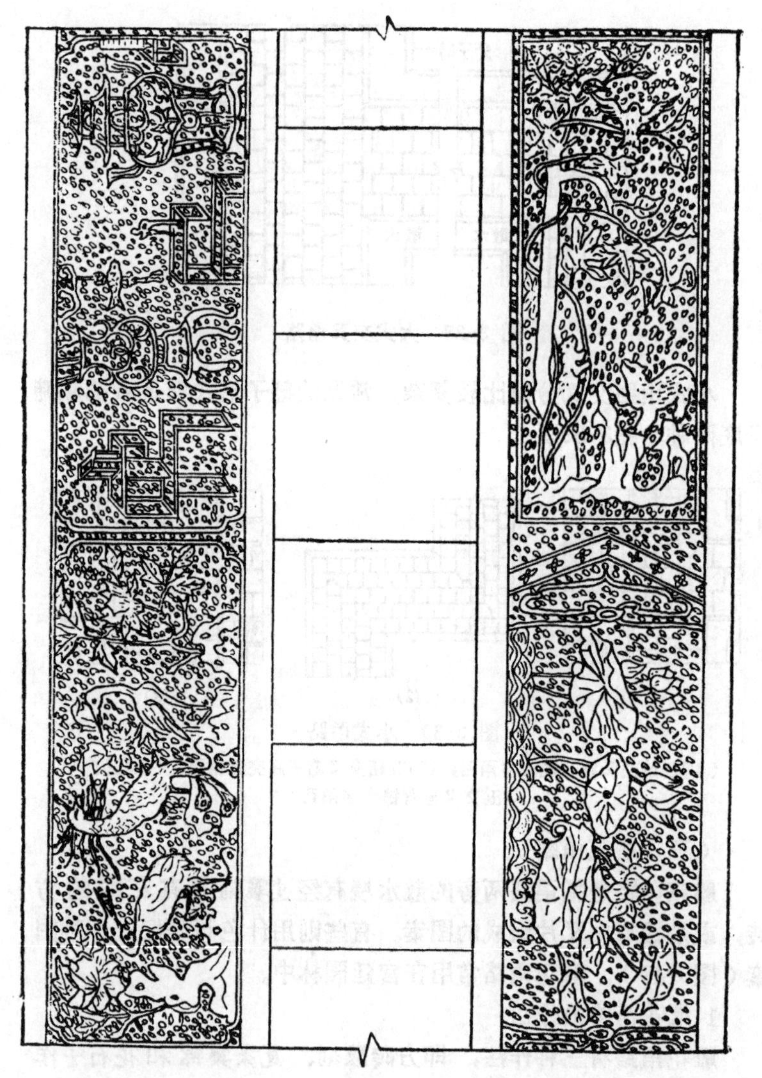

图 3-40 雕花甬路

雕刻，雕刻的手法可用浅浮雕和平雕手法。雕刻的题材可自由选择，一般常取材于山水花草、人物故事、飞禽走兽等等。雕刻完毕后按设计要求将砖墁好，然后在花饰空白的地方抹上油灰（或水泥），油灰上码放小石砾。最后用生灰粉面将表面的油灰揉搓守扫干净。

（2）瓦条集锦法　将甬路墁好并栽好散水牙子砖后，在散水位置上抹一层掺灰泥，然后在抹平了的泥地上按设计要求画出图案，将若干个瓦条依照图案中的线条磨好。如果个别细部不宜用瓦条磨出（如鸟的头部等），可用砖雕刻后代替，然后用油灰粘在图案线条的位置上，用这许许多多的瓦条集锦成图案。瓦条之间的空当摆满石砾，下面也用油灰粘好，最后用生灰面揉擦干净。

（3）花石子甬路　花石子甬路作法与瓦条集锦法大致相同。不同的是用石砾代替瓦条摆成图案。图案以外的部分，用其它颜色的石砾码置。由于石砾较难加工，所以花石子甬路的图案不应过于复杂。

2.雕花甬路的整修

先用白纸和墨水将原有图案摹拓出来。把需修复的地方挖去，然后根据挖去部分的大小，仿照摹拓下来的形象用瓦条、砖或石砾按照前面介绍的制做和安装方法重新做好。如果局部磨损得比较严重，应按摹拓出的形象的轮廓将细部重新勾画清楚，然后制做。如果花饰已残缺，则可根据周围的图案自行设计图案，修配完整。

（四）海墁

庭院中除了甬路之外，其它地方也都墁砖的作法叫做海墁。海墁应考虑到全院的排水问题，古代习惯是让水往东南方向流（如地势特殊，应根据自然地势决定）。要做到雨过天晴，即雨停之后，院内雨水也基本排出了。一般情况下，排水沟眼应安排在东南角。水流如遇房屋，应在房屋下面砌成暗沟，以沟通内、外院的水流。如院子较大，也可以在西南角再砌一个沟眼。

海墁应在甬路墁完之后进行。靠近甬路的地方，应以牙子砖为高低标准。海墁一般都用条砖，并要“竖墁甬路横墁地”，就是说，条砖应东西方向顺放。如有破活，应安排到院内最不注目的地方。海墁一般都是粗墁。

因为室外地面比室内容易受到雨水的侵蚀和重物的冲压，所以基础必须用灰土夯实，找平。宫殿式建筑院内往往墁三层到十几层（单数）砖做为垫层，垫层应立置和平置相间进行。在修缮中，只要能保证质量，完全可以不按原层数做。宫殿式建筑的院内可用条石海墁。

三、砖墁地的拆揭及整修

砖地拆揭之前要先按砖趟编号。拆揭时要注意不要碰坏楞角，如有不全，要按旧砖尺寸重新砍制。可用的砖要将砖底和砖肋上的灰泥铲净，如发现砖下垫层下沉必须夯实。如果局部下沉或苏碱或残缺，应及时整修。揭墁时必须重新铺泥、揭趟和坐浆，绝不可以干墁（金砖除外）。新墁的砖要用蹾锤以四周旧砖为准找好平整并使缝子合适（松紧程度要同原地面）。如新砖细墁，最后要攒生桐油；全部旧砖揭墁或旧砖替换，不攒生桐油。如果地面较好，不需要做较大的整修，而建筑本身又有文物价值，需加以保养时，可用大量生桐油浸泡地面，然后将表面的桐油铲去，最后也可在砖地表面再涂一层蜡。

室外地面如不是处在重要位置，其全部揭墁可用现代水泥砖代替或抹水泥地面按要求划出缝子来做为临时修缮措施。

第四节　屋　　顶

我国古代建筑的屋顶是古建筑中最有代表性和特色的部分。在建筑形式、建筑等级、建筑艺术等方面都有其十分详细、完整的规定。不对这些方面有所了解，就不能达到更好地保护和修缮古代建筑的目的。因此将有关古建屋顶的一般知识简述如下。

由于古建屋顶大多是用木架支承的。所以从木结构的结构形式上可以分为庑殿（四阿）、歇山（九脊）、挑山或叫悬山（厦两头）和硬山这四种最常见的形式（图 3-41）。庑殿是四坡形式，悬山和硬山是两坡。悬山的屋顶一直延伸到山墙以外。歇山可以看成是庑殿和悬山（或硬山）的组合。如果把庑殿的屋脊向外延长，就形成了“推山”形式（图3-49）。在清式建筑中，除砖结构的建筑外，一般都做推山。每种形式又可以有重檐形式（图3-41）。在封建社会里，屋顶的结构形式有着严格的等级制度。重檐庑殿为最尊，重檐歇山次之。以下为单檐庑殿，单檐歇山和悬山。硬山为最下。在封建社会里，劳动人民是不许住庑殿和歇山式房屋的。

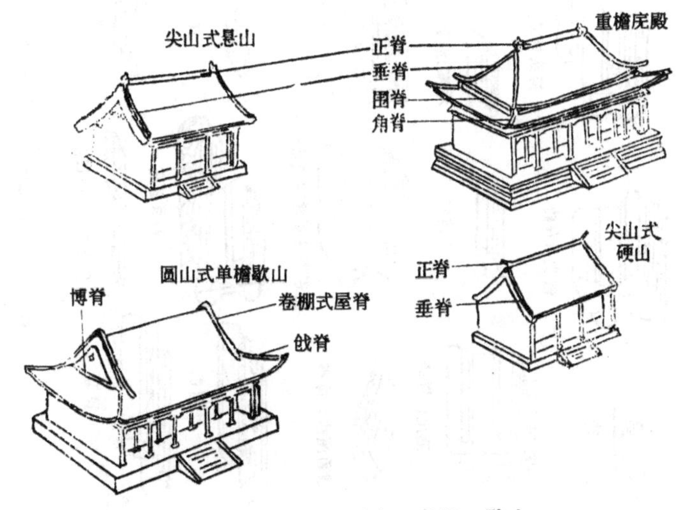

图 3-41 悬山、硬山、庑殿、歇山

古建筑屋顶所使用的材料有琉璃瓦（图3-42、3-43）和布瓦（青瓦）两种。琉璃瓦又可以分为上釉和不上釉两种（不上釉的叫削割瓦）。因此从材料方面来讲，古建屋顶可以分为琉璃屋顶（包括剪边作法）和布瓦屋顶（俗称黑活屋顶）两大类。剪边屋顶是用布瓦或削割瓦做心，四边（或檐头）用琉璃瓦。或用一种颜色的琉璃瓦做心，四边（或檐头）用另一种颜色的琉璃瓦。在封

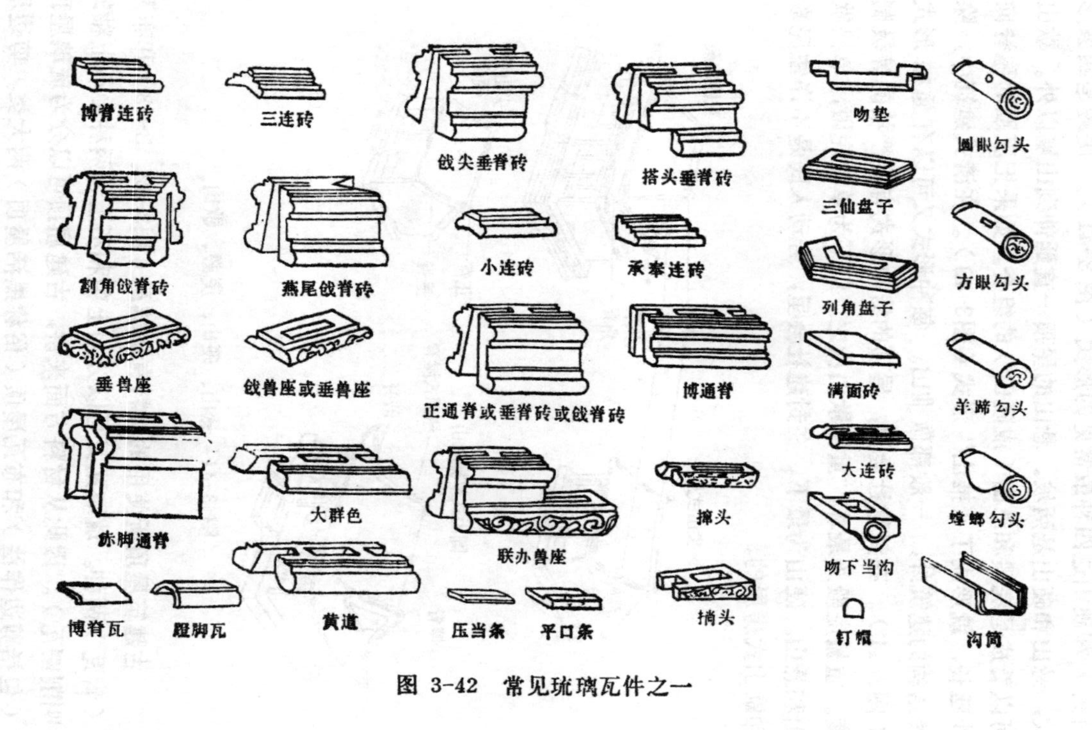

图 3-42 常见琉璃瓦件之一

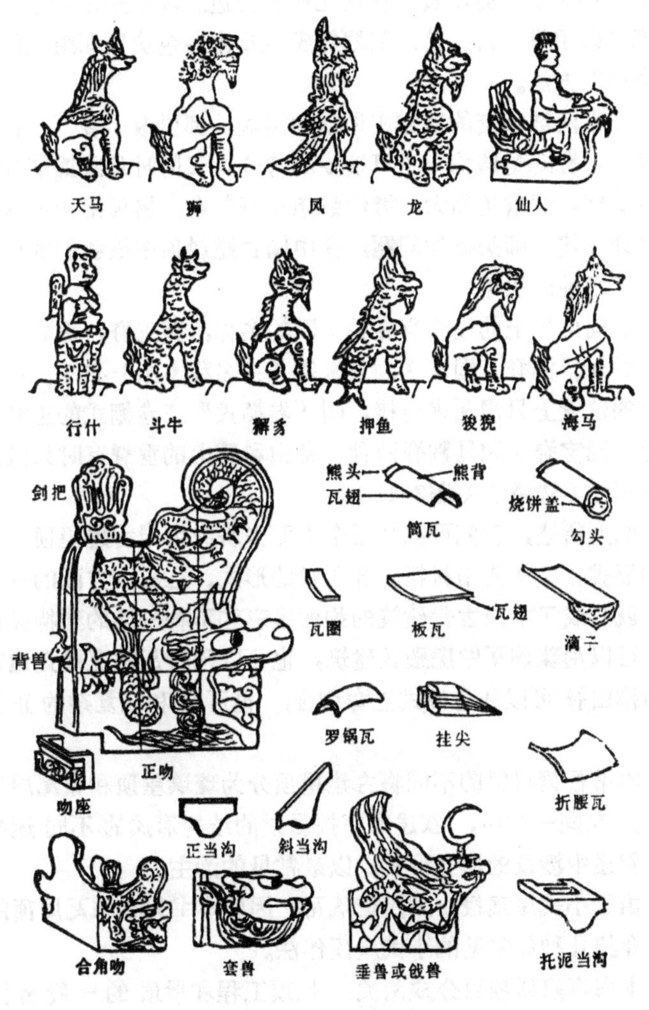

图 3-43 常见琉璃瓦件之二

建社会，劳动人民只能使用布板瓦盖房。就是一般贵族，也只能使用布筒瓦。亲王、世子、郡王只能用绿色琉璃瓦或绿剪边。只有皇室和庙宇才能用黄色琉璃瓦或黄剪边。离宫别馆和皇家园林建筑可以用黑、蓝、紫、翡翠等颜色及由各色琉璃瓦组成的“琉璃集锦”方法。

凡在两坡相交的地方或屋顶的两端，都要做“脊”。在我国古建中，脊既是结构上不可缺少的部分，又同时是装饰部分。建筑越雄伟，脊就越高大，脊的线条也越复杂。屋顶结构中这个令世界许多建筑师头痛的问题，在中国古建屋顶中被我们的祖先巧妙而艺术地解决了。

不同位置上的屋脊有各种不同的名称：有正脊，垂脊、戗脊（岔脊）、博脊（围脊）、角脊等几种名称（图3-41）。如果在正脊的位置上只用瓦来连接，叫“卷棚式”。卷棚式的正脊有过陇脊（元宝脊）和马鞍脊两种。悬山和硬山的垂脊有时只做成简单的梢陇（边陇）（图3-41）。

综上所述，我们可以从三个方面去研究中国古建屋顶：１）结构形式。２）使用材料。３）脊的形式。这三个方面的互相结合，就形成了中国古代建筑的绚丽多彩和不拘一格的独特风格。如，可以用琉璃瓦做庑殿式建筑，也可以用布瓦做庑殿式建筑。玲珰排山脊 可以和卷棚式正脊结合， 也可以 和较复杂的 正脊结合。

本书根据材料的不同将古建屋顶分为琉璃屋顶和布瓦屋顶两大类。在同一类中， 叙述顺序按屋顶的结构形式的 不同 逐类介绍。叙述中涉及的屋脊形式，以最常见的为主。

由于小式屋顶极少采用琉璃瓦，因此本书只在布瓦屋顶的最后，介绍几种最常见的小式屋顶作法。

本书将修缮项目分成两类： 挑顶工程和屋顶 的 一般 养护维修。

表3-3、3-4文字说明：

１）表中数字系参考数字。

屋顶琉璃零件尺寸表（单位：厘米）　　表 3-3

名称		样数							
		二样	三样	四样	五样	六样	七样	八样	九样
正吻	长	316.8	291.2	256	166.4	115.2	83.2	65.6	60.8
	宽	220.8	201.6	179.2	115.2	78.4	57.6	44.8	41.6
	厚	54.4	48	33	27.2	25	23	21	18.5
剑把	长	96	86.4	80	48	29.44	24.96	19.52	16
	宽	41.6	38.4	35.2	20.48	12.8	10.88	8.4	6.72
	厚	11.2	9.6	8.96	8.64	8.32	6.72	5.76	4.8
背兽	正方	31.68	29.12	25.6	16.64	11.52	8.32	6.56	6.08
吻座	长	54.4	48	33	27.2	25	23	21	18.5
	宽	31.68	29.12	25.6	16.64	11.52	8.32	6.72	6.08
	高	36.16	33.6	29.44	19.84	14.72	11.52	9.28	8.64
赤脚通脊	长	89.6	83.2	76.8	五样以下无				
	宽	54.4	48	33					
	高	60.8	54.4	43					
黄道	长	89.6	83.2	76.8	五样以下无				
	宽	54.4	48	44					
	高	19.2	16	16					
大群色	长	89.6	83.2	76.8	五样以下无				
	宽	54.4	48	39					
	高	19.2	16	16					
群色条	长	四样以上无			41.6	38.4	35.2	八样以下无	
	宽				12	12	10		
	高				9	8	7.5		
正通脊	长	四样以上无			73.6	70.4	67.4	64	60.8
	宽				27.2	75	23	21	18.5
	高				32	28.4	25	20	17
垂兽	长	68.8	59.2	50.4	44	38.4	32	25.6	19.2
	宽	68.8	59.2	50.4	44	38.4	32	25.6	19.2
	厚	32	30	28.5	27	23.04	21.76	16	12.8

续表

名称		样数							
		二样	三样	四样	五样	六样	七样	八样	九样
垂兽座	长	64	57.6	51.2	44.8	38.4	32	25.6	22.4
	宽	32	30	28.5	27	23.04	21.76	16	12.8
	高	7.04	6.4	5.76	5.12	4.48	3.84	3.2	2.56
联座	长	118.4	89.6	86.4	70.4	67.2	41.6	28.8	23.8
	宽	32	30	28.5	27	23.04	21.76	16	12.8
	高	60	53	42	34	32	21	18	14
大连砖	长	57.6	51.2	44.8	五样以下无				
	宽	32	30	28.5					
	高	17	16	15					
三连砖	长	四样以上无			41.6	38.4	35.2	32	28.8
	宽				27	23.04	21.76	16	12.8
	高				8.32	8	7.68	7.36	7.04
小连砖	长	七样以上无						32	28.8
	宽							16	12.8
	高							6.4	5.76
垂通脊	长	99.2	89.6	83.2	76.8	70.4	64	60.8	54.4
	宽	32	30	28.5	27	23.04	21.76	16	12.8
	高	52.8	46.4	36.8	28.6	27.2	23	20	19
戗兽	长	59.2	56	44	38.4	32	25.6	19.2	16
	宽	59.2	56	44	38.4	32	25.6	19.2	9.6
	厚	30	28.5	27	23.04	21.76	20.8	12.8	9.6
戗兽座	长	57.6	51.2	44	38.4	32	25.6	19.2	12.8
	宽	30	28.5	27	23.04	21.76	20.8	12.8	9.6
	高	6.4	5.76	5.12	4.48	3.84	3.2	2.56	1.92
戗通脊	长	89.6	83.2	76.8	70.4	64	60.8	54.4	48
	宽	30	28.5	27	23.04	21.76	20.8	12.8	9.6
	高	46.4	36.8	28.8	27.2	17.6	14.4	11.2	8

续表

名称		样数							
		二样	三样	四样	五样	六样	七样	八样	九样
撺头	长	49.6	48	44.8	43.2	40	36.8	33.6	27.2
	宽	32	30	28.5	27	23.04	21.76	20.8	19.84
	高	8.32	7.68	7.36	7.04	6.72	6.4	6.08	5.76
㧟头	长	48	41.6	38.4	35.2	32	30.4	30.08	29.76
	宽	30	28	26	23	20	19	18	17
	高	8.96	8.32	7.68	7.36	7.04	6.72	6.4	6.08
列角盘子	长	五样以上无				40	36.8	33.6	27.2
	宽					23.04	21.76	20.8	19.84
	高					6.72	6.4	6.08	5.76
三仙盘子	长	五样以上无				40	36.8	33.6	27.2
	宽					23.04	21.76	20.8	19.84
	高					6.72	6.4	6.08	5.76
仙人	长	40	36.8	33.6	30.4	27.2	24	20.8	17.6
	宽	6.9	6.4	5.9	5.3	4.8	4.3	3.7	3.2
	高	40	36.8	33.6	30.4	27.2	24	20.8	17.6
走兽	长	36.8	33.6	30.4	27.2	24	20.8	17.6	14.4
	宽	6.9	6.4	5.9	5.3	4.8	4.3	3.7	3.2
	高	36.8	33.6	30.4	27.2	24	20.8	17.6	14.4
吻下当沟	长	38.4	36.8	33.6	28.3	26.7	24	22	20.4
	宽	27.2	25.6	21	16.5	15	14.5	13.5	13
	厚	2.56	2.56	2.24	2.24	1.92	19.2	1.6	1.6
托泥当沟	长	38.4	36.8	33.6	28.3	26.7	14.5	13.5	20.4
	宽	27.2	25.6	21	16.5	15	14.5	13.5	13
	厚	2.56	2.56	2.24	2.24	1.92	19.2	1.6	1.6
平口条	长	32	30.4	28.8	27.2	25.6	24	22.4	20.8
	宽	9.92	9.28	8.64	8	7.36	6.4	5.44	4.48
	高	2.24	2.24	1.92	1.92	1.6	1.6	1.28	1.28

续表

名称		样数							
		二样	三样	四样	五样	六样	七样	八样	九样
压当条	长	32	30.4	30.4	27.2	25.6	24	22.4	20.8
	宽	9.92	9.28	8.64	8	7.36	6.4	5.44	4.48
	高	2.24	2.24	1.92	1.92	1.6	1.6	1.28	1.28
正当沟	长	38.4	36.8	33.6	28.3	26.7	24	22	20.4
	宽	27.2	25.6	21	16.5	15	14.5	13.5	13
	厚	2.56	2.56	2.24	2.24	1.92	1.92	1.6	1.6
斜当沟	长	54.4	51.2	46	39	37	32	30	28.8
	宽	27.2	25.6	21	16.5	15	14.5	13.5	13
	高	2.56	2.56	2.24	2.24	1.92	1.92	1.6	1.6
套兽	长	49.28	42.24	35.2	28.16	24.64	17.6	14.08	10.56
	宽	44.8	38.4	32	25.6	22.4	16	12.8	9.6
	高	44.8	38.4	32	25.6	22.4	16	12.8	9.6
博脊连砖	长	五样以上无				40	36.8	33.6	30.4
	宽					22.4	16.5	13	10
	高					8	7.68	7.36	7.04
承奉连砖	长	52.8	49.6	46.4	43.2	六样以下无			
	宽	24.32	24	23.68	23.36				
	高	17	16	15	13				
挂尖	长	52.8	49.6	46.4	43.2	40	36.8	33.6	30.4
	宽	24.32	24	23.68	23.36	22.4	16.5	13	10
	高	17	16	15	13	8	7.68	7.36	7.04
博脊瓦	长	52.8	49.6	46.4	43.2	40	36.8	33.6	30.4
	宽	30.4	28.8	27.2	25.6	24	22.4	20.8	19.2
	高	5.12	48	4.48	4.16	3.84	3.52	3.2	2.88
博通脊	长	89.6	83.2	76.8	70.4	56	46.4	33.6	32
	宽	32	28.8	27.2	24	21.44	20.8	19.2	17.6
	高	33.6	32	31.36	26.88	24	23.68	23.36	24

续表

名称		样			数				
		二样	三样	四样	五样	六样	七样	八样	九样
满面砖	长	51.2	48	44.8	41.6	38.4	35.2	32	28.8
	宽	51.2	48	44.8	41.6	38.4	35.2	32	28.8
	厚	6.08	5.76	5.44	5.12	4.8	4.48	4.16	38.4
蹬脚瓦	长	40	36.8	35.2	33.6	30.4	27.2	24	20.8
	宽	20.8	19.2	17.6	16	14.4	12.8	11.2	9.6
	高	10.4	9.6	8.8	8	7.2	6.4	5.6	4.8
勾头	长	43.2	40	36.8	35.2	32	30.4	28.8	27.2
	宽	20.8	19.2	17.6	16	14.4	12.8	11.2	9.6
	高	10.4	9.6	8.8	8	7.2	6.4	5.6	4.8
滴子	长	43.2	41.6	40	38.4	35.2	32	30.4	28.8
	宽	35.2	32	30.4	27.2	24	22.4	20.8	19.2
	高	17.6	16	14.4	12.8	11.2	9.6	8	6.4
筒瓦	长	40	36.8	35.2	33.6	30.4	28.8	27.2	25.6
	宽	20.8	19.2	17.6	16	14.4	12.8	11.2	9.6
	高	10.4	9.6	8.8	8	7.2	6.4	5.6	4.8
板瓦	长	43.2	40	38.4	36.8	33.6	32	30.4	28.8
	宽	35.2	32	30.4	27.2	24	22.4	20.8	19.2
	高	7.04	6.72	6.08	5.44	4.8	4.16	3.2	2.88
合角吻	高	105.6	96	89.6	76.8	60.8	32	22.4	19.2
	宽	73.6	67.2	64	54.4	41.6	22.4	15.68	13.44
	长	73.6	67.2	64	54.4	41.6	22.4	15.68	13.44
合角剑把	长	30.4	28.8	25.6	22.4	19.2	9.6	6.4	5.44
	宽	6.08	5.76	5.44	5.12	4.8	4.48	4.16	3.84
	厚	2.048	1.984	1.92	1.76	1.6	1.6	1.28	0.96

2）由于清代修订过多次琉璃瓦件的规格，各地琉璃瓦件的规格差异又很大，再加上琉璃瓦件的生产工艺以手工为主，因此瓦件的规格很难统一。修缮中如需更换瓦件时，规格应以原有瓦

常用布瓦尺寸表（单位：厘米）　　表 3-4

名　　　　称	长	宽
一号筒瓦	35.2	14.4
二号筒瓦	30.4	12.16
三号筒瓦	24	10.24
十号筒瓦	14.4	8
一号板瓦	28.8	25.6
二号板瓦	25.6	22.4
三号板瓦	22.4	19.2
十号板瓦	13.76	12.16

件为准。

3）除二样至九样八种琉璃件活外，还有所谓“套活”和“号活”两种琉璃瓦件。套活和号活的形状与普通瓦件完全一样。套活是将许多瓦件按屋顶某个部分的形状（如戗脊、翼角等）联在一起加工制成的。号活是比九样瓦更小的瓦件，放在套活的前面。套活和号活用于较小的建筑上，其规格则根据不同的需要而定。修缮中应根据原有规格或设计要求进行加工。

一、挑顶工程

挑顶前的瓦件拆卸，参见屋顶的维修与养护。

（一）琉璃屋顶

琉璃瓦件与布瓦瓦件不同的是，许多布瓦瓦件需要自己砍制。而琉璃瓦件是已经烧制成型的东西。因此，琉璃屋顶很大程度上的技术性在于能清楚地了解每一个琉璃瓦件是放在哪个位置上的。我们不妨把琉璃瓦件比做积木。就是说，其预制安装性是很强的。俗话说：“琉璃匠，跟着上，不怕丢，就怕忘。”意思就是，只要能清楚地记住每个瓦件所在的位置，组装起来是较容易的。因此我们要求初学者必须记住琉璃屋脊的部位名称及瓦件名称。

琉璃瓦件的规格共有八种。（从二样到九样）二样规格最大，九样最小。不同的建筑所用的规格也不同。凡有花饰的瓦件要尽量露出全部花饰。出檐以露出全部釉彩为最大限度，但最多不超过本身长或宽的一半，同时要注意整个部分的整体性。在这个原则之内，尺寸可以有一定的伸缩性。

琉璃瓦件的选择：先根据柱高确定吻高。吻高为五分之二柱高（如有斗栱，柱高按至耍头下皮算），然后用与这个尺寸相近高度的吻定瓦件样数(吻样尺寸参见表3-3屋顶琉璃零件尺寸表)。重檐建筑的下檐瓦件样数一般应比上檐小一样。比如上檐是四样瓦，下檐就应用五样瓦。

1.悬山

本书介绍的悬山建筑系正脊作法为圆山卷棚式的悬山建筑。

琉璃瓦屋顶的一般操做程序是：苫背，分中号陇，宽（音“袜”）瓦，调脊。琉璃屋顶在作法上与布瓦屋顶不同的是，琉璃屋顶，一般先宽瓦后调脊（即“压肩”作法）；布瓦屋顶，一般先调脊后宽瓦（即“撞肩”作法）。压肩作法可以保证脊压在瓦陇上因而增强了屋顶的防水性能。

（1）苫背　苫背就是用防水保温的材料在望板之上做成垫层。其功用在于室内保温及配合瓦顶防水。并可就木屋架的举架作出囊度，使整个屋顶的曲线更加柔美自然。

苫背的传统作法是

1）在望板上抹1～2厘米的护板灰。护板灰是用泼灰和麻刀（20:1重量比）加水调匀而成的。护板灰被用来保护望板和椽子。

解放后出现了以沥青油毡代替护板灰的作法，这种作法较之抹灰的方法其防腐防水性能更强。沥青油毡的具体做法是：先在望板上浇热沥青一层，趁热将油毡铺上，然后再浇一层沥青，以使油毡粘结在望板上。凡两坡相交的地方应再骑缝铺一层油毡，以防漏水。油毡连接处不应小于8厘米。相互搭接要严实。沥青油毡作法现存的问题是，由于油毡容易老化（有效年限一般在二十年左右），所以这种作法还达不到“长寿”的目的。

2）在护板灰上铺一层铅板（俗称锡背）。铅板连接只能用焊接的方法，绝不可以用钉钉子的方法连接，因为这样达不到防水的目的。实践证明，古代的锡背作法是防水的极好措施。但锡背的造价极高，因此如不是重要建筑或重要部位，锡背作法可以省去。

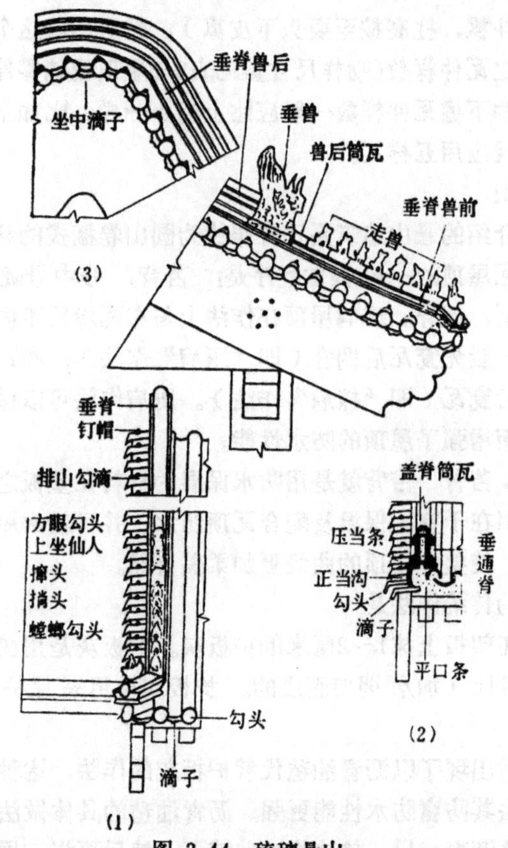

图 3-44 琉璃悬山

(1)正立面；(2)正面剖面；(3)侧立面

3）在锡背上抹2～4层大麻刀白灰。每层之间应铺一层三麻布。灰背囊度应随木架举势。灰背的厚度，因建筑规模不同，可以从6厘米至30厘米不等。如木架不平，局部可以有所增减。灰背囊度决定着整个屋顶的曲线，所以这一步工作绝不可马虎草率。檐头和脊部的灰背应稍薄。两山灰背应与博缝上口抹平。前后坡檐头灰背应比连檐略低。脊上要“搭麻辫”。即将扎把绳拆散后搭在脊上，两边要搭到前后坡中腰。搭好后将麻辫轧进灰背里去。如不是重要建筑，可以省去搭麻辫和铺三麻布（一种织法很稀的麻袋布）这二项工作。为了减轻椽子的荷载，前后坡中腰部要用瓦“垫囊”。垫囊瓦凸面向上。垫囊瓦可用焦碴代替。

4）苫完灰背后再抹一层2～3厘米厚的麻刀灰，并要轧实赶光。然后在上面打一些浅窝，即“打拐子”，以防止瓦面下滑。如不是宫殿式建筑，可以用泥背代替灰背。泥背用料是将灰与泥（1:3）再加适量滑秸（麦杆）用水闷透调匀。

解放后出现了用焦渣代替泥背的作法。这种作法的主要优点是体轻，因此减少了木架的荷载。应特别注意的是，苫完焦渣背以后必须在焦渣背上再抹一层麻刀灰，否则容易出现漏雨现象。

5）苫完背以后要在脊上抹扎肩灰。“扎肩”可以使前后坡交点成为一条直线，并为整个屋面瓦陇的平直奠定了基础。抹扎肩灰时应拴一道横线，做为两坡扎肩灰交点的标准。线的两端拴在两坡博缝交点的上棱。前、后坡扎肩灰各宽30～50厘米，上面以线为准，下脚与灰背抹平。

6）苫背完了以后还要“晾背”，即将灰背完全晒干以后再宽瓦。如不晾背就宽瓦(尤其是琉璃瓦)，很可能会因为水分不易继续蒸发而造成木架糟朽。晾背还可以减少屋面局部下沉现象，因而也就减少了漏雨的可能。但晾背往往需要拖至半年以上，而造成工期的延长。

在未苫背之前应在垂兽位置用铁钎钉入木架里，即钉兽桩（古时是用木钎做兽桩）。钉兽桩可以防止垂脊的下滑并使垂兽更加牢稳。

有些极讲究的建筑还要在望板和灰背上糊一层油衫纸。

如系“尖山”作法，参见硬山作法。

（2）分中号陇

1）分中　在檐头找出整个房屋的横向中点并做出标记（图

3-45）。这个中点就是屋顶中间一趟底瓦的中点（注意：是底瓦不是盖瓦）。然后从两山博缝外皮往里返两个瓦口的宽度（瓦口宽按正当沟宽度），并做出标记。

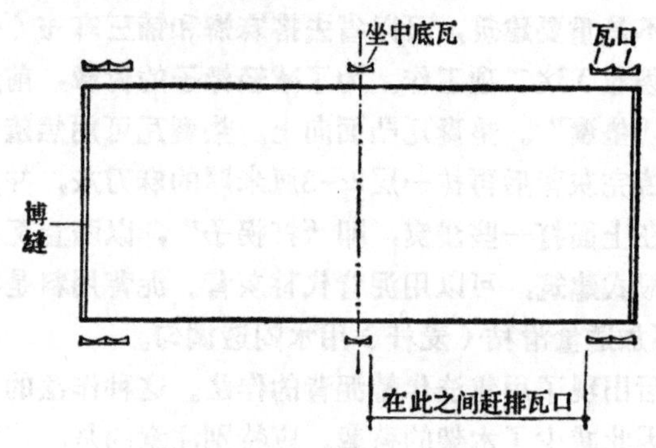

图 3-45 悬山分中号陇

2）排瓦当　在已确定的中间一趟底瓦和两端瓦口之间赶排瓦口。（瓦口由木工预先做好）排瓦当以全坡底瓦瓦陇数为单数和能赶上“好活”为准。如果排不上好活，应用增大或减小“蚰蜒当”（即两陇底瓦之间的距离）来调整。具体做法是，用木工的小锯将相连的瓦口截开，即“断瓦口”，然后再赶排瓦口。瓦口位置确定后，将瓦口钉在连檐上。瓦口应比连檐外皮退进15%椽径。这退进的部分叫做“雀台”。

3）号陇　将各陇盖瓦（注意：是盖瓦不是底瓦）的中点平移到屋脊扎肩灰背上，并做出标记。

4）宽边陇　在每坡两端边陇位置拴线、铺灰，各宽两趟底瓦，一趟盖瓦。最外端的底瓦边陇只宽一块割角滴子瓦和一块板瓦（以上宽排山勾滴）。盖瓦边陇应用蹬脚瓦。两端边陇应平行，囊要一致。边陇囊要随屋顶囊。边陇的好坏关系到全坡瓦面的好坏，所以必须力求宽好。在实际操做中，边陇须与排山勾滴一起宽。然后调垂脊。调完垂脊后再宽瓦（排山勾滴及垂脊的具体做法详见悬山垂脊）。

以两端边陇盖瓦陇“熊背”为标准，在正脊、中腰和檐头位置拴三道横线，做为整个屋顶瓦陇的高度标准。脊上的叫“齐头线”，中腰的叫“楞线”，檐头的叫“檐线”。如果坡长屋大，可以拴三道楞线。

（3）宽瓦

1）冲陇　拴线铺灰，先将中间的三趟底瓦和两趟盖瓦宽好。如果宽瓦的人员多，可以再次分中冲几趟陇。

2）宽檐头　拴线铺灰，将檐头滴子瓦和圆眼勾头瓦宽好。滴子瓦出檐最多不应超过本身长度的一半。在两端边陇滴子瓦下棱位置拴一条横线，每陇滴子瓦出檐和高低都以此为准。圆眼勾头出檐为瓦头“烧饼盖”的厚度。就是说，圆眼勾头要紧靠着滴子。圆眼勾头的高低以檐线为准。

滴子瓦蚰蜒当，圆眼勾头之下，应放一块遮心瓦。（可以用瓦条代替）遮心瓦的作用是以免仰视能看见勾头里的盖瓦灰。然后用钉子从圆眼勾头上的圆洞上钉入连檐，以防止瓦陇的下滑。钉子上扣钉帽，内用麻刀灰塞严。（在实际操做中，为防止钉帽损坏，往往最后扣安　。）如果坡长，可以在中腰或上腰横向再加一趟圆眼筒瓦和钉帽。

3）宽底瓦　先在齐头线，楞线和檐线上各拴一根短铅丝(叫做“吊鱼”），“吊鱼”的长度根据线到边陇底瓦翅的距离定。然后“开线”。按照排好的瓦当和脊上号好陇的标记把线的一端拴在一个插入脊上泥背中的铁钎上，另一端拴一块瓦，吊在房檐下。这条宽瓦用线叫做“瓦刀线”。瓦刀线的高低应以“吊鱼”的底棱为准。如瓦刀线囊与屋顶囊不一致，可在其上拴几个重物（如线坠之类）来进行调整。拴好瓦刀线后，铺白灰宽底瓦（如不是宫殿式建筑可用掺灰泥），底瓦灰的厚度不应超过灰背厚度。底瓦所用板瓦，事先须经挑选，以敲之声音清脆，为不破不裂。破裂之瓦绝对不能使用。底瓦应窄头朝下，从下往上依次宽。底瓦搭接密度按二块筒瓦长等于五块板瓦长来定，即“二筒五”。最密不能超过“一筒三”。瓦与瓦之间不铺灰。瓦要摆正。瓦与底瓦灰的接触面应达到100%。底瓦陇的高低和直顺程度都应以瓦刀线为准。每块底瓦瓦翅，宽头的上棱都要贴近瓦刀线。

琉璃瓦不同于布瓦，底瓦相接处不用素灰勾抹（即"勾瓦脸"）。因为琉璃瓦表面有一层釉子，所以灰背里的水份只能通过底瓦相接处的空隙进行蒸发。如果这个地方用灰堵严，就会造成水份不能及时蒸发掉而使望板，连檐甚至椽子糟朽。这一点请读者务必注意。宽好底瓦后要"扎缝"，即用麻刀灰将蛐蜒当塞严。扎缝灰应盖住两边底瓦的瓦翅。扎缝灰可以增强灰背与瓦陇的整体性及瓦面的防水性能。

4）宽盖瓦　按楞线到边陇盖瓦瓦翅的距离调好"吊鱼"的长短。然后以吊鱼为高低标准开线。瓦刀线两端以排好的盖瓦陇为准。盖瓦灰应比底瓦灰稍硬。盖瓦不要紧挨底瓦。它们之间的距离叫"睁眼"。睁眼的大小应为筒瓦高的三分之一左右。盖瓦要熊头朝上，从下往上依次安放。上面的筒瓦应压住下面筒瓦的熊头。熊头上要挂素灰即抹"熊头灰"（又叫"节子灰"）。熊头灰中应根据琉璃瓦的颜色掺色（黄色琉璃瓦掺红土粉，其它掺黑色）。熊头灰一定要抹足挤严。盖瓦陇的高低、直顺都要以瓦刀线为准，即每块盖瓦翅都应贴近瓦刀线。但如果瓦的规格不十分一致，应特别注意不必每块都"跟线"，否则会出现一侧齐，一侧不齐的情况。

如果不是宫殿式建筑，可用掺灰泥宽盖瓦，但应在盖瓦泥上再铺一层月白灰，叫"驮背灰"。

5）捉节夹陇　将瓦陇清扫干净后用小麻刀灰（掺颜色）在筒瓦相接的地方勾抹，这项工作叫"捉节"。然后用夹陇灰（掺色）将睁眼抹平，叫"夹陇"。夹陇应分糙细两次夹。上口与瓦翅外棱平，下脚应与上口垂直，并应处理干净。然后用瓦刀赶轧光实。最后将瓦面擦拭干净。在实际操做中，为了不使屋面变脏，捉节夹陇应安排在挑顶工程的最后。如果是尖山式悬山，可参见硬山作法。

（4）调脊

［正脊］ 悬山建筑一般都是圆山卷棚形式。琉璃瓦（包括布筒瓦）圆山卷棚式的正脊为过陇脊即元宝脊。过陇脊比较简单，前后坡只用3～5块折腰瓦和1～3块“罗锅瓦”相互连接。由于卷棚式屋顶一般都先调脊即采用“撞肩”作法，因此这里对“压肩”作法就不再介绍了。“撞肩”作法的详细过程请参见布瓦悬山屋顶作法。如系尖山悬山建筑，其正脊作法详见硬山作法。

［垂脊］ 垂脊俗称“排山脊”，连同排山勾滴俗称“玲珰排山”。圆山形式的垂脊俗称“箍头脊”。

1）宽排山勾滴　在未调垂脊之前应先宽排山勾滴。

先沿博缝赶排瓦口。排山滴子瓦要单数，并应注意圆山必须滴子坐中，即博缝木梳背或扇面上口正中为一块滴子瓦中。排山瓦口不退“雀台”。排好瓦口后将瓦口钉在木博缝板上。

拴线铺灰宽排山滴子瓦，排山滴子出檐应比檐头滴子出檐小，但应使勾头上的钉帽露在垂脊之外。滴子瓦后口再压一块底瓦，这块瓦叫“耳子瓦”。排山勾滴两端与前后坡相交处的滴子瓦应使用“割角滴子瓦”。在每两块滴子瓦之间砌放一块“遮心瓦”。然后拴线铺灰宽圆眼勾头瓦，并钉钉子和安放钉帽。排山勾滴应与前后坡瓦陇互相垂直。在前后坡边陇割角瓦和排山勾滴割角滴子瓦之间放一块遮心瓦。然后铺灰宽“螳螂勾头”。螳螂勾头与前后坡瓦陇在平面上的夹角应为45°。

2）调垂脊　大式建筑的垂脊分兽前和兽后两部分。兽前占坡长的三分之一，兽后占坡长的三分之二。垂兽放在兽前和兽后的分界处。

在垂脊的排山勾滴一侧拴线，砌正当沟，叫做“捏当沟”。当沟两边和底棱都要抹麻刀灰，卡在两陇盖瓦之间和底瓦上。当沟外口不应超出通脊砖的外口。只有这样，才能起到承重作用。当沟应稍向外倾斜。垂脊的里侧位置，在边陇盖瓦上拴线用素灰砌一层平口条。平口条应与当沟平。平口条和当沟之间用灰及碎砖填实抹平。

在螳螂勾头之上用麻刀灰砌放“列角撺头”。列角撺头应比平口条和当沟略高，比螳螂勾头退进少许。在平口条和当沟之上拴线用灰砌一层压当条。压当条应比平口条和当沟宽（压当条八字里口和当沟外口齐），并与列角㨥头找平。压当条之间用灰砖填平。在列角㨥头之上用灰砌放“列角撺头”。列角撺头出檐同螳螂勾头。列角撺、㨥头与前后坡瓦陇的平面夹角也应是45°。

［兽前］列角撺头之后，压当条之上拴线用灰砌一层“三连砖”。列角撺头之上铺灰放方眼勾头。勾头上钉铁钎，安放仙人及仙人头。仙人之后铺灰安放小兽。小兽的先后位置顺序是：龙、凤、狮子、天马、海马、狻猊、押鱼（鱼）、獬豸、斗牛（吼）、行什（猴）。其中天马与海马，狻猊与押鱼的位置可以互换。小兽的数目是这样决定的：每柱高二尺放一个（如有斗栱，柱高按至耍头下皮算）。得数须为单数。或在兽前总长减去一块筒瓦范围内计算，得数也要单数。门楼、影壁、墙帽等应酌减，除北京皇宫中太和殿可以用满10个小兽外，其它建筑最多只能用9个。如果数目达不到9个时，按先后顺序用在前者。在小兽之后安放一块筒瓦（即“兽后筒瓦”）。在兽后筒瓦之后，压当条之上安放兽座。在兽座之上安放垂兽并安好兽角。

［兽后］在垂兽之后，压当条之上拴线用灰砌“垂通脊”（俗称“垂脊筒子”）。兽座如不是“联办兽座”，其后面的脊筒子应使用“搭头通脊”（图3-42、3-43）。为防止垂脊下滑和断裂，每块脊筒子都要用铅丝拴在一起。在通脊砖上拴线铺灰安放“盖脊筒瓦”。

应注意：两坡相交处的垂脊分件，应是罗锅形状的，否则就不能做成“圆山卷棚式”。最后要用小麻刀灰（掺色）打点勾缝，并将瓦件表面擦拭干净。

以上介绍的是“大作”作法（注意，是大作而不是大式）。“小作”作法是在兽前用平口条代替三连砖。兽后用三连砖（或小连砖）代替脊筒子。用列角盘子代替列角㨥头和列角撺头。“小作”作法常用于坡度较缓即“小举架”的屋顶，或影壁、门楼、墙帽等处。

门楼、影壁或院墙的垂脊，可以不要兽前。如不要兽前，兽座须用带花饰的兽座，兽座下放“托泥当沟”和压当条（详见歇山垂脊作法）。

四样瓦以上建筑的垂脊，兽前的三连砖应改用“大连砖”。八样瓦以下可用大连砖代替兽后脊筒子。或兽后用三连砖，兽前用小连砖。

2.硬山

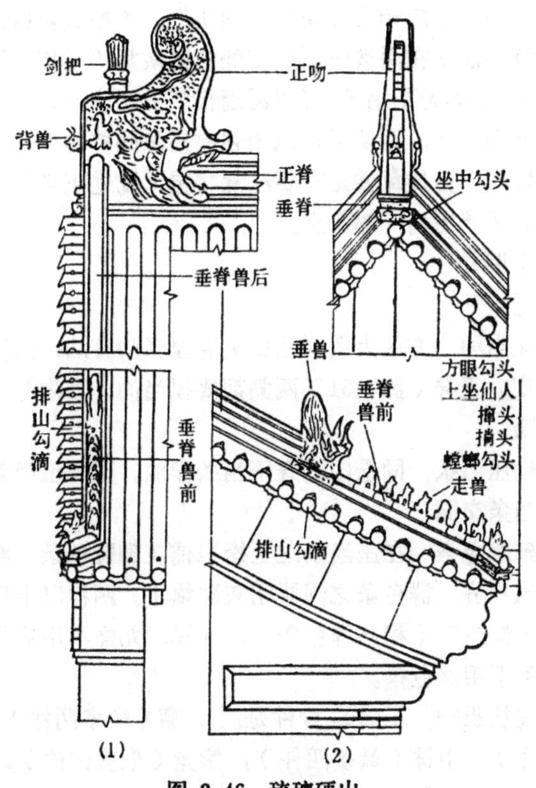

图 3-46 琉璃硬山

(1)正立面；(2)山面立面

这里介绍的硬山建筑是尖山形式的硬山。

（1）苫背

硬山苫背同悬山苫背作法。尖山硬山在苫背之前应在扶脊木（或脊檩）上钉兽桩和脊桩。每边正吻应钉两个兽桩，钉脊桩之前应进行“号脊桩”，即使每个正通脊（脊筒子）都能有一个脊桩。兽桩和脊桩可以使正脊更加结实并可以增强抗震能力，同时也加强了正脊与屋顶的整体性。

（2）分中号陇　同悬山分中号陇方法。

（3）瓮瓦　尖山硬山瓮瓦，与圆山悬山作法基本相同。不同的是，两坡底瓦应相交并用灰“抱头”。（抱头灰做法详见布瓦悬山正脊作法）在两坡底瓦相交处应铺灰放“瓦掐子”。瓦掐子要凸面朝上。如无瓦掐子，可用瓦圈代替（瓦横开为“瓦圈”，竖开为“瓦条”）。瓦掐子可以增强前后坡的整体性并能增强屋脊的防水性能。另外瓮盖瓦时要注意将盖瓦瓮过正当沟的位置，否则就失去了“压肩”的意义。

（4）调脊

[正脊]

1）捏当沟　方法大致同悬山垂脊捏当沟方法，但宽度应按正通脊宽度。正脊（图3-51）两侧都要捏当沟。当沟与垂脊里侧平口条交圈。

2）砌压当条　同悬山垂脊压当条作法。正脊压当条应与垂脊里侧压当条交圈。

3）砌群色条　在压当条之上拴线铺灰砌群色条。群色条应与压当条出檐齐。群色条之间要用灰砖填平。四样以上应将群色条改成“大群色”（相连群色条）。八样、九样不用群色条。七样可用也可不用群色条。

4）安放正吻　正吻的分件是：大嘴（最多两件），卷尾（最多两件），中钵（最多四件），紫龙（最多四件），剑把座和吻座。安放正吻前应先计算正吻兽座的位置：找出垂脊当沟外皮，兽座里皮应在当沟外皮以里。就是说，两坡当沟要卡住兽座，即能对兽座起承重作用。但又不能太往里，否则会遮住兽座的花饰。另外要考虑到应使正吻的龙爪露在垂脊之上。如不合适，可以加放吻垫。组装正吻要用吻锔，正吻里要装灰。背兽套在横插的铁钎上，铁钎应与兽桩十字相交并拴牢。最后安放剑把。四样以上正吻应放吻索和吻勾。吻索不应拉直，下方用铁钎穿过与吻索相接的铜制筒瓦钉入木架。

5）砌正通脊　在群色条之上，两端正吻之间，拴线铺灰砌正通脊。脊筒子事先应经计算再砌置：找出屋顶中点，以此为中放一块“脊筒子”，这块脊筒子叫“龙口”。然后从龙口往两边赶排，要单数。通脊里要用铁钎横放，与脊桩十字相交并拴牢，每块通脊的铁钎要连接起来。通脊中间应装满木炭。木炭可以防止木架和脊桩糟朽。如用麻刀灰代替木炭，注意不要装满和灌浆，以防止通脊涨裂。

四样以上琉璃瓦通脊应改用“赤脚通脊”，并在下面加一层“黄道”（图3-48）。

6）院墙的脊筒子可改用三连砖。在通脊之上拴线铺灰，砌放盖脊筒瓦。

7）勾缝打点并将瓦件表面擦拭干净。

为了突出正脊的高大，正脊瓦件的样数可以比其它瓦件大一样。有些建筑的正脊两端不用正吻而用螭吻即“带兽”（如城楼或府第建筑）。带兽的嘴唇应朝外放置。

[垂脊]

尖山式硬山垂脊的排山勾滴操做方法与圆山式悬山垂脊大致相同。不同的是，必须是勾头坐中(凡圆山形式须是滴子坐中)。另外硬山排山勾滴不用木瓦口。可以用灰预先做成瓦口的形状，叫做“软瓦口”。也可以无瓦口，待宽完排山勾滴后用灰将滴子瓦下面的空隙堵严抹平，叫做堵“燕窝”。有些建筑不用排山勾滴而用披水砖檐，这种作法叫做“披水排山”（用滴子、勾头作法的叫“玲珰排山”）。披水排山两坡相交处披水砖之上应放一块勾头，这块勾头叫做“吃水”。

如为院墙，可以不要兽前。

清式建筑多用硬山形式，而明代以前的建筑常采用悬山形式。

3.庑殿

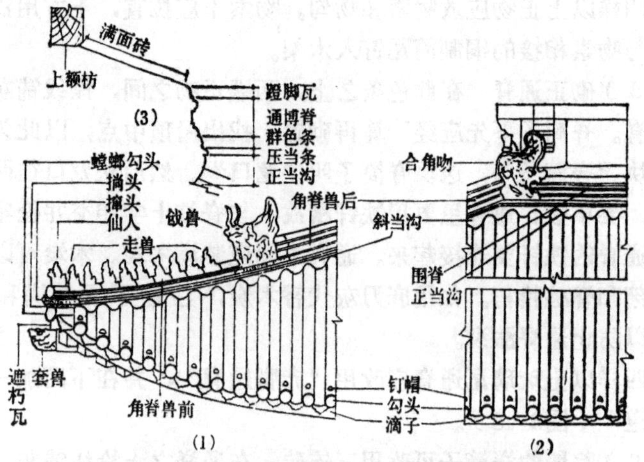

图 3-47 琉璃庑殿下檐围脊及角脊立面

(1)角脊；(2)围脊；(3)围脊剖面

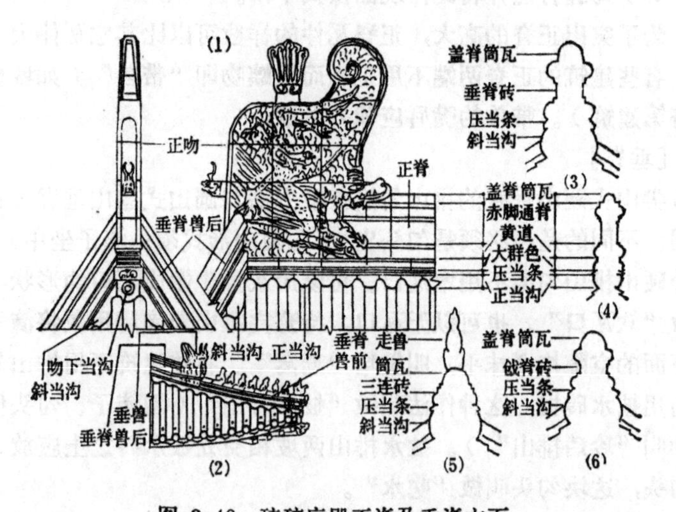

图 3-48 琉璃庑殿正脊及垂脊立面

(1)正脊；(2)垂脊；(3)垂脊兽后剖面；(4)正脊剖面；(5)垂脊兽前剖面

(6)角脊或歇山戗脊兽前剖面

（1） 苫背　庑殿苫背方法与硬山和悬山苫背方法略同。但如系推山作法时，苫背时应注意抹出傍囊。庑殿苫背应预先在垂兽位置（正心桁上）钉好兽桩。

（2） 分中号陇　庑殿式屋顶分为三个部分，即前后坡，撤（音“洒”）头和翼角（图3-49）。

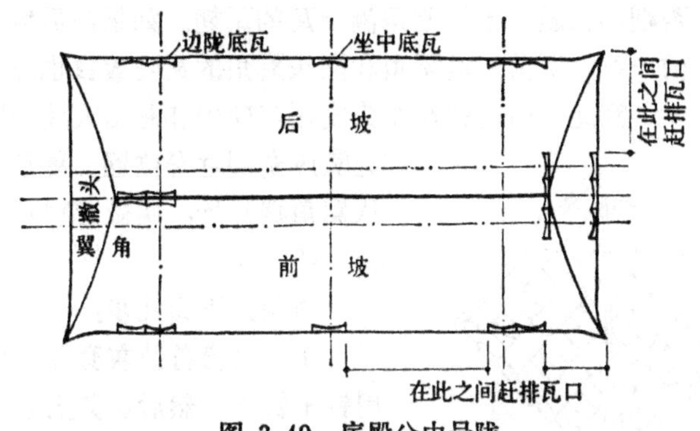

图 3-49　庑殿分中号陇

前后坡分中号陇方法：

1）找出正脊的横向中点。

2）从两端扶脊木尽端往里返两个瓦口并找出第二个瓦口的中点。

3）将这三个中点平移到前、后坡檐头并按中点在每坡钉好五个瓦口。

4）在确定了的瓦口之间赶排瓦当（详见悬山分中号陇），并钉好瓦口。

5）将各盖瓦陇中点号在脊上。

撒头分中号陇方法：

1）找出扶脊木中线，并在撒头灰背上做出标记。这条中线就是撒头中间一趟底瓦的中线。

2）以这条中线为中心，放三个瓦口。找出另外两个瓦口的中点。然后将三个中点号在灰背上。

3）将这三个中点平移到连檐上，按中点钉好三个瓦口。由于庑殿撒头只有一陇底瓦和两陇盖瓦，所以在分中的同时，就已将瓦当排好并已在脊上号出标记了。前后坡和两撒头的12道中线是庑殿屋顶各项工作的标准。

翼角不分中。在前后坡和撒头钉好的瓦口之间赶排瓦当。应注意前后坡与撒头相交处的两个瓦口应比其它瓦口短2/10～3/10，否则勾头就压不住割角滴子瓦的瓦翅。如果前后坡与撒头木架出檐一致，则前后坡翼角和撒头翼角的瓦陇数目也应一致。

（3）宽瓦　前后坡及撒头宽瓦与硬山和悬山大致相同，但边陇应宽到垂脊位置。翼角宽瓦应从翼角端开始，叫做“攒角”（攒：音“船”）。

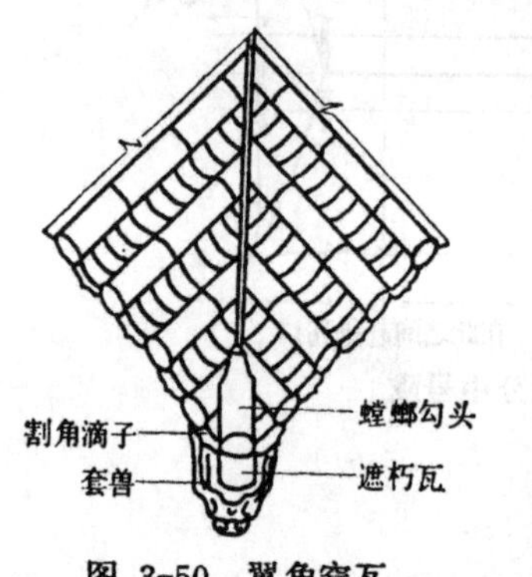

图 3-50　翼角宽瓦

攒角分下面几步：

1）将套兽装灰套在角梁上并用钉子钉牢。然后在其上立放“遮朽瓦”（图3-50）。遮朽瓦背后应紧挨连檐并装灰堵严。

2）在遮朽瓦上铺灰宽两块割角滴子瓦。

3）在两块滴子瓦之上放一块遮心瓦。然后铺灰瓦螳螂勾头瓦。螳螂勾头与正脊的平面夹角应为45°。

“攒角”完了以后，开始宽翼角瓦。先从螳螂勾头上口正中，至前后坡顶边陇交点上口，拴一道线。这条线既是两坡翼角瓦相交点的连线，也是翼角宽瓦用的瓦刀线的高低标准。因为清式建筑大都推山，所以这条线应向前（后）坡方向弯曲，叫做“傍囊”。找傍囊的方法是，用若干个铁钎钉在灰背上别住线绳，使傍囊与木架傍囊一致。然后以此为准开线宽翼角瓦。宽的方法与悬山宽瓦大致相同，但应注意：由于翼角向上方翘起，所以翼角底、盖瓦都不能水平放置。越靠近角梁就越不平。除边陇应与前后坡及撒头边陇同高外，其余应随屋架逐陇高起。两坡翼角相交处的两块滴子瓦要用割角滴子。瓦陇要宽过斜当沟的位置。

（4）调脊

［正脊］ 庑殿正脊操做方法与尖山式硬山正脊操做方法大致相同。但因庑殿无排山勾滴，所以兽座应放在“吻下当沟”之上。吻下当沟在两坡斜当沟的交界处并与两坡垂脊斜当沟交圈。

［垂脊］ 庑殿垂脊操做方法与悬山垂脊大致相同。不同的是：

1）庑殿垂脊应用斜当沟。斜当沟两面用（无平口条），里侧斜当沟与正脊正当沟交圈，外侧斜当沟与吻下当沟交圈。

2）垂兽位置在屋架正心桁上。

3）列角撺、捎头改用撺、捎头。撺、捎头及仙人等与垂脊在同一条线上。

4）庑殿、歇山小兽（又叫“小跑”或“小牲口”）数目以5跑为最低数目。（门楼、影壁、墙帽等除外）如房高坡大，每柱高二尺加一件，要单数。

如是“小作”作法，撺、捎头应改用三仙盘子。

4.歇山

本书着重介绍的系尖山式歇山建筑。歇山建筑是四种形式中最复杂的一种。我们可以把歇山看做是一个悬山或硬山座落在庑殿之上构成的。歇山两端的山尖叫“小红山”。

（1）苫背 歇山苫背方法与悬山和庑殿大致相同。但应注意撒头苫背不要太厚。最好先从排山勾滴位置往下翻活后再苫背，否则盖瓦陇可能会超过排山勾滴。戗脊位置苫背，囊要小。在挑檐桁位置上应预钉垂兽兽桩。

（2）分中号陇 同庑殿一样，歇山屋顶也可以分为三个部分和十二道中线。前后坡分中号陇方法同庑殿分中号陇方法大致相同。但两端瓦口要从博缝外皮开始往里返活。翼角排瓦当方法同庑殿。

撒头分中号陇方法：

1）找出扶脊木中线

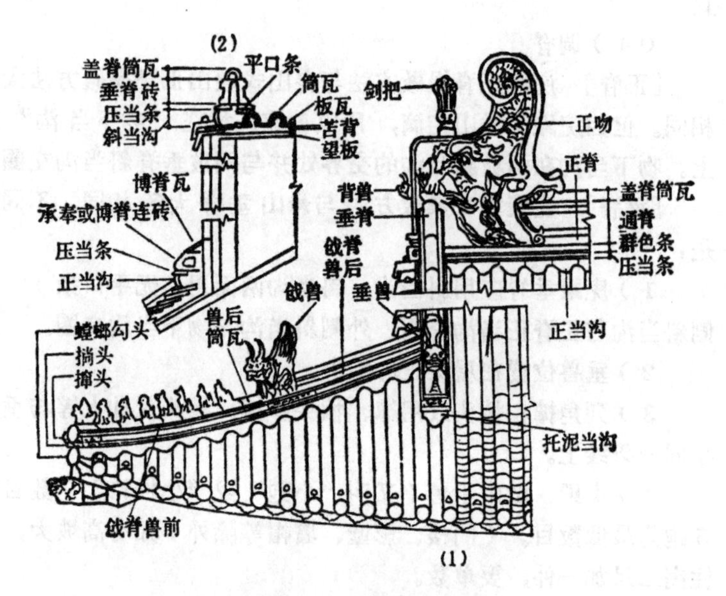

图 3-51　琉璃歇山

（1）正立面；（2）垂脊和博脊剖面

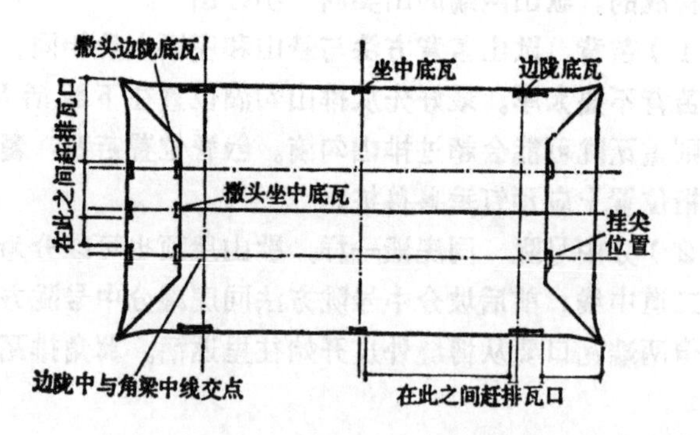

图 3-52　歇山分中号陇

2）将前后坡边陇中与角梁中线交点垂直引到撒头上。

3）将找到的三个中点平移到连檐上。

4）在三个瓦口之间赶排瓦口，要单数。

5）钉瓦口（同悬山）。

6）将各盖瓦陇中点平移到脊上，并号出标记。

（3）宽瓦　前后坡和撒头宽瓦同硬山、庑殿宽瓦方法。但应注意撒头瓦陇应宽过博脊位置。翼角攒角和宽瓦同庑殿。但歇山翼角无傍囊，拴线应沿屋架一直上行到前后坡边陇盖瓦上，并应注意囊要小。

（4）调脊

［正脊］　同硬山正脊作法。

［垂脊］　与硬山垂脊作法大致相同。不同的是：1）歇山垂脊没有兽前。垂兽的位置应放在挑檐桁上。垂兽座与硬山垂兽座不同，它三面都有花饰。兽座底下要放压当条和托泥当沟。托泥当沟卡在前后坡与翼角边陇之间。托泥当沟不仅起承重作用，同时能将两陇之间的灰砖遮挡住。压当条比托泥当沟稍出檐，压当条和兽座出檐齐。2）小红山排山勾滴下面的一段垂脊因座在两陇边陇之上，所以外侧不用当沟而用平口条。两面平口条与托泥当沟交圈。外侧平口条与戗脊平口条交圈。3）两侧压当条与托泥当沟上面的压当条交圈。

有些歇山建筑的博缝不是木材制做而是用琉璃博缝砖砌成的，叫琉璃小红山。琉璃小红山的博缝翻活及砌筑方法参见墙体一节中的山尖部分。琉璃小红山应镶砌“满山红”（详见第二节山尖部分）。

［戗脊］　歇山戗脊作法与庑殿垂脊大致相同。不同的是：1）兽后不用垂通脊而用戗通脊。与垂脊相交的戗脊砖要用割角戗脊砖（图3-42）。2）戗脊斜当沟与垂脊正当沟交圈。戗脊压当条与垂脊压当条交圈。为使戗脊保持水平，撒头这侧与垂脊相交的压当条下口应与另一侧压当条在同一水平线上。戗脊与垂脊交接要严实，否则出现裂缝，就容易产生漏雨现象。

八样瓦建筑的戗脊，兽后用大连砖，兽前用三连砖。或兽后用三连砖，兽前用小连砖。九样兽后用三连砖或小连砖，兽前用平口条。撺、擶头改用三仙盘子。

［博脊］ 在歇山撒头和小红山相交的地方，为防止雨水的侵入，有一条脊砌在那里。这条脊叫博脊。博脊两端隐入排山勾滴的部分叫博脊尖（又叫"挂尖"）。

调博脊程序如下：

1）先确定"挂尖"位置。挂尖上口里棱必须紧靠博缝板。只有这样，木架油饰才能遮住挂尖里棱而不致漏雨。也就是博脊才能真正起到防水作用。挂尖外口钝角夹角处，应在撒头边陇盖瓦中线上。

2）按挂尖位置确定当沟位置。当沟外皮不超出挂尖外皮。

3）拴线铺灰，逐层砌筑博脊分件。博脊的层次是：正当沟，压当条，博脊连砖（五样以上瓦件用承奉连砖），博脊瓦。

博脊连砖，块数的计算方法，同尖山式硬山正脊通脊砖数计算方法。博脊瓦的泛水应同挂尖。每层里口空隙要用灰堵严。

5.重檐庑殿和重檐歇山

重檐庑殿和重檐歇山的下檐作法是完全一样的。都是四条围脊和四条角脊。下面我们就介绍一下重檐建筑的下檐作法。

（1）苫背 下檐苫背作法同上檐。但围脊附近的泥背应尽量薄一些。最好先按围脊的高度往下翻活后再苫背。

（2）分中号陇 下檐分中号陇方法也与上檐大致相同。因为下檐距地面近，所以下檐瓦样一般应比上檐小一样。比如上檐是5样，下檐就应是6样瓦。上、下檐的中线必须在同一条垂直线上。

（3）宽瓦 下檐宽瓦与上檐基本相同。但应注意瓦陇应宽过围脊和角脊当沟位置。

（4）调脊

［围脊］ 四条围脊形成了一个方形，合角吻在方形的四角上。

围脊位置确定方法：用合角吻的高度从上额枋的霸王拳往

下翻活。翻活时应使合角吻卷尾不能碰到霸王拳但又不宜距离太远。从合角吻下口再除去压当条和当沟尺寸，就是暂定的围脊当沟下口外皮位置。然后从暂定的位置往上加上围脊的总高度，检查一下是否合适。检查的标准是：围脊满面砖要紧挨上额枋外皮下棱，并应有泛水（泛水高度约为1/10围脊宽）。如不合适，可调整当沟位置或满面砖的泛水。

在实际操做中，可以用临时制做的方尺和“制子”进行“样活”。方尺长边应等于围脊高（包括满面砖泛水），短边应等于围脊宽。制子长度应等于合角吻高加压当条和当沟高。把方尺的短边水平放在大额枋下，短边尽端要紧靠额枋下皮外棱。长边与瓦陇的交点就是当沟下口外皮。然后从这个交点往上用制子比划一下，看看合角吻的位置是否合适。如果合角吻或当沟的位置不合适，应上下进行调整。总之，确定围脊位置时既要考虑到满面砖里口上棱要紧挨木额枋下口外棱，又要考虑到合角吻离霸王拳“不远不近”。确定了围脊的位置以后，拴线铺灰，逐层砌筑。围脊的层次是：当沟，压当条，博通脊，蹬脚瓦，满面砖。在四角压当条之上砌置合角吻（无兽座和背兽），并安好合角吻剑把。博通脊块数的决定方法与尖山式硬山正脊脊筒子的决定方法相同。如瓦件在四样以上，压当条之上应加一层群色条（合角吻在群色条之上）。每层里口空隙应用灰塞严。重檐建筑的瓦件，一般应在五样以上。

［角脊］ 下檐角脊（图3-48）作法与歇山上檐戗脊大致相同。不同的是：1）囊要小或可以没有囊。2）与合角吻相交处的戗通脊应使用燕尾形通脊砖（图3-42）。

以上介绍了琉璃屋顶的四种形式。如是楼阁式建筑，在木挂檐板外往往再挂一层琉璃砖，叫做“云板”。云板的放置方法与带胆琉璃博缝砖的放置方法大致相同。每块云板要用1～2个铆钉与木挂檐板连在一起。少数屋顶的正脊上雕有龙的图案，这种正脊叫做“闹龙脊”。龙的图案可以只在脊筒子上雕刻，也可以将图案占满所有正脊的瓦件。闹龙脊常见于宫廷园林建筑中。其

表 3-5

同脊不同样瓦件变更情况表

	二样	三样	四样	五样	六样	七样	八样	九样	备注
正脊	四样以上用黄道、赤脚通脊、大群色			五样以下无黄道。赤脚通脊改为正通脊。大群色改为群色条		群色条可用可不用	不用群色条		（1）墙帽通脊可用三连砖代替；（2）可以比其它脊大一样
垂脊	四样以上三连砖改用大连砖			五样以下兽前用三连砖，八样以下可用大连砖代替兽后垂脊筒子，或兽后用三连砖，兽前用小连砖					（1）如是门楼、影壁、墙帽可以不要兽前，兽座须用带花饰兽座，兽座下放托泥当沟和压当条；（2）如是“小作”作法，兽后用三连砖或小连砖，兽前用平口条。撺、捎头改用三仙盘子。列角撺捎头改用列角盘子；（3）圆山形式山尖部分用罗锅形瓦件，尖山形式用戗尖脊筒子
戗脊	七样以上兽后用戗脊砖，兽前用三连砖						兽后用大连砖，兽前用三连砖，或兽后用三连砖，兽前用小连砖	兽后用三连砖或小连砖，兽前用平口条。撺、捎头改用三仙盘子	
博脊	五样以上用承奉连砖				六样以下用博脊连砖				
围脊	四样以上加群色条			五样以下无群色条					重檐瓦件常在五样以上
角脊	同戗脊								与合角吻相交的瓦件要用燕翅形的

它以花草或祥禽瑞兽为图案的正脊也常见于宫廷园林建筑中。有些建筑的正脊或垂脊采用较简易的作法。如，正当沟之上是压当条。压当条上放混砖，混砖之上放筒瓦。筒瓦两端放撺头。或者干脆不做特殊的垂脊，而只砌一层披水砖檐，砖檐上放筒瓦。这种只用一层筒瓦的垂脊叫做“梢陇”。当然，采用简易作法的建筑只限于墙帽或古建筑群中极不重要的房屋。

通过以上四种结构形式的介绍，可以看到，琉璃瓦件的样数和规格都有极明确的规定。绝大部分材料已经是成形的东西，不用自己砍制。只要能清楚地知道每个瓦件是放在什么位置上的，“组装”起来是不难的。同脊不同样瓦件变更情况， 见表 3-5。

从上文中可以看出，古建屋顶的瓦面是由无数个小元件组成的。因此屋面的防水性、整体性及坚固程度在很大程度上决定于具体操做时质量的好坏。有经验的工人常把宽瓦叫做“砌瓦”，正说明了他们对质量的重视程度，也说明了操做技术与屋顶寿命的关系。古代建筑中有许多优秀作品经历几百年（其间有些还经过几次地震）都未曾发现漏雨。在挑修这些屋面时，可以发现瓦件很难逐块揭起，总是揭起一块就带起一趟。而经解放前私营营造厂修建的屋顶，绝大部分经过十几年甚至几年后就要重修。挑修这些屋面时,发现瓦件十分松散。这就说明了操做工艺的细致程度与屋面的防水性、整体性和坚固程度有着很重要关系。而屋顶的质量又直接影响着整个房屋的寿命。所以我们应特别重视屋顶操做的质量。

（二）布瓦屋顶

布瓦屋顶又叫“黑活屋顶”。布瓦屋顶除了所使用材料与琉璃瓦不同外，瓦料的名称和规格，操做的方法等也不一样。俗话说：“跑马观琉璃”。就是说，布瓦屋顶比琉璃屋顶更复杂，技术性更强，工艺也要求得更细。

1.悬山

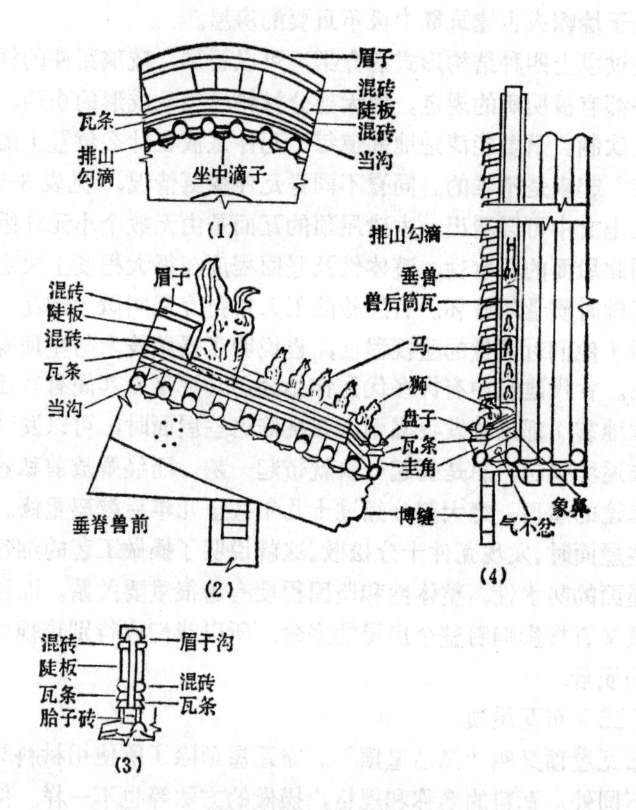

图 3-53 布瓦悬山

(1)箍头垂脊兽后；(2)垂脊侧面；(3)垂脊兽后剖面；(4)垂脊正面

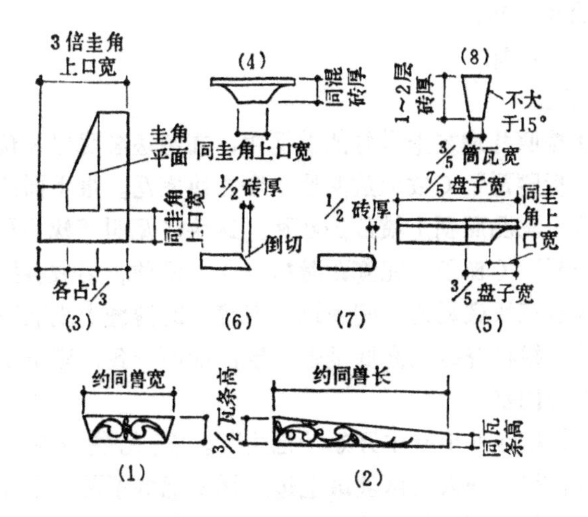

图 3-54 布瓦悬山瓦件

(1)歇山垂兽座正面；(2)垂座侧面；(3)盘子平面；(4)盘子正面；(5)盘子侧面；(6)瓦条侧面；(7)混砖侧面；(8)圭角正面

图3-54文字说明：

（1）盘子用方砖砍制。边长比例为五比七比九。盘子可以透雕花饰。如雕花饰，则应上、下同宽。

（2）圭角砖用城砖砍制。两侧可略雕花饰。

（3）兽座用方砖对开砍制。

（4）圆混砖和瓦条均用方砖或小开条砍制。

（5）陡板用亭泥砖砍制。陡板加瓦条、两层混砖和眉子总高不应超出垂兽的龙爪。

（6）脊上分件长度应为普通规格的四分之一。

布瓦屋顶的一般操做程序是：苫背；分中号陇；调脊；宽瓦。一般是采取先调脊后宽瓦即“撞肩”作法。

（1）苫背　布瓦屋顶苫背方法大致同琉璃苫背方法。但布瓦屋顶大都用掺灰滑秸泥苫背，并大多不用锡背。

（2）分中号陇　同琉璃悬山分中号陇。但布瓦瓦口尺寸应在下述范围内定：走水当不应小于底瓦宽的一半。盖瓦翅应能遮住两边的底瓦翅。

（3）调脊

[正脊]

1）按照扎肩灰上号好的盖瓦中，在每坡各陇底瓦位置各放一块“续折腰瓦”（坡大放两块）和二块底瓦。最下面的一块底瓦下面放一块凸面朝上横放的底瓦。这块底瓦叫“枕头瓦”，又叫“梯子瓦”（梯子瓦在瓷瓦时撤去）。沿前、后坡各拴一道横线。横线沿三块底瓦的中间通过。高度应比博缝上皮高一底瓦厚。然后按线检查每陇高低是否一致，如不一致，应上下挪动枕头瓦来进行调整。

2）将横线移至脊中开始“抱头”。底瓦抱头应由二人操做。一人挑线，一人将两坡最上边的瓦（老桩子瓦）拿开，用瓦刀擓麻刀灰放在两坡相交处，接着重新放好老桩子瓦并用力一挤，使两块瓦碰头，并使灰从上边挤出来，即为“抱头”。抱头灰可以加强两坡瓦的整体性，同时也增强了正脊的防水性能。

3）拴线铺灰，在两坡相交的底瓦上再放一块“正折腰瓦”，以挡住两坡底瓦之间的缝隙。

4）拴线铺灰，在脊上正折腰瓦之间瓷盖瓦“正罗锅”（两坡续罗锅瓦待瓷瓦时与正罗锅相接）。

以上介绍的系圆山式悬山建筑，如系尖山作法，请参见硬山作法。

排山勾滴　布瓦排山勾滴与琉璃作法大致一样。但勾头（俗称“猫头”）之上无钉帽。耳子瓦后口应与边陇底瓦紧挨。

[垂脊]　同琉璃活一样，大式布瓦垂脊分兽前和兽后。兽前和兽后各占坡长的1/3和2/3。

1）在边陇与排山割角滴子瓦相交处，放遮心瓦，并铺灰放一块“猫头”。这块勾头瓦要打“割角”。它与垂脊的平面夹角为45°。

2）勾头之上铺灰砌圭角砖。圭角应比勾头退进若干。也可将圭角做成“软活”，即砌砖后抹灰。

3）在圭角砖后面拴线铺灰，砌一至二层条砖，即“胎子砖”。胎子砖砌好后，里外都要抹麻刀灰并刷青浆轧光。胎子砖抹灰后的宽度应等于圭角宽。胎子砖与圭角同高。前后坡胎子砖沿边陇直上在脊上相交。胎子砖下面的排山勾滴瓦当要用灰砖填平并与胎子砖抹平。

4）在圭角和胎子砖之上拴线铺灰，砌一层瓦条。瓦条出檐尺寸为瓦条砖厚的一半。如无瓦条砖（即“硬瓦条”），可用板瓦对开，砌好后抹灰即做“软瓦条”。这层瓦条也要一直砌到脊上。

5）在圭角位置，瓦条之上铺灰砌盘子砖。盘子出檐为圭角上口宽尺寸。

6）在盘子后面拴线铺灰，砌一层圆混砖。圆混出檐为其半径尺寸。圆混和盘子同高，并砌到垂兽前为止。圆混砖与瓦条一样，都是里外两面各用一块。中间的空隙要灰砖填平。

7）在垂兽位置铺灰，稳砌兽座和垂兽。

8）兽前　在盘子上铺灰，放带狮子的勾头。勾头出檐尺寸为“烧饼盖”厚尺寸。带狮勾头的后面铺灰，放几个带马的筒瓦（狮、马数目的决定参见琉璃屋顶小兽数目的决定方法）。狮马之后，垂兽之前放一块筒瓦。

9）兽后　在头层瓦条之上拴线铺灰，再砌一层瓦条。出檐同头层瓦条。瓦条之上拴线铺灰，砌圆混砖。出檐同兽前圆混。紧挨垂兽的地方要砌一块立置的圆混砖，与卧放圆混互成直角（两块都打割角）。脊上的瓦条和圆混应比普通规格短，一般应为1/4,以便能形成弧形。脊的弧形要随山尖的山样。瓦条和圆混砖之间的空隙都要用灰填平。

在圆混之上拴线铺灰，砌陡板砖。陡板砖也要两面各用一块，并用铅丝拴住揪子眼。然后灌浆。脊上的陡板规格也应小一些。

在陡板之上拴线铺灰，再砌一层圆混砖。“拔檐”(即出檐)及操做方法均同第一层圆混。这两层圆混应与立置的混砖将陡板圈起来。立放的混砖与垂兽之间的空隙应用灰抹平。

在混砖之上拴线铺灰，砌一层筒瓦。然后在筒瓦两旁及上面抹一层麻刀灰叫做抹“眉子”。眉子应抹成梯形，下口比上口稍宽。下端不要抹到混砖上。混砖与眉子之间的这段空隙叫“眉子沟”。眉子沟的高度为1/8～1/12眉子高。抹眉子沟的具体方法是：将平尺板放在混砖上紧挨筒瓦。抹完眉子后将平尺板撤出，即可形成眉子沟。眉子沟不仅使垂脊的线条更加复杂因而也就更加美观，其原理也有些类似现代抹灰中的水线设计。如无筒瓦，可用条砖代替。

调完脊后，应及时打点修理。小式垂脊作法详见本节中的小式作法部分。

（4）宽瓦

布筒瓦的宽瓦方法与琉璃屋顶宽瓦方法基本相同。不同的是：

1）宽到脊根时，应将枕头瓦拿掉，将底瓦切实插入（要用灰宽）。

2）清陇后要用素灰将底瓦接头的地方勾抹严实，叫做“勾瓦脸”。

3）要用月白灰捉节夹陇。

4）熊头灰用月白素灰。

5）最后整个屋顶应刷月白浆或砖面水（全新材料只刷砖面水）。檐头、眉子、当沟刷烟子浆（内加适量胶水和青浆）。檐头刷浆（俗称“绞脖”）应先弹线，宽度为两块筒瓦宽，然后按线刷浆。

在修缮中经常会遇到这种情况：筒瓦大部分残缺或外观不佳。在这种情况下可以采取裹陇的作法。如果现存的完整筒瓦已经不多，可以在底瓦的蛐蜒当上砌一层条头砖代替筒瓦，然后在其上裹陇。裹陇的方法如下：用裹陇灰分糙、细两次抹，打底要用泼浆灰，抹面要用煮浆灰。先在两肋夹陇，并堆成筒瓦的形状。夹陇时应注意下脚不要大。然后在上面抹裹陇灰。抹时可用铁撸子(图3-55)将灰上下捋顺撸直。最后用浆刷子沾青浆刷陇并用瓦刀赶轧出亮。陇要直顺，下脚要干净。灰要轧干不能“等干”，至少要做到“三浆三轧”。赶光轧亮，不得用铁撸子，否则会对灰陇质量产生极不好的作用。

图 3-55 铁撸子

2.硬山

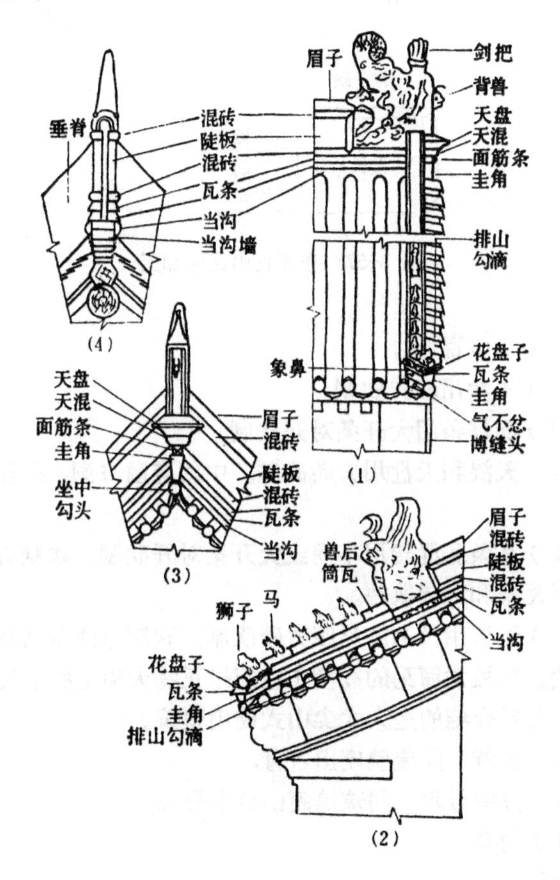

图 3-56 布瓦硬山

(1)垂脊兽正面；(2)垂脊兽前侧面；(3)垂脊兽后侧面；(4)垂脊侧剖面

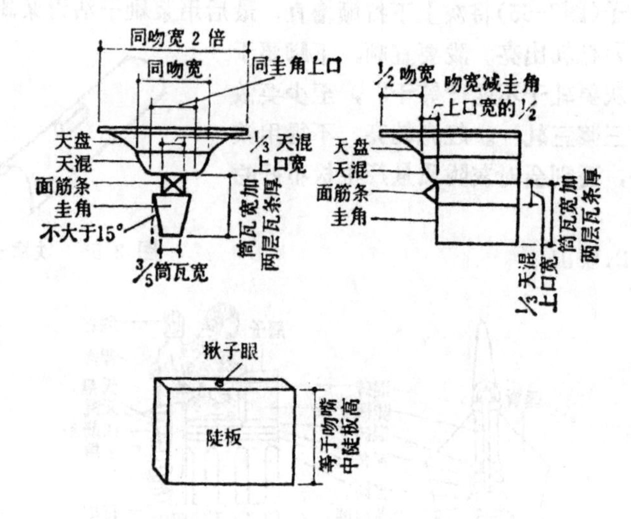

图 3-57 布瓦硬山瓦件加工

图3-57文字说明：

（1）圭角用城砖砍制。

（2）面筋条用大开条对开砍制。

（3）天混和天盘用方砖砍制。中间应凿方洞，以使兽桩通过。

（4）瓦条和混砖用亭泥或大开条对开砍制。砍制方法参见悬山垂脊瓦条和混砖做法。

（5）陡板用尺七或尺四方砖砍制。砍制方法参见悬山垂脊陡板做法。陡板加筒瓦的高度不应超过正吻大嘴上唇下皮。

这里着重介绍的是大式尖山式硬山建筑。

（1）苫背　同琉璃硬山苫背。

（2）分中号陇　同琉璃硬山分中号陇。

（3）调脊

[正脊]

1）在扎肩灰上放好三块老桩子瓦（详见悬山作法）。在两坡相交的底瓦处铺灰，扣放瓦圈，卡住两坡底瓦。然后在每陇盖瓦位置上宽一块盖瓦。

2）在脊上铺灰用板瓦垫平。然后拴线铺灰砌几层胎子砖（即“当沟墙”）。当沟墙宽度应等于正吻嘴中陡板宽度。当沟墙上皮至盖瓦陇上皮的高度应等于筒瓦宽。

3）在胎子砖的两端，山尖之上，铺灰砌放圭角。圭角比坐中勾头（又叫“吃水”）退进若干。退进尺寸应从“天盘”处翻活。天盘外皮应与吃水外皮在一条垂直线上（也可以略出）。其它逐层按图3-57中所示的样子出或退。圭角里皮应被垂脊挡住。

4）在圭角以上铺灰砌“面筋条”一个，面筋条应与正脊两层瓦条平。面筋条以上是“天混”，天混以上是天盘。这些瓦件的里口都应被垂脊挡住。

5）在胎子砖上拴线铺灰，砌头层瓦条

6）在头层瓦条之上再砌二层瓦条。二层瓦条拔檐与头层瓦条一样。

7）在二层瓦条之上拴线铺灰，砌一层圆混砖。两层瓦条及混砖拔檐方法同悬山垂脊瓦条和混砖拔檐方法。规格则一般应比垂脊瓦条和混砖稍厚。瓦条和混砖之间的空隙都要用灰砖填平。

8）在两端天盘之上，铺灰安放正吻。正吻外皮应与圭角外皮在一条垂直线上。天盘上皮应用麻刀灰抹成45°，即抹“八字”。

9）在两端正吻之间拴线铺灰，砌陡板一层、圆混砖一层。具体方法参见悬山垂脊陡板作法。

10）在圆混砖之上拴线铺灰，砌一层筒瓦，并抹眉子。具体方法同悬山垂脊。

11）用大麻刀花灰抹胎子砖。然后修成半圆形或三角形。在实际操做中，由于灰在短期内不易干即不“眠”，所以往往要等宽瓦完了以后再修理。修理时应刷青浆。

正脊所有瓦件的总高，不应超过正吻上嘴唇下皮，以使正吻成为名副其实的“吞脊兽”，也就是做到“吻不淹唇”。如不用正吻用带兽时，带兽的龙爪应高于眉子，即应做到“带不淹爪”。

有些较大的建筑，正脊上用四层瓦条。即陡板上再砌一层瓦条。瓦条之上砌圆混。圆混之上再砌一层瓦条。还有些更大的建筑，正脊用五层瓦条。即在陡板之下再加一层瓦条。这种作法称为“三砖五瓦”作法，或叫“青砖仿琉璃”作法（图3-58）。

有些正脊不用陡板，而用筒瓦或板瓦摆成花样，这种正脊叫“玲珑脊”。其中最常见的是“银锭”玲珑脊（图3-59）。

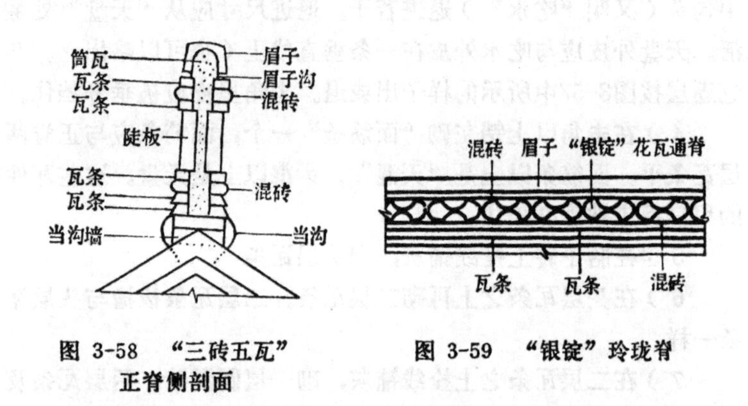

图 3-58 “三砖五瓦”正脊侧剖面

图 3-59 “银锭”玲珑脊

有些正脊在陡板上雕成花饰，如花草、龙凤等。如系墙帽，可以不用陡板和陡板之上的圆混砖。也可以无吻兽、天地盘之类。如无吻兽时，四面瓦条、圆混应交圈。如系园山形式，请参见悬山作法。

[垂脊]

硬山垂脊作法基本与悬山垂脊相似。但应注意：1）垂脊一般应为正脊高度的三分之二。2）与正吻相交的瓦件要打割角。3）垂脊当沟、瓦条、混砖一般应低于正脊当沟、瓦条和混砖，但也可以和正脊的当沟、瓦条、混砖交圈。

（4）瓮瓦　参见悬山瓮瓦和琉璃硬山瓮瓦。

3.庑殿

（1）苫背　布瓦庑殿屋顶苫背方法略同布瓦悬山苫背方法并请参见琉璃庑殿苫背方法。

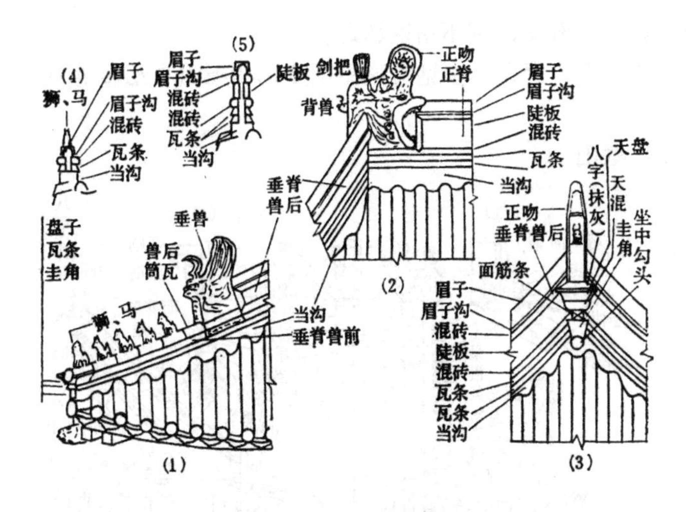

图 3-60 布瓦庑殿

(1)垂脊正面；(2)正脊正面；(3)山面；(4)垂脊兽前剖面；(5)垂脊兽后剖面

（2）分中号陇　同琉璃庑殿分中号陇方法。

（3）调脊

［正脊］

正脊作法与硬山正脊基本相同。不同的是：1）圭角之下，要放一块勾头，和两边的垂脊当沟交圈但不出檐。这块勾头叫“坐中勾头”（或叫“江南子”）。2）圭角应与瓦条出檐平。天盘外皮应在坐中勾头外侧。

［垂脊］

庑殿垂脊同硬山垂脊大致相同。不同之处是：1）庑殿垂脊应有傍囊。傍囊拴线方法同琉璃庑殿垂脊。2）圭角、瓦条、盘子等瓦件应与垂脊在同一条曲线上。圭角和盘子的正投影为长方形。3）垂兽位置在正心桁上。4）狮马数目的决定方法参见琉璃庑殿、歇山小兽数目决定方法。5）当沟形状可以和正脊当沟一样，也可以和悬山垂脊当沟形状一样。

黑活庑殿、歇山翼角的角梁上可以带套兽，也可以不带套兽。如不带套兽，则不用遮朽瓦。

（4） 宽瓦 参见琉璃屋顶宽瓦和硬山布瓦屋顶宽瓦方法。

4.歇山

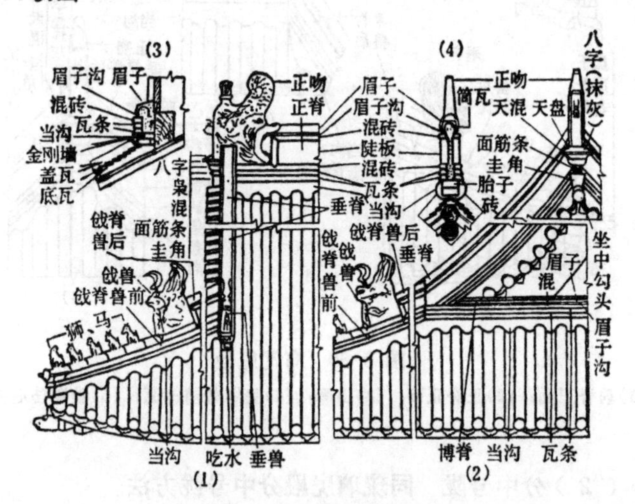

图 3-61 布瓦歇山屋顶

(1)正立面；(2)山面立面；(3)博脊剖面；(4)正脊剖面

（1）苫背 参见布瓦悬山和琉璃歇山苫背方法。注意：撒头泥背厚度应先从博脊位置翻活后决定。

（2）分中号陇 同琉璃歇山分中号陇方法。

（3）调脊

［正脊］ 同硬山正脊作法。

［垂脊］ 歇山垂脊与硬山垂脊兽后基本相同。它和琉璃歇山垂脊一样，都没有垂脊兽前。在兽座下面要放一块勾头并用灰堵严抹平，这块勾头叫做“吃水”。“吃水”应和兽座出檐平。垂兽的位置在挑檐桁上。

［戗脊］ 戗脊作法基本与悬山垂脊作法相似。但应注意1）戗脊兽后应比垂脊略低。一般说来，瓦件规格可以一样，只在盖脊筒瓦的睁眼上适当减少就可以了。2）圭角、盘子等件应与戗

脊在同一直线上。圭角、盘子的平面图形应为长方形。3）与垂脊相交的瓦件应打割角。

［博脊］ 布瓦歇山博脊有两种作法。一种是仿琉璃挂尖作法，博脊两端隐入排山勾滴里。博脊两端的瓦件应仿照挂尖的角度砍制。另一种作法是不隐入勾滴里，而与戗脊相交。因为布瓦歇山博脊的眉子宽度可以有一定的伸缩性，所以不象琉璃博脊的位置那样固定。但应尽量使博脊逐层与戗脊兽后逐层交圈。实在不能交圈时，可在博脊两端向斜上方砌筑，以求和戗脊交圈。

博脊的逐层瓦件是：当沟；头层瓦条；二层瓦条；圆混；盖脊筒瓦上抹眉子。每层都应拴线铺灰砌筑。里侧要用灰砖堵严抹平。眉子要抹出泛水。与小红山相交要牢。重要建筑的博脊可加一层陡板。如歇山小红山为硬山砖博缝作法。博缝翻活方法及熨博缝参见墙体一节中山尖部分。如系圆山形式，正脊作法参见悬山正脊作法。如系无脊兽作法，请参见小式垂脊作法。戗脊作法与垂脊相同。

5.重檐布瓦屋顶

上檐作法与单檐建筑的屋顶作法完全一样。下檐有围脊四条，角脊四条。其苫背、分中号陇、宽瓦也与上檐作法大致相同。注意事项参见琉璃重檐建筑。

［围脊］

围脊的作法可以和上檐博脊作法相同，也可以和上檐硬山正脊作法相同。翻活方法可参照琉璃围脊翻活方法。应注意的是：1）如与正脊作法相同，应在四角放置合角吻，合角吻在瓦条之上。如与博脊作法相同，则无合角吻，如无合角吻，四条围脊应交圈。2）眉子要抹出泛水并与木额枋接牢。3）如有陡板，陡板应比正脊陡板略矮。

［角脊］ 布瓦角脊与布瓦戗脊作法大致相同。但与合角吻相交的瓦件应砍制成“燕尾”形状。角脊囊要小或没有囊。

（三）布瓦屋顶中几种常见的小式作法

小式作法的主要特点是不用脊兽，也无翼角（在大式建筑群中，也有带翼角但无脊兽的大式作法）。由于小式建筑的规制不如大式作法那样严格，因此小式作法的种类也就比较多。常见的正脊形式有：元宝脊（过陇脊）；鞍子脊；清水脊。垂脊的常见形式为：铃铛排山脊；披水排山脊；筒瓦稍陇。屋顶瓦面常采用筒瓦屋面；合瓦（阴阳瓦）屋面；干槎瓦屋面。操做时采取何种作法应根据建筑材料、建筑等级和使用性质来决定。过陇脊只能用于筒瓦屋顶。鞍子脊只能用于合瓦房。清水脊则可以用于筒瓦或合瓦。干槎瓦屋顶一般不采用复杂的正脊和垂脊作法。清水脊只能和筒瓦稍陇同时并用，而不能和其它形式的垂脊并用。筒瓦屋顶的等级高于合瓦屋顶，合瓦屋顶高于干槎瓦屋顶。垂脊的等级顺序是：1）铃铛排山脊。2）披水排山脊。3）筒瓦稍陇。正脊的建筑等级以元宝脊为上，清水脊次之，鞍子脊较低。由于元宝脊和筒瓦屋面在前面已做过介绍，因此这里就不再重复了。

1.鞍子脊

鞍子脊常用在布板瓦屋顶的正脊部位，因象马鞍故名“鞍子脊”（图3-62）。

鞍子脊作法如下：

1）在扎肩灰背上按号好的盖瓦中拴线摆老桩子瓦（每坡三块半）和梯子瓦，并“抱头”。（详见布瓦悬山作法）

2）铺麻刀灰在两坡老桩子瓦相交处扣放瓦圈。

3）拴线铺灰，宽好盖瓦。（每陇各宽两块）

4）在底瓦瓦圈上铺灰，砌一块条头砖，卡在两边盖瓦中间。其上铺灰，砌一块凹面向上的板瓦（小头朝前坡），这块瓦叫做“仰面瓦”。

5）拴线铺灰，在两坡盖瓦相交处放一块盖瓦（大头朝前坡），这块瓦叫做“脊帽子”。

6）在条头砖前后用麻刀灰堵严抹平，叫做抹“小当沟”。

7）每侧两陇边陇之间的仰面瓦要将四角删去，叫做打“螃蟹盖”，否则就不能伸进边陇盖瓦内。

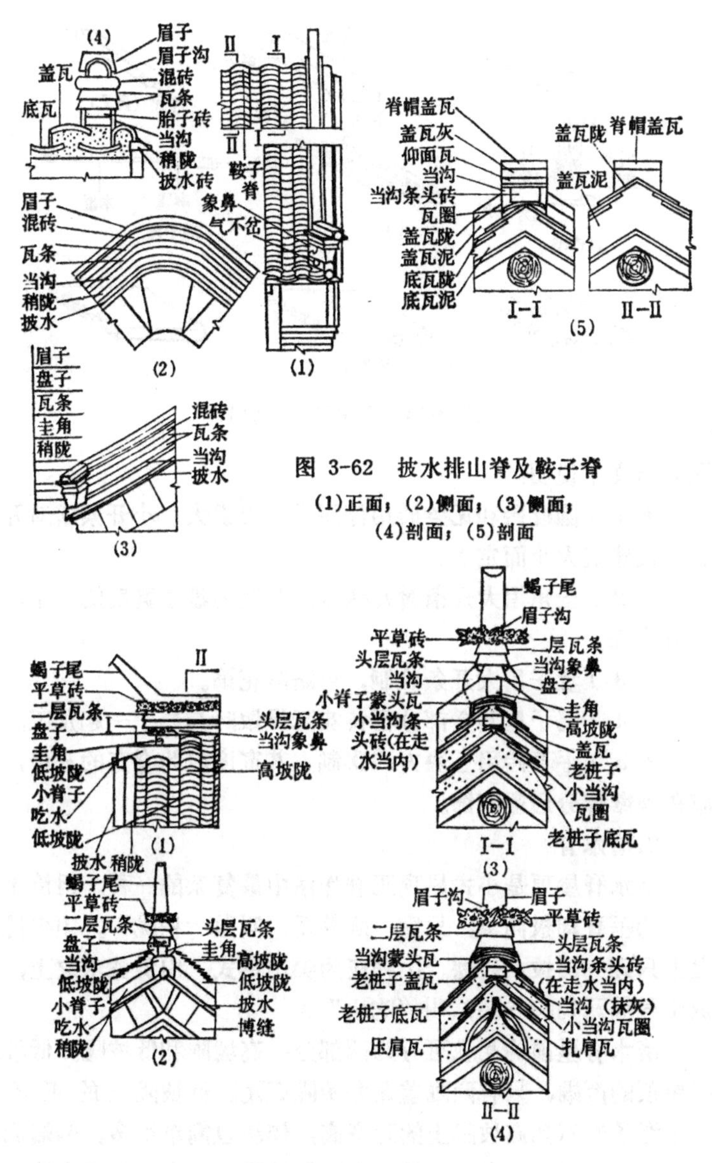

图 3-62 披水排山脊及鞍子脊

(1)正面；(2)侧面；(3)侧面；(4)剖面；(5)剖面

图 3-63 清水脊

(1)正立面；(2)侧立面；(3)剖面；(4)剖面

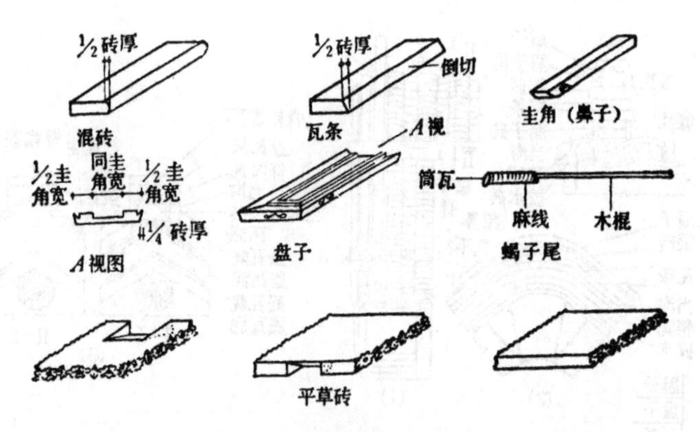

图 3-64 清水脊瓦件加工

图3-64文字说明：

（1）圆混砖和瓦条砖用停泥或斧刃或大、小开条砖对开砍制（视建筑大小而定）。

（2）圭角用大开条对开砍制。宽度为盘子宽度的一半，可略雕花饰。

（3）盘子用大开条砍制，可略雕花饰。

（4）蝎子尾其余部分留待实际操做时与眉子一起加工。

（5）平草砖用三块方砖砍制。其宽度应为脊宽的三倍，并应在裸露部分透雕花饰。

2.清水脊

清水脊屋顶是小式屋顶正脊作法中最复杂的一种。但清水脊屋顶的垂脊却极简单，只宽一陇筒瓦，叫做“稍陇”。山尖博缝之上只砌一层披水砖檐。山样应为尖山形式。山尖披水之上，应放十号筒瓦勾头一块，叫“吃水”。

清水脊屋顶的瓦陇可分为两部分：高坡陇和低坡陇。低坡陇在屋顶的两端，只有两陇盖瓦和两陇底瓦。低坡陇上的正脊即“小脊子”不如高坡陇上的正脊高，作法也简单得多。两端低坡陇之间是高坡陇。在檐头处，高、低坡陇一般高。在正脊处，高坡陇最低处与低坡陇最高处一般高。高坡陇的正脊层数较多，作法也较复杂，是清水脊的主要部分。下面分别介绍调低坡陇小脊和调高坡陇大脊的方法：

调低坡陇小脊：

1）将檐头两端分好的两陇底瓦和两陇盖瓦中点平移到脊上并划出标记。

2）放枕头瓦，宽两陇底瓦老桩子瓦（每陇三块）并抱头。将瓦圈或折腰瓦坐灰放在两坡抱头之上。

3）铺盖瓦泥，并宽盖瓦老桩子瓦（稍陇用筒瓦）。

4）在盖瓦当砌条头砖，与盖瓦找平。在盖瓦和条头砖上砌两层板瓦（凹面向下，横放），叫“蒙头瓦”。蒙头瓦砌两层，按十字缝砌，不要齐缝（齐缝砌法防水性能不好），外口砌至稍陇外口。砌好后用麻刀灰将蒙头瓦和条头砖抹好。即抹低坡陇小脊子（待最后再修理刷浆）。

调高坡陇大脊：

1）将掺灰泥倒在脊尖山，用两块瓦背靠背地立放在掺灰泥上，下脚分开。这两块瓦叫“扎肩瓦”。扎肩瓦的高度应这样决定：先从低坡陇小脊子背上往上加上盘子和鼻子的高度，这个位置即是头层瓦条的底棱。然后从这儿往下翻活。除去当沟蒙头瓦、盖瓦、小当沟（瓦圈及条头砖）和底瓦并包括这些瓦件之间的灰缝厚度（图3-63），就是扎肩瓦的上棱。砌扎肩瓦的目的是为使高坡陇高于低坡陇。为使扎肩瓦牢稳，应在其两侧铺灰并各安放一块压肩瓦（图3-63），然后在扎肩瓦和压肩瓦两侧再抹一层扎肩泥（或灰），这就是高坡陇宽瓦的起点。

2）将檐头分好的盖瓦中平移到脊上，并划出标记。

3）沿低坡陇小脊子中线，靠里侧砌放鼻子(圭角)及盘子。鼻子外侧须与低坡陇里侧盖瓦中在一条垂直线上。盘子比鼻子再向外出檐，出檐尺寸为鼻子宽度的1/2。两端的鼻子和盘子要拴通线，按线砌放。

4）在高坡陇扎肩泥上放枕头瓦和老桩子瓦，并以麻刀灰抱头。再用麻刀灰扣放瓦圈，将两坡老桩子瓦卡住。

5）铺盖瓦泥，在前后坡窝老桩子盖瓦，盖瓦也应抱头。在底瓦陇瓦圈上砌放一块条头砖卡在两陇盖瓦中间。在条头砖和老桩子盖瓦上铺灰砌两层蒙头瓦。两层蒙头瓦应砌十字缝，并与盘子砖找平。蒙头瓦及条头砖的两侧要抹大麻刀灰，待最后修成筒瓦形状或三角形（荞麦棱）并刷浆赶轧。

6）在盘子和蒙头瓦上拴线砌两层瓦条砖。瓦条出檐为本身厚的1/2。四周统出交圈。如无瓦条砖，可用板瓦代替。但两层中间要垫一层（不出檐）以便抹灰做"软瓦条"。两层瓦条规格及出檐一样。

7）高坡陇大脊的两端瓦条之上，要砌放平草砖或跨草砖或落落草砖。"平草"为三块方砖透雕成花草后相拼组成。在第一块与第二块相接的砖缝中心剔凿平行四边形孔洞（图3-64）。其坡度与蝎子尾坡度相同。第一块方砖要雕三面，即从脊的侧面看也要有花饰。这块砖叫"转头"。平草砖每侧出檐应为脊宽尺寸。转头出檐一般应至稍陇里侧底瓦中。

"落落草"为两组（共六块）方砖落在一起透雕花饰。落落草出檐同平草。

"跨草"为两组（共六块）方砖在大面上透雕。安装时用铅丝将前后坡两侧跨草拴在一起，"跨"在瓦条上。跨草每侧上口出檐应为脊宽的二分之一。下口最小不少于跨草砖厚尺寸。转头处应再加放一块"罩头草"，把两侧跨草连接起来。无论哪种草砖，两侧可以垂直放置，也可以是上宽下窄。

8）在两端平草砖之间拴线砌一层圆混砖。圆混砖与平草砖砌平（如跨草或落落草，应比草砖低一层）。混砖出檐为其半径尺寸。平草和混砖之间应用灰填满抹平。

9）将蝎子尾插入平草砖上预留的方孔内。蝎子尾勾头外侧应与小脊子外侧的吃水外侧在一条垂直线上。用一根与蝎子尾同长（或稍长）的木棍支在蝎子尾勾头和小脊子中间，这样就决定了蝎子尾的坡度。确定了蝎子尾的坡度和出檐后，用砖和灰将方孔切实塞严，以压住蝎子尾。注意两端蝎子尾应在一条直线上。

10）在两端蝎子尾之间拴线用灰砌放一层筒瓦（如是跨草或落落草，从草砖里侧开始）。并用大麻刀灰抹眉子（参见硬山正脊眉子做法)。同时用筒瓦和大麻刀灰在蝎子尾上做成眉子形式。

11）打点活。修理低坡陇小脊子。如系软瓦条应依照硬瓦条形状抹灰。修理高坡陇当沟（也叫高坡陇小脊子）。在两端与盘子相交的地方应用灰抹成象鼻子（图3-63）。抹象鼻子从高坡陇外侧盖瓦外棱开始，抹至低坡陇里侧盖瓦里棱。

12）刷浆。眉子、当沟、小脊子刷烟子浆。檐头用烟子浆绞脖。混砖、盘子、圭角、草砖等刷月白浆（如系全新材料，刷水不刷浆）。

3.披水排山脊和铃铛排山脊

小式垂脊常见的作法为披水排山脊作法（图3-62）。这种作法实际上是大式悬山垂脊的简易作法。其详细作法请参见布瓦悬山垂脊作法，这里仅就几个不同的地方说明一下。

1）披水排山脊不做排山勾滴，只砌一层披水砖檐。边陇应压住披水檐，但最多不要超过砖宽的二分之一。排山脊的位置在两条边陇之间。小式建筑中，也有做排山勾滴的垂脊，叫做铃铛排山脊。其垂脊位置仍应在边陇和排山勾滴之间。

2）披水排山脊无兽前和兽后之分。也无陡板和其上的圆混砖。披水排山脊从脊上到檐头都是胎子砖上砌两层瓦条、一层圆混砖、一层筒瓦（上抹眉子）。

3）头层瓦条与圭角平。里侧瓦条与圭角相交之处应用灰抹成“象鼻”。象鼻做法参见廊心墙小脊子。圭角砖的高度按1～2层砖加瓦条砖厚算。

4）两条边陇之间的走水当（“哑吧陇”）要用灰砖垫平。在圭角里侧下面，哑吧陇的尽端，斜放10号勾头瓦一块。这块勾头瓦叫做“气不忿”。气不忿四周用灰与圭角抹平。

5）当沟的宽度等于两条边陇盖瓦中之间的距离（即“中到中”的尺寸）。

6）披水排山脊上无狮马。

4.窝合瓦

合瓦屋顶又叫阴阳瓦或蝴蝶瓦屋顶。它是用板瓦做底瓦，再用板瓦做盖瓦的屋顶（图3-62）。合瓦屋顶的苫背和分中号陇方法与布瓦筒瓦屋顶基本相同。但应注意由于板瓦比筒瓦宽，所以瓦口尺寸应适当加大，否则走水当就会太小。合瓦屋顶的底瓦窝瓦方法与筒瓦屋顶的底瓦窝法完全一样。但应将滴子瓦改成花边瓦（图3-65）。

下面将盖瓦窝法介绍如下：

1）拴好瓦刀线。在檐头铺盖瓦泥，将花边瓦粘好“瓦头”。瓦头是事先预制的，它的作用是挡住蛐蜒当（图3-65）。如无预制品，可以用2～3块瓦圈叠在一起，放在两块底瓦花边瓦中间，前面用灰抹平。

2）铺盖瓦泥，开始窝盖瓦。盖瓦和底瓦相反，要凸面向上，大头朝下，瓦与瓦的交接应做到“三搭头”，即瓦的十分之七部分被上面的瓦压住。（“压七露三”）倘若第二块瓦破碎时，由于第一块和第三块相搭接而不致漏雨。盖瓦睁眼应等于板瓦高。瓦陇与老桩子瓦搭接要严实。

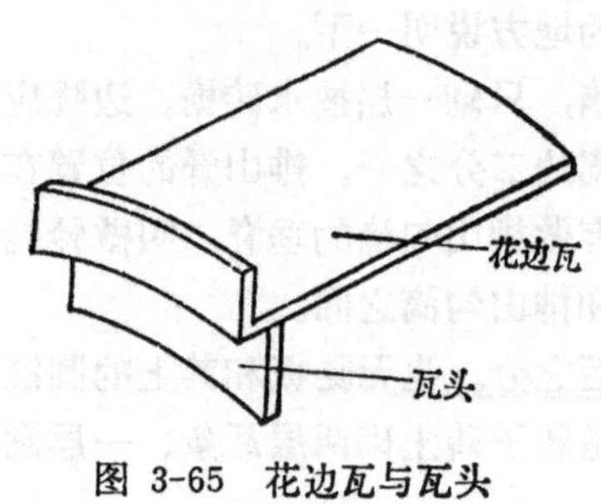

图 3-65 花边瓦与瓦头

3）盖瓦窝完后在搭接处用素灰勾缝（“勾瓦脸”）。并用水刷子沾水勒刷。

4）夹腮。先用麻刀灰在盖瓦睁眼处糙夹一遍。然后再用夹陇灰细夹一遍。注意下脚不要大，要直顺。盖瓦上应尽量少沾灰。与瓦翅相接处要随瓦翅的形状用瓦刀背好，并用刷子沾水勒刷。最后刷青浆并用瓦刀轧光，至少要做到“三浆三轧”。

5）在檐头弹线绞脖。

5.干槎瓦屋顶

干槎瓦屋顶是流行于我国古代民间的一种屋顶。这种屋顶的作法简便巧妙，其特点是没有盖瓦，只凭每陇底瓦编在一起。干槎瓦屋顶体轻，省料，不易生草，防水性能好。只要木架不变形，泥背不塌陷，极不易漏雨。

干槎瓦屋顶的正脊和垂脊做法一般比较简单。正脊的做法是，在正脊的位置拴线铺灰，放置一趟瓦。瓦要扣放，瓦的方向要与正脊方向一致。瓦与瓦之间要“齐头碰”即不要搭槎。然后按这趟瓦的轮廓裹抹一层麻刀灰，然后刷青浆并轧光。以上这道工序叫做“做脊帽子”。

垂脊的做法是，窝一陇筒瓦或在筒瓦的里侧再加窝一陇合瓦。

（1）套瓦　干槎瓦屋所用的瓦料在规格上要求很严。因为它不象其它作法的底瓦陇之间有蚰蜒当，而是紧密无间。所以如果同一陇中的瓦料规格不一样就无法操做。套瓦方法如下：将拆卸下的瓦料清点一遍，找出代表性最大的一种规格或几种规格的瓦件做为样板。再用样板瓦将所有的瓦件一一校对。和样板瓦规格一样的（误差在0.3厘米之内），就是可用的瓦料。可用之瓦料应单独存放。如果样板瓦不是一种，则几种瓦料一定要分别堆放整齐并标明记号。如果经挑选，可用的瓦件总数仍然不够，再按上述方法在被“淘汰”的瓦料中按上述方法重新挑选。但应注意每种规格瓦料的数目最少不能少于一陇瓦料的总数。在操做中，凡规格不一的瓦料，绝对不能在同一陇中使用。规格一样的应一次集中用。数量最多的，应用在最注目的地方。

（2）苫背　干槎瓦屋顶苫背方法与布瓦悬山作法基本相同。但应注意泥背应适当加厚。滑秸也应适当多加，以增强泥背的刚性。泥背坡度应适当加大，一般应大于30°操做中可以在脊上放扎肩瓦和抹扎肩泥（参见清水脊高坡陇作法）。泥背囊要小，也可以不要囊。泥背应干透后再开始窝瓦。

（3）分中号陇　干槎瓦屋顶只需找出中间一趟瓦陇的中线就可以了。由于其瓦当无调整余地，所以无号陇排瓦当这一程序，也无瓦口。干槎瓦屋顶直接窝老桩子瓦，以之代替排瓦当这一步工序。具体方法如下：1）从中间往两边宽。先放中间一陇的两块并放枕头瓦。两块老桩子瓦要大头朝下。2）放第二陇的两块瓦（不放枕头瓦）。先放一块大头朝下的（应架在第3陇和第一陇的第2块瓦的瓦翅上）。再放一块小头朝下的，应盖住左边第一陇和第三陇的第一块。注意：这一块小头朝下是为了使两陇瓦在脊上高低一致。除此而外，整个屋顶瓦陇的瓦都是大头朝下。3）第三陇和第一陇相同，第四陇和第二陇相同。以后如此循环（图3-66）。4）右边和左边对称。

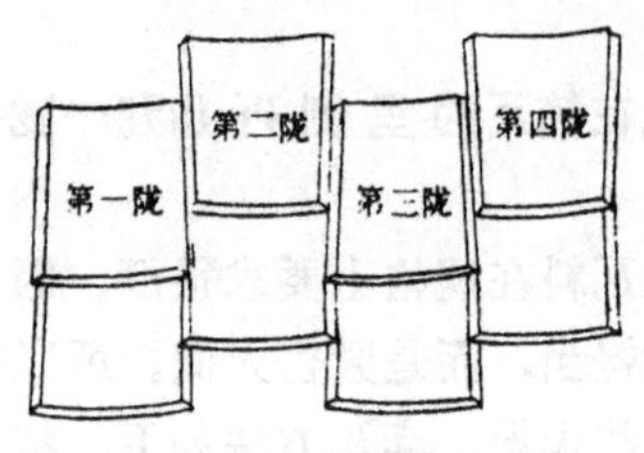

图 3-66 千槎瓦老桩子瓦

第1、3、5、7……陇的瓦应在同一条横线上。第2、4、6、8……陇的瓦应在同一条横线。相邻的两块瓦不在同一条横线上。

屋顶两端不要宽到山墙砖檐旁。所留的距离视做何种垂脊而定。比如要做披水排山脊，就应留出大约两块底瓦宽的地方来。

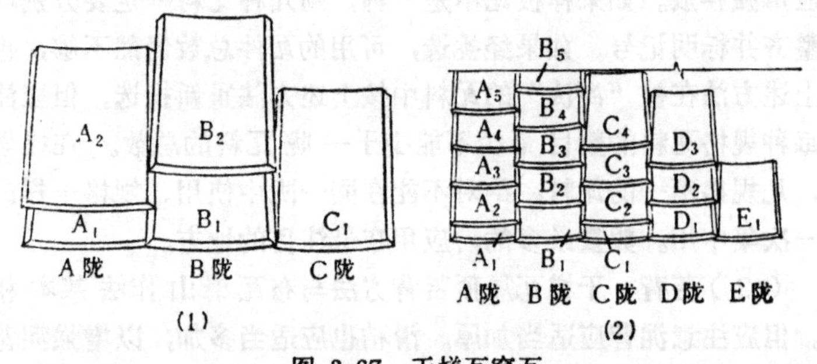

图 3-67 千槎瓦宽瓦

（4）宽瓦

1）拴好瓦刀线。铺泥宽中间一趟和左边（或右边）一趟。先瓦第一块领头瓦并应将第三陇的领头瓦摆好。设中间一陇为A陇，第二陇为B陇，第三陇为C陇，第四陇为D陇……每陇领头瓦为A_1、B_1、C_1、D_1……以上为A_2、B_2……A_3、B_3等等。B_1

应架在A_1和C_1瓦翅上。

2）瓮A_2和B_2，A_2和B_2不在一条横线上，A_2应压住A_1的8/10。B_2应压住B_1的6/10，A_1应压住B_2的瓦翅。B_2应压住A_2的瓦翅。

3）瓮A_3和B_3。A_3应压住A_2的6/10。B_3应压住B_2的6/10。A_3瓦翅搭在B_2瓦翅上，B_3瓦翅搭在A_3瓦翅上。A_3和B_3仍不在同一条横线上。

4）往上瓮法如此类推。瓮到脊上时，将梯子瓦撤出，用灰铺抹后再将瓦切实插入。

瓮瓦时应注意瓦要摆正摆平，瓦翅要跟线。瓦与泥的接触面应达到100/100。为了使瓦件不易松动，可以在铺抹好的瓮瓦泥上再浇一层白灰浆。这样可以加强泥与瓦的粘结能力，而且也强化了瓦面的防水能力。由于板瓦的形状是一头大一头小，所以小头的搭接不必象大头搭接得那样紧密，否则就会使瓦偏歪，以致在瓮下两陇的时候，小头就无法搭接了。檐头、中腰和脊上的瓦的松紧程度必须一致。上、下不一致就会造成瓦陇歪斜。上、下紧中腰松或上、下松中腰紧就会使瓦陇弯曲。所以在瓮瓦的时候一定要注意上、中、下的松紧程度的一致。所谓“逢松必紧，逢紧必松。”就是说，在瓮瓦的时候，如果感到瓦陇间的缝隙松了，就说明前几陇瓦的缝隙紧了。这时如果过分追求瓦陇缝隙的紧密，就可能会使瓦陇弯曲。如果感到瓦陇间的缝隙紧了，就说明前几陇瓦的缝隙松了。这时应该尽量使缝隙紧密些，否则也可能使瓦陇弯曲。所以“逢松”说明“必紧”，“逢紧”说明“必松”，遇到这种情况时应该“逢松要松，逢紧要紧”。这样才能把误差矫正过来

5）头两陇瓦瓮好以后，拴线铺泥，瓦第三、四陇（图中C、D陇），同时应将E陇的领头瓦瓮好。D_1和B_1的瓦翅要压住C_1的左右瓦翅。

6）瓮C_2和D_2陇。C_2和A_2应在同一条横直线上，即C_2也应压住C_1的8/10。C_2两边瓦翅应架在B_1和D_1的瓦翅上同时又被B_2

和D_2的瓦翅压住。B_2和D_2应在同一条横线上。

7）宽C_3和D_3。C_3与A_3、D_3和B_3应在同一条横线上。C_3的两边瓦翅应压在B_2和D_2的瓦翅上，D_3和B_3的瓦翅压在C_3的左右瓦翅上。

8）往上如此类推。

9）第5、6陇同第3、4陇，以下以此类推。

10）右侧与左侧对称。

为了便于记忆，我们再总结几个规律供初学者参考：1）相邻的瓦陇的瓦翅要互相交错迭压。比如：B_1压A_1、A_2压B_1、B^2压A_2、A_3压B_3……。2）同一横直线上相隔的瓦架住相邻上方瓦，同时又被相邻下方瓦架住。如：A_2和C_2架B_2、A_3和C_3架B_3……C_2被B_1和D_1架住、C_3被B_2和D_2架住……。3）除领头瓦外，相邻的瓦要相错，相隔的瓦要在一条横直线上。如：A_2和B_2相错、C_2和D_2相错……，A_2、C_2……在同一横直线上，B_2、C_2……在同一条横直线上。

最后应在檐头"捏嘴"，即每陇领头瓦的瓦翅上要抹少许麻刀灰，做成三角形或半圆形，两边下脚搭在两边瓦翅上，并用水刷子沾清水勒刷。领头瓦下面的空隙，要用麻刀灰堵严抹平，即堵"燕窝"。应注意的是，无论何种瓦面，只要檐头或山墙上没有木瓦口，底瓦领头瓦下面就要堵燕窝。

二、屋顶的养护与维修

屋顶是保护房屋内部构件的主要部分。在"与天奋斗"中，它是首当其冲的。尤其是古建以木结构为其主体结构，只要木架不糟朽，建筑物一般不易倒塌。而只要屋顶不漏雨，木架就极不容易糟朽。那种只重视大修而不重视经常性的一般维修的作法是十分有害的。"千里之堤溃于蚁穴"，不进行经常性的和主动的维修和养护，或是对这些"小病"重视不够，天长日久就会积成大患，造成木架糟朽甚至房屋倒塌，建筑文物遭到毁坏。所以我们应以预防为主，经常对屋顶进行保养和维修，把积患和隐患消灭在萌芽状态之中。

（一）除草清陇

由于瓦陇较易存土，泥背中又有大量黄土，布瓦的吸水性又很强，所以在瓦陇中和出现裂缝的地方很容易滋生苔藓、杂草甚至小树。这些植物对屋顶的损害很大，或形成漏雨，或造成瓦件离析。实践证明，凡是年久失修最后倒塌的房屋，必定有杂草丛生的历史。凡是最后造成大患而不得不进行挑顶的建筑，也必定先从杂草丛生开始。所以杂草丛生是屋顶"大病"的决定性的"诱发症"。有些漏雨的房屋，未经勾抹，而只是疏通了堵塞的瓦陇或是将杂草拔掉，就解决了漏雨问题。这就说明了拔草清陇工作和房屋漏雨的关系。除草清陇工作中应注意下面几个问题：

1）拔草时应"斩草除根"，即应连根拔掉。如果只拔草而不除根，非但不能达到预期的效果，反而会使杂草生长得更快。2）要用小铲将苔藓和瓦陇中的积土、树叶等一概铲除掉，并用水冲净。有条件的可以用皮管子接上水源进行大冲陇。这样不但可以除掉滋生杂草的土壤，消灭因瓦陇堵塞而造成的漏雨现象，而且还能将草籽冲走，减少来年再生的可能。3）要注意季节性。由于杂草和树木种籽的传播季节性很强，所以这项工作的时间应安排在种子成熟之前。这样，由于同时消灭了杂草的后代，所以比在种子传播以后除草的长远效果好得多。4）在拔草拔树过程中，如造成和发现瓦件掀揭、松动或裂缝，应及时整修。

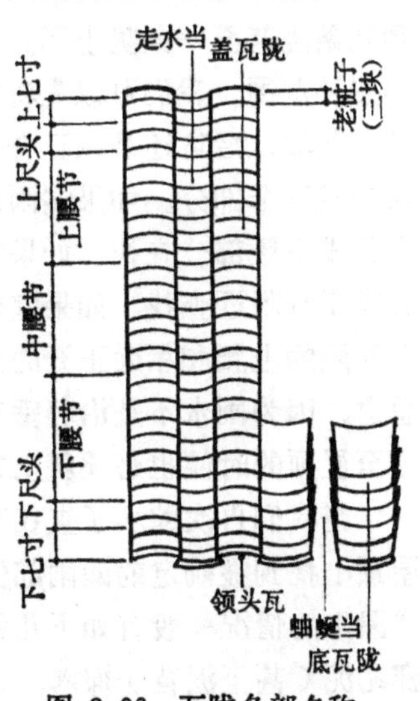

图 3-68　瓦陇各部名称

除了进行人工除草外，还可以采用化学除草法，即用化学除草剂进行除草。这种方法对消灭杂草及其后代有着显著的效果。喷洒起来也较容易，一般只需升高喷雾器的喷枪就可以操做，不用上房，因此可以节省大量的人力。使用化学除草剂时应注意：1）除草剂有很强的选择性。因此应先弄清房上长的是什么草，再决定用哪种除草剂。2）应尽量在杂草萌芽期使用。3）应注意是否会对瓦面造成污染。4）不要对人畜造成伤害。

（二）查补雨漏

查补雨漏一般可以分为两种情况。一种是整个屋顶比较好，漏雨的部位也很明确，且漏雨的部位不多。这样就只需进行零星的查补。这种查补的关键在于“查”。只要查得准确，既使操做上粗糙些也能 解决问题。反之，如果无的放矢，或判断得不正确，“补”得再细致，也不能解决问题。

“查”的方法如下：先在室内查看漏雨的位置，记住它的纵向位置。站在室外，将室内漏雨的纵向位置 用目光垂 直移到屋顶，确定并记住它所在的瓦陇位置。这样，就将查补的范围缩小到几条陇甚至一条陇上了。然后根据漏雨部分的横向位置再次缩小查补范围。我们可以先将室内分成三个部分。这样就可以决定是在前坡、后坡还是在正脊附近。假如是在前、后坡，我们再将其分成三个部分。如果漏雨部分是在门窗附近，那么就在瓦陇的中腰或下腰部分查找。如果室内痕迹是在靠近中央附近，就在正脊或正脊附近查找。如果室内痕迹是在上述两部分的中间，则应在瓦陇的上腰和靠近正脊的部分查找(瓦陇各部名称见图3-68)。总之，因为雨水不是沿着垂直方向渗漏的，所以将室内漏雨部分移至屋顶的时候也必须斜上方进行移动。

当我们再次缩小了查找范围以后，就可以上房查补了。先在屋顶上找到被确定的漏雨部位。然后在这个范围里细心观察。造成漏雨的情况一般有如下几种：1）盖瓦破碎，瓦陇出现裂缝，宽瓦泥（甚至泥背）裸露。2）有植物存在，雨水得以沿植物根须下渗。3）局部低洼或堵塞，因而形成局部存水。4）底瓦有裂纹、裂缝或质量不好。应特别注意对底瓦的观察，因为底瓦的毛病最不容易看出。既便有裂纹，也因极细或被土和苔藓覆盖而不易发现。有时底瓦上无裂纹，但因质量不好或局部低洼而造成渗漏。查明漏雨原因后，用麻刀灰勾抹患处。勾抹之前要先除草清陇，将瓦上的附着物和已松动的灰铲掉冲净，勾抹后要用短毛刷子沾水沿边沿勒刷，即“打水槎子”最后用麻刷子沾青浆刷抹，并用轧子轧实赶光。

查补雨漏的另一种情况是，大部分瓦陇不太好，或漏雨的部位较多，或经多次零星查补后仍不见效。这就需要大面积的查补，即大查补。大查补的项目可以分为合瓦夹腮（或满夹腮）；筒瓦（包括琉璃瓦）捉节（或满捉节）；筒瓦裹陇(或满裹陇)；装陇（或满装陇等四种）。

1.合瓦夹腮

先将盖瓦陇两腮睁眼上的苔藓、土或已松动的旧灰铲除干净并用水冲净洇湿。破碎的瓦件应及时更换。然后用麻刀灰将裂缝处及坑洼处塞严找平。再沿盖瓦陇的两腮用瓦刀抹一层夹陇灰。注意下脚不要大，瓦翅处要随瓦的形状用瓦刀背好。两腮要直顺，新旧灰槎子搭接要严实，最后打水槎子并刷浆轧光（满夹腮方法参见合瓦屋顶）。上房查补时应特别注意放轻脚步，禁止穿皮鞋上房，以免因踩坏屋面而造成“越修越漏”。

2.筒瓦捉节

在因筒瓦脱节而发生漏雨的情况下可以采用这种办法。另外由于琉璃瓦釉与灰不容易结合，无法裹陇。而且除非琉璃瓦发生脱节或破碎，一般不容易渗漏，所以琉璃屋顶多采取这种作法。筒瓦捉节应先将脱节的部分清理干净并用水冲净洇湿，破碎的瓦件要及时更换。然后用小麻刀灰将缝塞严勾平。如是琉璃屋顶，灰中应加适量颜色。如是布瓦筒瓦，最后应将瓦陇刷月白浆一道。满捉节就是将所有盖瓦的接缝处全部勾抹一遍。

3.筒瓦裹陇

布筒瓦大部分已损坏时可以采取这种作法（筒瓦裹陇具体作法请参见筒瓦屋顶宽瓦方法）。新旧灰槎子处要搭接严实并应打水槎子。未裹陇之前应将表面处理干净。满裹陇作法参见筒瓦屋顶宽瓦方法。

4.装陇

当底瓦已无法查补或局部严重坑洼存水时，可以采取装陇的方法。先将底瓦上的植物和积土清理干净并用水冲净洇湿。然后用灰在底瓦待修部位反复揉擦（俗称“守一守”），以期灰与瓦结合得更加牢固。“守”完之后用瓦刀将待修部的上部底瓦撬起一块，从其底下开始装陇抹灰。如果不撬起一块底瓦，灰的上部因有逆槎而可能钻水形成漏雨。装陇后应夹陇或夹腮以挡住两边的灰槎子。布筒瓦最好同时进行裹陇。最后刷浆轧光，装陇时应注意不要造成水流不畅而形成上部坑洼，因此装陇最好能从正脊底下开始，即“满装陇”。如果是过陇脊，两坡装陇灰应交圈。

（三）抽换底瓦和更换盖瓦

由于底瓦破碎或质量不好，可以抽换底瓦。抽换底瓦的方法是先将上部底 瓦和两边的 盖瓦撬松， 取出坏瓦， 并将底瓦泥铲掉。然后铺灰用好瓦按原样宽好。被撬动的盖瓦要进行夹腮或夹陇。如果盖瓦破碎或质量不好时，可以采取更换盖瓦的方法。先将破碎之瓦拿掉并铲掉盖瓦泥，用水洇湿接槎处后铺灰将新换之瓦重新宽好。接槎处要勾抹严实。

（四）局部挖补

如果局部损坏严重，瓦面凹陷或经多次大查补无效时，可以采取这种作法。先将瓦面处理干净，然后将需挖补部分的底盖瓦全部拆卸下来，并清除底、盖瓦泥（灰）。如泥（灰）背酥碱脱落，应铲除干净，如发现望板或椽子糟朽都应更换一新。用水将槎子处洇透后按原有作法重新苫背。待泥背干后开始宽瓦（宽瓦前仍要洇透旧槎）。要注意新旧槎子处应用灰塞严接牢，新、旧瓦搭接要严实，新旧瓦陇要上下直顺，囊要与整个屋面囊一致。

（五）揭宽檐头

如檐头损坏严重时应采取揭宽檐头的作法。先将勾头、滴子（或花边瓦）拆下，送到指定地点存好备用。然后将檐头部分需揭宽的底、盖瓦全部拆下，存好备用。连檐、瓦口一般都应重新更换，如有糟朽的椽子、飞头和望板时也应更新。揭宽檐头操做方法参见局部挖补。并要注意滴子、勾头（或花边瓦）的高低与出檐要一致（操做中可以在檐头拴一道横线），如是布瓦，最后应在新旧槎子处的上部弹线，按线在檐头“绞脖”。

（六）脊的修复

如果脊毁坏的不甚严重，可以用灰勾抹严实。对于破碎的瓦件一般不要轻易更换或扔掉。尤其有文物价值的建筑瓦件应尽量采取粘补的方法而不应轻易更换（具体方法详见墙体一节砖加工中花饰的修复）。如实在不能粘补，要及时用灰将坏处抹严待换。

如果脊的大部分瓦件已经残缺应将脊拆除后重新调脊（具体方法详见各种屋顶脊的作法）。

（七）琉璃瓦釉剥落的修复

琉璃瓦釉剥落的修复除了可以更换以外，还可以采用刷色的方法。这种方法适用于琉璃瓦釉剥落得较厉害但漏雨现象并不严重，瓦件的破碎情况及木架的糟朽情况也不严重的屋面整修。刷色的方法较之瓦件更换的方法用工少，工期短，造价低。

刷色前应先将屋面上的杂草拔去并将积土铲净。然后用水将瓦面冲刷干净。局部损坏的地方应及时修好。用石膏腻子或血料腻子将瓦釉剥落的地方打点光滑。

石膏腻子配制方法：用桐油将生石膏粉调匀，然后加水，以防止因石膏发涨而变硬，但又不可多加，否则会太稀。最后用油工工具开刀反复翻搅，腻子搅至能“立刀，拔丝、不倒”时即可使用。

血料腻子配制方法：用血料将砖面或瓦面或滑石粉调匀。如硬度要求不甚高时，可加适量水份。

将屋面打点光滑后用油工工具鬃刷沾油漆涂料在瓦面上涂刷。油饰材料的颜色应比原瓦釉颜色稍深。刷色用涂料可采用有机硅油漆，缩丁醛涂料，聚氨脂油漆，聚甲基丙稀酸酯类油漆以及聚甲基丙酰胺类油漆等（详见第二节中花饰的修复。）。

以上介绍了几种维修方法。无论哪种方法，都应在维修的同时，随手进行拔草清陇工作。凡是脊的附近都要检查一下是否有毁坏的现象，特别要注意对悬山、硬山垂脊附近的检查。因为垂脊是处在山墙之上，所以这个部位漏雨后不容易在室内顶棚上反映出来，但实际上对山墙和屋架的威胁却是极大的。

在维修养护工作中，对于房屋附近可能对屋顶造成破坏的东西也应注意观察和采取相应的措施。经常遇到的情况是树枝对瓦面的破坏。如发现这类情况，应及时修剪树枝（但不要轻易伐树）。

（八）瓦件的拆除

当上述各项维修方法都行之无效时或屋顶毁坏严重，椽子望板多已糟朽，漏雨现象十分严重时，应考虑及时挑顶修缮。挑顶工程的详细步骤我们已在前面介绍过了，这里再介绍一下挑顶前的瓦件拆卸。

在拆卸之前应先切断电源并做好内、外檐装修及顶棚的保护工作。如果木架倾斜，应放置迎门戗和掳门戗，即要用杉槁迎着木架支顶牢固。为了安全起见，应在坡上纵向放置大板并钉好踏步条。操做时将大板随工作进程移动。拆卸瓦件时应先拆揭勾滴（或花边瓦），并送到指定地点妥为保存。然后拆揭瓦陇和垂脊、戗脊等，最后拆卸大脊。必要时要用吊车协助进行操做。在拆卸中要特别注意保护瓦件不受损失。要按脊瓦、盖瓦、底瓦和勾滴等分类存放。然后做一个统计，统计的范围包括脊的分件、盖瓦、底瓦及勾滴必须补换的数目、名称，琉璃瓦要查明样数，布瓦应查明号数，以便在瓦厂加工。可以使用的瓦料应将灰、土铲掉擦净。瓦件拆卸干净后应将原有的苫背垫层全部铲掉。一般情况下，望板也应由木工配合拿掉换新。然后检查屋架。如需进行更换木构件、大木归安及打牮拨正等项工作，都应充分利用这一段时间进行。

第五节　影壁、牌楼、门楼及杂式建筑

本节简要介绍影壁、牌楼、门楼及杂式建筑的形式及名称。至于它们的一般修缮方法，就不再介绍了。可参阅第一、二、四节中的一般修缮方法。

一、影壁

影壁是门楼的附属建筑。“影壁”二字是由“隐避”二字变化而来的。在门内为“隐”，在门外为“避”，后来统称为“影壁”。影壁的出现反映了封建时代的社会制度和风俗习惯，在环境气氛上能起到庄重、森严、神秘和至高无上的效果，是阶级性的一种标志。

影壁的形式有：一字影壁、八字影壁、撇山影壁和座山影壁（图3-69、3-70、3-71、3-72、3-73、3-74、3-75）。

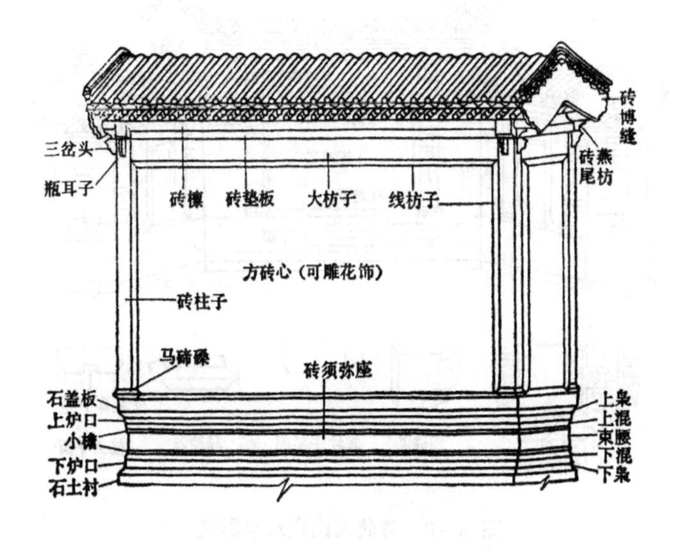

图 3-69　（甲）青砖悬山式一字影壁

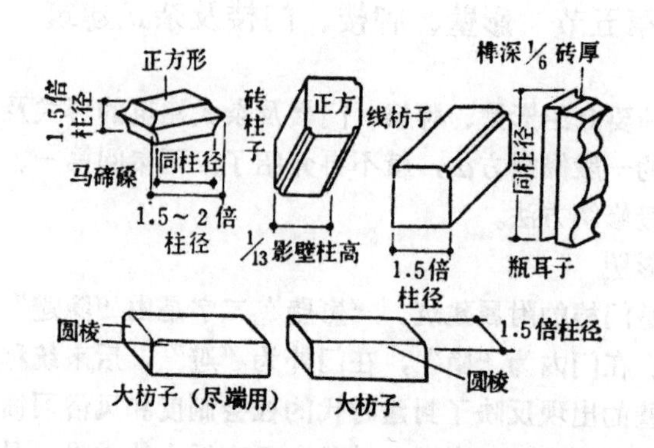

图 3-69（乙） 青砖悬山式一字影壁砖样

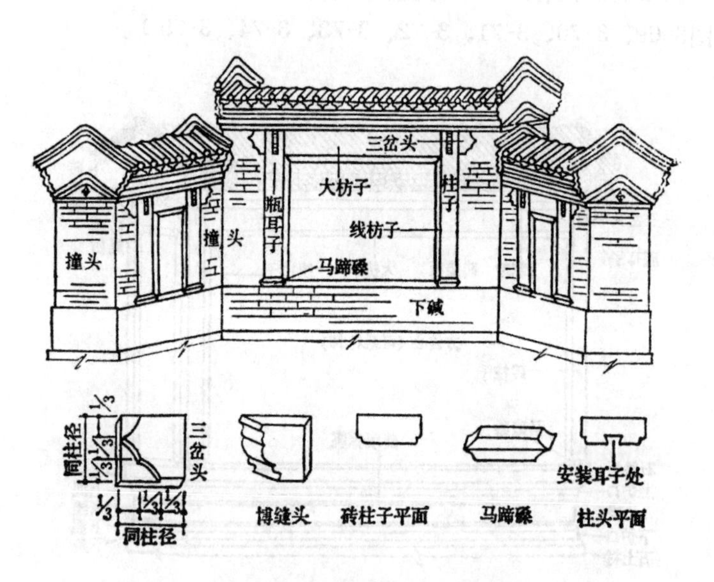

图 3-70 青砖硬山式八字影壁

图 3-71 琉璃庑殿式一字影壁

图 3-72 撇山影壁

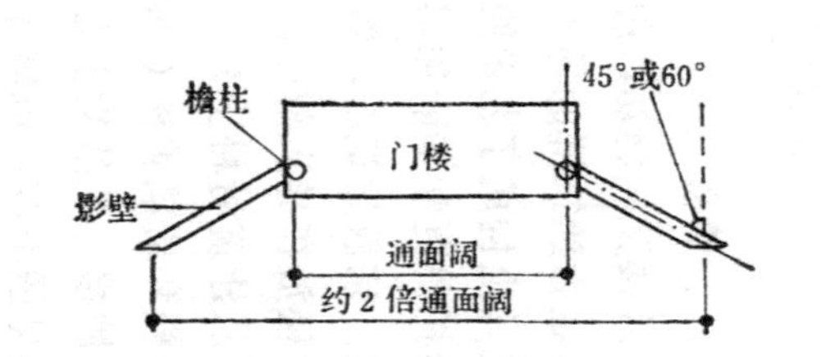

图 3-73 撇山影壁平面

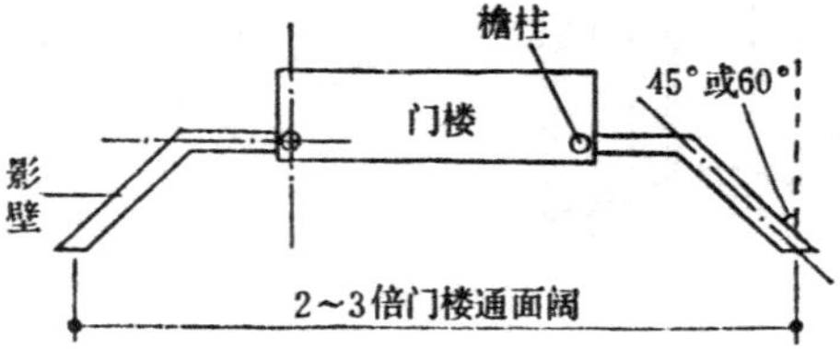

图 3-74 “一封书”撇山影壁平面

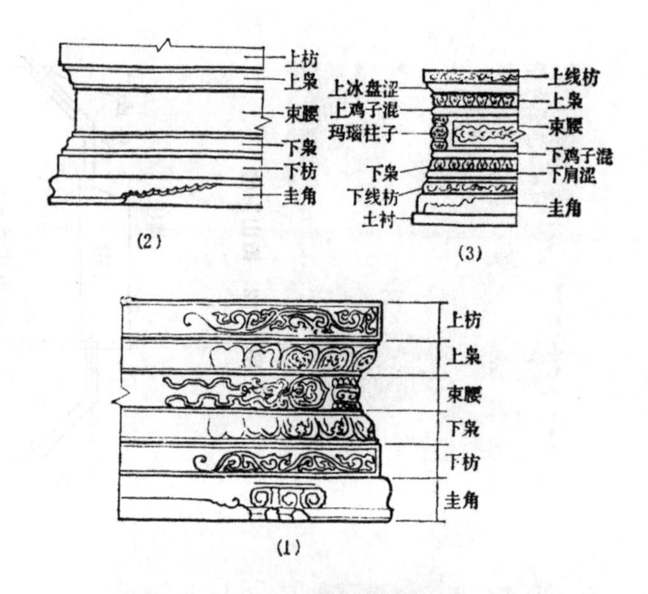

图 3-75 几种青砖影壁的须弥座

(1)砖或石须弥座；(2)石须弥座；(3)琉璃砖须弥座

二、牌楼

牌楼又叫牌坊，牌楼大都做为古建筑群的附属建筑。它通常座落在古建筑群的导入部分。牌楼不但可以获得在刚进入古建筑群就马上构成了艺术处理上的一个高潮的效果，而且也把整个建筑烘托得更加华丽和层次分明。有少数牌楼为自成一体的纪念性建筑。宗教建筑群，特别是道教和喇嘛教建筑，常以牌楼为门或将牌楼放在导入部分。

从建筑材料上分，牌楼的种类有石牌楼、木牌楼(图3-77)、砖牌楼和琉璃牌楼（图3-78）。其中与瓦作关系密切的是木牌楼和砖牌楼。从结构上看，常见的构造形式有三种，见图3-76。木牌楼见图3-77，琉璃牌楼见图3-78。

砖牌楼的内部是用柏木做成柱子（即“哑叭柱子”）和额枋（即“万年枋”）构成骨架，或用石头柱子和额枋构成骨架的。

所以，所谓砖牌楼实际上是砖木结构或砖石结构。在木骨架或石骨架的四周，用碎砖砌成牌楼的轮廓，在外面用琉璃贴面砖（即“贴落”）按木牌楼的形状砌好。“贴落”之间的空当，应抹灰并刷红土浆。在修缮中，可将砖牌楼的骨架改成钢筋混凝土骨架。

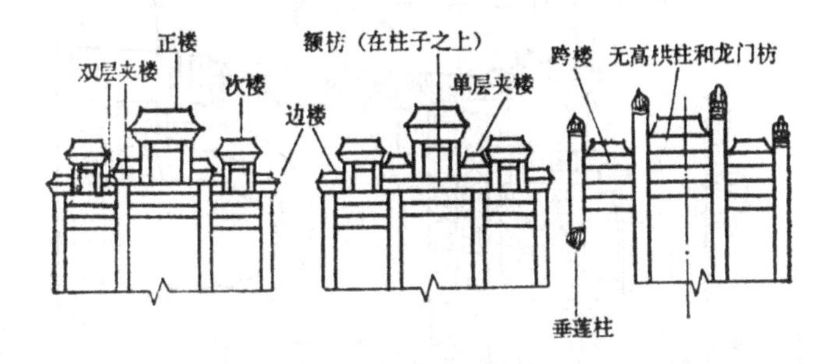

图 3-76　几种牌楼的构造形式

图 3-77　木牌楼

三、门楼

门楼在古建筑群中占有较重要的地位。它的用料、用工和作法常可以和正殿相媲美。所以门楼往往标志着整个宅院或古建筑群的格局和等级。

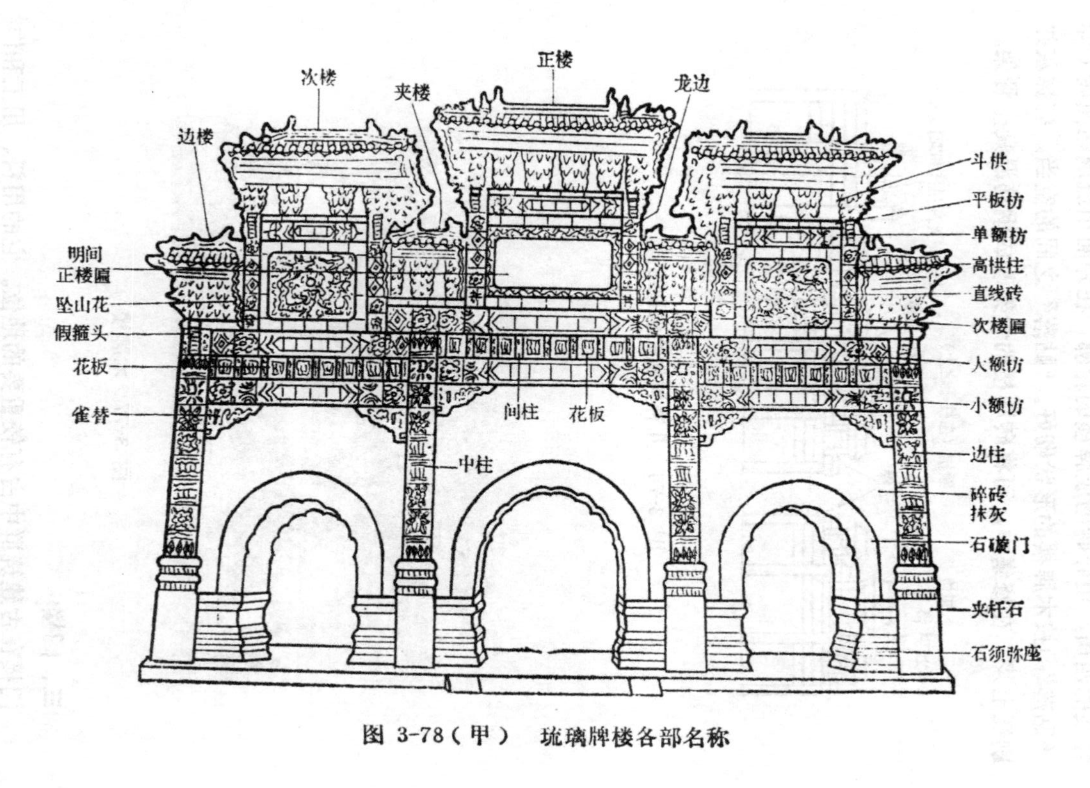

图 3-78（甲） 琉璃牌楼各部名称

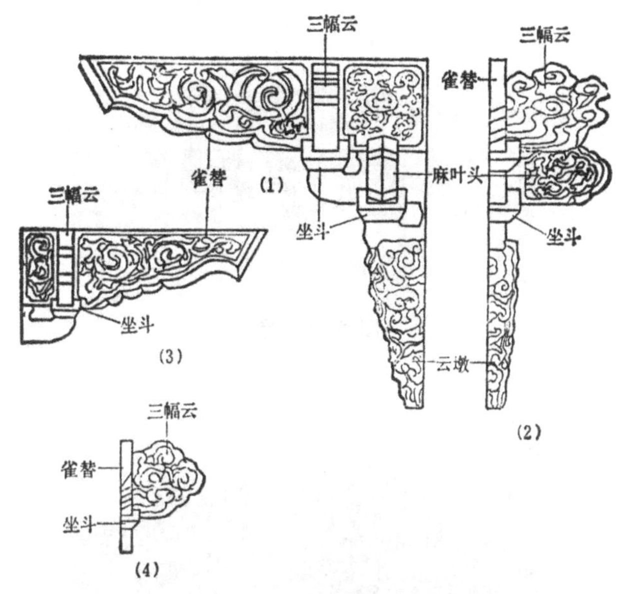

图 3-78（乙） 两种琉璃牌楼雀替

(1)正面；(2)侧面；(3)正面；(4)侧面

门楼的种类有：城门、宫门、殿宇门、府第门、山门、广亮门、如意门、馒头门、五脊门楼、牌楼门、垂花门、花门、随墙门、什锦门等等（图3-79～图3-91）。

图 3-79 城 门

图 3-80　宫门

图 3-81　殿宇门

图 3-82　山门

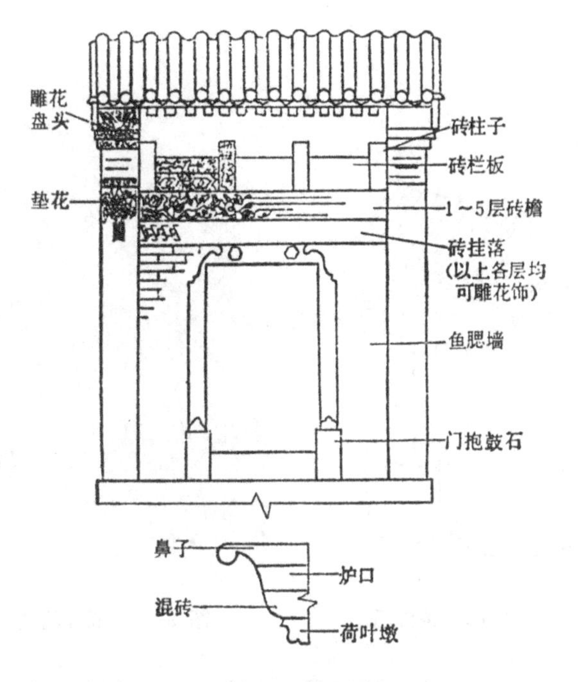

图 3-83 如意门

图 3-84 雕花如意门

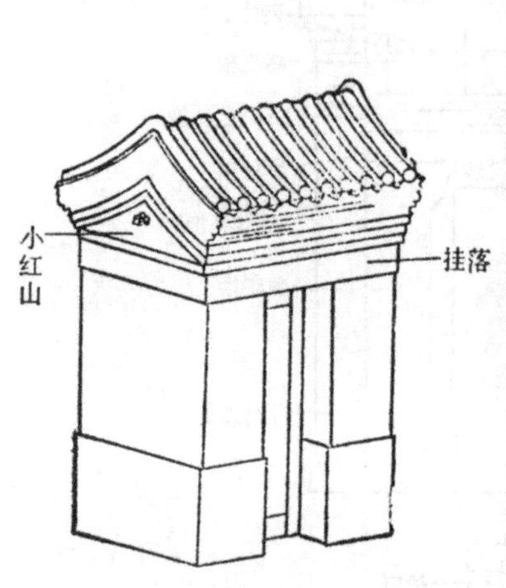

图 3-85 馒头门

图 3-86 五脊门楼

图 3-87 牌楼门

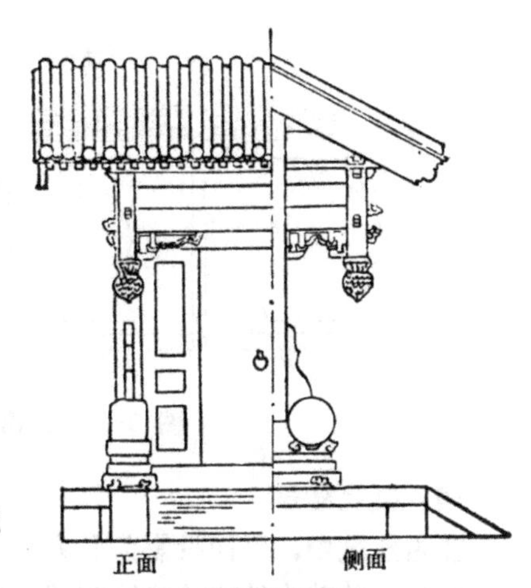

图 3-88 垂花门

图 3-89 花门

图 3-90 随墙门

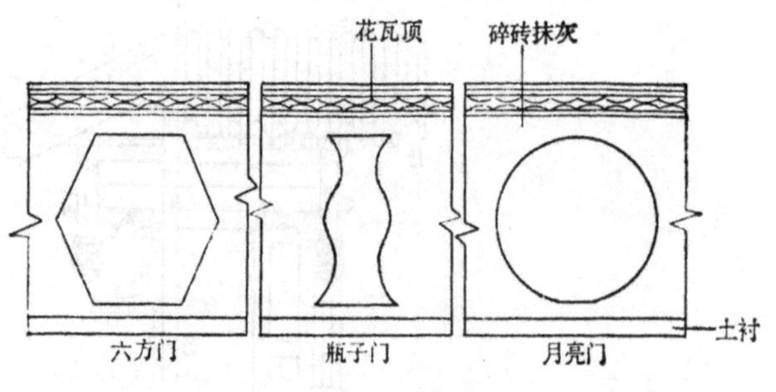

图 3-91 什锦门

四、杂式建筑

在古建筑中，平面投影为长方形，屋顶为硬山、悬山、庑殿或歇山作法的砖木结构的建筑叫“正式建筑”。其它形式的建筑

图 3-92 杂式

统称为“杂式建筑”。常见的杂式建筑如图3-92、3-93、3-94。

杂式建筑可以看成几种正式建筑的变化或结合而成的建筑。因此杂式建筑的造型和形式没有严格的规定，可以有较自由的变化。常见的造型有：正方形、圆形、规则多边形、不规则多边形、其它几何图形、勾连搭、盔顶，盝顶以及上述各种图形的结合，如上檐为圆形，下檐为多边形等等（图3-92）。常见的杂式建筑的结构形式有：木结构建筑、砖或砖石结构建筑、石结构建筑等等。

杂式建筑只有很少的一部分用来做重要的建筑。一般都只做为正式建筑的附属建筑或用在离宫别馆中和园林庭院中。

杂式建筑的种类很多，这里就不一一介绍了。可参照本章第一、二、四节的修缮方法进行修缮。

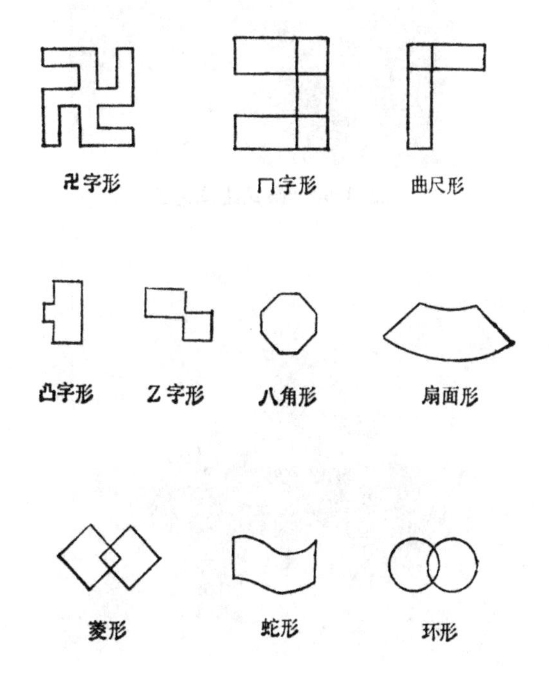

建筑之一

图 3-93 杂式建筑之二

图 3-94 杂式建筑之三

第六节　各种灰浆的配制

泼灰：将生灰块用水反复均匀地泼洒成为粉状后过筛。

泼浆灰：泼灰过细筛后用青浆泼洒而成。

煮浆灰：生灰块加水搅成稀粥状过筛发涨而成。

老浆灰：青灰加水搅匀再加生灰块(青灰与白灰之比为7:3)，搅成稀粥状过筛发涨而成。

大麻刀灰：泼浆灰或泼灰加麻刀（100:5重量比）加水搅匀而成。

麻刀灰：泼浆灰或泼灰加麻刀（100:4重量比）加水搅匀而成。

小麻刀灰：泼浆灰或泼灰加短麻刀（100:3～4重量比）加水搅匀而成。

夹陇灰：泼浆灰（或泼灰加其它颜色）加煮浆灰（3:7）加麻刀（100:3重量比）加水调匀而成。

裹陇灰：1）打底用：泼浆灰加麻刀（100:3～5重量比）加水调匀而成。2）抹面用：煮浆灰掺颜色加麻刀（100:3～5重量比）用水调匀而成。

素灰：为各种不掺麻刀的煮浆灰（灰膏）或泼灰。勾瓦脸用的素灰又叫“节子灰”。瓮筒瓦用素灰又叫“熊头灰”。

色灰：各种灰加颜色而成。常用的颜色有青浆、烟子、红土粉、霞土粉等。如掺少量青浆，即为“月白灰”。

花灰：比泼浆灰水分少的素灰。青浆与泼灰可以不调匀。花灰用于抹灰不易晒的部位。

油灰：面粉加细白灰粉（过绢箩）加烟子（用熔化了的胶水搅成膏状）加桐油（1:4:0.5:6重量比）搅拌均匀而成。

麻刀油灰：用生桐油泼生灰块，过筛后加麻刀（100:5重量比）加适量面粉加水用重物反复锤砸而成。麻刀油灰一般用于粘接石头。

葡萄灰：泼灰用大眼筛子筛过。葡萄灰只用于抹灰工程的打底。

纸筋灰：先将草纸用水闷烂，再放入煮浆灰内搅匀。

护板灰：泼灰加麻刀（20:1重量比）相掺加水调匀而成。

砖药：砖面四份，白灰膏一份加水调匀。或七份灰膏三份砖面加少许青灰加水调匀。

掺灰泥：泥七份，泼灰三份加水闷透调匀。

白灰浆：泼灰或生灰加水调成浆状。

桃花浆：泼灰加好粘土即“胶泥”（6:4重量比）加水调成浆状。

月白浆：泼灰加适量青灰加水调成浆状。

青浆：青灰加水调成浆状。

烟子浆：把黑烟子用熔化了的胶水搅成膏状，再加水搅成浆状。

红浆：把红土粉用熔化了的胶水搅成膏状，再加水搅成浆状。

砖面水：把砖砸成细粉末加水调成浆状。

江米浆：生灰加江米（6:4重量比）加水煮，至江米煮烂为止。

第四章　石　　作

我国劳动人民使用石料建造房屋已有悠久历史，而且创造了很多施工技术经验。如汉、魏、六朝和隋、唐时期遗留下来的石阙、石室、石窟寺、石塔和石桥等都是很有历史和艺术价值的文物，如隋代李春设计建造的赵县大石桥（图 4-1），元代的居庸关云台（图4-2），更是驰名世界的伟大建筑工程，充分显示了古代建筑工人的智慧和创造才能。

图 4-1　赵县大石桥

我国的石作技术，到了宋代就已发展得相当成熟了，如公元1103年李诫编著的《营造法式》，在石作制度中已有比较详明的规定。例如石作的造作次序，就有打剥、粗搏、细漉、褊棱、斫作和磨砻等六道操作程序。关于石作的雕饰方面，则有剔地起突、压地隐起华、减地平钑和素平等四种做法，流行的华文制度有十

图 4-2 居庸关云台

一品之多，反映了当时石作技术的工艺水平。河北曲阳人杨琼，石雕工艺奇巧，曾参予元大都宫殿修建活动，在石作技艺方面富有创造性，是元代著名的哲匠。

到了明、清时期，石作技术又获得了进一步发展，技术人材辈出，如无锡人陆祥，明初与其兄陆贤曾参加南京宫殿的修建，是祖传的有名石匠，景泰年间（公元1456年）曾任工部侍郎，时称“匠官”。而张南垣、戈裕良等人则是当时迭造假山石的名手。

清雍正十二年（公元1734年）刊行的《工程做法则例》，在石作中也总结了一整套比较成熟的技术规范。有打荒、做糙、錾斧、扁光、剔凿花活、对缝安砌、灌浆和摆滚子叫号等各项施工程序，与瓦、木、油等作一样，成为一项技术性很强的专门行业。现存实例，如此京昌平县明十三陵的石牌坊（图4-3），故宫三大殿的白石台基、栏杆（图4-4）和山东曲阜孔庙的盘龙石柱（图4-5）等，不仅规模宏伟，而且工艺精丽，这些都是古代建筑工人的杰出创作，非常可贵。

图 4-3 明十三陵石牌坊

图 4-4 故宫三大殿白石台基、栏杆

图 4-5　曲阜孔庙盘龙石柱

建造房屋时如何使用石料，古代石工总结了多年实践经验，根据建筑物的功能要求，石料都使用在最需要的部位上，有着明确的目的性。例如在容易磨损或受磕碰的部位，则使用踏跺石、阶条石、槛垫石和角柱石等；在集中受压的柱根下安砌柱顶石，借以提高基础部分的承压强度；在山墙头的出檐部位，卧砌挑檐石，用以承托上部的墀头，可以加强砌体的钢度；在台基四周使用土衬石和陡板石，可起防潮作用。高大建筑物，则用汉白玉等高级石料雕制华美的须弥座台基、栏杆，以显示建筑物的雄伟壮观。

一切石料构件的尺寸规格，在习惯上都是根据大木作制度来推定，其模数比例在清工部《工程做法则例》中均有具体规定。例如明间踏跺石的长度须和门口的宽度一致；柱顶石要按檐柱径的二倍定长、宽；阶条石则按下檐出深度减半个柱径定宽等等。总之，工作中各种构件的尺度，有着以模数制为基础的比例关系。按建筑物的类型和规模大小分别使用，以使整座建筑物在结构、实用和艺术造型方面很严密地结合在一起，从而获得了很好的整体性效果。

此外，在砌体构造方面还创造了许多坚固有效的加固方法。例如，在石料上仿照木结构的做法，也凿做阳梗，阴槽等榫卯，然后再对缝安砌。同时，还根据不同情况，在石块之间分别使用各种铁件来锚固砌块，使之互相牵制，难于动摇，用白灰、糯米、白矾等合成高粘度的灰浆灌砌严实，以麻刀油灰勾抿缝隙，防止渗漏散裂，在加强砌体的整体性方面都具有很好的效果。

第一节 采 购 石 料

一、石料的种类与性质

北京地区古建筑所用石料，大都采自京郊各县的山场中，常用的有汉白玉、青白石、艾叶青、青砂石、紫石、花斑石和虎皮石等几种石料。

［汉白玉］ 产于房山县大石窝，系变质岩，颜色洁白如玉，石纹细，质地较柔，适于雕琢磨光，是上等建筑石料。北京许多建筑物，如故宫、天坛、颐和园和天安门前的华表所用的白色石料，都是汉白玉。

［青白石］ 是变质岩，色青带灰白。房山、马鞍山、蓟县盘山、琉璃河和曲阳县等地均有出产。石纹细、质地较硬、适于雕刻磨光，且不易风化，是一种比较珍贵的石料。高级古建筑多用它制作柱顶石、阶条石、铺地石和台基、栏板等。用以雕制石碑、石兽等尤为可贵。

［青砂石］ 产于马鞍山、石景山、牛栏山等地，为砂岩之一种，呈豆青色，质地松脆，不能承重，但易于加工。一般小式建筑多用来制作柱顶、阶条等、用途广泛。由于它容易雕刻，故民

间牌坊上的花枋、字碑等多采用之。

［豆渣石］ 系花冈岩，产于白虎涧、鲇鱼口、周口店及南口等地。石性坚硬。石纹粗糙，不易于雕刻。有粉红、淡黄和灰白等几种颜色，内有黑点（云母）。因产地不同，石性的软硬和石纹的粗细显有差别。由于硬度高，产量多，建筑上多用制作阶石、柱顶、砌筑台基、驳岸，或铺装路面，垒砌墙垣，是古建筑中一种用途很多的石料。

［紫石、花斑石］ 紫石，产于马鞍山紫石塘；花斑石，三河县华山、涞源县、怀来县和顺义县等地均有出产，呈紫红色或黄褐色，质地较硬，间有斑纹。宫殿中多用它制作阶石或铺装地面，磨光后，华丽美观。

二、选料与购料

（一）验料注意事项

我国石工的传统，一般都凭实践经验来鉴定石料的好坏。一是“看”：观察岩石被打开的破裂面，如果颜色均匀一致，没有明显层次，组织坚密而细致，石质就较好；颜色不均匀，或有几种不同颜色夹杂在一起，能看出明显层次，破裂面是锯齿形的，石质就较差。总之，以无裂缝、污点及红白线等缺点的良材为合格。二是“听”：用小锤轻轻敲击石块，如发出当当清脆声的，石质就较好；如发声暗哑，即证明有隐残（如斗漏子、干裂、砂眼、石核子等），石质就较差。但冬季验收石料时，应注意裂隙内有结冰，这时就不能单纯依靠敲打听声音，必须用笤帚将石面打扫干净，仔细进行检查，才能鉴定石质的好坏。

（二）购料注意事项

购料时，首先应依设计规格和使用部位，确定使用何处产品。然后再按下列规定增加荒料尺寸定购，以免造成浪费或不合使用要求。一般料石，加荒尺寸规定如下：

构件名称	尺寸加荒
台阶石	成材不加荒
陡板石、墙面石	长宽各加2厘米，厚度不加
压面石、台帮石	长加3厘米，宽加2厘米，厚度不加
垂带石	长宽各加3厘米，厚加2厘米
柱顶石	长宽各加3厘米，厚加2厘米
须弥座石	除下枋子不加补，其余部位长短、高低各加2厘米
栏板石	包括榫子在内，长加10厘米，宽加6厘米，厚加3厘米
望柱石	包括榫子在内，长加6厘米，宽厚各加3厘米
挑檐石	长宽各加3厘米，厚加2厘米
券脸栱圈	一面露明：长宽各加2厘米，厚度不加
	二面露明：长宽各加2厘米，厚度加4厘米
贴面雕刻石	长宽各加2厘米，厚度不加

荒料检尺：检查荒料尺寸是否合乎设计规格的要求。棱角应用弯尺测量，以防翘棱过大，致使操作时装线后不能使用。尺寸较小的石料可用直尺和弯尺测量；尺寸较大的石料，除须用直尺和弯尺测量外，还要装线抄平。

第二节 石构件种类

古建筑在造型上种类繁多，构造上富于变化，因而石构件在建筑物上的应用范围很广并且多种多样，今就古建筑中常用的石构件叙述如下：

［台基及踏跺］ 土衬石、方角柱石、陡板石、压面石、平头土衬石、象眼石、垂带、砚窝石、御路石、如意踏跺石、礓䃰石等。

［须弥座及勾栏］ 土衬石、圭角、上下枋、上下枭、束腰、栏板、望柱、地栿、抱鼓石、螭兽等。

［柱顶石及山墙石作］ 柱顶石、石柱、槛垫石、廊门桶槛垫石、分心石、门枕石、八字角柱石、角兽、腰线石、挑檐石、石榻板、各种形状门口圈口石、各种形状露窗圈口石、滚墩石、石

过梁等。

［地面及甬路］ 地面石、甬路石、甬路牙子石。

［桥梁及涵洞］ 撞券石、券脸石、栱石、侧墙石、桥墩石、分水石、金刚墙石、伏石、仰天石、桥面石、地栿、栏板、望柱、抱鼓石。

［其他石构件］ 夹杆石、宇墙角柱带拔檐扣脊瓦、水簸箕滴水石、棚火石、沟漏石、水沟门石、水沟石、沟盖石、井口石、井盖石、栅栏石等。

此外，还有华表、经幢、阙、塔、石牌坊、门、窗、等等，总之石结构建筑的种类很多。

第三节 施工工具与安全设施

一、敲錾工具、石活制做工具和安全设施

工具

风箱、鹰嘴钳子、大鸭嘴钳子、葫芦小鸭嘴钳子、錾子、卡扁、刻刀、双面锤、两用锤、剁斧、炉条、火勾、盖火、水桶、蘸錾盆、铁勺、铁簸箕、铁筛子、敲锤子和八磅锤等。

设施

蘸錾槽、红煤、盘红炉、工作棚。

二、作细安活、磨光工具

作细安活工具

墨汁、弯尺、摺尺、画签、小线、铁水平尺、线坠、墨斗、钢橇棍、木杠、大绳、木平尺、花锤子、手锤、錾子、笤帚、剁斧、哈达、碓子、压斧、钢楔、12磅锤子和桩子棍等。

磨光工具及其他材料

金刚石、白蜡、松香水、川蜡、煤油、细磨石、擦蜡布、草酸和地板蜡等。

三、安全设施

袜罩、围裙、套裤、套袖、手套和眼镜等。

四、敲錾淬火

古语说："工欲善其事，必先利其器"，"磨刀不误砍柴工"。石作常用的主要生产工具是大小錾子、剁斧和花锤等。斧刃、錾尖钢口的软硬和钝锐，能直接影响工艺的质量和工程进度。因此，敲錾淬火时，必须掌握好火候，才能使工具得心应手，发挥更大的作用。

（一）敲錾

将圆钢或八角钢断成钢棍，长约22～24厘米，首先敲成圆型的錾顶，为了保证安全，錾顶不准淬火。

送进炉内过火时，錾尖要塞进火内5～6厘米，俟颜色烧到将显发白时，即可用钳子夹出，放在砧子上敲成錾尖。但这段工序，必须在很短时间敲成（即一火敲成），迅速夹起蘸水，錾尖顿时发白，然后由白逐渐变黑（这种现象叫做"回流"）。要注意白色徐徐变成将近錾尖尚有5厘米时，要及时放进蘸槽内竖起，不可躺倒放置，务须使温度自然降低，不准猛然放进冷水内使其骤凉，这样会造成过硬，易于破裂。蘸錾槽内的水深以不超过4厘米为宜。

（二）哈达剁斧

第一次过火，要烧到颜色将发白色时，用钳子夹出敲打，必须一火敲成一面，不准翻过重敲将刃敲薄。其刃面不齐时，可用锤子墩齐，将刃修理齐整后，要放在一边放凉，必须使其温度自然降低，再送入火内烘烧。

第二次过火，要烧到呈现紫红色时（不准发白），就可放到蘸槽内去蘸，这次同样俟其温度自然降低，不准用水浸凉。

哈达，因系两面刃，在前刃过火时，为了防止另已蘸好的一面因受热过高而软刃，必须在蘸成的一端用刷子蘸水向上擦蹭，即可降低温度。

（三）花锤、五刃斧

第一次过火时，要烧到发白，再用钳子夹出，敲打成型，须要头方面平，再回火去烧，烧到呈现发白色时，用钳子夹住放稳，再用劈斧劈成每面四道沟。完成这部工序后，要稳放一边，使其温度自然降低，夹在立式或卧式横刀上（即老虎钳子）夹紧，将尖或刃用钢锉打磨成型，务使锋利，再去过火，这次火不要大，烧到颜色将呈现有紫红色时即可，用钳子夹出，放入蘸錾槽内，使温度自然降低即成。

第四节　石活制做加工

一、砸花锤

（一）说明与要求

砸花锤及剁斧这两种做法，只能通用于花岗岩石和不做雕刻的一般构件上。

操作前，先检查一下石料的纹路即石纹，是水平的（称卧碴）、垂直的（称立碴）、斜石纹(称半立半卧碴)。水平石纹，一般用于做压面石、阶条石、踏跺石、拱石、栏板等(图4-6)。

垂直石纹：用于做望柱、柱子等（图4-7）。

斜石纹：这种石料不准用于做石构件（图4-8）。

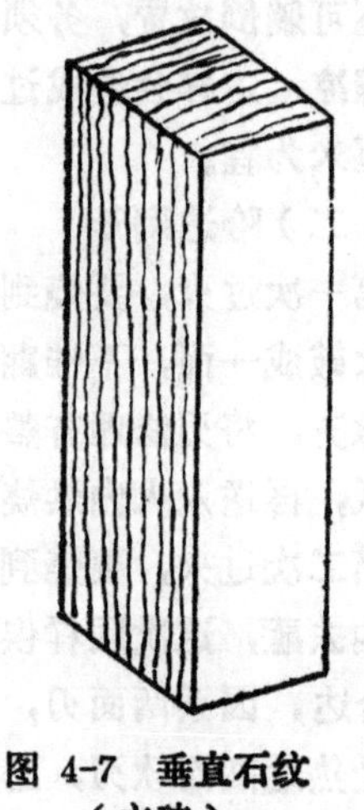

图 4-7　垂直石纹（立碴）

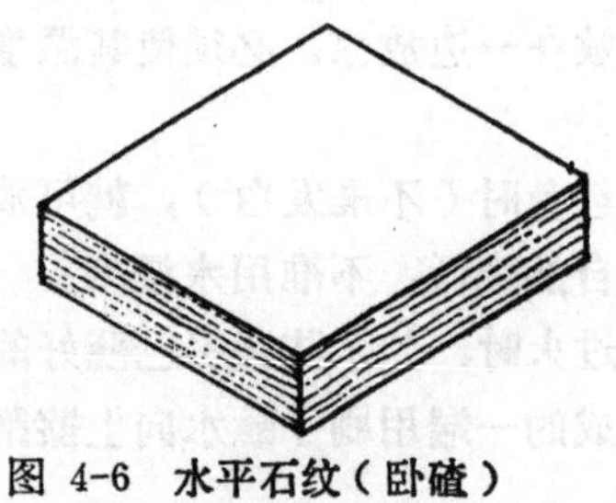

图 4-6　水平石纹（卧碴）

将荒料用锤敲击一遍，检验石料有无隐残，无疑后，再将荒料放稳，四角垫平。如石料单薄或呈长方形，为保护石料不受损折，应在两端适当处垫块放平（垫块位置，约在全长六分之一处为适当）。

操作时，工作人员所坐的位置高度，应比石料上层（即操作部位）低10厘米左右。

［打錾姿式］ 錾宜斜，锤宜稳准有力，握锤手应随锤力同时用劲，锤举高度应过目。扶錾手，肘腕应悬起，不要放在膝盖或石料上。

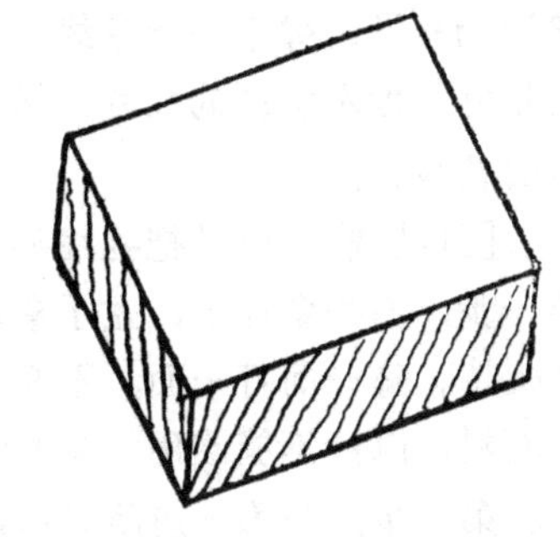
图 4-8 斜石绞（半立半卧碴）

［砸花锤姿式］ 一般应双手抱锤，用腕随锤击石料的弹力随劲起动。锤举高度应与胸齐，手锤落在石料上要有力，不得翘楞。

［质量要求］ 平面刺点，以刺平为合格。砸花锤后，平度要用平尺板按照十字线靠平，凸凹程度以不超过0.4厘米为合格。

［技术安全］ 操作时，应戴防护眼镜，手套、套袖和坐垫等。用木板作隔离板，板长高约50厘米，以防二人对面做活时被石碴刺伤。打大荒时，应穿厚帆布工作服。

凿錾操作时，锤落錾顶要正，不要打偏，以免錾顶被锤击碎掉碴，刺伤人身。錾顶钢性要柔，如过硬时，錾顶部分应回火使软。

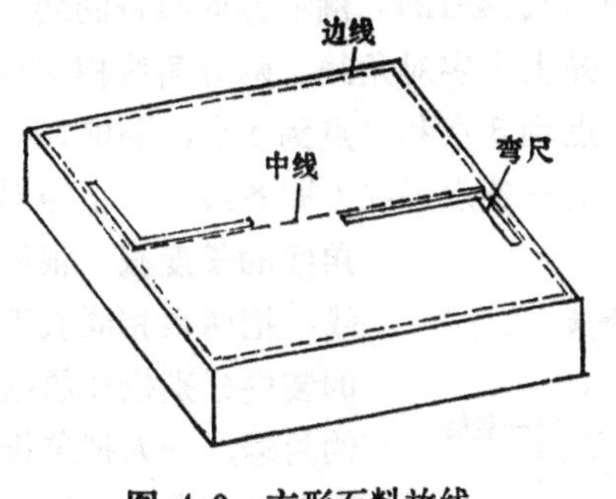

图 4-9 方形石料放线

（二）操作要点

将荒料放稳后，先放扎线：按规定的准线尺寸以外1～2厘米，方角90度，在石料的四周弹线，这些头一次所弹的线叫做“扎线”（图4-9）。

弹扎线时，必须用两个人。一个人拿墨斗，另一个人用左大姆指按线，按在石料的一边，按住不动。拿墨斗的人，同样把线按在石料的另一边扣住，并用手把线捏起一弹，石面上就印上一道墨线。弹线时，鼻尖须对准捏线的手，以免弹斜。然后再用铁方尺的一边，对齐第一条扎线，在方尺的另一边点上两个墨记。以墨记为标准，弹上一条墨线，与第一条墨线相交一点，从这点用尺量好长度和宽度的尺寸，然后，再按上述方式继续弹好其他两边的扎线。

［打扎线］ 就是把扎线和扎线以外的石打去。打法分两步：第一步，右手拿锤子，左手拿钢錾子，把扎线及扎线以外的石料都磕掉。磕一面打一面，不要四角磕完，才用錾子打，以免磕短了石料，以致不能使用。磕的方法是从角上磕起，由身边往前磕。第二步，当第一边磕好后，右手拿锤子，左手拿錾子，左脚蹲在石块上，右脚踩地。左手握住錾子的中间，掌心向下，打锤时，錾子稍微斜一些，錾子尖向外反，向前向右打扎线，深度不超过5厘米，打光一边再修錾。其余三边的打法同上。

［装线］ 新开采的石料，各面都有凸凹不平之处，有的也不一定是直角。因此，须用装线方法，检查一下这块荒料，能否按照需要的规格和尺寸做出石构件来。

装线的方法，是在石料看面上弹上对角线找出中心点，一般方形、长方形、圆形找一个中心点即可，不规则的异形石料应找两个或三个中心点(图4-10、4-11、4-12)。例举方形石料的装线方法：首先在大面的看面上，弹上十字对角线，两对角线相交点为中心点，两条对角线，即1点到3点和2点到4点，随即在石料两侧面的垂直面上任意各弹上一条水平线（即齐线），按照对角线的长度截一根墨线，把两根相同长度的装棍分别拴在墨线的两端，一人把装棍下端对1点的齐线另一人把装棍下端对准3点的齐线，把线张

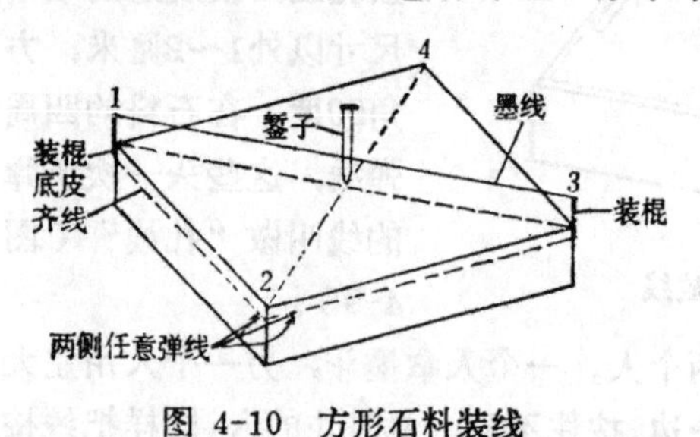

图 4-10 方形石料装线

紧，一人把粗錾子垂直立于对角线的中心，这样即把墨线的墨色印在錾子上，錾子原地不动，一人把装棍移到2点另一人把装棍移到4点，把线张紧对准錾子上的水平墨印后，这时以两装棍的下端为准，于石料划上墨印，然后把各点弹线连接起来，即为石料看面水平线，即完成了装线工作。

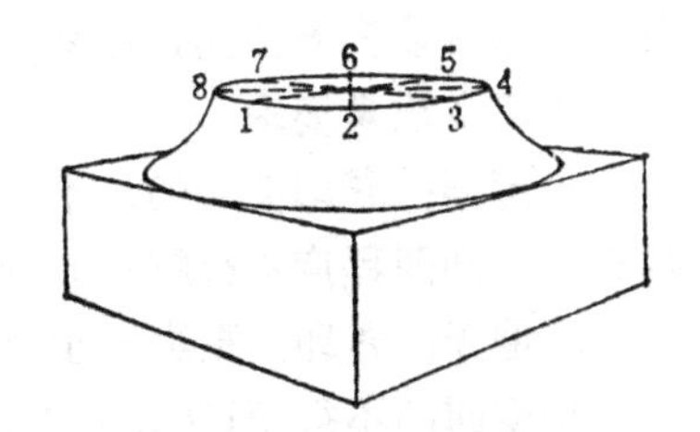

图 4-11　圆形石料装线

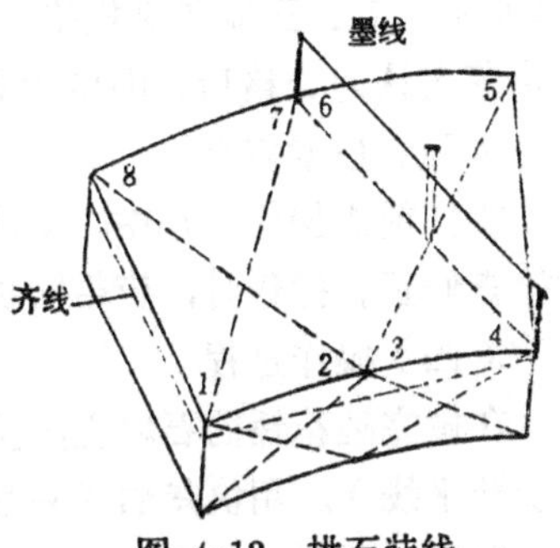

图 4-12　拱石装线

用劈斧按线劈平，再用錾子齐边，四角找平。每边要齐边7厘米，按平线齐完后，先用平尺板踏平，合格后，就以此作为大面平度标准。

用錾子刺点，先由一端开始，按两边取平。如石料较大。方正面先由两面当中刺出一条十字形标准线，其他部位均依此法刺平。这步工序做完后，用平尺板靠测一次，如高低不大时，可用花锤砸打。

二、剁斧

（一）说明与要求

在平面花锤的基础上，开始作剁斧工作。剁斧的操作姿式与砸花锤一样，斧要平放直落石面上。拿握哈达姿式也与砸花锤相同，但在哈达下落时，不应垂直下落石面上，必须稍向前推为宜。剁斧时，应直坐于石块旁边，上身要正。头稍偏，看准斧印，按次序自上而下操作。

剁斧因质量要求不同，分一遍斧、二遍斧和三遍斧。剁斧的次数不同，主要是要求平度与斧印的粗细深浅不同，因此，每遍操作时，用力程度就有差别。第一遍斧操作时，斧举高度应与胸齐；第二遍斧操作时，斧举高度约离石面20厘米；第三遍斧操作时，斧举高度离石面约15厘米。

（二）质量要求

一遍斧：斧印要均匀，不得显露錾印，花锤印，平面用平尺板靠测，凸凹程度不得超过0.4厘米。

二遍斧：斧印，更进一步要求均衡，深浅要一致，斧印要顺直，平度凹凸不得超过0.3厘米。

三遍斧：比一、二遍的平直度要更好些，平度凹凸不得超过0.2厘米。二、三遍斧之规格，应在施工前先做好样板，经有关人员鉴定认为合格后，即做为验活标准。

（三）技术安全

操作前或操作过程中，要注意斧子有无脱离斧把现象，应随时检查修正。操作时，应带防护眼镜、套袖、口罩和坐垫等。

（四）操作过程

在做完砸花锤的石料上，重新斟一次平线，（斟线就是重新再校准平线）。用快斧顺线剁细，找平四边，用平尺板靠平，达到标准后，再顺线向里按次序剁平大面。

1.一遍斧，可按规律一次直剁。

2.二遍斧：第一遍要斜剁，第二遍要直剁。

3.三遍斧：第一遍应向左斜剁，剁至不显露花锤印为止；第二遍要向右斜剁，剁至不显第一遍斧印为止；第三遍要直剁，剁

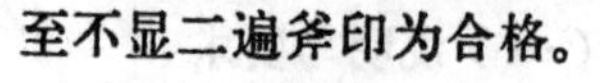
至不显二遍斧印为合格。

三、刷錾道

（一）说明与要求

为了美观起见，在石料的看面上用錾子特意刺上印子，叫做刷錾道。形式不一，有的是斜方向，有的是交互方向的（图4-13）。

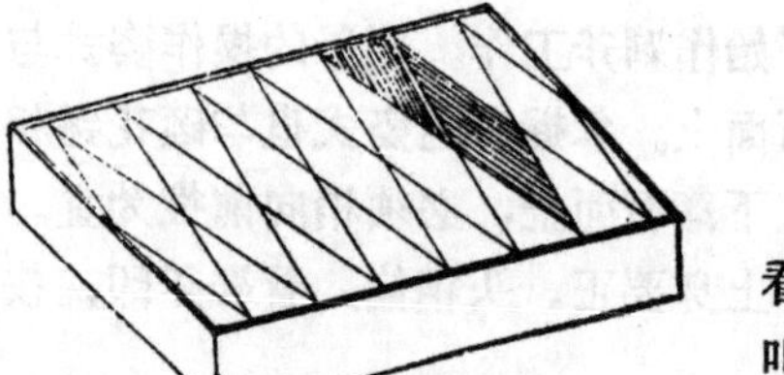

图 4-13　矩形石料交互錾纹放线

錾道距离和深度要均匀，其深度以不超过0.2厘米为标准，并要直顺均齐，不得有弯曲现象。

有的石构件，形状是不规则的，有的是三角形，也有的是长三角形，底口是曲线的，与之相连接构件的看面，刷有规则的交互錾道，为使三角形石构件安装后与相邻构件看面交互錾道规则、连接。采取接板放线方法，使其达到规整的要求(图4-14)。

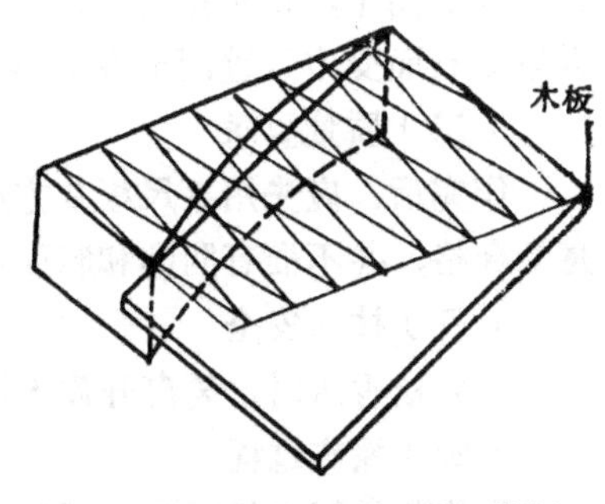

图 4-14 异形石料交互錾纹接板放线

（二）操作过程

平面剁斧后，即开始刷錾道。在操做前，必须先放一次线，以校正规格，故此再装一次线看看是否水平。然后按照所弹的“金边线”用扁子刮去“金边”（即把四边找平），宽度为2厘米，刮金边的深度以不超过錾道深度为宜。

按照设计尺寸，将錾道的形式和距离逐条地都弹上墨线，然后用錾子刺凿錾道，必须均匀直顺。錾做完后，将多余的2厘米的金边凿掉。

四、磨光

花岗石做法

（一）说明与要求

打荒操作前，除先检查有无隐残外，并应注意有无“石瑕”和“石铁”。石瑕，在洁白的石面上有不甚明显的干裂莹，易由此折断。石铁，在洁白的石面上，有局部发黑或显有黑线的。此外，还有“白色”的石铁。这些石瑕、石铁的存在，不但影响美观，而且它们的石性特别硬，不易磨光。如恰在棱角上，更不易磨齐。

石面磨光，在操作过程中，不准砸花锤，以免磨光后显露印影。“印影”是在錾凿操作时，由于扶錾垂直，石面局部受力过重，以致成造印痕（白点）无法去掉。为了避免上述缺点，在荒料找平时，不准用錾刺点，必须用细錾刷道，錾尖要细长尖锐。

刷道握錾姿式：要四指紧握，大姆指向上翘起，压住錾顶上部，掌心向下，在锤击錾顶时，尽量使錾平刺，錾尖向上反飘，以避免石面受力过重而出现錾影。

（二）质量要求

作完后，应先用平尺板及方尺靠测，必须达到石面平滑，光亮为合格，并不准有凹凸和麻面现象。

（三）技术安全

在兑松香水时，要离开靠火远的地方，以防发生危险。

（四）操作过程

先将荒料錾细找平后，再剁细斧，（做法与平面剁斧同）。为了给磨光打好基础，须剁三遍斧。细斧剁完，即用金刚石进行打磨。先糙磨一遍，再细磨一遍（金刚石粗细有数种，可根据需要酌情选用）。最后，用细石磨光一遍，检查合格后，再擦酸打蜡。

汉白玉做法

（一）平面刷道

先将荒料扎线夹方，找出规格，再找平线，用扁子沿线拉口后，再用快錾齐边，齐边宽度为10厘米。

用钢錾刷道时，不准刺点。本工序为适合磨光要求，应分三道工序完成之。第一遍，用6分圆钢錾刷道，道痕间距不超过1厘米，要均匀顺直；第二遍，先作斟线，再校准一次平线，用扁子拉口，錾子齐边，再进行一次刷道。但第二遍工序，应用5分圆钢錾刷道，道痕间距不超过0.8厘米，而且要均匀顺直；第三遍必再斟线一次，校准一次平线，用遍子拉口，錾子齐边，以平尺板靠测合格后，再用5分圆錾子刷道，道痕间距为0.5厘米。

以上三遍刷道工序，要相互叉开，也就是第一遍由左向右，第二遍由右向左，直刺到不显露上一遍的道痕为合格。

刷道完毕后，必须再斟线，校正规格，弹出金边线，用扁子刮金边（即扁平四边），宽度为2厘米。

（二）剁斧

为了给磨光打好基础，细錾刷道后还须剁细斧三遍。剁第一遍斧时，要稍加用力重剁，剁至不显露道痕，达到平整为合格。

其二遍、三遍斧做法，与平面剁斧一样，要把斧印叉开，但第二、三遍斧以轻剁为宜。

（三）磨光

剁完细斧，石面已平，可用金刚石分三次磨光。第一次，用糙石打磨；第二次，用细石打磨；第三次，用细石磨光一遍。打磨时，注意摩擦时间要均衡，不许只着重在一个部位进行打磨。磨的时间过长或过短都会造成不平现象。磨棱角时，要小心轻磨，以防磨坏边棱；顺边磨时可前后推拉；转角时，必须由外边向里推磨，避免将棱角拉掉。打磨时，要随时用平尺板靠测，如发现不平处，就力求磨平，至完全达到规格要求后，即将石面用清水冲洗干净。俟石面干燥后，再进行擦酸打蜡。擦草酸时，要用干土布蘸酸在石面上涂蹭；蜡，最好用川蜡，但要注意把蜡化开与松香水搅匀，放凉后，再用土布蘸蜡擦磨。打蜡要均匀一致，直到光亮为止。

本节所述石活擦酸打蜡做法，对于宫廷室内的紫石、绿砂石、青白石和花斑石墁地同样适用。

第五节 剔凿花活

古建石作中，剔凿花活是一项很精致的传统技术。如栏板、望柱、抱鼓石、须弥座、踏跺石、御路石、滚墩石、券脸石、券窗、什锦窗、吸水兽面、夹杆石、陡匾、绣墩、水沟盖及幞头鼓子等，为了美观，每多雕刻花草、异兽、流云、寿带、如意头、古老钱和联珠、万字等花活，雕花匠师们在这方面有许多卓越的技术成就。例如北京故宫、天坛、颐和园和十三陵等处所见的石活雕刻，都是十分巨丽的艺术创作。其中以明代雕造的故宫保和殿大石雕尤为罕见，石长16.57米，宽3.07米，厚1.7米，重200多吨。石料采自北京房山大石窝，系青白石。当时石料的采运非常困难，据传说每隔一里挖井一口，汲水泼成冰道，用旱船拉运进城，一石采运即需万人之多。石面上浮雕着各种姿态的行龙，飞动于水浪云气之中，栩栩如生，是一项深雕与浅雕相结合的巨大石雕工程，真不愧为古代建筑中的一份艺术菁华！现将石雕工作中的基本操作规范及质量要求分述如下。

一、说明与要求

雕活选料与其他工序的选料标准相同，汉白玉石应特别注意有无“流沫子”（即质地软的石料）。

设计画谱时，应注意不同的纹样（大小花纹），不同的部位（高低或阴阳面），同时还要照顾到光线及视线角度，力求使光线效果突出，花形显明。

操作时，锤要轻，錾要细，斧要窄，要根据不同的操作部位使用适当的工具。例如汉白玉在扁光前找细的时候，可用锯齿形扁子进行加工（锯齿形扁子，就是用原来的扁子过火，用钢锯拉成锯齿形状）。

凿錾时，锤落錾顶要正，不要打偏，以免錾顶被锤击碎掉碴刺伤人身。錾顶钢性要柔，如过硬时，錾顶部分应回火。

雕活时，要注意花筋、花梗、花叶的特征和飞禽、走兽、虫、鱼的神情动态等等，精心刻画，一定要表现出画谱的原意。

（一）质量要求

各类花形，如花梗、花叶，比例的大小，各种动物的骨气神态，均应符合画谱的意匠。阴阳面，凹凸深浅必须明显，务使花形活现生动，线条流畅有力。

汉白玉石和青白玉石都是上等细石料，扁光后，不准显露扁子印或錾痕，才能显示画面的纯净光洁。

（二）技术安全

雕刻前要搭好工作棚，以防雨淋、日晒，污染雕活。錾活时，要带好防护眼镜、口罩、手套、套袖、坐垫等。惟做雕活时，只带眼镜和坐垫，其他设备可不用。

二、操作要点

在初步找好平面的基础上，先放线找方，四面齐边。按设计规格预留花胎，四边要扁光作细，用平尺靠平。大面剥荒找平一遍，将画谱按图纸放大，预先画在牛皮纸上，然后，将画谱上的线条逐一用粗针刺眼，针孔的距离为0.3厘米。将放大的牛皮纸画谱刺眼后，铺在石面上，用手扶稳不得移动。此时，用粗布包好红土子向纸上拍撒一遍，使红土子均匀地拓印在石面上。然后将牛皮纸轻轻揭起，照红土子印用墨笔描画成图，叫做"过谱子"。过谱之前，先用湿布将石面润湿一遍，以利印染画谱。按照所描的画谱线，先用錾子穿线，顺线穿小沟一道，再刻落空地，深度应符合设计规格。

根据画谱的意匠，要注意分清阴阳面，阳面系指花形翘起部分，阴面系指花形低洼部分。花朵、花叶，要随形状作细（汉白玉石必须扁光，"扁光"就是用扁子将錾印切削平整），最后，按成型的花形用铅笔勾画一遍，用小扁子顺线劈出细棱，再用细錾子清地整平（如系汉白玉石应用扁子拉口，用錾子清地，再用扁子扁光）。

三、古建筑石雕范例

大型古建筑，常采用汉白玉石、青白石或青砂石来雕制须弥座台基、踏跺和栏板、望柱等。汉白玉石和青白石系上等细石料，多用于宫殿建筑，雕饰题材丰富多采，构图以繁密取胜，加工比较精细；青砂石系普通石料，多用于次要建筑，雕饰花纹比较简单，加工也比较粗糙一些，标志着等级上有高下之分。

（一）须弥座

清式须弥座台基，各层高度的比例关系，在《工部工程做法则例》中规定："按台基明高五十一分归除，得每分若干：内圭角十分；下枋八分；下枭六分，带皮条线一分，共高七分；束腰八分，带皮条线上下二分，共高十分；上枭六分，带皮条线一分，共高七分；上枋九分（图4-15）。

1.做圭角，做奶子、唇子，掏空当。剔凿素线卷云，落特腮。

2.做上下枭儿，落方色条，剔凿莲瓣巴达马。也有不雕花活，只做素面枭混的。

3.束腰凿做碗花结带、金刚柱子。

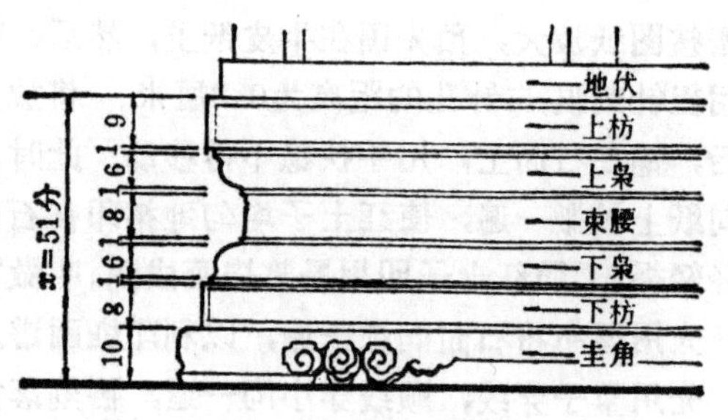

图 4-15　清式须弥座

4.撒砂子带夫掌，磨石磨光。

（二）石栏杆

高大建筑的台基上或桥面上，往往设有石栏杆，以资栏护行人。它由栏板和望柱所构成。清式勾栏各部的比例关系，在《工程做法则例》中有具体规定：例如栏板的高度是柱高 4/9，按柱高4/11定柱头高度，按柱高1/9定地栿厚度，按柱高 2/15 定栏板厚度等等（图4-16）。由于建筑物规模的不同，石栏杆的尺寸有大小之分。一般来讲，有下列两种规格：

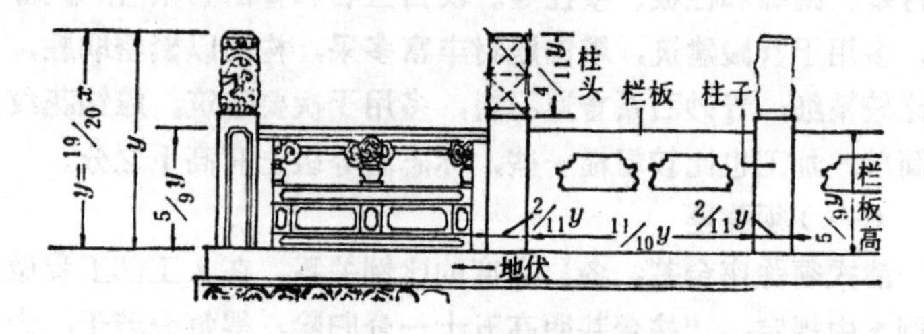

图 4-16　清式石栏杆

1.柱子高四尺五寸至五尺。栏板、长五尺五寸至六尺，高二尺五寸至二尺七寸，厚六寸至七寸（营造尺）。

2.柱子高三尺七寸至四尺二寸。栏板长四尺至五尺，高二尺二寸至二尺四寸，厚四寸至五寸（营造尺）。

（三）栏板望柱剔凿花活

1.栏板

（1）两大面，一小面，掏寻杖，落盘子，做净瓶荷叶云子。

（2）净瓶以下，两面做盒子心，三面做退头肩榫。

2.望柱（分柱头、柱身两部分）

（1）龙凤柱头

（2）柱头以下，两面做盒子心，四小面起线。

（3）柱头，剔凤云盘，落龙胎凤股，落糙坯。

（4）剔刺龙鳞，撕鬃发凤毛，剔做冠子，起凿叠落彩云，出细。

（5）两面落栏板槽，每柱子一根，两肋落栏板槽榫眼。

（6）柱子底面做榫。

（7）柱子两边掏寻杖眼。

3.莲瓣柱头

（1）掐珠子，翻荷叶，做二十四气，落糙坯。

（2）分莲瓣，撕荷叶，扁珠子，光气头，做细。

4.石榴柱头

（1）覆莲头，翻荷叶，掐珠子，落糙坯。

（2）分莲瓣，撕荷叶，扁珠子光，做细。

5.云纹柱头

（1）翻荷叶，叠落云子，落糙坯。

（2）剔凿云气，撕荷叶，扁光，做细。

（3）两面落栏板槽，两肋落栏板槽榫眼。

（4）柱子底面做榫。柱子两边掏寻杖眼。

6.抱鼓石

（1）凿做云头，素线麻叶头。

（2）凿做云头，素线角背头。

（3）底面、后面、打荒，做糙、落肩榫。

（4）两大面采做如意卷云线。

（5）随柱子苍龙头做脸修角，做唇齿鬃发、落糙坯。

（6）开做头脸，修角纹，凿做唇齿，剔撕鬃发，做细，

（7）角上苍龙做头脸、身腿、牙爪、犄角；做唇齿鬃发、

鳞角，落糙坯。

（8）开做头脸、牙爪，修饰角纹；凿做唇齿，剔撕鬃发，起刺鳞甲，做细。

7.地栿

落槽，做柱子榫眼，底面掏过水沟。地栿头，凿做素线卷云头。

8.柱顶石

柱顶周围采做莲瓣八达马，上面落方色，起八角线，做盒子心，剔凿香草花卉，落荒坯，出细。

9.滚墩石

开壶瓶牙子，圭角做奶子、唇子、落方色，做前后麻叶头。立鼓镜，周围采鼓钉，圆光内凿做蕖花瓣。面上落兽面，凿做毛发，分头脸、唇齿、带环，落荒坯。

滚墩分凿蕖花，剔采鼓钉，圭角出线，兽面匾剔唇齿，带环，细撕毛发，出细。

10.绣墩

周围凿做夔花，番草，花卉，落兽面带环，上下掐鼓钉，上面搭异锦花卉袱子

11.鼓儿门枕石

做圭角，奶子、唇子、落方色，采莲瓣巴达马，束腰凿做碗花结带，搭袱子，立鼓镜，掐鼓钉，面上落兽面，二面采做蕖花瓣，落荒坯，出细。

12.幞头鼓子（坠风鼓子）

高八寸至一尺，径八寸至一尺。上面做银锭，打透眼，做双如意云，上下掐鼓钉。

13.水沟盖

沟盖周围做琴腿，叠落花牙子，上面做银锭，打透眼，底面掏空当，或满做荷叶，起叠落，底面落梓口，上面做银锭，打透眼。

14.夹杆石

上截，凿做莲瓣巴达马，掐珠子，剔凿如意云，覆莲头，落荒坯，出细。

第六节　石构件的添配和修补

我国各个不同历史时期的古代建筑遗物，都代表着某一个历史阶段的文化艺术和科学技术的发展成就。石构件又是古建筑中一个重要的组成部分。一座古建筑物被保存下来的原构件越多，它的历史价值和艺术价值就越高。但是，古建筑遗物都有着几百年甚至上千年历史的高龄，由于长年受自然界的侵蚀风化，不可能一点不受损坏，只是损坏的程度不同而已，为了保存古建筑原来面貌，在修缮当中应尽量做到能加固的加固，能粘接的粘接，最好是用化学材料封护使它不再继续残坏，不能轻易更新。对于承受荷载的石构件，如柱顶石、石过梁等已被压碎或折断；有的石构件虽不承受荷载如栏板、望柱、垂带、踏跺等等，但雕刻纹样，已风化无存就必须更换。不过需要注意的是因为，古建筑物是历史文物，在加工中不但规格尺寸，不得随意改变，对于雕刻纹样也要做到原物再现，不准创新。同时刀法、风格和做法也应力争与原构件相符（或一致）。根据目前条件和传统做法分述如次：

一、受力构件

［柱顶石］　首先选配同样色泽的石料，进行添配，有雕刻纹样的如俯莲等，要在相同柱顶石中选择较典型和雕饰纹样完整的，进行翻模，仿制。有的虽然没有雕饰纹样，但有曲线如鼓镜、方柱顶石的海棠线等，也应在相同构件中，选择较典型而又完整的做出样板，依照样板边制做边套检。

［石过梁］　选配同样色泽，并且是长向水平石纹（俗称“卧碴”）的石料，进行添配。如原构件看面是扁光的，即做扁光；是剁斧的，即做剁斧；是有錾纹的，即按錾纹水平距离和深度制做，总之要依照原构件的造型和做法，予以仿制。

二、非受力构件

添配雕刻各种纹样的石构件，有三种方法：

（一）雕刻纹样简单，如荷叶净瓶栏板、石榴头、二十四气，竹节式的望柱头等，首先要在添配的相同构件中，选择较典型并纹样完整的，把雕刻有纹样的部分如荷叶净瓶、望柱柱头等翻模，作为进行雕刻仿制和验收的依据。至于栏板扶手、望柱柱身和地栿等，应用胶合板或薄钢板做出样板，在雕刻进行中边加工、边用样板套检，最后以样板为验收标准。依原构件的石质选配同样色泽的石料进行加工制做。

（二）圆雕、半浮雕和纹样复杂的，如赵州桥的栏板、望柱、故宫断虹桥和钦安殿的栏板、望柱、螭兽等。这些石雕构件的添配，除必须要在需添配的相同构件中，选择较典型、而纹样又完整的石雕翻模外，还应利用“点线机”做为辅助工具进行加工。点线机是用金属制做的，其形状呈丁字，丁字的三个尽端各有一个支点，在“丁”字的垂直构件上装有一个可以任意活动并能调整水平和起伏高低距离的指针。把点线机固定在已翻好的石膏模和准备雕刻加工的石料上（相同的位置上），用石膏做点线机的固定点，并在固定点上各装一个金属垫，以承托和固定点线机（图4-17）。利用点线机辅助找好各种纹样的轮廓和不同的

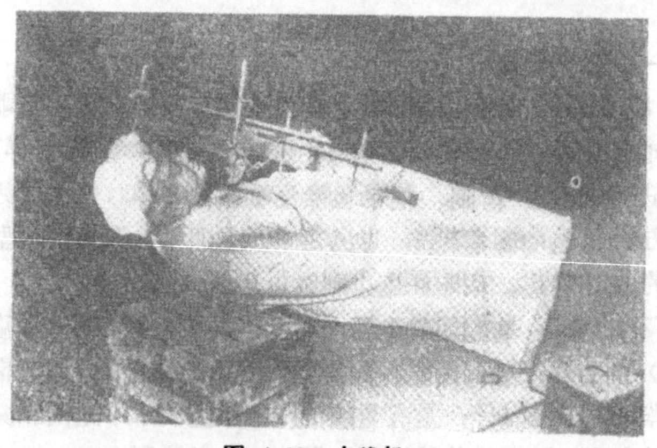

图 4-17 点线机

起伏高低尺寸进行雕刻，一般分为三遍成活：第一遍，用点线机找好纹样的轮廓后，预留1厘米厚的荒料，先雕出各种纹样的轮廓线；第二遍，边雕刻边用点线机测检，并预留0.2～0.3厘米的荒料；第三遍，同样边雕刻边用点线机测检，做细成活。用点线机辅助进行雕刻的优点：

1.雕刻的各种纹样的轮廓线和起伏高低的尺寸不会发生大的误差，从形象上来说基本上能做到原物再现。

2.利用点线机辅助进行雕刻，一般能掌握基本雕刻方法的工人就能胜任，不需要较高级技术熟练的工人。

（三）踏跺石往往饰有浅浮雕纹样，因为这种构件所处的位置，容易被磨损，历史上更换的最频繁。进行添配时，应该首先弄清楚那些是原建时的构件或那些是较早期的遗物，从中选择相同纹样较完整的构件，将图案拓印下来，然后将拓片的纹样过到选配好的石料上，经与原拓片的纹样核对无误后，再进行加工仿制。一般雕凿三遍成活。第一遍，按照过谱雕出最高纹样的轮廓，并留出大于它成活尺寸0.2～0.3厘米的荒料；第二遍按照过谱做锦地的纹样，同样预留0.2～0.3厘米的荒料；第三遍，做底盘，由下向上逐层边参照拓样边进行做细和扁光，这叫做“打高就低”。这样做是为了防止先把底盘做好了，再做突出部分的纹样，因突出部分的石料有毛病，尺寸上不来，再剥落地盘会造成返工。

三、修补与粘接

古建筑的须弥座、螭兽、望柱、栏板、地栿、垂带、角柱石等等，由于长年受风化影响和人为的碰伤、破坏，而发生断裂或残掉无存，工匠同志们常年从实践中积累了丰富的经验，今将传统修补方法分述如次：

（1）局部硬伤　如须弥座上下枋、上下枭、圭角等。按照应补配部分，选好荒料，做成雏形，参照相同部位构件的纹样进行仿制，要预留0.2～0.3厘米的荒料，待安装后再凿去做细成活。新旧茬接缝处要做成糙面并清除尘污，以利粘接牢固。补配石活的断面大于10厘米的，在两接缝隐蔽处荫入扒锔或其它铁件连接牢固，再用粘接剂粘牢。接缝时，为了不使粘合剂溢出拼缝的外口，应将粘合剂涂到距离外口约0.2～0.3厘米处为宜。预留的缝隙再用同样色泽的石粉拌合粘接剂，勾抹严实，最后用錾子或扁子，修整接缝，以看不出接缝的痕迹为佳。

修补石活，按石质色泽的要求配料，有时需从大料上破劈。其方法是：

1）放线

按需要的尺寸量好后（四周各加荒料2～3厘米），于破劈石料的位置上，按钢楔的大小弹上两条平行线。

2）定楔眼位置

一般石料厚度30～40厘米的，楔眼之间的距离应为8～12厘米。随即用粗錾子打凿楔眼，眼深为4～5厘米，把钢楔插入眼内。楔插入眼内，必须“三悬”即楔底及前后悬着，两侧面贴实，然后用8～10公斤的大锤，由一端向另一端逐楔击打，这样料石就逐渐地从两条平行线中劈开同时应注意防止钢楔插入眼内两侧贴不实而是楔尖着底，这种情况不但破劈料石费劲，钢楔被锤击后蹦出，容易发生危险（图4-18）。

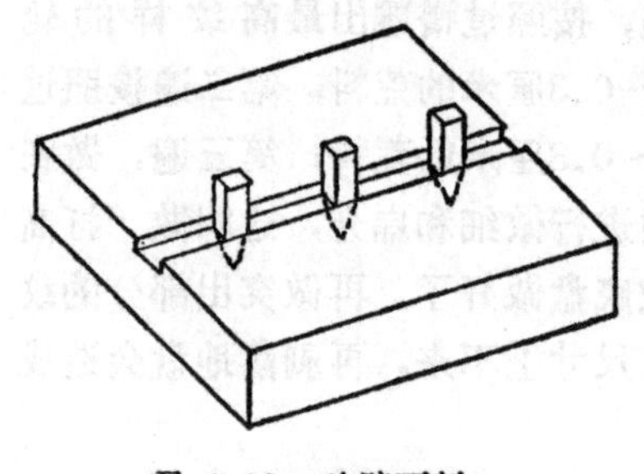

图 4-18　破劈石料

（2）局部风化酥残　首先将表面风化部分剥掉，直到露出硬茬为止，选配与之相同石质色泽的石料进行加工，并预留大于需要尺寸0.2～0.3厘米做成雏形，进行粘接。补配的石活如有雕饰纹样，如何剔凿花纹和用铁件拉牢的方法同第（1）项。

（3）螭兽头、望柱头、扶手（寻杖）等局部断裂或无存的，因这些构件一般重量较大，须采用铁件锚固与粘接相结合的方法。具体做法是：螭兽头、望柱头铸进钢芯，钢芯一般采用$\phi 20 \times 200$毫米，在两个拼接面的中线上（螭兽头应离开排水孔），各凿孔11厘米深，孔径大于钢芯1厘米，以利填充粘接材料。如果是栏板扶手应用铁扒锔荫入锚固。补配石活的制做、纹样的雕刻和粘接方法，与上述几项做法同。

四、一般要求和注意事项

（1）选配石料　新补配石活的石料，应选择与原构件石质和色泽相同的石料进行补配。否则会影响补配的效果。

（2）打剥荒料　补配有雕饰纹样的石活，如望柱头颈、荷叶净瓶颈、高浮雕凹进部位等，在加工过程中，打剥荒料时，要逐层剥落，不要用力过猛，急于求成，以免造成隐残。

（3）石膏稳固　两面高浮雕或圆雕中间断面过薄，如赵州桥隋代栏板、望柱头的颈部，当一面剔凿花活完工后，做另一面时，应在已做好的一面凹进部位临时灌注石膏加线麻予以固牢，增加它的强度，以免在加工过程中发生断裂破残。

五、几种粘接材料

（一）旧法粘接

1.焊药粘接

（1）材料和比例：白蜡、芸香、松香、黑炭。重量配比为2:1:1:33。

（2）单位用量：每平方寸（营造尺）用量，计白蜡二分四厘，芸香、松香各一分二厘，黑炭四钱。

（3）调制方法：将上述几种材料，按照重量配比拌合在一起，徐徐加温后即熔化成一种粘接剂，用它粘补石活可取得较好的效果，是一种值得深入研究的传统经验。

2.补石配药

（1）材料和比例：白蜡、黄蜡、芸香、石粉、黑炭。重量配比为3:1:1:56:30。

（2）单位用量：每平方寸（营造尺）用量，白蜡一钱五分，黄蜡、芸香各五分，石粉二两八钱八分，黑炭一两五钱。

（3）调制方法同1项。

3.黄蜡粘接剂

（1）材料及比例：黄蜡、松香、白矾。重量配比为1.5∶1∶1。

（2）调制方法同第1项。

（二）新法粘接

1.水泥砂浆粘接

一般用于较大块石料的粘接，如石桥的券脸石、角柱石等，表面风化酥残者，首先将风化酥残部分，打剥得见到硬茬，新补配的石料，其厚度应减薄2厘米，以利填充粘接材料。用1∶1水泥砂浆进行粘接。

2.漆片粘接

先将被粘接的两拼缝内的尘污清除干净，再将粘接面凿成糙面。用喷灯将粘接面加温，温度不要太大，以免石构件受伤，温度以能使漆片搁上即熔解为宜，然后把补配的石活，对准接缝用力挤严粘实，拼缝表面缝隙再用原来石质的石粉拌合粘接剂，勾抹严实。最后用錾子或扁子将缝剔凿平整，使其看不出粘接的痕迹。

3.环氧树脂粘接剂

随着我国化学工业的发展，许多种高分子化工材料，近年来在古建筑和石窟的保护工作中得到了广泛应用，实践经验表明，下列三种用环氧树脂等合成的粘接剂，是行之有效的。配方比例（重量比）如下：

（1）环氧树脂(#6101)∶乙二胺。其比例为100∶6～8。

（2）环氧树脂(#6101)∶乙烯三胺∶二甲苯

100 ∶ 10 ∶ 10

（3）环氧树脂(#6101)∶活性稀释剂(#501)多乙烯多胺：其比例为100∶10∶13。

六、照旧色做旧

古建筑修缮中，保留的原构件越多，它的史艺价值就越高，在这个原则要求下，只能更换一些必须更换的构件，因而产生了新旧构件的色泽差别显著，使人看去质感很不谐调。为了解决这个问题，采取随旧做旧的方法：即在新补配的石活上，把“高锰酸钾”，用开水冲好，涂于补配的石活上，俟高锰酸钾向里浸润后，看其色泽与周围旧石活谐调后，再将表面浮色用清水冲刷干净，随后用少许黄泥浆，擦蹭一遍，即能达到所要求的色泽。

第七节 石 活 抬 运 翻 跤

石活抬运翻跤，旧称“摆滚子叫号”是一项要求严格的起重拽运工作，既要保证石活不受损伤，又要十分注意人身安全。因此，要有高度的组织性和纪律性，才能保证安全作业。

一、肩杠

肩杠规格，长 1.8 米，直径不小于 8 厘米。要用杉木或榆槐木，不准使用杨柳木。使用前应详加检查，如有节疤劈裂现象，应禁止使用。

二、绳索

抬绳，要使用九股三缜的线麻绳，长度 6 米，绳粗不得小于3.5厘米（应加工定制，小股拧劲要松）。

铁索子（即铁链子）、铁环用料的圆径，应不小于 9 毫米，铁链长度以 4 米为宜（此项铁链适用于八人抬架，如十六人抬架，应酌量加粗铁链）。

依石块大小及重量确定抬杠人数（按水平运距计算），每人抬重能力，一般规定在60公斤左右。每次抬运的石块，如重量在500 公斤以上时，必须另外专绑抬运的架子，一定要用铁索子抬运。

抬运架子，用料规格如下：顺水木，长3.50米，直径20厘米；枕头木，长1.60米，直径不小于 15 厘米。材料要使用杉木或榆木，禁用杨柳木（图4-19）。

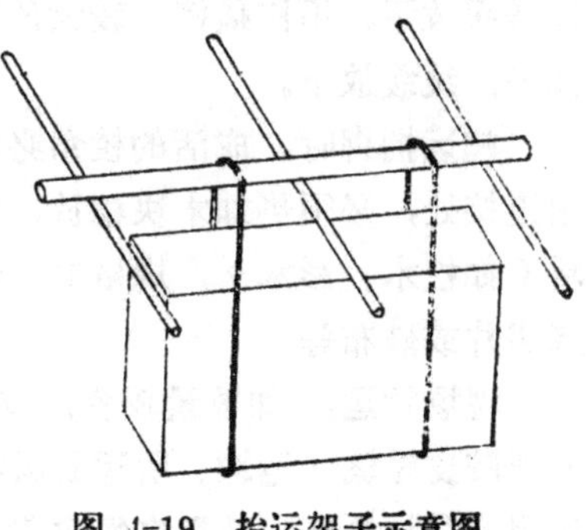

图 4-19 抬运架子示意图

三、抬运起落

抬运前首先检查所行经的道路是否平坦，如有高低坑洼，应修整填平，并将影响行走的障碍物清除之。

绳索缉扣时的预留高度要适当，一般应与抬运工人的胸口相齐为宜，不可过高或过低。抬杠工人的距离（即肩与肩的水平距离）不得超过一米。

抬运起肩时，应动作一致，必须同时起落。在抬运行进当中，如有任何一人感觉力不能支或遇到障碍难以继续行进时，应及时“稳落”，不许中途扔杠，其他人也必须采取一致行动，停止前进及时落下。起落时，要避免急起急落，必须稳起稳落。

在抬运行进途中，如遇拐弯时，抬运人必须倒脚挪动，不得蹩腿行进，以免肩身力量不均而被蹩倒。前边人打脚扭身，后边人甩尾，转到方向顺直后再继续前进。

起肩时站稳骑马式，有一人喊号，大家同起。如用料杠抬运时（即“架子”），石块抬起高度不宜过高，不蹭地面即可。

在行进当中两脚叉开，迈步不宜过大，一般以错过一脚为宜，抬运人的脚步快慢要一致。运至终点时，由一人喊号，同时稳落。

如系竖立的石块放下时，两边人须用腿靠住石块侧面，以防地面不平，石块倒下砸人。俟垫块垫稳后，方准解扣撤杠。放倒时先要把垫块准备妥当，用绳套套住上角，用脚蹬住下棱，向一边缓缓放下，不许猛摔。较大的石料，对面先用木杠撬住，依次倒替，缓缓放下。

起运捆绑时，成活的棱角必须妥善保护。捆绑时，绳索与棱角连接处，必须垫加木块稳放，地面应垫平，垫块应用较软的木料（如松木、杉木），规格要一致。必要时，在木棱上应再垫破麻袋片或破布等。

现场抬运，如数量较多，条件许可时，可采用小铁地平车（硬胶皮轱辘）运输。所运石料如系成品，为防止棱角被碰坏，应用麻袋片垫好，外用麻绳或草绳捆好。但运至目的地后，应即时解除，以防草绳被雨水淋湿染色，妨碍石面美观。

四、长活翻跤

较小石块，重量不大的，在翻跤时，应先用撬棍撬起，用木块或石块垫起平口，以便搬起时，手掌容易插入。

在翻跤长活时，无论三人或五人，必须汇集站稳，一起插手，由一人喊号，同时用力抬起，放倒时要慢、要稳，以防摔坏石活。

较长较薄的石料，在放倒时，必须在两端“垫山”，其位置以在该石料长度六分之一处为相宜。

石料较大、重量较重的，翻跤时，必须采用木撬棍（要用榆木或柞木，不准用杨柳木）。撬棍规格：大头直径不得小于15厘米，长2.5米，大头一端应削扁。木料如有节疤，要严禁使用。

垫塞必须派有经验的专人负责。垫塞方法：两手必须从两侧夹起垫送（即横拿），不准上下握拿，以免碰伤手背。

成活翻跤时，撬棍要垫木块，其木块所垫位置，须注意离开棱角，应在棱角里面，不应与棱角齐，以防硌伤棱角。

五、滚运

凡石块过大或分量过重，不使用架子抬运时，可采用滚运法。即在石料下面，垫三根以上的圆木杠(俗名滚杠)牵引前进，但要注意务使石料平稳前进。按石块大小、长短确定木杠尺寸。一般滚杠距离以50厘米为宜，直径应不小于15厘米，长短以大于石料宽度30厘米较为相宜，须采用榆木或柞木，不准使用柳木或杉木。倘遇地面过软，为防止滚棍下沉，在滚杠下应垫以木板，使滚杠在木板上滚动。最好使用“绞贯”牵引（图4-20）。

为使石料顺直滚运，必须有专人掌握滚杠（掌握滚杠的人最少三人），倒替垫放，务使平直，不可歪斜，并要注意避免滚棍压脚。要用石料拐弯时，可将下面的滚杠向其前进方向斜放，则自然缓缓转动。倘遇到下坡道时，为防止石料急剧滑坡发生危险，要有专人用撬杠顶住，使其徐徐前进。

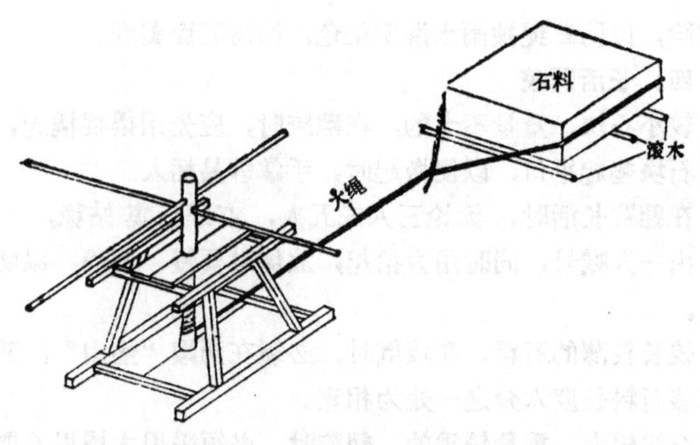

图 4-20 绞贯拉运石料

第八节 石 活 安 装

古建筑石活安装，传统做法有对缝安砌、下铁活和灌浆等若干道工序。由石工、瓦工、壮夫和搭材匠等工种相互配合劳动才能完成施工任务。古代没有先进的吊装设备，仅有滑车、绞磨等极其简单的施工机械，大量的起重工作主要依靠笨重的体力劳动来完成。但象天安门前高大的华表石柱和三大殿的巨大阶石，重量都在几十吨以上，在石工和搭材匠的密切协作下，却能安砌得既平直又牢固，显示了劳动人民的智慧和力量是十分惊人的。

一、砌石工具

由于各地区工人操作习惯不同，使用工具不完全一样。大致说来，常用的有下列各种工具：手锤、木铃铛、錾子、大铲、灰扳、灰刀、刷把、小撬棍、木折尺(或小钢尺)、皮尺、水平尺、锤球、小线、铁锹、四尺耙、大水桶（贮水用）、喷壶、灰斗、拌盘（薄钢板或木槽）、八磅锤、灰桶、汁锅、汁缸（盛灰浆用）、灰篓、灰筛、大筐（装小石块用）等。

二、石活安装

（一）阶石安装（包括柱顶石、垂带、压面、地砖等）

1.阶石安装放线，须以门口为中心线，作为台阶放线的标准。上平按室内地平，下平按室外地平。

2.根据上、下平之间的垂直高度分出每层级石的高度。先订出第一步级石的标准位置，标立水平桩，挂线，找出根据石，即稳好第一步。

3.级石底层可不打大底，四角垫平，经检查无误后，再于四角充垫四码山，但前后不得出现露头，空隙地方用砖头或石砟填塞，但要留出浆口，第一步稳好灌浆后，再安装第二步。

4.第二步安装时，要稳抬稳放，不得振动前已安装好的阶石，为了保护阶石的棱角，免于震伤，可加垫软垫。

5.由第二阶以上，每阶均须按设计规格加打大底（即找出规格厚度），逐级做好接头，顶层还要打好拼缝。

6.灌浆，先用稀浆灌入，俟灰浆将空隙全部润湿后，再用稠浆继灌。清工部《工程做法则例》规定，宫殿建筑的石活，对缝安砌时为了提高灰浆的强度，多用江米、白灰和明矾调成粘度很大的灰浆进行灌注。石活，每折宽一尺，长一丈，用白灰五十斤，江米五合，白矾八两。至于桥梁、驳岸等水工建筑工程，有时还要在白灰中掺入猪血若干，调成灰浆用以砌筑料石，具有很好的避水效果。

稳柱顶石，要用桐油、面粉和白灰调成的灰浆来灌注石活（材料重量配比为1:1:1）。为了保证工程质量，试验所灌灰浆是否已经饱满，须用粗铁丝或铁绕子在一边不断插捣，另一边如冒出水泡，即为合格。俟砌石灰浆结硬后，即用油灰（桐油、面粉和白灰调成的灰膏，每丈用油灰一斤四两，桐油二两）勾抿石缝。驳岸、石坝等临水建筑，为了坚固起见，在油灰中还要掺入好麻若干用来修艌石缝，防水的效果会更好一些。

但上述这种圬工做法，采用桐油、江米、面粉、猪血等作胶凝材料，都相当费钱，尤以江米和面粉都是粮食，今天决不允许再用它们作建筑材料了。近代自水泥出现以后，自然都用水泥砂浆来灌砌石活了，既经济又坚固，它是一种最理想的砌石材料。

又据传统经验，我国南方出产的猕猴桃，又名杨桃藤，它的茎皮和髓中富含胶液，是一种用途很广的植物胶，用作建筑材料，在我国已有数百年的历史。用它拌合粘土，砂、碎石、石灰等铺装地坪、砌墙或修建河堤，都具有很好的强度。例如浙江海宁一带的海塘工程，就是用石灰、江米调和杨桃藤汁来砌筑条石，非常坚固耐久，已历时二百年，仍然坚固完好。这是古代劳动人民善于因地制宜，就地取材的一种科学成就。

7.台阶与台帮安装时，要注意预留“泛水”，以利排水，可保护建筑免受雨水浸蚀。泛水的坡度不得小于1%，例如一般30厘米宽的台阶，需要有4～5厘米的泛水。同时，应按设计要求做好“梓口”。

8.质量要求，石活安装后，整体要稳，头、缝须顺直，大面要平，拼缝要齐。缝宽，应根据设计要求做到均匀一致。

（二）陡板安装

1.从台基四角做起，先将“好头石”（抱角石）稳好，按墙面拉线顺直，再用钢尺测定长度，以此作为分块大小及块与块之间规定缝隙的依据。

2.将石块排列妥当，确定石块规格，再作接头打拼缝。打好接头拼缝后，即往上稳装。

3.稳装前，注意检查基础是否过软。石块与墙面的连接，应符合结构设计的做法。稳装时应架好斜撑，以防石料因灌浆挤压而活动走迹。铁扒锔的深度（石窝）不得超过3厘米。

4.灌浆时，不宜一次灌满，最少不低于三次。每次灌浆须俟凝固后（约四小时以后），再继灌第二次，但要饱满，插捣要严密。

5.如石块较大（指250公斤以上的），人工抬运不便时，应使用倒练吊装。

6.倒练搭架工作，应由架子工专人负责搭架。搭架前，应根据石块重量，检查架子的负荷能力是否足够，并确定承重木（即横撑）的大小。承重木应使用榆木(或杉木)。如需用直径过大，一根不足时，可用三根或五根拼攒成一根。

7.安全措施：在石料起重时，除倒练外，还要附设老绳，由专人牵引，以防倒练骤然中断，致使吊装物坠落，发生事故。

8.石活稳到本位置时，先要下垫方木，迎面要用杉槁绑好防护栏，以防石块受外力影响滑倒，稳妥后撤绳子，往下落垫块，看准位置安装入位。

9.垫块要逐次换薄，顺序落下，以达到设计要求的缝隙为止。每日安装进度不应超过一层，高度超过一米时，应搭脚手。

（三）柱子、栏板安装

1.按平面图位置弹线，先稳好地栿（地栿应掏水道眼）。按设计规格放线，分格、落榫口、落榫窝。

2.榫口深度，最少不低于1厘米。榫窝深度一般应为7厘米，宽窄应以栏板的厚度为标准。榫窝大小以榫子规格大小为依据，榫窝应比榫子每面富余空隙缝0.7厘米。

3.栏板安装，在截头打底时必须留榫子，榫子要规矩，栏板两头的榫子应在寻杖（扶手）下端。榫子厚度，应为栏板厚度的2/5，榫长约为6厘米，榫宽（指上下）约为15厘米。栏板下部榫子在两端，其规格与两头榫子相同。

4.一切构件做齐后，稳放妥当，再用线顺直，用线坠吊正，以铁片（铁垫）垫稳，缝口稳装严密后，即进行灌浆。如系旱白玉工程，则须用铅铁垫，以防铁锈水污染石面。

5.栏板、起重、吊装的操作程序与陡板做法相同。

（四）券脸安装

1.按照图纸放好大样，按设计规格用三合板套出足尺样板，然后照样板作出规格成品。

2.稳装时，依靠券胎模型，自下而上逐块安装，两端要同时进行，起重安装过程与陡板安装工程相同。

3.券胎用料，须先由专人负责计算用料规格，经有关人员检查符合要求后，方准使用。

（五）铁活

古建筑石活的砌筑工程，除用高级灰浆灌注缝隙外，为使砌体联结更加牢固起见，各层石块之间，往往要根据具体情况施加一些简单的铁活，借以加强联系。例如垒砌驳岸、金刚墙时，大料石的底面就需要使用铁垫和拉扯一类的铁活。清工部《工程做法则例》规定，每长一丈用熟铁垫四两，生铁片（锅片）二两，见缝下生铁锭（每个或重二十斤，十五斤、十斤不等）。后者起拉扯作用，前者起垫平作用。熟铁垫，长三寸五分，见方一寸，每块重一斤二两。

装板石：见缝要荫锔槽，下熟铁锔子。砌条石：每块长五尺，宽二尺，厚一尺，两石合缝处要凿出锭槽，每丈条石嵌生铁锭二个，条石以生铁片垫平，用油灰将缝隙捻实（每铁锭一个用油灰一斤，铁片二两）。

如砌体过于高大，为了加强石活的整体性，往往在条石的纵横侧立面两相交接处，上下都要凿成槽榫，嵌合联贯，使其互相牵制，难于动摇。并于每块条石的合缝处，用油灰抿灌，铁襻嵌口，以免渗漏散裂。同时，还要依据砌体的高度做好合适的“收分”（一般为1/100左右），以使砌体重心稳定，防止外闪倾塌。

（六）两种吊装石活架子

1.抱杆又叫猴墩

它用于吊装石构件的起重。这种架子构造简单，搭设容易。搭法是：在地面上，竖立起一根立杆，立杆顶端拴上一根短木（即

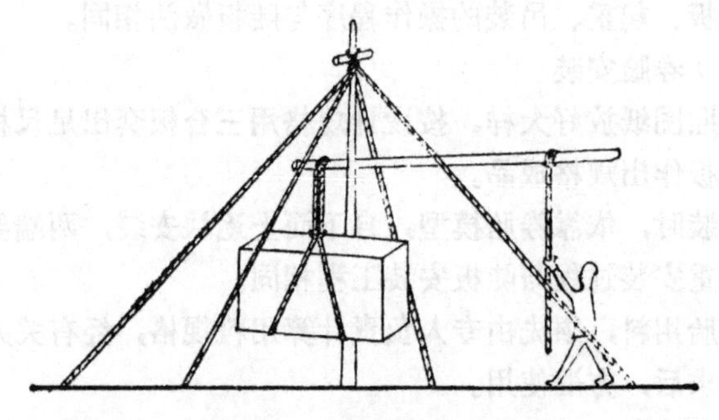

图 4-21　抱杆吊装石构件

枕木），并用四根大绳又叫晃绳拴成对角线，枕木和晃绳的作用：前者是为了拴系滑车和把滑车垫离开立杆；后者是为了稳固立杆。然后在抱杆顶端的枕木上拴上滑车，大绳通过滑车吊装构件（图4-21）。抱杆使用材料与数量见下表：

名称	数量	规格尺寸	备考
立杆	2根	小头直径不能小于16厘米长度6～7米	起重量超过1.5吨，可以用三根杉槁拼成一根
枕木	1根	φ12厘米×40厘米	
大绳	1根	棕绳径3厘米，长度60×100米	
晃绳	4根	线麻绳φ2.5厘米	每根长60～80米

2.两步搭

具体搭法是：在地面上用两根杉槁支搭成人字形的支架，角度为等边三角形，在人字支架的上部，约通高的三分之一的位置上，绑扎一步横杆，上端的前后各拴一根晃绳斜拉固定在地面的木桩上，以资稳固。最后在顶端系上滑车，借以吊装石构件（图4-22），这架子所用材料规格及数量：两支杆的小头直径为12～15厘米，长度为4～5米；晃绳规格同抱杆。其优点是搭设简单，移动方便，还适用装卸车。

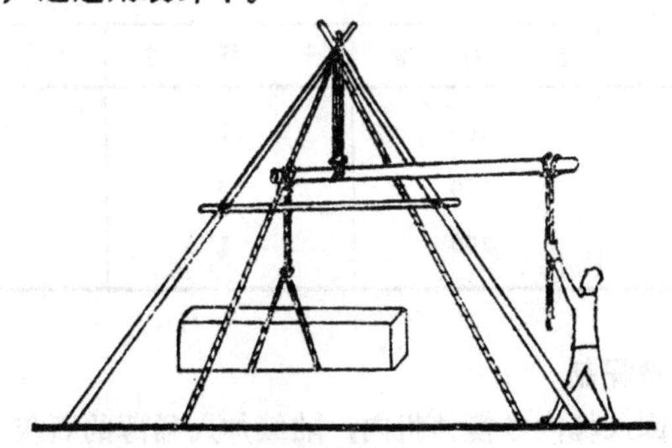

图 4-22 两步搭吊装石构件

上述两种起重架子，均可适用于安上倒练起重；也可用绞贯牵引起重，它能起重较大的石构件。

第五章 油漆作

第一节 材料配制

一、灰油熬制

将土籽灰与樟丹混合在一起，放入锅内炒之（炒的时间要长，如砂土开锅状），使水份消净后再倒入生桐油，加火继续熬之，因樟丹和土籽灰体重，易于沉底，故熬时用油勺随时搅拌，使樟丹土籽灰与油混合。油开锅时（最高温度不超过180℃）用油勺轻扬放烟，既不窝烟又避免油热起火，待油表面成黑褐色（开始由白变黄）即可试油是否成熟。试油方法将油滴于冷水中，如油入水不散，凝结成珠即为熬成，出锅放凉方可使用，谚语云“冬加土籽，夏加樟”。

材料配合比例如下表（重量）

季节	材料		
	生桐油	土籽灰	樟丹
春秋	100	7	4
夏	100	6	5
冬	100	8	3

二、油满配制

将面粉倒入桶内或搅拌机内，陆续加入稀薄的石灰水，以木棒或搅拌机搅拌成糊状（不得有面疙瘩），然后加入熬好的灰油调匀，即为油满。

油满有二油一水，一个半油一水，一油一水等，就是油与石灰水比。

例如　1.3公斤石灰水加2.6公斤灰油者名为二油一水。

1.3公斤石灰水加1.95公斤灰油者名为一个半油一水。

1.3公斤石灰水加1.3公斤灰油者名为一油一水。

如水量增加则灰油也相应增加。

在古代建筑的修缮中，经过多次实践，既不浪费材料，又保证工程质量，多用一个半油一水，即　白面1:水1.3:灰油1.95。

三、熬炼光油

第一法：以二成苏子油八成生桐油，放入锅内熬炼（名为二八油）熬到八成开时，以整齐而干透的土籽，放于勺内，浸入油中颠翻浸炸（桐油100公斤:土籽1公斤）俟土籽炸透，再倒入锅内，油开锅后即将土籽捞出，再以微火炼之，同时以油勺扬油放烟，避免窝烟（温度不超过180°C），根据用途而定其稠度。事先准备好碗水桶，铁板等，随时试其火候（试验方法详见下面的注意事项中），成熟后出锅，再继续扬油放烟，俟其稍有温度时，再加入陀僧（又名黄丹粉），盖好存放即可。其比例为100公斤油:2.5公斤陀僧。

第二法：第一法为少量熬炼方法，如大量熬炼时，先将苏子油熬沸（名为煎坯），再以干透的整齐土籽浸入油内颠翻浸炸（每100公斤油加土籽5公斤）其熬炼方法与第一法同。俟此油滴于水中，用棍搅散，再用嘴吹之能全部粘于棍上即为熬好。此时将土籽捞净（熬炼时要扬油放烟）出锅后，再分锅熬炼（以二成坯八成生桐油）待开锅后即行撤火，以微火炼之，成熟后（试验方法详见下面的注意事项中）即行灭火，出锅后继续扬油放烟，待稍有温度时，再加入陀僧（100公斤油加2.5公斤陀僧）。

注意事项：

1.熬油地点应远离建筑物和易燃物品，在油锅四周围以铁板或砖墙，上加铁板，以防雨雪落入锅内，免使油溢出锅外而引起火灾。

2.试验油稠度时，在土籽捞出后，应随时试油，扬油的人将油舀出一点，试油人，以铁板蘸油，然后将铁板投入冷水中，凉后取出铁板，震掉水珠，以手指将油搜集一起，再以手指尖粘油，看丝长短，长者油稠，短者油稀，视需要而定其稠度。

3.因季节关系加土籽量不同，一般可按下表处理（重量）。土籽颗粒大小要整齐。

材料 季节	桐油	土籽
春秋	100	4
夏	100	3
冬	100	5

4.熬油时应带手套、围裙、护袜，以防烫伤。熬油前应准备好防火用具,如铁板砂子、铁锨、湿麻袋、灭火器等,以防失火。

四、发血料

新鲜猪血，以藤瓤或稻草，用力研搓，使血块研成稀血浆，无血块血丝，再行过罗去其杂质，放于缸内，再以石灰水点浆，随点随搅至适当稠度即可（猪血与石灰比为100:4）三小时后即可使用。

五、砖灰

砖灰系向油满血料内填充材料（南方多用瓦灰，碗灰等）分籽灰，中灰，细灰三种。根据工序和部位，而用不同的砖灰。籽灰又分大中小三种，如木件裂纹或缺陷较大者用大籽，小者用中籽或小籽。砖灰颗粒不得超过下列范围：

类别	孔/英寸
大籽	16
中灰	24
细灰	80

六、麻、麻布、玻璃丝布

古建油漆彩画基层（地仗）所用的麻为上等线麻，经加工后，麻丝应柔软洁净无麻梗，纤维拉力强，其长度不小于10厘米，加工工序如下：

1.梳麻：将麻截成80厘米左右长，以麻梳子或梳麻机梳至细软，去其杂质和麻梗。

2.截麻：根据工程面积大小再行截成适当尺寸，如迎风板、板墙、明柱等可不截麻。

3.择麻：麻截好后再行择麻，去其杂质疙瘩、麻梗、麻披等，使其纯洁。

4.掸麻：用竹棍两根，各手一根，将麻挑起掸顺成铺，用席卷起存放，打开即可使用。

麻布（夏布）：应质优良、柔软、清洁、无跳丝破洞，拉力强者为佳。每厘米长度内以10～18根丝为宜。

玻璃丝布：解放后我们多次利用玻璃丝布代替麻布，经多年考验效果很好，既经济，又耐久。用时将布边剪去，每厘米长度内以10根丝者为宜。

七、桐油

桐油品种很多，有三年桐，四年桐，罂桐等。多产于我国南方各省市，质量最佳者为三年桐与四年桐，每年收获时间在九、十月间。榨油方法，分为冷榨熟榨两种。第一次冷榨可得油30%，然后再将子仁渣加热进行熟榨，又可得油10%，色呈金黄者为佳，无其他油类混入者叫“原生油”，是地仗钻生必需材料。

八、地仗材料调配

以油满、血料、和砖灰配制而成，其配比是依腻子的用途而定，配制方法主要由捉缝灰至细灰，逐遍增加血料和砖灰，撤其力量，以防上层劲大而将下层牵起。配合比（重量）如下表：

灰类 \ 材名	油满	血料	砖灰	备注
捉缝灰、通灰	1	1	1.5	
压麻灰	1	1.5	2.3	
中灰	1	1.8	3.2	
细灰	1	10	39	加光油2，水6
头浆	1	1.2		

灰粒级配

种类	级配	
捉缝灰、通灰	大籽 70%，	中灰 30%
压麻灰	中籽 60%	中灰 40%
中灰	中籽 20%	中灰 80%

九、细腻子

用血料、水、土粉子（3:1:6）调成 糊状，在地仗上或浆灰上使用。

十、洋绿、樟丹、定粉出水串油

洋绿、樟丹、定粉等，使用前须先用开水多次浇沏，除去盐碱硝等杂质，再用小磨磨细，待其沉淀后将浮水倒出，然后陆续加入浓光油（加适当的光油一次不可过多）以油棒将水捣出，使油与色料混合，再以毛巾反复将水吸出，再加入光油即可使用。

十一、广红油

将漂广红入锅内焙炒，使潮气出净，用罗筛之，再加适当光油调匀，以牛皮纸盖好，置阳光下曝晒，使其杂质沉底。上层者名为"油漂"，末道油使用最好。

十二、杂色油

配制方法与广红油同，但可不炒。

十三、黑烟子

黑烟子又名灯煤，先轻轻倒于罗内，上盖以软 纸，放在盆内，以手轻揉之，慢慢即落于盆内，去罗后，再以软纸盖好，以白酒浇之，使酒与烟子逐渐渗透，再以开水浇沏。浮水倒出后，加浓度光油，以油棒捣之出水，用毛巾将水吸净，再加光油即可。

十四、金胶油

贴金用的浓光油名为金胶油，浓度的光油，视其稠度大小，酌情加入“糊粉”（定粉经炒后名为糊粉），求其黏度适当。

注意事项

1.洋绿是有毒性的颜料，在磨制和串油时，应带手套口罩，饭前便前必须洗手，以防中毒。

2.金胶油以隔夜金胶为佳，头一天下午打上后，第二天早晨还有黏度者，则贴上的金，光亮足，金色鲜。如贴不上金者名为“脱滑”，必须重打。

第二节　木基层处理

木基层处理（地仗处理），在古建油漆中实为重要，有者年久失修，灰皮脱落，应全部砍去重新作地仗；有者灰皮基本完好，个别处损坏，应找补地仗，既节省资金，又省人力。应根据具体情况而定施工方案。木基层处理可分以下四道工序：

一、斩砍见木

将木料表面用小斧子砍出斧迹，使油灰与木表面易于衔接，方能牢固。如遇旧活应将旧灰皮全部砍挠去掉，至见木纹为止。在砍挠过程中应横着木纹来砍，不得斜砍，损伤木骨，然后用挠子挠净，名为“砍净挠白”。旧地仗脱落部分，因年久木件上挂有水锈，也要砍净挠白，方可作灰。木件翘岔处应钉牢或去掉。

二、撕缝

用铲刀将木缝撕成V字形，并将树脂、油迹、灰尘清理干净，便于油灰粘牢。大缝者应下竹钉、竹扁，或以木条嵌牢，名曰“楦缝”。

三、下竹钉

如木料潮湿，木缝易于缩涨，会将捉缝灰挤出，影响工程质量。故缝内下竹钉竹扁，可防止缩涨。竹钉尖要削成宝剑头形，其长短粗细，要根据木缝宽窄而定。竹钉下法，应由缝的两端向中一起下击，以防力量不均而脱掉。钉距约15厘米左右，两钉之间再下竹扁，确保工程质量。下竹钉是古建油漆传统作法，今多省略，以木条代之。

四、汁浆

木料虽经砍挠打扫，但缝内尘土很难清净，故汁油浆一道，以1油满：1血料：20水调成均匀油浆，不宜过稠，用糊刷将木件全部刷到（缝内也要刷到）使油灰与木件更加衔接牢固。

第三节　一麻五灰操作工艺

一、捉缝灰

油浆干后，用笤帚将表面打扫干净，以捉缝灰用铁板向缝内捉之（横掖竖划）使缝内油灰饱满，切忌蒙头灰（就是缝内无灰，缝外有灰，叫蒙头灰）如遇铁箍，必须紧箍落实，并将铁锈除净，再分层填灰，不可一次填平。木件有缺陷者，再以铁板衬平借圆，满刮靠骨灰一道。如有缺楞少角者，应照原样衬齐。线口鞅角处须贴齐。干后，用金刚石或缸瓦片磨之，并以铲刀修理整齐，以笤帚扫净，以水布掸之，去其浮灰。

二、扫荡灰

扫荡灰又名通灰，作在捉缝灰上面，是使麻的基础，须衬平刮直，一人用皮子在前抹灰（名为插灰），一人以板子刮平直圆（名为过板子），另一人以铁板打找捡灰（名为捡灰），干后用金刚石或缸瓦片磨去飞翅及浮籽，再以笤帚打扫，用水布掸净。

三、使麻

使麻分以下几道工序：

1.开头浆：用糊刷蘸油满血料（1:1.2）涂于扫荡灰上，其厚度以浸透麻筋为度，但不宜过厚。

2.粘麻：前面开头浆，后面跟着将梳好的麻粘于其上，要横着木纹粘，如遇木件交接处和阴阳角处，随两处木纹不同，也要按缝横粘，麻的厚度要均匀一致。

3.轧干压：名为轧麻，麻经粘上后，以若干人用麻压子先由鞅角着手，逐次轧实，然后再轧两侧，注意鞅角不得翘起，干后如出现断裂者，名为“崩鞅”。

4.潲生：以油满和水（1:1）混合一起调匀，以糊刷涂于麻上，以不露干麻为限，但不宜过厚。

5.水压：随着潲生后，再以麻压子尖将麻翻虚(不要全翻)，以防内有干麻，翻起后再行轧实，并将余浆轧出，以防干后发生空隙起凸现象。

6.整理：水压后再复压一遍，进行详细检查，如有鞅角崩起，棱线浮起或麻筋松动者（名为抽筋），应予修好。

四、压麻灰

麻干后，以金刚石或缸瓦片磨之，使麻茸浮起（名为断斑)，但不得将麻丝磨断。用笤帚打扫，以水布掸净，以皮子将压麻灰涂于麻上，要来回轧实与麻结合，再度复灰，以板子顺麻丝横推裹衬，要做到平、直、圆。如遇装修边框有线脚者，须用竹板挖成扎子或以白铁皮制成，在灰上扎出线脚，粗细要匀要直、平。如工程需要作两道麻或一麻一布者，此时可先不扎线，待再上压麻灰或压布灰时再行扎线。

五、中灰

压麻灰干后以金刚石或缸瓦片磨之，要精心细磨，以笤帚打扫，以水布掸净，以铁板满刮靠骨灰一道，不宜过厚。如有线脚者，再以中灰扎线。

六、细灰

中灰干后用金刚石或缸瓦片将板迹接头磨平，以笤帚打扫，以水布掸净，再汁水浆一道（净水），用铁板将鞅角、边框、上下围脖、框口、线口、以及下不去皮子的地方，均应详细找齐。干后再以同样材料用铁板、板子、皮子满上细灰一道（平面用铁板，大面用板子，圆者用皮子）、厚度不超过2毫米，接头要平整，如有线脚者再以细灰扎线。

七、磨细钻生

细灰干后，以细金刚石或停泥砖精心细磨至断斑（全部磨去一层皮为断斑），要求平者要平，直者要直，圆者要圆。以丝头蘸生桐油，跟着磨细灰的后面随磨随钻，同时修理线脚及找补生油（柱子要一次磨完，一次钻完），油必须钻透（所谓钻透者就是浸透细灰），干后呈黑褐色，以防出现“鸡爪纹”现象（表面小龟裂），浮油用麻头擦净，以防“挂甲”（浮油如不擦净，干后有油迹名为挂甲）。俟全部干透后，用盆片或砂纸精心细磨，不可遗漏，然后打扫干净，至此，一麻五灰操作过程就全部完成了。

注意事项：

1.一麻五灰地仗，面层发生鸡爪纹和裂纹者，其主要原因是麻层以上油灰过厚造成的，故木料有缺陷者，应在使麻以前，用灰找平、找直、找圆，就能避免这种毛病。

2.钻生油必须一次钻好，如油浸入较快，可继续钻下去，切不可间断。油钻透后将浮油擦净，以防挂甲。如钻油过多，也会使生油外溢，名为“顶生”，因而影响油漆彩画的质量，应特别注意。

3.在操作以前应检查工具架木，是否牢固适当，以防发生安全事故。如开头浆薄而溯生大时，则麻容易磨掉。有时油满发酵，也会出现这种现象。

4.地仗过板子，轧线均须三人流水操作，使麻时人可更多一些。旧活操作顺序，应由右而左，由上而下。新活木件完整者，可用皮子扫荡，由左而右，由下而上。谚云：“左皮子右板子”。如遇柱顶石，或八字墙时，麻不可粘于其上，须离开3至5毫米，以防地仗吸潮气后而使麻丝腐烂。柱子溜细灰时，应先溜中段（膝盖以上至扬手处）后溜上下，由左而右操作之，皮口应藏在阴面。磨细灰时，应由鞅角、柱根着手，由下而上磨之，以利钻生。磨线脚时（两柱香、平口线、混线、梅花线、云盘线等）均应精心细磨，不可磨走样，要横平竖直。

5.旧活如找补一麻五灰者，可将破损处砍掉，周围砍出麻口，然后按一麻五灰工序操作之。博风与博脊交接处应事先钉好防水条（铁皮或油毡）再行使麻，以防漏水。木件与墙面、地面交接处，应以纸糊好，或刷以黄泥浆，以防油灰接促粘牢，损坏墙面或地面，完活后再以水洗掉。

第四节　单披灰操作工艺

一、四道灰

四道灰，多用于一般建筑物，下架柱子和上架连檐、瓦口、椽头、博风挂檐等处，可节省线麻，但不耐久。操作过程如下：

1.捉缝灰：与第三节第一项同。

2.扫荡灰：与第三节第二项同。

3.中灰：与第三节第五项同。

4.细灰：与第三节第六项同。

5.磨细钻生：与第三节第七项同。

注意事项：

装修隔扇、推窗大边使麻者与一麻五灰操作同。博风砍完后，即可钉梅花钉，以便与各层皮结合。如有两柱香、云盘线者，通灰后即可轧线。

二、三道灰

三道灰多用于不受风吹雨淋的部位，如室内梁枋，室外挑檐桁、椽望、斗栱等，其操作过程如下：

1.捉缝灰：与第三节第一项同。

2.中灰：梁枋以皮子将中灰靠骨找平，但不得过厚。斗栱平面者，以铁板找平，圆者以皮子找圆，椽望以铁板、皮子满靠骨中灰一道，干后用金刚石或缸瓦片磨去飞翅板迹。

3.细灰：与第三节第六项同。

4.磨细钻生：与第三节第七项同。

注意事项：

斗栱操作程序应由里向外，以保证油灰上去不会碰坏。梁枋作三道灰时，在调料时应加小籽灰。捉椽鞅时，以铁板填灰刮直，使鞅内油灰饱满。

三、找补二道灰

旧活大部完好，只个别处损坏，需要局部修理，可将其损坏部位砍去，加以补修即可，其操作过程如下：

1.捉中灰：用铁板将中灰捉于修补处，干后磨去其飞翅。

2.找细灰：用铁板或皮子将细灰满刮一道，要与旧活找平。

3.磨细钻生：与第三节第七项同。

四、菱花二道灰

旧菱花年久，油皮脱落灰皮翘起者，应全部洗挠干净，洗挠时应少用水，以防木毛挠起，影响质量。新菱花可肘细灰，干后细磨再钻生油即可。其操作过程如下：

1.中灰：以铁板满克骨中灰一道，干后用金刚石或砂纸，精心细磨。

2.细灰：平面用铁板细灰，孔内肘灰，干后精心细磨。

3.磨细钻生：全部磨好后再钻生油。

五、花活二道半灰

裙板雕刻花活，绦环、花牙子、栏杆、垂头、雀替等，均为木雕刻，在洗挠过程中，不得将花纹挠走样，在作地仗时要将花纹缺少处补齐，干后细磨，再汁浆一道。其操作过程如下：

1.捉缝灰：与第三节第一项同。

2.找中灰：以铁板复找中灰。

3.满细灰：平面以铁板满刮一道细灰，花活处满肘细灰。肘细灰是用细灰加血料调成糊状，以刷子涂于花纹上，名为肘细灰。

4.磨细钻生：与第三节第七项同。

六、二道灰（水泥面、抹灰面）

这里所述的二道灰，是指用于现代的建筑，如何在混凝土面层上，作地仗的操作方法，其操作过程如下：

1.中灰：混凝土或抹白灰面，干透后，用铲刀将其表面除铲平整干净，再操底油一道（光油加稀料）再以铁板满刮克骨中灰一道，不宜过厚，要平、直、圆。干后以金刚石或缸瓦片细磨，然后打扫干净，以水布掸净。

2.细灰：与第三节第六项同。

3.磨细钻生：与第三节第七项同。

注意事项：

混凝土构件，必须干透，方可作地仗，否则，灰皮会裂纹或脱落，应加注意。凡混凝土构件，不可使麻使布。

第五节　三道油操作工艺

我国旧式油漆，均以光油为主，其中加入樟丹、银朱、广红、等颜料，以丝头蘸油搓于地仗上，再以拴横蹬竖顺，使油均匀一致，干后光亮饱满，油皮耐久，永不变色。其操作过程如下：

一、浆灰

以细灰面加血料调成糊状，以铁板满克骨一道，干后以砂纸磨之，以水布掸净。

二、细腻子

以血料、水、土粉子（3:1:6）调成糊状，以铁板将细腻子满克骨一遍，来回要刮实，并随时清理，以防接头重复，干后以砂纸细磨，以水布掸净。

三、垫光头道油

以丝头蘸配好的色油，搓于细腻子表面上，再以油拴横蹬竖顺，使油均匀一致，除银朱油先垫光樟丹油外，其他色油均垫光本色油，干后以青粉炝之，以砂纸细磨。

四、二道油（本色油）

操作方法与垫光油同。

五、三道油（本色油）

操作方法与垫光油同。

六、罩清油（光油）

以丝头蘸光油（不加颜料者）搓于三道油上，并以油拴横蹬竖顺，使油均匀，不流不坠，拴路要直，鞅角要搓到，干后即为成活。

注意事项：

1.油漆前应将架木及地面打扫干净，洒以净水，以防灰尘扬起污染油活。如遇贴金者，应在二道油干后，即行打金胶油，贴金，再扣三道油，罩清油。注意金箔上不可刷油。一般在罩清油时有抄亮现象，其原因有寒抄，雾抄，热抄等。在下午三时后，不可罩清油，以防入夜不干而寒抄。雾天不可罩清油，以防雾抄。冷热气温不均，则热面抄亮，而冷面不抄。

2.当刷完第一道油以后，再刷第二道油，有时会碰到第二道油在第一道油皮上凝聚起来，好象把水抹在蜡纸上一样，这种现象，叫做“发笑”。为防止发笑，每刷完一道油可用肥皂水或酒精水或大蒜汁水，满擦一遍，即可避免这种现象。如出现发笑的质量事故，可用汽油洗掉，重新再刷一遍即可。

3.椽望油漆，老檐应由左而右，飞檐应由右而左操作之。搓绿油时，如手有破伤者不得操作，以防中毒。洋绿有剧毒，宜慎之。

第六节　扫青、扫绿、扫蒙金石

古代建筑多有匾额，（横者为匾，竖者为额）在地仗作好后，有者，地扫蒙金石，而字扫青、扫绿；有者，地扫青、扫绿，而字贴金。作法多样，今将一般作法叙述如下：

如灰刻字匾额，应在中灰上衬细灰一道（名为渗灰）其厚度，依字的深浅而定，再以糊刷蘸水，轻轻刷出痕迹，干后再细灰一道，细灰干后，磨细钻生。生油干后，再贴字样，照原字样全部刻出，而后将纸闷掉，再加以整理找补生油，再浆灰一道，细腻子一道，磨好后即可上油。

一、垫光油

与第五节第三项垫光头道油的做法相同。

二、本色油

如地扫青者，应刷一道青色较稠的油，扫绿者，应刷一道绿色较稠的油，扫蒙金石者，刷较稠的光油。油要均匀饱满。

三、扫青、扫绿、扫蒙金石

油刷好后即时将青或绿、蒙金石用罗过筛。青者筛好后，应放在阳光处晒之，使其速干；绿者筛好后，可放在室内阴凉处即可（俗语云：湿扫青，干扫绿）。经过24小时后，用排笔扫去浮色即可，其美如绒。扫蒙金石，方法与青绿同。

注意事项：

1.如地扫青，而字贴金者，应先贴金后扫青。如匾额堆字者，应在地仗作好后，将字样拓于其上，用刻刀将字刻出。一种作法是按字样内钉以小钉，缠以线麻，按一麻五灰程序逐遍将字堆出。另一种作法是用木料照字样作成木胎，钉于其上，再作一布四灰即可。

2.扫青所用的材料名为“扫青”，有小颗粒者，一般佛青不能用。扫绿可用洋绿。

第七节　贴　　金

金箔是我国手工艺特产品，驰名中外，江浙二省多产之。金箔有九八与七四之别，九八者又名库金。七四者又名大赤金。1000张为一具，每具10把，每把10贴，每贴10张。

库金质量最好，适用于外檐彩画，经久不变颜色。大赤金质量较差，经风吹日晒易于变色。其操作过程如下：

一、打金胶

彩画贴金和框线、云盘线、山花寿带、挂落、套环等贴金，除彩画打两道金胶外，其余均打一道金胶，以筷子笔蘸金胶油，涂于贴金处，油质要好，宽狭要齐，油要均匀，不流不皱纹。

二、贴金

当金胶油尚有适当黏度时，将金箔撕成适当尺寸，以“金夹子”（竹子制成）贴于金胶油上，再以棉花拢好。如遇花活可用“金肘子”（柔软羊毛制成）肘金。

三、扣油

金贴好后，以油拴扣原色油一道(金上不着油，谓之扣油)，如金线不直，可用色油找直，有者干后再罩清油一道（金上着油者，谓之罩油）。

注意事项：

1.贴金时，应将贴金部位用“金帐子”围起（用布制成），以防金被风吹跑。贴金时要跟手（金到那儿，手指就到那儿），对缝要严，不要搭口过多，以防浪费。如不跟手，则会有“绽口”。下架框线、云盘线等贴金，应罩清油一道，可耐久不受磨损。

2.俗语云：一贴、三扫、九埿金。扫金是贴金的三倍，埿金是贴金的九倍（以用量而言）。埿金以白芨（药材名）、鸡蛋清将金研碎，绘出花纹，金光夺目，美丽异常。贴金应由左而右，由下而上操作之。斗栱金线贴金应由外向里贴金，以防金胶油被增掉。

第八节　扫　　金

扫金多作于面积 较大的地方，因贴金 会有一方块、一方块的痕迹。而扫金则成为一个整体，但用金量较大。其操作过程如下：

一、打金胶

与第七节第一项同

二、扫金

将金箔用“金筒子”（特制工具）揉成金粉，然后用羊毛笔将金粉轻轻扫于金胶油表面，厚薄要均匀一致，然后用棉花揉之，使金粉与金胶油贴实，浮金粉扫掉即可。

第九节　单方用工用料参考表

1952年笔者在北京修缮天安门的油漆彩画以后，相继修缮了雍和宫、广济寺、清真寺、十三陵、卧佛寺、国子监、白方观等古代建筑，经多次查定，将上列工程项目单方用工用料，基本核清，据此编制施工定额，今抄录如下，以供参考。

一、砍活

工程项目		单位	人工		备注
			基本工	其他工	
一麻五灰	砍上下架天花大门（普）	10米²	1.4	0.14	
	砍上下架天花大门（坚）	10米²	2.6	0.26	
	砍花活小木件（普）	10米²	2.2	0.22	
	砍花活小木件（坚）	10米²	3.1	0.31	
单披灰	砍上下架天花板大门（普）	10米²	1.1	0.11	
	砍上下架天花板大门（坚）	10米²	2.0	0.20	
	砍花活小木件（普）	10米²	1.7	0.17	
	砍花活小木件（坚）	10米²	2.3	0.23	

二、地仗

工程项目	单位	人工		材料											
		基本工	其他工	大白粉	血料	生油	砖灰	樟丹	线麻	土粉子	光油	白灰块	砂纸	清油	布
				公斤	公斤	公斤	公斤	公斤	公斤	公斤	公斤	公斤	张	公斤	米^2
一麻五灰	10米^2	8.34	0.834	4.4	28	12.86	36	0.36	3.75	0.72	0.7	0.5	2		
二麻六灰	10米^2	12.04	1.204	6.59	41.1	18.42	44.5	0.36	7.50	0.72	0.7	0.5	2		
一麻一布四灰	10米^2	4.64	0.464	2.21	22.44	7.40	27.50	0.36			0.7	0.5	1		11
四道灰	10米^2	2.90	0.29	1.64	20.3	4.1	42	0.06		0.13	0.45	0.2	1		
三道灰	10米^2	2.50	0.25	0.64	13.5	3.3	25	0.06		0.13	0.40	0.2	1		
找补二道灰	10米^2	2.0	0.20	0.25	4	0.5	8	0.03			0.50	0.1	1.5	0.60	
菱花二道灰	10米^2	3.50	0.35	0.08	1.60	1.20	2.30	0.013			0.10	0.1	1		
灰面二道灰	10米^2	1.18	0.118	0.14	5.60	1.58	10.20	0.013		0.026	0.16	0.10	1		

三、油漆

工程项目	单位	人工		材料											
		基本工	其他工	樟丹	银朱	光油	煤油	青粉	土粉子	广红	砂纸	洋绿	绿铅油	立德粉	烟子
				公斤	公斤	公斤	公斤	公斤	公斤	公斤	张	公斤	公斤	公斤	公斤
广红油	10米^2	1.83	0.183			1.560	0.25	0.06	0.125	0.44	3				
银朱油	10米^2	1.83	0.183	1.50	0.53	1.56	0.25	0.06	0.125		3				
二朱油	10米^2	1.83	0.183	1.10	0.219	1.56	0.25	0.06	0.125	0.219	3				
洋绿油	10米^2	1.83	0.183			1.31	0.44	0.06	0.125		3	100	0.75		
白油	10米^2	1.83	0.183			1.00	0.16	0.06	0.125		3			1.75	
黑油	10米^2	1.83	0.183			1.00	0.25	0.06	0.125		3				0.078
椽望红绿油	10米^2	2.12	0.212			1.56	0.25	0.06	0.125	0.31	3	0.31	0.23		

注：本工料表是指以光油兑颜料的油漆。

四、油工工具名称及用途

名称	用途	名称	用途
皮子	插灰用	长短尺棍	扎线用
板子	过板子用	细竹杆	掸麻用
铁板	刮灰用	白铁皮	作扎子用
把桶	盛灰用	竹板	作扎子用
大木桶	盛灰用	小油桶	刷油用
金夹子	贴金用	细罗	过油用
粗碗	捡灰用	大小缸盆	盛油用
扎子	扎线用	小石磨	磨颜料用
金刚石	磨灰用	毛巾	出水串油用
丝头	搓油用	大油勺	熬油用
大小刷子	刷油用	大铁锅	熬油用
筷子笔	打金胶油用	喷浆机	喷水用
金帐子	挡风用	小笤帚	打扫活用
斧子	砍活用	布	过水布用
挠子	挠活用	席子	围砖灰用
铲刀	除铲用	筛灰机	筛灰用
砂轮机	磨斧子挠子用	拌灰机	拌灰用

第六章 彩 画 作

第一节 彩画材料性能与配制

中国古代建筑彩画，多沥以粉条，在粉条上或两粉条之间贴以金箔，再用各种颜色绘出花纹，美丽异常。除沥粉材料用土粉子、大白粉、胶水等配制外，其绘画颜料有矿物质和植物质两种，现分述如下：

一、矿物质颜料

［银朱］ 又叫紫粉霜，是我国古代发明最早的颜料，其制作方法用1水银（汞）：2石亭脂（药名，是加过工的硫黄）混合一起同研，盛入瓦罐内，上覆铁锅封严，用铁丝将罐与锅栓牢，外用黄泥封固，吊于铁架上，下面以炭火烤之，同时以刷蘸冷水刷于铁锅土，随烤随刷，不可间断，约过一个小时，即可炼成，冷却后，去其锅，则锅与罐的内壁上沾满了银朱，石亭脂即沉于锅底。预计水银1斤可得银朱十四两，目前我们经常使用者有上海银朱和广银朱，（广银朱也叫佛山银朱）。

［樟丹］ 也叫光明丹，桶丹，内含一氧化铅，今用者产于山东青岛市。

［赭石］ 又名土朱，是赤铁矿中的产品，用手试之有滑腻感为尚品，各铁矿均产之，其化学成分为三氧化二铁（Fe_2O_3）。

［朱膘］ 将朱砂研细，兑入清胶水，搅匀后沉淀，其上层者为朱膘。

［石黄］ 又名黄金石（As_2S_3），其外层疏松，色暗，有臭味，弃之不用，里面者为佳，多产于我国湖南省。

［雄黄］ 在黄金石里被石黄包裹着的，色更深者为雄黄，其化学成分为三硫化二砷（As_2S_3）。

［雌黄］ 雌黄也生在黄金石中，呈片状，好象云母石，易碎，产于山之阴者为雌黄。

［土黄］ 是在黄金石外面有臭味的土黄色，多系氧化铁之类。

［佛青］ 又名沙青、回青，颗粒大者为粗砂，颗粒小者为细砂，我国西康、西藏、新疆多产之，又名群青。

［毛蓝］ 又名深蓝靛，比佛青色深，绘花卉人物时用之。

［洋绿］ 以往多采用鸡牌绿，年久不变颜色，以手试之，如捻细砂，用开水沏后，待沉淀而水无色。

［沙绿］ 色较深暗，洋绿内加佛青，可以代替之。

［石绿］ 呈块状，产于武昌、韶州、信州阴山中，铜矿附近，其化学成分为$CuCO_3Cu(OH)_2$。

［铜绿］ 是我国古代发明最早的颜料，不怕日光，久不变色，其制作方法，把黄铜打成薄片，浸于醋中过夜，再放糠内微火薰烤，即生铜绿。

［巴黎绿］ 法国产品，色深不鲜艳，目前多用之。

［加拿大绿］ 色浅加适当巴黎绿，则颜色鲜艳。

［铅粉］ 又名胡粉、宫粉，是盐基性炭酸铅，其化学成分为（$2PbCO_3$，$Pb(OH)_2$）。以往把它制成银锭形，故又名锭粉。

［锌白］ 成分为氧化锌（ZnO）不变色，价廉，多与油漆混合用之。

［钛白］ 主要成分为二氧化钛（TiO_2）为白色上品，色纯白，耐光，耐热，耐酸性均高，但价贵，彩画时多用之。

［黑石脂］ 产湖南、湖北二省，是药材，中药店可买到，又名石墨，研之可用，以往画家多用以画须眉。

二、植物质颜料

［藤黄］ 藤是海藤树，落叶乔木，高五六丈，是热带金丝桃科的植物，由它的树皮凿孔，流出胶质黄液，用竹筒盛之，干后即成藤黄。有剧毒，不可入口。

［胭脂］ 是一种紫红颜料的总称，古时用红花、茜草根等捣汁，蘸于绵上者通称紫铆，也称胭脂。干后成粉末者称紫粉或胭

脂粉，也叫紫梗，紫草茸。

［墨］ 彩画多用之，有松烟墨、油烟墨、漆烟墨等。我国徽州产之者为尚品。

三、大色的配制

［洋绿］ 内含硝质，在使用前先放入盆内，用开水徐徐沏之，随沏随搅拌，凉后将水澄出，如是反复二、三次（用水沏二、三次，主要是为了除硝）然后用磨磨细，入胶液即可使用。

［佛青］ 用前，先除硝，方法与洋绿同。然后徐徐加胶液，随之捣拌，使佛青与胶液混合，再逐渐加胶液，搅成糊状，再加水拌匀即可。

［樟丹］ 内含硝质，使用前也要用开水冲二、三次，凉后将水倒出，入胶液即可。

［锭粉］ 先将锭粉压细过罗，放盆内入胶液，搅拌，稠如擀面条之面糊状，再用手搓成条，再放盆内，以清水泡之，用时搅开即可。

［石黄］ 其调制方法与佛青同。

银朱：其调制方法与佛青同，但入胶液要大，俗语说："要想银朱红，必须使胶浓"（目前的银朱不可用水沏，可直接入胶液）。

黑烟子：先将黑烟子倒入盆内，徐徐入胶液，轻轻搅拌，搅至糊状后，再入胶液调匀即可。

［红土子］ 过罗后，可直接入胶液，调匀即可。

四、二色的配制

［二青］ 已调好的佛青，再兑入调好的白粉，搅拌均匀，涂于板上，比原佛青浅一个色阶，即为二青。

［二绿］ 其调制方法与二青同。

五、晕色的配制

［三青］ 将调好的二青，再入白粉，比二青再浅一个色阶，即为三青。

［三绿］ 其调制方法与三青同。

六、小色的配制

[硝红] 将配好的银朱，再兑入适当白粉，比银朱要浅一个色阶，比粉红要深一个色阶，即为硝红。

[粉紫] 以银朱加佛青、白粉，即为粉紫。

[香色] 将调好的石黄，再兑一些调好的银朱、佛青，即为香色。

[其它] 毛蓝、藤黄、桃红、赭石等，以及用量少者，均为小色，其配制方法均可直接入胶。

七、沥粉材料配制

用筛细的土粉子、大白面，加胶液和光油少许配制而成。大粉宜稠，小粉宜稀。

大粉配合比：胶水1:土粉子1.60:大白粉0.50.

小粉配合比：胶水1:土粉子1.00:大白粉1.00.

为了保证质量，使用材料要适应季节，特别是胶与水的比例尤为重要。

季节性配合比如下表

季节	胶（公斤）	水（公斤）
春夏秋	1	5
冬	1	7

胶的种类很多，在彩画工程上，一般用广胶、阿胶、桃胶等。

八、兑矾水

矾水是用明矾和胶液、水兑成。明矾又名白矾，味涩，是由矾石煎炼而成，呈半透明状。苏式彩画常用来固定颜色，如盒子内画花卉、走兽时，均过一道矾水覆盖之，以防再上色时将底层色咬混。

如画软天花和支条燕尾时，要将高丽纸满过矾水一道，然后再上色。

矾水的兑法，先将明矾砸碎，倒入桶内，以开水化开，然后再入适当胶液即可。

各种颜料用胶、用水，一般配合比如下表：

颜　　料	数　　量	胶水(公斤)	水(公斤)	附　　注
洋　　绿	1公斤	0.45	0.31	
佛　　青	1公斤	0.50	0.50	
锭　　粉	1公斤	0.31	0.12	
樟　　丹	1公斤	0.25	0.12	
石　　黄	1公斤	0.50	0.25	彩画用时减胶，加水
银　　朱	1两	1.5两	1.5两	毛蓝与银朱同
黑 烟 子	1两	1.5两	1.5两	冬季应减水加酒

九、骨胶

［黄明胶］ 又名广胶，用牛马筋骨皮角制成，黄色透明，无臭味。

［阿胶］ 也是用牛马等兽类皮筋骨熬制而成，产于山东阿井，故名阿胶。

［桃胶］ 是一种植物胶，浅黄透明的固体，外似松香，黏性很强，为上等胶，价贵，不宜兑大色。

［聚醋酸乙烯乳液］ 近年来我们采用聚醋酸乙烯乳液来代替骨胶，兑大色用之，效果较好，彩画后，可不用罩油，不怕雨淋，但耐久性如何，尚待时间考验。

十、颜色代号

中国古建筑彩画用色较多，谱子拍好后必须号上颜色名字，以防刷错色，但面积小，写不下，所以我们先辈用代号来解决这一矛盾，一直沿用至今。

代号为：

洋绿六　佛青七　石黄八　紫九　烟子十　香色三

樟丹丹　粉白　银朱工

如果是二绿、三绿用二六，三六来代替。二青、三青用二七、三七来代替。

注意事项：

1.色料加胶液不宜过大，以防胶干后裂纹翘皮脱落。地仗生油地必须干透，否则生油外溢浸色咬花。

2.夏季天气炎热，每天应将备用的胶水熬开一、二次，以防变质发臭。冬季配沥粉材料，应在胶水内加适当白酒，以防凝固。

3.色料多系矿质，毒性较重，磨绿，刷绿，筛锭粉，石黄等，均须带口罩、手套，饭前便前注意洗手，以防中毒，夏季更不可赤背操作，手有破伤者更不宜磨绿，刷绿。藤黄、桃红珠、毒性较大，使用画笔时，不可用嘴舔笔尖，否则会呕吐致命，切宜戒之。

4.各道颜色落色时，应逐层适当减少胶量，以防第一道色发生混淆剥落现象。

5.彩画易于雨淋部位，应即罩光油一道，以防冲掉颜色。作法是在佛青内加入适当白粉，罩油后则可保证与原色相同，否则颜色会变深。洋绿、佛青入胶后，如当日用不完，容易变质发黑，故此每天将剩余者，必须出胶。出胶的方法是，将剩余的色料加一些热水搅拌，俟其沉淀，再将水倒出，如是一、二次，即可将胶出净，次日用时再兑入胶液。

6.钛白系白色颜料，易风化变黄，用时应注意。银朱、樟丹、不宜与白垩粉合用，因易变黑。

第二节 操 作 程 序

一、丈量起谱子

先将彩画构件的部位、长度、宽度，一一量好，记录清楚，名为“丈量”。再以牛皮纸配纸，如明间大额枋两鞅角距离为4米时，则配纸要二分之一，2米即可。按明间、次间、稍间，依次配齐，然后扣除“老箍头”“付箍头”外，再行摺纸分三停，再按间用炭条在纸上绘出所要的画谱，名为“起谱子”，也就是稿子。先画箍头宽度（一般为12厘米）再画“岔口线”、“皮条线”、“枋心线”和“盒子线”。起谱子时均以明间大额枋为准，其余挑檐桁、下额枋均依据大额枋五大线尺寸，上下箍头线必须在一个垂直线上。谱子粗线条起完后，再行落墨，就是用墨笔再画一遍。再以大针按墨线扎孔，孔距2毫米，名为“扎谱子”。扎谱子时要在纸下垫上海绵或麻垫，扎时大针要直扎、扎透，不要扎斜。一个殿座可起一个角子即可，就是四分之一。

起谱子的一般规则：

1.额枋长度除老箍头、付箍头外，再分三停线。箍头一般宽度在12厘米左右。皮条线两侧宽度之和与箍头宽度同，角度为60°。岔口线宽度为箍头宽度的二分之一。楞线宽度为箍头宽度二分之一。

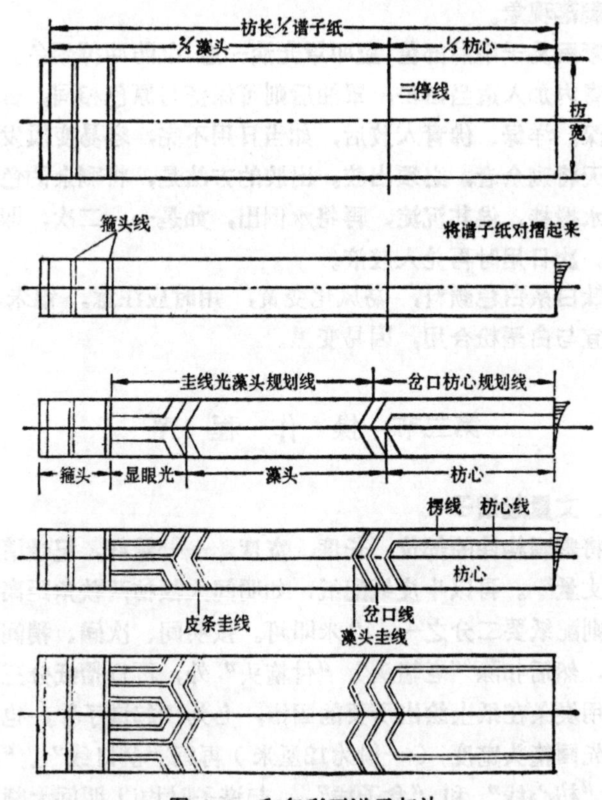

图 6-1　和玺彩画谱子起法

2.起藻头内花纹时，如尺寸稍差一点，则可移动皮条线和岔口线来调整，但不得移动过大。方心头可越过三停线，俗语云："里打箍头，外打楞"。

3.旋眼大小约占额枋宽度四分之一左右。旋花瓣大小与旋眼同。如有盒子者，则盒子线与箍头线要有一线间距，不能连接一起。

4.座斗枋如画栀花时，则绿栀花顶斗。如画降幕云时，必须云顶斗（降幕云头对大斗中），霸王拳头必须画一整云。

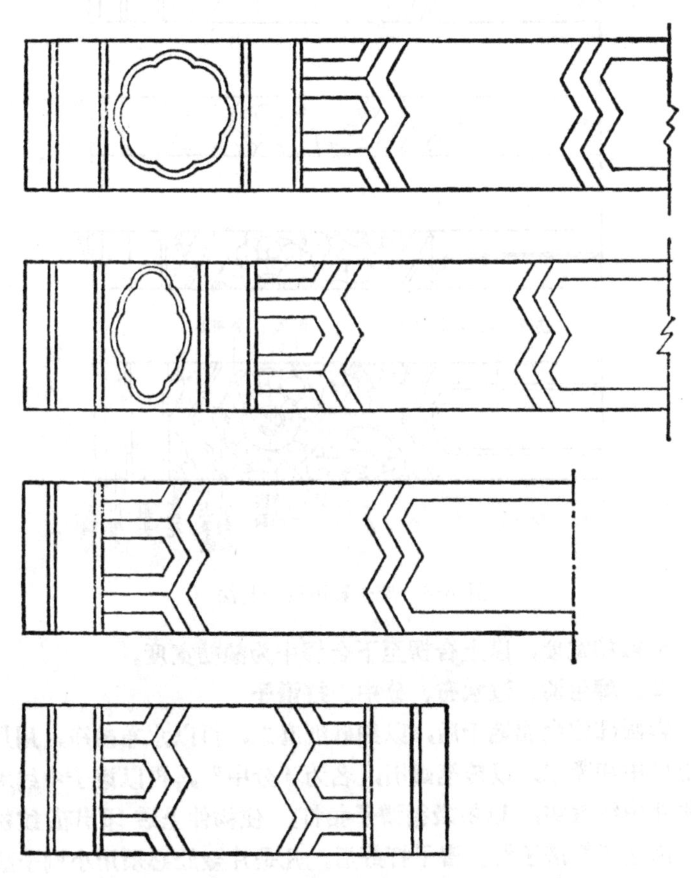

图 6-2　和玺彩画梁枋长度不同的图案处理方法

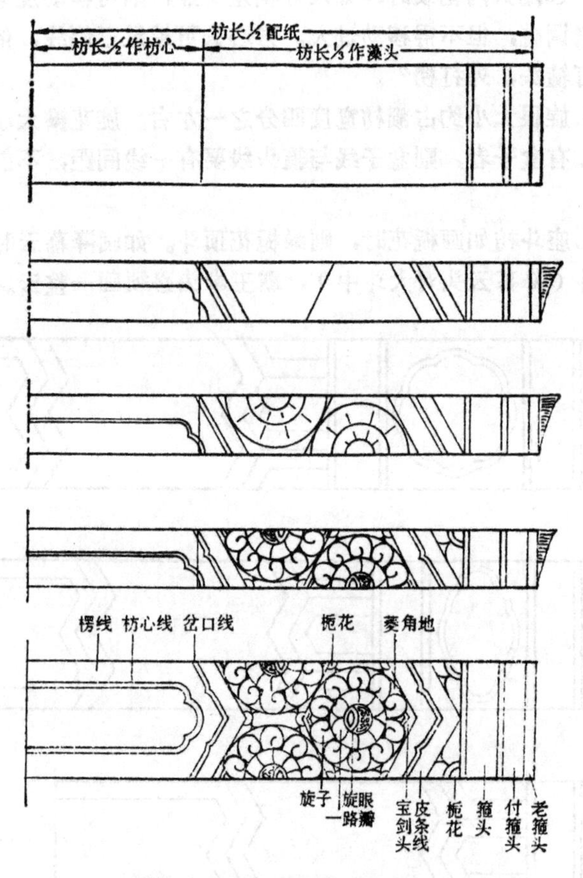

图 6-3 旋子彩画谱子起法

5.额枋宽度，以上合楞至下合楞中为额枋宽度。

二、磨生油、过水布、分中、打谱子

彩画部位生油地干后，以细砂纸磨之，再以水布擦净，用尺找出横中和竖中，以粉笔画出，名为“分中”，再以谱子中线对准构件中线摊实，以粉袋循谱子拍打，使构件上透印出花纹粉迹，谓之“打谱子”。谱子打好后，凡是片金处必须用小刷子蘸红土子，将花纹写出来，名为“写红墨”，然后沥粉要根据红墨线

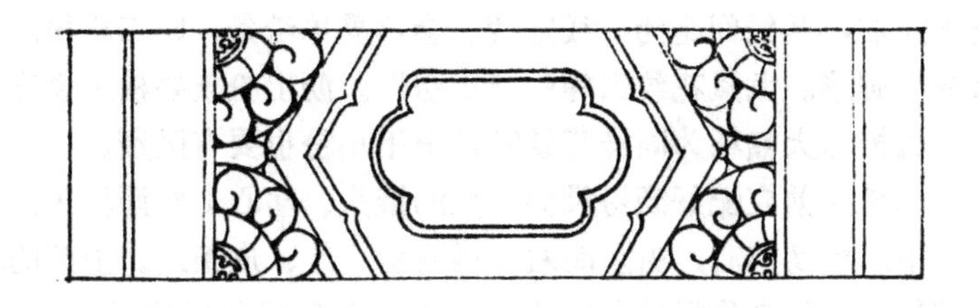

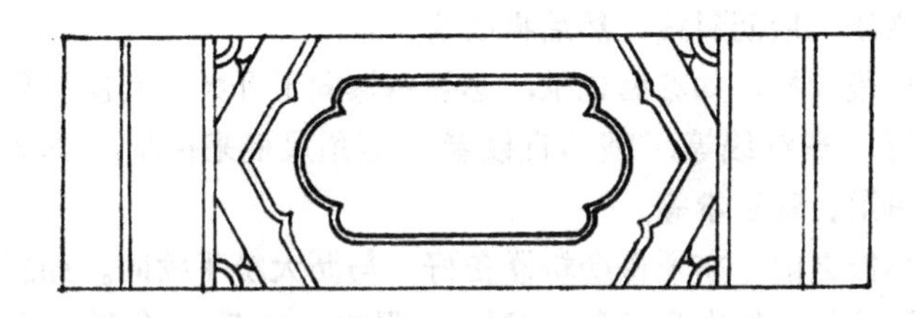

图 6-4　旋子彩画梁枋长度不同的图案处理方法

沥之。目前施工，多取销这道工序，但沥出的粉条往往不齐。

三、沥大小粉

沥粉前先要作沥粉器，沥粉器由两部分组成，一是用马口铁皮制成“老筒子”，二是用马口铁皮制成“粉尖子”。老筒子上端扎一个猪膀光或塑料袋，另一端插粉尖子。猪膀光或塑料袋内装入粉浆，用小线扎好，以手攥住猪膀光或塑料袋，通过手的压力，将粉浆由粉尖子挤出，沥于花纹部位上，叫作“沥粉”。

沥粉时要根据谱子线路，如五大线（箍头线，盒子线，皮条线，岔口线，枋心线）用粗粉尖沥，叫“大粉”。大粉宽度在5毫米左右，两线间距为一线宽度。金琢墨单粉条，叫二路粉。粉条成半圆形。龙凤花纹云等叫“小粉”。沥出粉条要横平竖直，如挑檐桁与大额枋为同样花纹时，上下小粉也要有区别。

沥粉之前应配好沥粉尺棍，先沥箍头、枋心（竖沥箍头，由上而下。横沥枋心，由左而右）再沥岔口线、皮条线。上部的线上搭尺，（就是尺棍放在线的上面），下部线和平身线要下搭尺，如遇三裹柁，先沥仰头岔口线和皮条线。由合楞分沥，显眼光先沥横线，后沥斜线，然后再沥盒子线。

沥单线大粉，如苏画包袱，必须由檩向下开始，其次沥包袱线烟云筒，聚锦线等，遇弓直线者，应用尺棍来控制，如老角梁、仔角梁、霸王拳等。

沥小粉之前，亦须将沥粉器备好，与沥大粉手续同。如沥枋心，先沥龙头，依次沥龙身、龙尾、四肢、龙爪、脊刺、龙鳞等，最后沥宝珠风火焰。盒子藻头系龙者，其沥法与枋心同。如盒子内西蕃莲时，先沥花头，后沥草叶。如沥卡子、轱辘、直线处，需用尺棍。如宝瓶西蕃莲者，与盒子沥粉同。

四、刷色

大木刷色，有一定规则，是以明间挑檐桁箍头以青色为准，“青箍头、青楞线、绿枋心”，次间为“绿箍头、绿楞线、青枋心”。稍间又与明间同。明间额枋的箍头又与挑檐桁相反，为“绿箍头、绿楞线、青枋心”。次间、稍间又相互调换，如其间数多者，均以此类推。

斗栱刷色规则，以角科柱头科为准，必须“绿翘绿昂青升斗”，再向里推，为“青翘青昂绿升斗”。青绿调换，如遇双数者，中间两攒可刷同一颜色。压斗枋底面一律为绿色。

在刷色前先检查一下代号的号码，有无错误，如发现疑问时，要问清楚，再行开始刷色。先刷绿色，后刷青色，竖刷箍头，横刷枋心，斜刷岔口线、皮条线。刷第一道时，要刷实刷到，以便给刷第二道色时打下基础。

刷色时既不能刷错，也不能刷花搭了，要无绺无节，均匀一致，在冬季刷色时，气温较低，颜料可适当加温。

刷色的顺序，先刷上面，后刷下面；先刷里面，后刷外面；先刷小处，后刷大面。刷完一个色后，再进行检查，有无遗漏和错误者，打点后，再涂刷第二个色。

五、包黄胶

单粉条和双粉条，多数要贴金箔的，所以在贴金之前，要包一道黄胶，来托金箔的光亮，可以避免金箔有砂眼和绽口露出地来。黄胶是以石黄、胶水和适当的水调成，（前面在大色的配制中已详细说过），将贴金处满包黄胶一道，必须将粉条包过来，先包大粉，后包小粉，不得使粉条外露。胶量不宜过小，以防金胶油浸透而失去作用。另一种是用光油，石黄、铅粉调成，名为“包油胶”。

六、拉晕色、拉大粉

将浅青浅绿（三青三绿）刷于金线两侧，由浅至深，谓之“晕色”。箍头晕色宽度一般为箍头的三分之一，其余要根据实际情况而定。

靠金线画一道白线，谓之“拉大粉”。粗细以晕色三分之一为合格，并可以起到齐金作用。

拉晕色的方法，要用尺棍，以小刷子按晕色的位置、宽狭适当拉好，如有曲线者，应根据曲线拉，随之再用适当的刷子，将晕色刷匀。

凡有晕色之处，靠金线必须拉大粉，其拉法与晕色同。较细的白粉道，是顺着花草纹样的三色外缘，画一道细白线者，叫作“行粉”。

七、压老

一切颜色都描绘完毕后，用最深的颜色如黑烟子、砂绿、佛青、深紫、深香色等，在各色的最深处的一边，用画笔润一下，以使花纹突出，这道工序叫“压老”。在死箍头正中画一黑线，名为“掏”。檩头、柱头刷黑，名为“老箍头”。

攒活最后一道的深色，名为“攒老”，如硝红地攒银朱、深紫压老，石黄地攒香色、深香色压老，三绿地攒砂绿、深砂绿压老。

八、打点找补活

打点找补是在成活后进行，经过详细检查，有无遗漏、脏活者，再以原色修补整齐，而后由上而下打扫干净。

打点时要细心，一点一点的，一道一道的挨着找，由上而下找，大面上找，鞅角处更要找，不能嫌麻烦。俗语说：“无经验的人半天打点完了，不算快；有经验的人，三天打点完了，不算慢”。前者是走马观花，后者是下马看花。打点完后，彩画全部过程才算完工。

第三节　和玺彩画总则

和玺彩画（图 6-5）是清式彩画中，最高级彩画。用∑形曲线绘出皮条圭线，藻头圭线，岔口线。

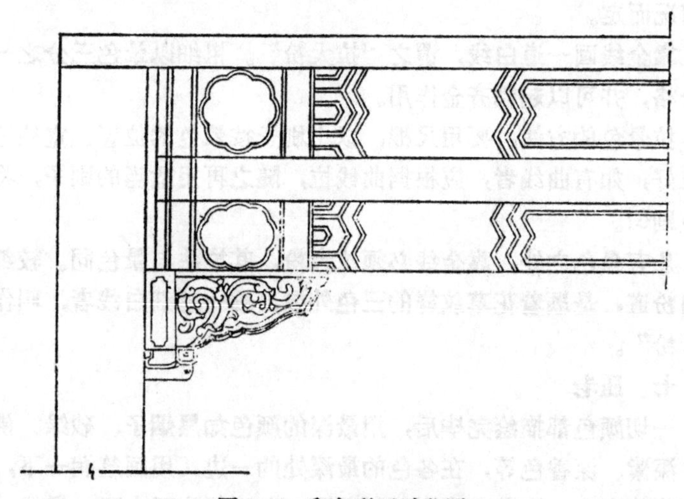

图 6-5　和玺彩画示范图

枋心藻头绘龙者，名为金龙和玺；绘龙凤者，名为龙凤和玺；绘龙和楞草者，名为龙草和玺；绘楞草者，名为楞草和玺；绘莲草者，名为莲草和玺（图6-6、6-7）。

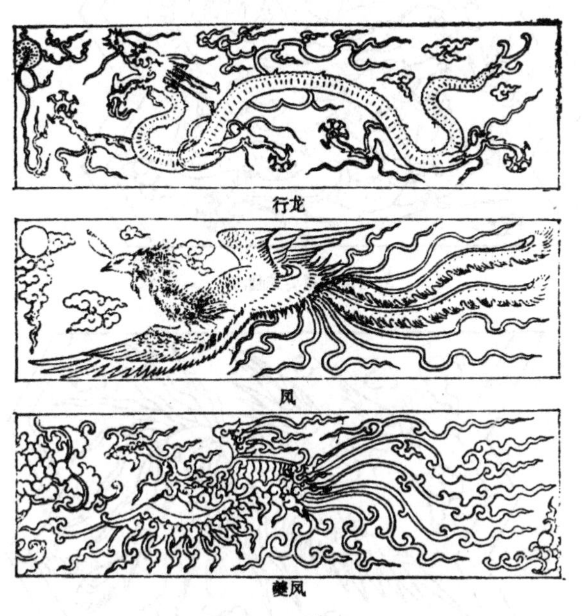

图 6-6 枋心画法

如故宫三大殿（太和殿、中和殿、保和殿）均为金龙和玺。后三宫（乾清宫、交泰殿、坤宁宫）天坛祈年殿等，均为龙凤和玺。午门雁翅楼角亭，为楞草和玺。天安门改为莲草和玺。

所有花纹均贴以金箔，复杂绚丽，金碧辉煌，古时封建帝王所在地，多绘以和玺彩画。今仅就北京地区和玺彩画的作法介绍如下：

一、金龙和玺

金龙和玺是在各部位均已绘龙为主，现将各部位布局叙述如下：

〔外檐明间〕 挑檐桁及下额枋为青箍头，青楞线，绿枋心。

金龙和玺藻头龙画法

龙凤和玺藻头凤画法

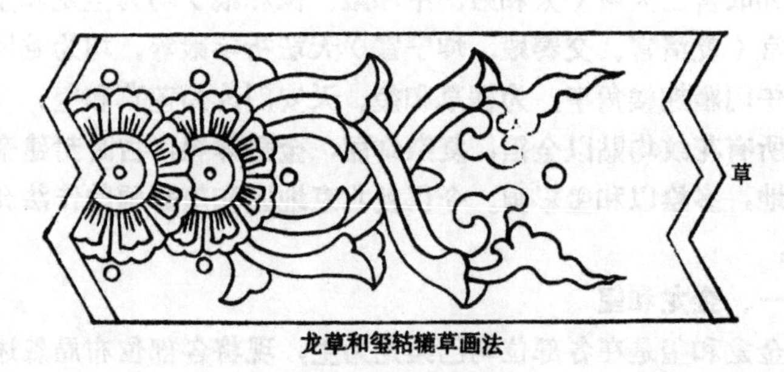

龙草和玺轱辘草画法

图 6-7　藻头画法

枋心内画行龙或二龙戏珠，藻头青色画升龙，宽长者可画升降龙各一条，如有盒子者为青盒子，内画坐龙或升龙，岔角切活。大额枋为绿箍头，绿楞线，青枋心。枋心内画行龙或二龙戏珠，藻头绿色画降龙，有盒子者为绿盒子，内画坐龙，岔角切活。

［次间］ 与明间青绿调换，即挑檐桁下额枋为绿箍头，绿楞线，青枋心。稍间与明间同，尽间与次间同，以此类推。

［廊内插柁］ 为青箍头，青楞线，绿枋心，枋心内画龙。

［廊内插梁］ 为绿箍头，绿楞线，青枋心，枋心内画龙。

［垫板］ 银朱油地，画行龙或片金轱辘草（龙头对明间正中），详见图6-8。

［坐斗枋］ 青地画行龙（龙头对明间正中）。

［压斗枋］ 青地画工王云（图6-9）。

图 6-8 垫板画法

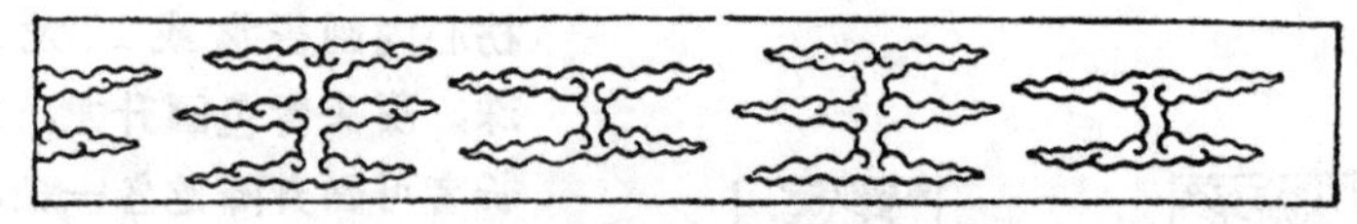

工王云

轱辘草

图 6-9 压斗枋画法

［柱头］ 上下两头各一条箍头，上刷青下刷绿，内部花纹有多种作法（图6-10）。

图 6-10 和玺柱头画法

［斗栱板］（灶火门）银朱油地画龙。斗栱板又名灶火门（图6-11）。

［宝瓶］ 沥粉西蕃莲混金。

挑尖梁头、霸王拳、穿角两侧：均画西蕃莲沥粉贴金，压金老。

［肚弦］ 沥粉贴金退青晕（图6-12）。

［飞檐椽头］ 金万字。

［老檐椽头］ 金虎眼（图6-13）。

［斗栱］ 平金边。

二、龙凤和玺

全部操作程序与金龙和玺同。所不同者，青地画龙，绿地画凤；压斗枋

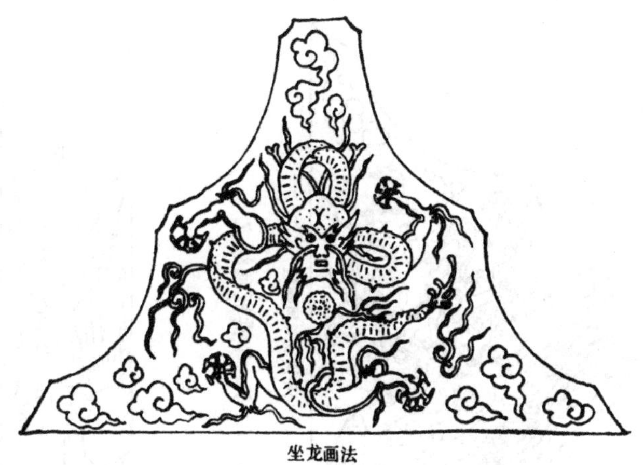

坐龙画法

图 6-11(1) 斗栱板龙画法之一

升降龙画法

图 6-11(2) 斗栱板龙画法之二

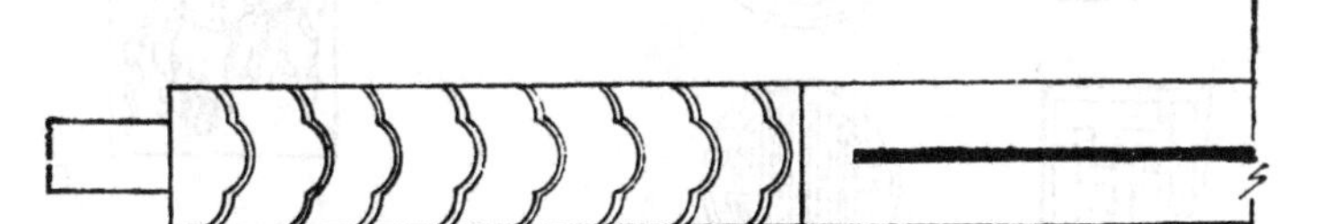

图 6-12 角梁肚弦画法

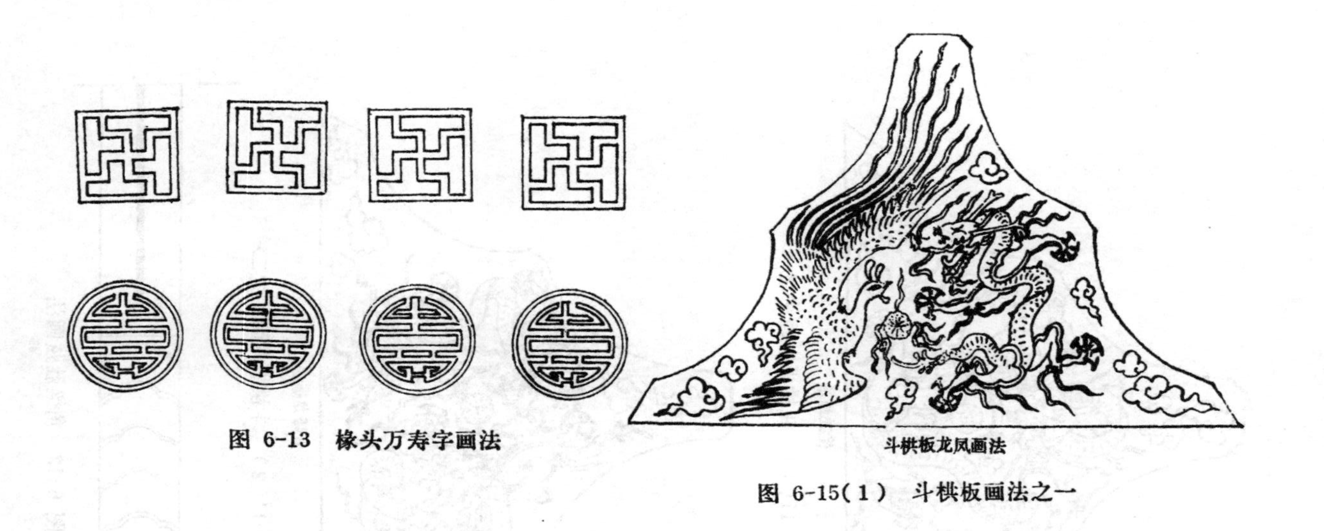

图 6-13　椽头万寿字画法

斗栱板龙凤画法

图 6-15(1)　斗栱板画法之一

图 6-14　坐斗枋龙凤画法

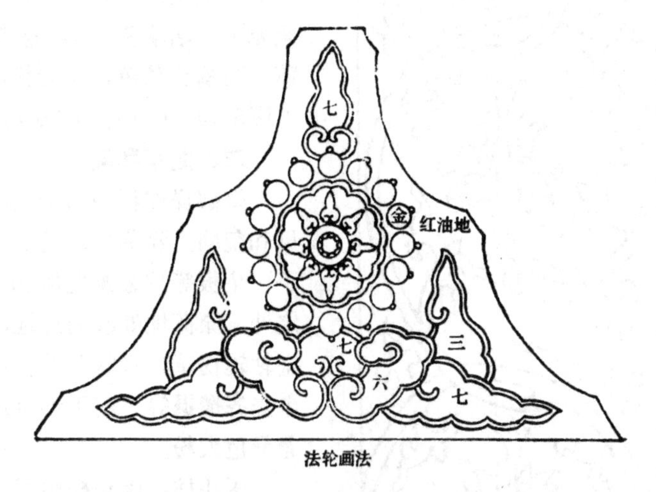

图 6-15(2) 斗栱板画法之二

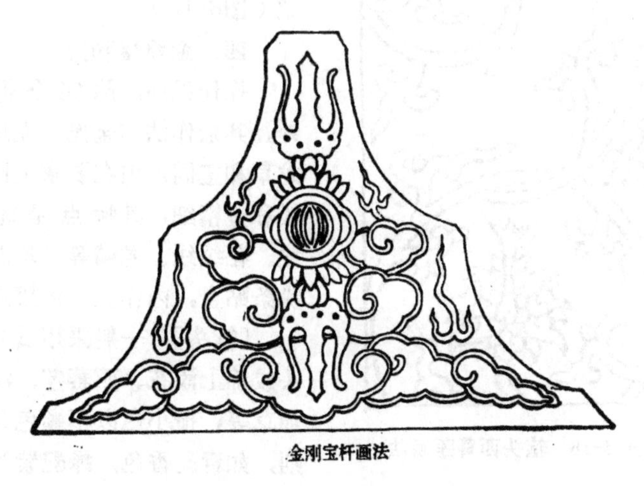

图 6-15(3) 斗栱板画法之三

画工王云，坐斗枋画龙凤；斗栱板画坐龙或一龙一凤，垫板画龙凤；活箍头用片金西蕃莲，死箍头晕色，拉大粉压老（图6-14、6-15、6-16）。

图 6-16　箍头西蕃莲画法

三、龙草和玺

全部操作程序与金龙，龙凤和玺同。除藻头、枋心、盒子、垫板等按金龙龙凤和玺规定外，涂蓝地处改为红地，画金轱辘楞草，青绿攒退，或四色查齐攒退等，霸王拳金边金老晕色大粉。

压斗枋，坐斗枋画工王云或流云等，斗栱板画三宝珠火焰（图6-17）。

四、金琢墨和玺

操作程序：除完全提地外，其余作法与金龙、龙凤、龙草和玺同，但在要求上比一般和玺精细，其特点是轮廓线、花纹线、龙鳞等，均沥单粉条贴金，内作五彩色攒退。

［箍头］　一般采用贯套箍头或锦上添花、西蕃莲、汉瓦加草等，攒小色以不顺色为原则，如青配香色，绿配紫等五色调换，盒子、藻头、枋心的配色与箍头配色相同（图6-18）。

［坐斗枋、压斗枋］　一般采用金琢墨八宝、西蕃莲等。垫板为金琢墨雌雄草（又名公母草）。

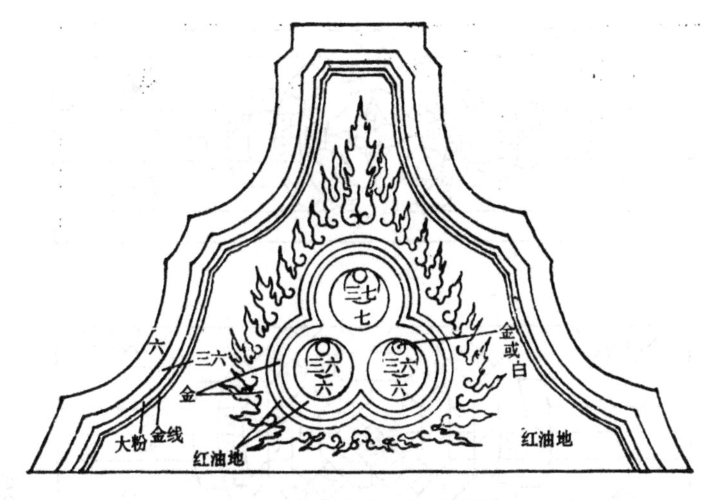

图 6-17　斗栱板三宝珠画法

［枋心、盒子、藻头］ 各处花纹，龙身等均须照一般和玺轮廓放大，龙鳞要清楚，以便五色攒退。

第四节　旋子彩画总则

旋子彩画其花纹多用旋纹，因而得名。按用金量多少而分，有金线大点金、石碾玉、金琢墨石碾玉、墨线大点金、金线小点金、墨线小点金、雅伍墨、雄黄玉等（图6-19）。

梁枋的全长除付箍头外，分为三等分（名为三停），当中的一段名为枋心，左右两端名为箍头，里面靠近枋心者名为藻头，也有在箍头里面量出本枋子的宽度的一个面积，再画条箍头线，两箍头之间画一个圆形的边框者，名为“软盒子”，盒子的四角，名为“岔角”，如两条箍头之间画斜交叉的十字线，十字线的四周，各画半个栀花的，名为“死盒子”。盒子又有整破之分，中间画一个整栀花者，名为整盒子；斜交叉的十字线者，名为“破盒子”，这种作法叫做“整青破绿”（图6-20）。

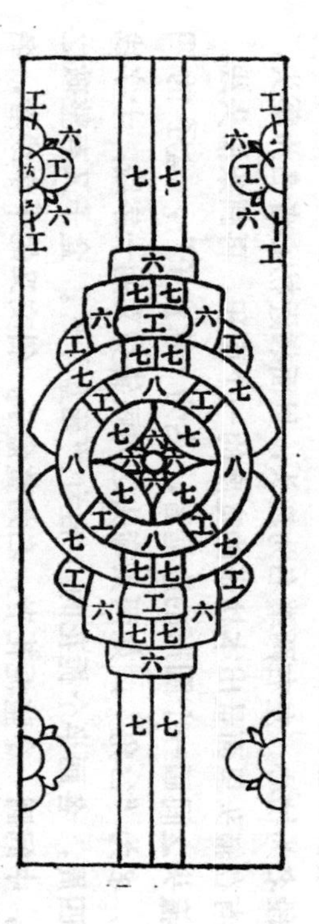

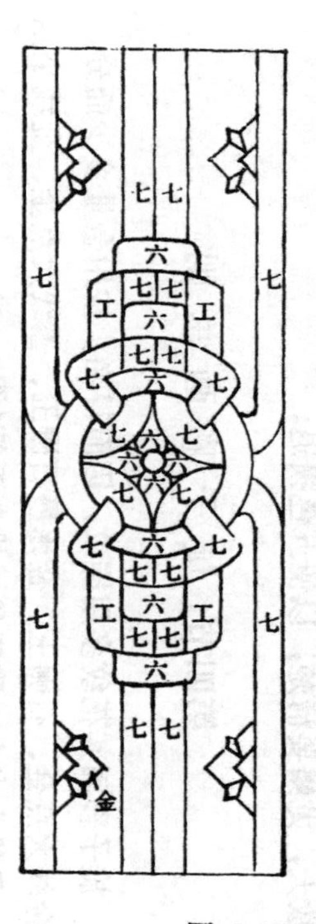

图 6-18 贯套箍头画法

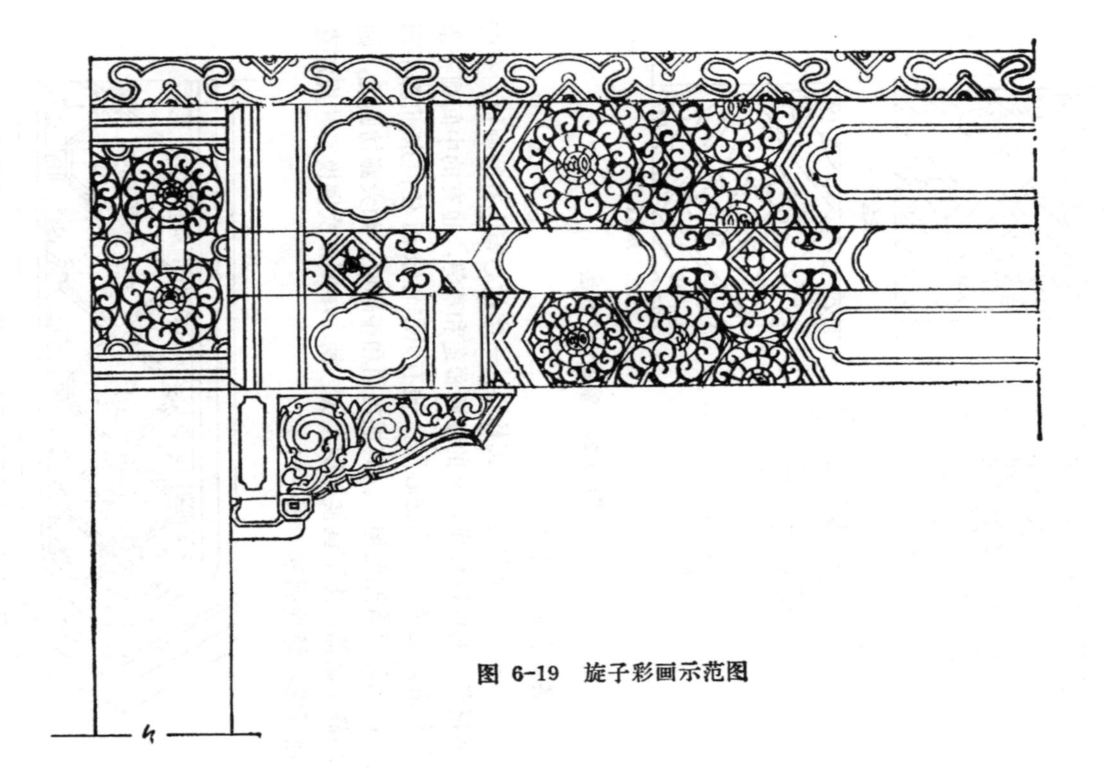

图 6-19　旋子彩画示范图

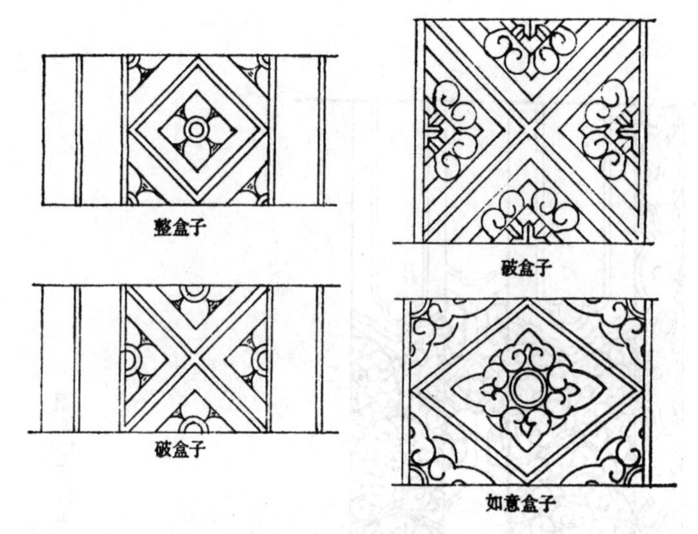

图 6-20　整破盒子画法

各部位基本作法如下：

［枋心］　分龙枋心、锦枋心、一字枋心等，有的画锦，有的画花草，有的画夔龙，有的画西蕃莲和草等，也有的中间画一条黑杠者，名为"一字枋心"。也有只刷青绿而任何东西都不画者，名为"普照乾坤"。其规矩同和玺彩画，如大额枋画龙，则小额枋画锦，上下调换·明、次、梢、尽间依次调换。其规定青地画龙，绿地画锦（图6-21）。

图 6-21　枋心锦画法

〔藻头〕 旋子彩画的特点，是藻头内画旋花。旋花中心名为“旋眼”，旋眼外边画两层旋花瓣，外层画漩涡状的花瓣，名为旋花（又名一路瓣），内部花瓣名为二路瓣（即靠旋眼者，如二路瓣位置较宽时，可画三路瓣）。各花瓣距离处所留下的三角地，叫“菱角地”；在旋花两端的三角地，叫“宝剑头”。藻头内旋花的画法（图6-22），要依据藻头内面积大小而定，以皮条

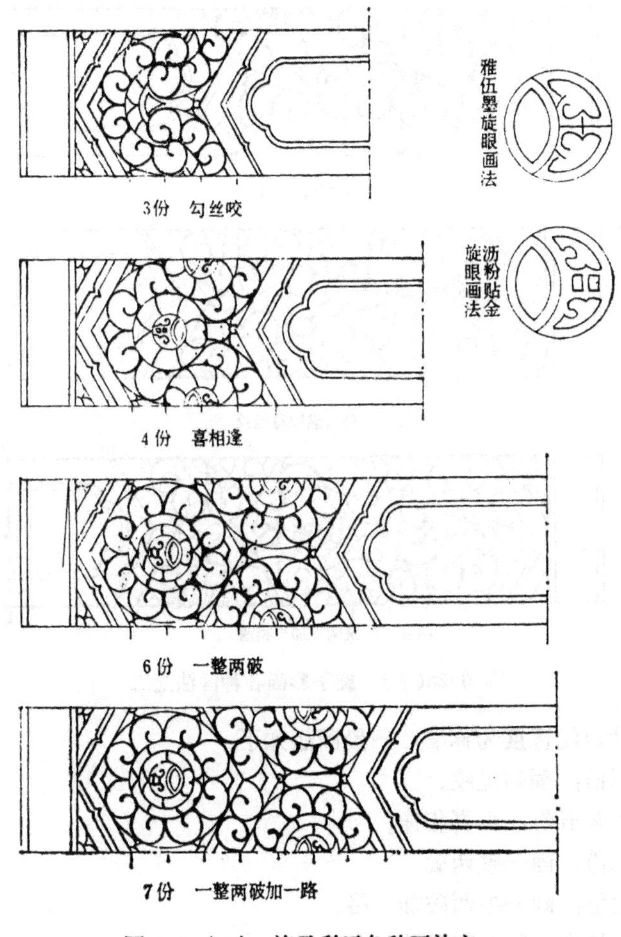

图 6-22(1) 旋子彩画各种画法之一

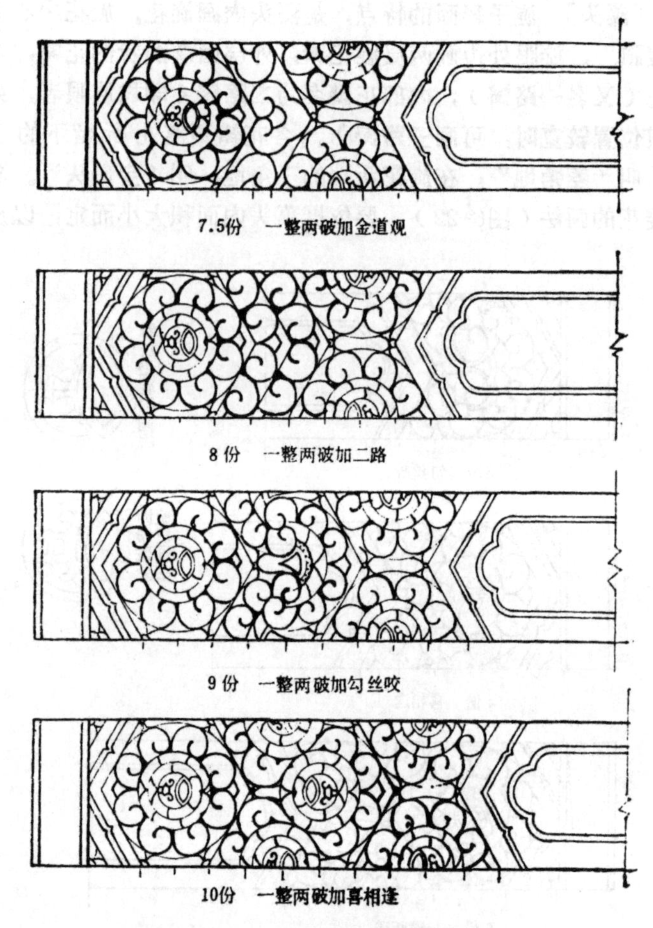

7.5份　一整两破加金道观

8 份　一整两破加二路

9 份　一整两破加勾丝咬

10份　一整两破加喜相逢

图 6-22(2)　旋子彩画各种画法之二

线至岔口线宽度为标准，一般画法如下：

三份：画勾丝咬。

四至五份：画喜相逢。

六份：画一整两破。

七份：画一整两破加一路。

七份半：画一整两破加金道冠。

八份：画一整两破加二路。

九份：画一整两破加勾丝咬。

十份：十份以上可类推。

[箍头] 一般为死箍头，在两条箍头中间画盒子，内画坐龙、西番莲、走兽等，岔角切活（图6-23）。

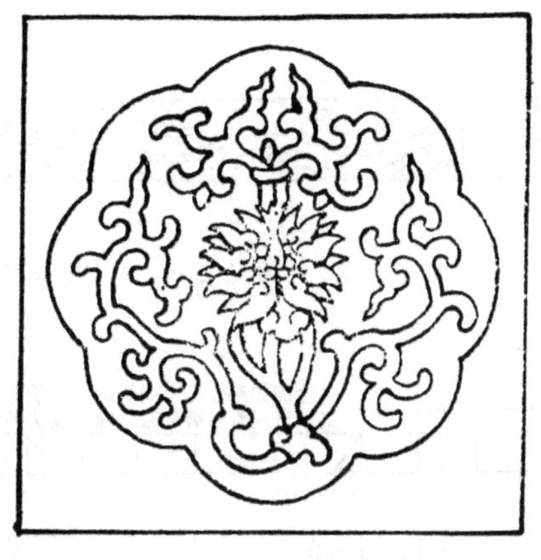
图 6-23 西蕃莲盒子画法

[坐斗枋] 一般画降幕云、栀花、切小池子半拉瓢，小池子内画花草、夔纹、博古等（图6-24）。

[垫板] 一般画瑞草、长流水、切小池子半拉瓢，小池子内画花草夔龙和切各种花纹（图6-25）。

[椽头] 除雅伍墨为黑栀花、黑虎眼外，其余均为金栀花、金虎眼（图6-26）。

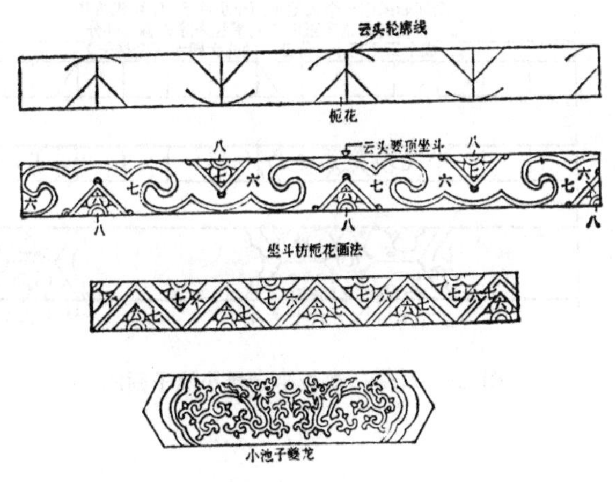

图 6-24 降幕云、栀花、夔龙画法

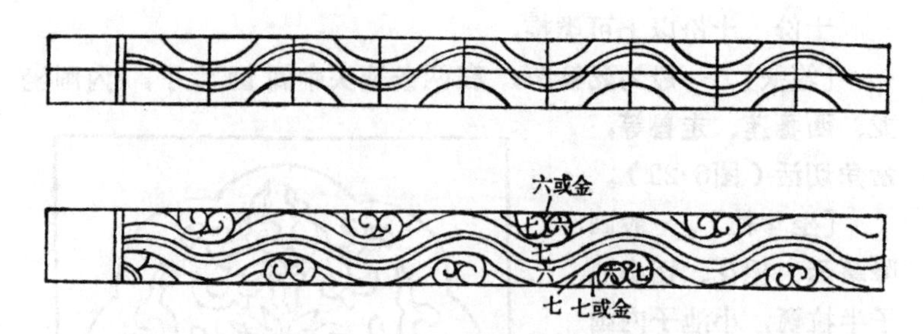

图 6-25(1) 垫板长流水画法

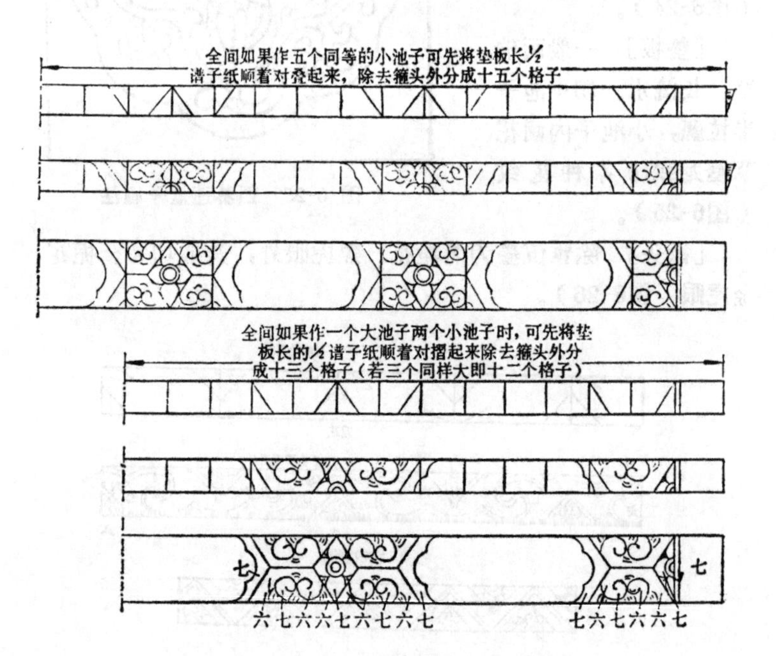

图 6-25(2) 垫板半个瓢小池子画法

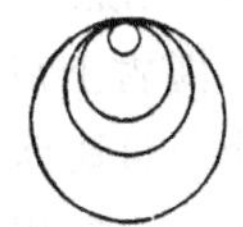

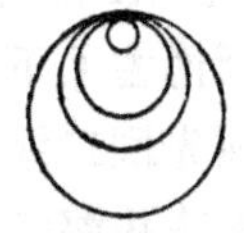

图 6-26　椽头栀花虎眼画法

一、金线大点金

基本操作程序前节已说过，与和玺所不同者，枋心画龙锦，池子、盒子青地画龙，绿地画西蕃莲。

［沥大粉］　先沥箍头大粉，继之枋心岔口线、盒子线、皮条线、小池子、坐斗枋、降幕云、角梁等，均须横平竖直，线条半鼓起。

［沥小粉］　大粉沥完后再沥小粉，先沥枋心，继之盒子、藻头、旋眼、菱角地、栀花心、宝瓶、老檐金虎眼、飞檐金万字等。

［刷色］　刷绿刷青方法与和玺同。枋心画宋锦，较宽者画一整两破，用二青二绿刷整青破绿，如窄者，可画两破，上二青，下二绿，岔角随箍头，青箍头刷二绿岔角，绿箍头刷二青岔角。

［宋锦带子］　先拉紫色对圆金花心，再拉香色压紫色，香色对小方栀花心，然后带子边圈双黑，带子中间画一道细白粉。紫色与香色十字中，要画白元别子，宽度与带子线同，别子由紫色下面上来压香色，斜方地上点白菊花，花瓣为四大四小，花心点樟丹，别子内圈两道红樟丹线，白菊花外圈点八个黑元点，各点代小须（名为蛤蟆咕头），贴金后小金栀花心用红点，小金轱辘心用蓝点，然后再点小白点。

［藻头旋花］　青绿刷完后，用黑烟子勾黑，沿旋子轮廓直线

以尺棍圈好，后画旋子外围圆度，再勾旋子瓣和二路瓣或三路瓣与栀花等，再勾垫板半拉瓢、檩头旋子、降幕云、栀花等，在黑线里边再画细白线一道，随着勾黑线，名为“吃小晕”。

［垫板］ 垫板上的池子、岔口如青者，可作两个绿池子，中间一个红池子。如绿岔口，可作两个红池子，一个绿池子。如红池子，地子先用粉笔画出博古轮廓形，再提红地，用黑、黄、绿、蓝兑出各色，画博古（下带座），上画花草，博古上点缀花纹。绿池子画花，须先刷二绿地，后垛白花，垫小色过矾水、矾花头、开染花瓣，按花头深浅染润，最后插黑枝叶（也有用一色黑作切活者），岔角用黑烟子、二绿切水牙，二青切草。拉晕色，用三青三绿润色。枋心外围箍头内两边岔口线、皮条线、降幕云、上下调色，角梁肚弦再随晕色拉大粉。

［压老］ 在箍头中间画一黑线，名为压老，靠付箍头外画一黑线，余者刷黑，名为“老箍头”。岔口金线里边画一道黑线，名为“齐金”。

［掏老］ 垫板上秧，画一道黑线，不穿过箍头，名为“掏老”。

［椽头］ 飞檐作金万字，拍绿油地，老檐画虎眼，青绿退晕，如方椽可画寿字。

二、石碾玉

它的作法，除旋花、栀花勾黑后外，在吃小晕前用三青三绿润色圈大晕，粗细与勾黑线同。在大晕上靠黑线再吃小晕，其余与大点金同。

三、金琢墨石碾玉

与石碾玉所不同者，凡勾黑线路均改为沥粉贴金，枋心、盒子、圈大晕，小晕的位置作法与石碾玉同。

压斗枋可画西蕃莲，沥单粉条贴金，花草内五色攒退。

坐斗枋画金卡子、金八宝，配金琢墨攒退带子，绿带子红里攒退外线，沥小粉贴金。

箍头一般用活箍头，金琢墨攒退。

垫板沥金轱辘雌雄草，外围沥小粉，刷樟丹油或银朱油，干后用青粉或土粉子炝好，再抹三青、三绿、浅黄等色，按粉条包黄胶，润色、攒深色，粉条贴金后行粉。卡子、池子垫板与石碾玉花纹同。

四、墨线大点金

花纹作法与金线大点金同，除线路用墨线外（如箍头线、枋心线、盒子线等）一切沥大粉处完全画黑线，全部小粉与金线大点金同。

五、金线小点金

花纹作法与金线大点金同，惟菱角地随旋子瓣变为青绿，不贴金，吃小晕一道。

六、墨线小点金

除旋眼、栀花心沥粉贴金外，其余线路、花瓣，均为黑线。压斗枋、坐斗枋、垫板、枋心、池子等，画法与雅伍墨同。

七、雅伍墨

一切线路和旋眼、菱角地等，均为墨线，无金活，旋眼、菱角地青绿二色，随旋子勾黑吃小晕。

［箍头盒子］ 青箍头画整栀花盒子，绿箍头画四枝半个栀花。

［枋心］ 一般采用夔龙和黑叶子花，上下互相调换，如画花刷地子时，青箍头青楞线者，刷二绿地，然后画白花头，先垫粉红、月黄、丹色等。花头过矾水开染花瓣，按花头深浅染润，插黑叶子。绿箍头绿楞者，可画夔龙，先刷樟丹地再行拍谱子，用三青按谱子垛龙，然后开粉，用深蓝攒退。

［垫板］ 画栀花、半拉瓢、池子，池子内刷二青二绿地者切活。拉大黑、勾黑、拉大粉、吃小晕、压老、掏老、等与金线大点金同，但也有作长流水者。

［压斗枋］ 完全刷青，拉大黑大粉，压老。

［坐斗枋］ 作法有多种，有作栀花、降幕云、长流水等。

［椽头］ 画黑万字、黑虎眼、黑栀花、勾黑吃小晕。

图 6-27 旋子彩画柱头画法

另一种雅伍墨作法，是垫板满涂红油地，名为“腰断红”。枋心刷深青深绿，中间画一条黑杠，名为“一字枋心”。

挑檐桁、枋心无楞线，有岔口青绿地，名为“普照乾坤”。

八、雄黄玉

以满刷樟丹为主，然后打谱子，拉大黑，旋花瓣按勾黑处，用三青三绿拉晕色。箍头、楞线有大黑处改拉三青三绿晕色，然后拉大粉、吃小晕、压老。附柱头画法（图6-27）。柁头画法（图6-28）。

图 6-28 旋子彩画柁头画法

第五节 苏式彩画总则

苏式彩画（图6-29）。起源于苏州，故而得名。当金都北移，宋室南迁，一源二流，分别发展。元明清继金之后建都北京，逐渐形成了京式彩画。而苏式彩画与和玺、旋子不同，独树一帜，与京式彩画并驾齐驱，首都的古典园林建筑上多绘以苏画，给游人以幽雅舒畅之感。

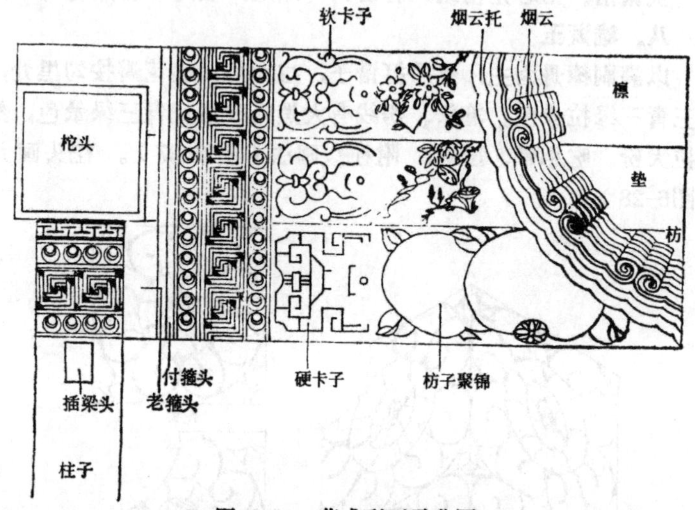

图 6-29 苏式彩画示范图

南方苏式彩画，以锦为主，据苏州市建设局编印的苏式彩画中说："苏州老艺人腹稿更有七十二锦之说"，可见以锦为主。而京式苏画以山水、人物、翎毛、花卉、楼台、殿阁为主，今仅就北京地区苏画的作法介绍如下：

苏式彩画与和玺彩画、旋子彩画主要不同点在枋心。苏式彩画是以檩、垫、枋三者合为一组。谱子规矩与旋子彩画同，惟中间画包袱，两件者可画枋心。各部位作法如下：

枋心作法：内画金鱼桃柳燕。如画金鱼，刷地子时接水不接天，先以炭条起稿，再用白粉按稿子范围内抹白，干后再用樟丹与白粉，按金鱼的深浅合抹，再过矾水润色，用藤黄、桃红珠、银朱三种颜色配好，按金鱼的深浅染好，桃红珠加墨开鱼攒鳞，嵌黄白粉，点鱼眼（黄色地点黑鱼眼）。染水托鱼，用广湖墨（即湖水色），画深浅藻草，浮萍草用藤黄、毛蓝配合深浅适当颜色。

如画桃柳燕，地子刷白色，上部刷天色（用毛蓝锭粉配合青天色）。下部刷白润合，干后用炭条起稿，用香墨研好后放在小碗内，再将小碗放在大碗内，用碗络提着（以防沾染画活），再行落墨，墨干后过矾水，进行桃柳燕染色。

包袱作法：有多种画法，如山水、人物、翎毛、花卉、楼台殿阁等。人物硬抹实开，山水落墨搭色，花卉作染阳抹，楼台殿阁线法等画法。包袱地先用锭粉、毛蓝合如天蓝色，中间刷白润合，名为"接天地"。此为苏画包袱基本过程，特殊者用金地名为窝金地及香色地、青地等，用炭条绘出各种需要的稿子。兹将各种画法介绍如下：

（1）硬抹实开：如花卉，先用锭粉将花鸟涂好，再用洋绿兑锭粉，兑成浅三绿，将花叶子花梗等画齐，按章法抹深绿叶。如有石头，可各色不等画好进行开墨，然后过矾水，以防墨道脱落，易于染色，再行嵌粉。

如楼台殿阁带人物者，先抹远景再抹深浅砖色和房屋其他各色，抹齐后以粉抹人物，深浅绿抹树叶，树干用树本色涂抹，全部抹齐后，再行开墨、过矾水、润色、染着，用草绿画深浅树叶、染水、画水纹，人身抹各种小色，润色开衣纹，最后开眉眼、画头发、搭气色、染着，全部嵌粉。

（2）落墨搭色　如山水人物全刷白地，翎毛花卉少许接蓝天，在起好稿后进行落墨、过矾水、染各种水色，要墨道显明，再行嵌粉。

（3）作染　花卉除不落墨外，其余与硬抹实开同。

（4）阳抹　在已刷好的地子上画风景，阳抹山水。如画山石先用深浅蓝色画远山，次画近山，阳面用最浅色，阴面较深。如地和树用深浅绿色分出光线，水内以水影远船相衬，包袱内全部画完后，方可画烟云和托子。

烟云托子作法：

（1）包袱的周围用连续折叠的曲线画成。并用一种颜色由浅至深退晕，外浅内深，由浅往深退，名为"退烟云"。烟云的层数以单数为准，三、五、七、九道，包袱线可根据种类沥粉贴金，包袱的外围，名为“烟云托子”，其颜色与烟云配合，如黑烟云配深浅红托子；蓝烟云配浅黄、杏黄托子；绿烟云配深浅粉紫托子或红托子；红烟云配绿托子。烟云托层数三至五道，随烟云下浅上深，如遇硬烟云和托子者，必须错色攒退，名为“倒色”。

（2）死烟云的作法：不退晕，两道线无托子，线中间刷香色边或紫边，明次间互相调换，地上攒退晕连珠或竹叶梅等。

聚锦作法：聚锦的周边，可画动物形、植物形等边框，沥粉贴金，内绘多种多样图案。

垫板作法：

（1）画锦 先刷红地（先刷樟丹）再满刷银朱，拉各色方格锦，锦心内画白菊花瓣，再换色点心，锦箍进行框粉或拉粉。

（2）博古 用粉笔画出博古轮廓（如古铜、古磁、文玩等），然后提地抹各色博古，用深浅色抹润，要绘出立体感，再行点缀各样花纹，根据不同的博古配座、插花。

[绿藻头] 藻头花作染各色花头插花叶，走兽用粉笔画好轮廓，按形状抹白，再行开墨过矾水，各色染成后嵌粉。

[卡子] 有软卡子、硬卡子之分。软者其转湾为曲线形，硬者为直角形。青地画硬卡子，绿地画软卡子（图6-30）。

（1）金琢墨卡子 先按谱子沥小粉，再行抹小色，沥粉处包黄胶、润色、攒退，贴金后行粉。

（2）片金卡子 按谱子沥粉后，刷青绿地，然后在沥粉处包黄胶，打金胶，贴金。

（3）颜色卡子 在刷好青绿地处，按谱子画各色卡子，润色，攒深，开跟头粉。

[箍头] 金琢墨箍头，提青绿地后，与卡子作法同。连珠带刷白后，随垫板锦作法同，片金箍头与片金卡子同。

[柁头] 如画线法，与包袱线法同，画金琢墨盒子、别子锦与金琢墨卡子同。画博古除掏格子外，与垫板博古同，柁帮画攒

退活或锦均可。

［付箍头］ 紧靠正箍头外，如正箍头蓝，付箍头绿，正绿则付蓝。然后靠金线，润色，拉三青三绿润色。贴金后拉大粉，靠柁头处刷老箍头，齐鞅拉黑线，柱头箍头上边靠柁头下，刷樟丹切活，将出头（穿插头）的作法，码边拉粉压老。

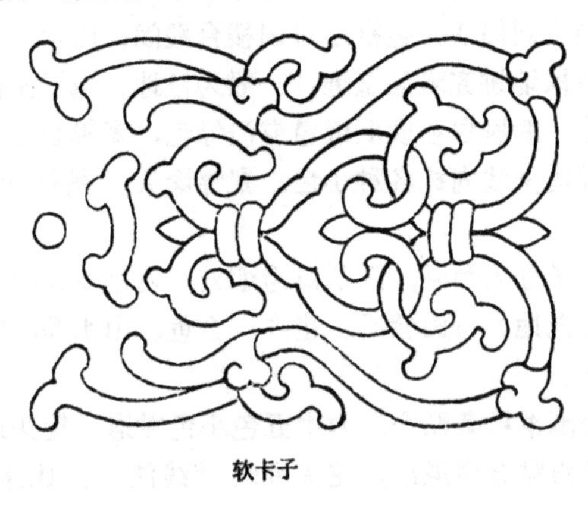

软卡子

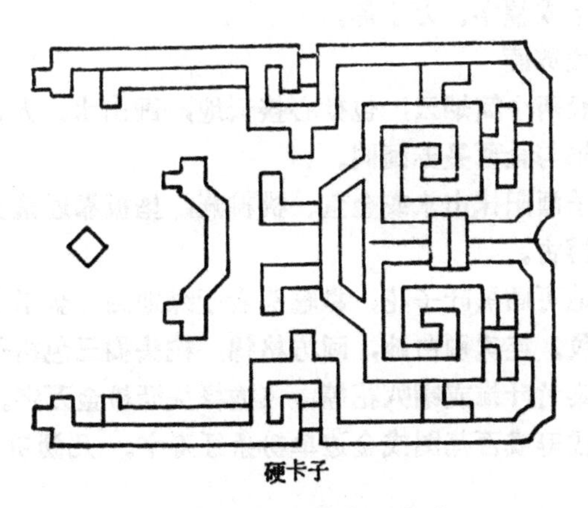

硬卡子

图 6-30 软硬卡子画法

以上各项凡箍头、卡子、聚锦、包袱等，线路沥粉贴金者为“金线苏画”。不沥粉不贴金而用黄线者为“黄线苏画”。只在梁枋之两端画死箍头，大木上不画枋心、藻头、卡子者，而画各种花卉或流云等（青地画流云，绿地画花卉）名为“海漫苏画”。

下面将各种苏画作法分别叙述如下：

一、金琢墨苏画

檩垫枋三件合为一组，划三等分，中间一段画包袱，三个筒烟云（软筒或硬筒），包袱心可画楼台殿阁、山水、人物、翎毛、花卉等。包袱地讲究者为金地，一般为色地。包袱两侧蓝地画聚锦，聚锦地一般刷白色或旧纸色或浅绿色，聚锦心画各种时代的题材，聚锦边金线内抹各种小色，聚锦埝头、聚锦叶、随攒退活。

垫板池子分为两种。活岔口为烟云，死岔口为拉晕色大粉，池子心须接天地，可画翎毛、花卉、金鱼、山水等，绿地藻头可画花卉走兽。

卡子外围单粉条贴金，内中五色小色攒退。箍头连珠可画各种花纹，沥粉贴金攒退活。柁头可画“线法”、山水或卡海棠核、别子锦等。柁帮画金琢墨西蕃莲或锦上添花等。椽头沥粉贴金，方圆寿字或福字、万字等。

二、金线苏画

包袱一般两个筒烟云，包袱心接天地，画山水、人物、翎毛、花卉等。聚锦与金琢墨苏画同。

垫板池子画阳抹山水或金鱼、桃柳燕，垫板靠近箍头者可画锦或红地画博古。

藻头绿地可画黑叶子花，靠箍头者蓝绿地画片金卡子，箍头可画片金花纹。连珠刷白地，画方格锦。柁头掏三色格子，画博古。柁帮作染竹叶梅或喇叭花等。飞檐椽头沥粉金万字。老檐椽头金边画色福寿或百花图或金边单粉条红寿字。凡沥粉处均贴金。

三、黄线苏画

黄线苏画又名墨线苏画，全部不沥粉没金活。包袱心画风景山水花卉等；聚锦内画花卉虫草等。垫板作染葫芦、葡萄、喇叭花、绿地藻头花等。

卡子绿地红卡子，蓝地绿卡子或香色卡子。红地蓝卡子，攒退跟头粉。箍头画回纹或锁链锦，连珠刷黑色地，青箍头则连珠用香色退晕，绿箍头用紫色退晕（图6-31）。

图 6-31　回纹箍头画法

枋头蓝地作染四季花，枋帮紫地，香色地画三蓝折垛花、竹叶梅、藤萝等。飞檐椽头黄万字或倒切万字。老檐椽头福寿字或百花图。

四、海漫苏画

死箍头无金活，作颜色卡子，其作法与黄线苏画同。蓝地画红、黄、绿三色流云，绿地画黑叶子花，中间红垫板可画三蓝花，不带卡子者画流云花卉。

柁帮画三蓝竹叶梅，柁头蓝地黄边拆垛花卉，如有檩椠者（椠是檩下枋子），青桁条香色椠，绿桁条紫椠，画三蓝落地梅。

五、和玺加苏画

换句话说，就是和玺彩画中加一些苏画，全部为活箍头。除盒子、枋心、改画山水、人物、翎毛、花卉外，其余部位画法与和玺同。

六、金线大点金加苏画

是在金线大点金旋子彩画中加苏画，除枋心、盒子、池子去掉龙锦改画山水、人物、翎毛、花卉外，其余部位画法与金线大点金同。

第六节 天花彩画

天花（图6-32）。一般分“软天花”、“硬天花”两种。

软天花作法：以高丽纸用浆糊粘在墙上，先粘纸的上口，然后满过矾水一道，再粘两边及下口（中心不粘），干后，用浅蓝色粉袋拍谱子，操作时与燕尾同时画齐，全部画完后比好尺寸截齐，再行糊天花及燕尾，全部糊好后再刷支条，码井口线（如金线者须包黄胶），然后贴金。

硬天花作法：先将天花板摘下，号好号码，正殿以南为上，东房以西为上，西房以东为上，号的号码字头向上，以利画完后按位就坐，否则不易安装。地仗作好后，磨生油、过水布、打谱子（打谱子时要先看字头，以防颠倒）沥粉、刷色、包黄胶、打金胶、贴金。其操作程序与大木彩画同。

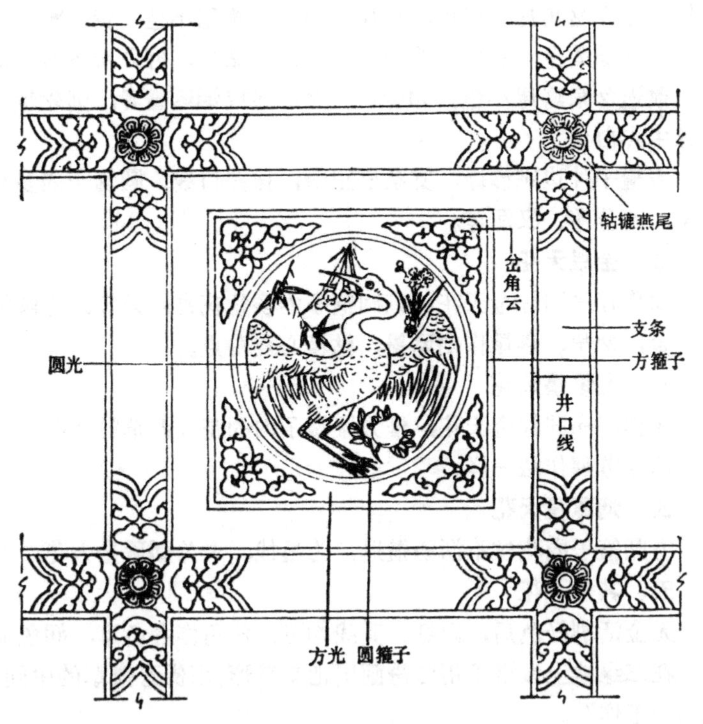

图 6-32 天花彩画示范图

天花画法一般分为片金天花、金线天花、金琢墨天花、烟琢墨天花，以及其他天花。兹将以上几种作法分述如下：

一、片金天花

先丈量天花板及井口大小，支条宽窄尺寸，然后根据尺寸配纸起谱子，先起方圆箍子，后起箍子内各种花纹，再起岔角花纹。起好后进行扎谱子，天花板地仗作好后，磨生油、过水布、拍谱子，先沥方圆箍子大粉，沥粉时先在天花板正中心钉一小钉，用细铅丝以圆箍子的半径长，两头湾套（一头一个，一头二个）一头套在钉上，另一端套在粉尖子上（套在外环上沥圆箍子外线，套在里环上沥圆箍子内线）。次沥方箍子的大粉，后沥方圆箍子内小粉。沥齐后进行刷色，圆古子内一般提青地（也有提红地和其他色地）岔角提二绿地，再抹岔角云及燕尾小色，黄、粉红、三青、三绿等色，然后包黄胶，打金胶，贴金，再开粉齐金、润色、攒退岔角燕尾小色。如燕尾作金琢墨或烟琢墨者，则轱辘心刷青中点白点。

方箍子外边刷砂绿，支条刷正绿，抹井口线。圆箍子内多绘龙凤、西蕃莲、汉瓦等。

二、金线天花

操作程序同片金天花，惟圆箍子内多绘花卉团鹤等，方圆箍子贴金，岔角、燕尾作烟琢墨，轱辘心点白点。

三、金琢墨天花

操作程序同片金天花，惟方圆箍子内的花纹沥单粉条贴金，与金琢墨苏画作法一样。

四、烟琢墨天花

方圆箍子内花纹不沥粉攒退，为墨线，名为烟琢墨天花。

五、其他天花

无金活刷好色后，画红、黄线均可，岔角作各色草，润色攒退。在二绿地上按谱子用白粉画出把字草形，用佛青攒草的中间，名为“玉作”。

燕尾的轱辘勾黑行粉，井口、支条刷绿，再抹井口线，井口线要根据天花用金和不用金而定，一般规定是：

1.梁枋彩画为金龙和玺、金线大点金者，配片金或金线天花。

2.梁枋彩画为金琢墨者，配金琢墨天花。

3.梁枋彩画为黄线无金活者，配墨线或黄线天花。

第七节 斗 栱 彩 画

斗栱彩画一般有三种作法，根据大木彩画而定。

1.如彩画为金琢墨石碾玉、金龙、龙凤和玺等，则斗栱边多采用沥粉贴金，刷青绿拉晕色。

2.如彩画为金线大点金、龙草和玺等，则斗栱边不沥粉，平金边。

3.如彩画为雅伍墨、雄黄玉等，则斗栱边不沥粉不贴金，抹黑边，刷青绿拉白粉。

一、刷色规则

斗栱刷色，在第二节中说过，以角科、柱头科青升斗、绿翘绿昂为准，再向里推为青翘青昂绿升斗，青绿调换，如遇双数者，中间两攒可刷同一颜色，压斗枋底面一律刷绿色。

刷色、沥粉、包胶、拉粉等，均须由斗栱里向外依次操作，以防蹭掉（图6-33）。

二、操作程序

1.需沥粉者，号色后沥二路大粉，然后按号刷色，在沥粉处包黄胶，润色，拉三青三绿晕色，靠金边拉粉压黑老（在昂两侧面）按昂直斜线拉黑线切角，名为“剪子股”。

2.平金边斗栱不沥粉，按号刷青刷绿，在斗栱边贴金处，包黄胶，打金胶贴金，再拉斗口粉，压黑老。

3.无金活（即黑线）斗栱，按号刷青刷绿，再用黑烟子码里边，随黑边拉粉、压老。

三、斗栱板作法

1.斗栱板（又名垫栱板、灶火门）轮廓根据斗栱，金线者沥粉，金线外绿边。斗栱有晕色者拉三绿晕色，然后拉粉。

2.斗栱板内部，除金线采用龙凤外，其余均用三宝珠金火焰。黑线为红油地。

3.龙凤、三宝珠有金活者，先打谱子沥粉，垫光油，打金胶，贴金后，再点白黑龙眼。三宝珠垫光油后，用土粉子炝好，碾三退晕青绿宝珠，上下调换。如不贴金者，垫光红油，然后炝好，碾三退晕宝珠。黑线者为红油地。三宝珠画法以明间正中为准，宝珠上青下绿，然后向外推，青绿调换。

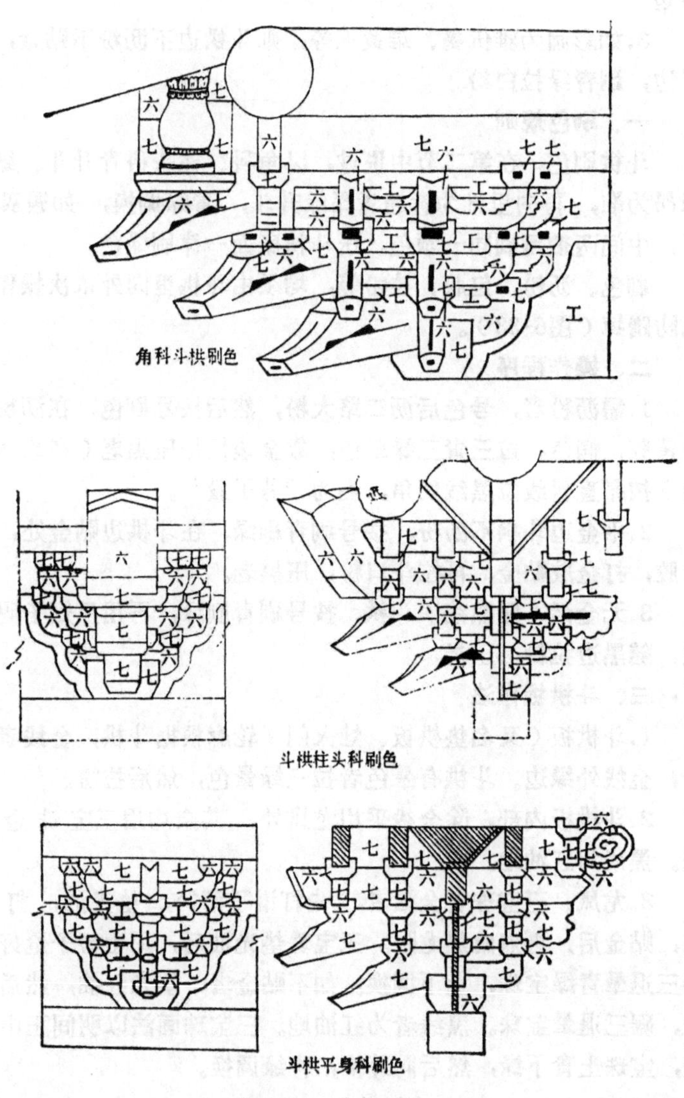

角科斗栱刷色

斗栱柱头科刷色

斗栱平身科刷色

图 6-33 斗栱刷色

第八节　其他构件作法

除和玺、旋子、苏画三种彩画外，还有简单作法，如卡箍头作法，卡箍头带包袱，苏装椐子，雀替，椏子等作法，下面分别介绍：

一、卡箍头和卡箍头带包袱作法

1.卡箍头作法

根据箍头尺寸配纸起谱子(如遇有廊子者要由仰头分中起)、磨生油、过水布、拍谱子，然后沥粉，先沥箍头、连珠线，次沥柁头边、包袱、烟云筒和托子的单线大粉。

刷色仍以明间为准，箍头上青下绿，连珠带、柁头、柁帮如为金琢墨和片金者，必须沥粉提地，遇有倒里箍头，须根据环境可掏着刷地。

卡箍头有片金箍头，金琢墨箍头，金线箍头，黄线箍头四种作法如下：

（1）片金卡箍头　连珠和各种不同花纹与片金苏画作法同。

（2）金琢墨卡箍头　连珠和各种不同花纹与金琢墨苏画作法同。

（3）金线卡箍头　连珠和一般花纹用万字回纹及各样花纹，润色画三青三绿，切黑拉粉。

（4）黄线卡箍头　不沥粉，不贴金，只抹黄边。

2.卡箍头带包袱作法

与苏画箍头，包袱作法同，只取销聚锦、藻头，垫板池子不画，改为油地。

二、苏装椐子作法

在地仗上按椐子条满掏樟丹里或粉红里，然后刷青绿和香色紫色，调配换色，如刷一个青即刷两个绿，小蜈蚣撑靠绿处配紫，靠青处配香色，也有刷青绿二色者，在青绿各色当中拉一白线。

三、椏子作法

根据不同的花纹，先掏樟丹里或粉红里，再刷绿纠粉，特殊者攒退活作染花头。

四、雀替作法

根据大木彩画而定雀替彩画，如为大木金琢墨彩画，雀替仰头沥粉贴金，刷青绿，两端靠柱靠枋处，刷绿向雀替中推，青绿调换，拉晕色、拉粉、压老，雀替草金琢墨四色攒退，大边满贴金，画完后扣银朱油地。如为大木金线彩画，则雀替仰头沥粉贴金，拉粉，压黑老（不拉晕色），雀替草刷青绿，小苞瓣处刷香色，紫色或金苞瓣，然后纠粉，大边满贴金。如为大木黄线彩画，则雀替仰头刷青绿，码黑线，拉粉，压老，雀替草刷青绿，纠粉，大边黄色（图6-34）。

图 6-34 雀替画法

五、门簪、套环作法

作法与椏子同。

六、垂花门花罩作法

如花罩用樟丹掏里，再根据花纹刷绿，刷蓝石头，花刷白，染红花瓣（或金打扮包胶贴金）枝叶纠粉，大边深浅蓝，蓝边退晕拉粉（黄边或金边）。

七、垂头、荷叶墩作法

作法随花罩装色同。

八、挂柱、椽头、枕头木作法

根据颜色的差别，以不顺色为原则，刷香色、紫色、石山青等，以上各色除石山青地上作染花卉和走兽外，其余紫香色，银朱地，也有画三蓝花等，仅走兽提地，其他各色满刷，其操作方法与苏画同。

九、廊子心、象眼、门头板、影壁心、壁画等作法

地仗上先刷两道白油，第二道油稍干时，即用土粉袋满炝，炝到油无亮光为止，再用干布蹭好，进行起稿。如山水、人物、花卉、飞禽和其他草稿进行落墨时，按稿细画，上水色或实色，开染以及线法，与苏画包袱作法同。最后刷边拉线，内中章法要精细，山水画法和墨气，须远轻近浓，花草风流，花朵配色要鲜艳，翎毛要精神，鱼要活跃，人物线条要自然，大树要苍老，线法要画出三布景或五布景。

十、挂檐作法

［金琢墨挂檐］　卡子与枋心草均为金琢墨沥粉贴金，四周攒退活。枋心画各种山水、人物、花卉等与包袱作法同，有画聚锦者，与苏画聚锦同。挂檐地先刷银朱油。

［片金挂檐］　周边、卡子、枋心草、均为片金作法，枋心与苏画包袱作法同。

［颜色挂檐］　边满刷三青，拉大粉，二青攒退。卡子、枋心草用一色或三色，开跟头粉，攒退活。枋心画山水、花卉与苏画作法同。

［黑白色挂檐］　先刷浅灰色油两道，干后炝好，打谱子或用粉笔起稿，一般画黑白深浅博古、海漫、西番莲、汉瓦，或画万字不断，或卡子，枋心画黑白山水等。

十一、屏门斗方作法

四扇屏门地仗作好后安齐，根据宽窄尺寸进行起谱子，弹横线，分中打谱子，沥方圆箍子（福、寿字或花纹），依不同花纹沥小粉，然后刷油漆，粉条打金胶，贴金，扣油即为完成。

十二、斑竹纹作法

有绿斑竹、黄斑竹两种，一般画在挂檐边，宽边和其他建筑物边上，也有整座建筑满画斑竹者，如故宫御花园绛雪轩，名为“斑竹座”。

绿斑竹，先刷浅三绿油二道，待不粘手后，即行炝好，用墨和尺棍画出斑竹宽窄，然后分长短，隔节和八字，用浅草绿垛节染头道（靠节染深）。如横竹上浅下深，立竹两侧浅里深，干后润色搜深草绿，然后再点斑竹点，点分大小，有集有散，阴处点多，阳处点少，二道色须加深重落（名为凤眼竹），阳面拉细白粉，竹节中拉两道细白粉。

黄斑竹又名老斑竹，刷米黄油地，用深赭石黄画竹，其作法与绿斑竹同。

十三、墙边作法

墙边彩画，室内墙面和廊子心绘之，有的墙面地仗作好后，墙边作行龙沥粉贴金，如故宫三大殿。有的墙边刷色拉红白粉，如故宫交泰殿。

墙心多采用“包金土”色（深米黄色），绿边，在两色相接处拉3至5分红线，在包金土色上距红线5分拉白线一道。也有在墙边作切活者。

第九节 新 式 彩 画

解放后随着我国社会主义建设事业的蓬勃发展，新的建筑不断涌现，对于建筑彩画又提出了新的要求。根据建筑物的功能特点，彩画艺人参考了历代彩画的用色和花纹的演变，创造出多种新式图案，在北京人民大会堂、火车站、北京饭店宴会厅、民族宫等，配合建筑绘制了大量新式彩画（图6-35）。这些彩画在使用颜色方面，大体可分冷、热、温三种，考虑阳光和视觉效果的不同要求，图书馆、礼堂须庄严肃静；休息室、会客室须温和舒适；宴会厅、大会堂须雄伟大方。总之，室内彩画颜色宜浅不宜深，花纹宜简不宜繁，用金宜少不宜多。

新式彩画有沥粉贴金，沥粉不贴金；沥粉刷色，有“攒色”，“着色”，“退晕”等；有带枋心盒子或不带枋心盒子；有带枋心无花纹，有不带枋心有花纹等多种做法。

新式彩画操作程序与旧式彩画同。

枋心

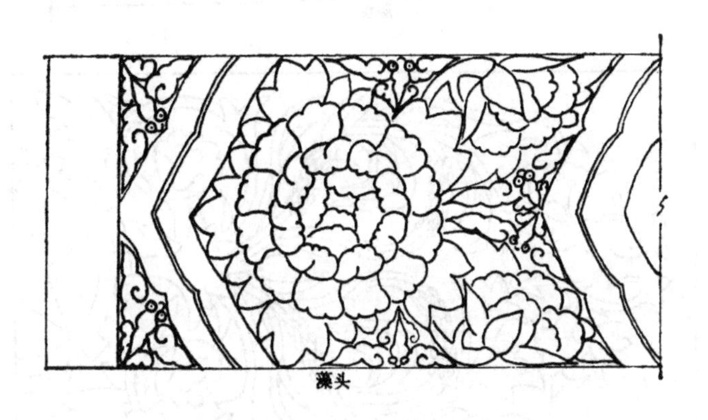

藻头

图 6-35 新式彩画（1）

图 6-35　新式彩画（2）

第十节　单方用工用料参考表

斗拱及其他构件面积表

表 1

名称 \ 米 \ 平 口 份	1	$1\frac{1}{2}$	2	$2\frac{1}{2}$	3	$3\frac{1}{2}$	4
(厘米)	3.2	4.8	6.4	8.0	9.6	11.20	12.80
一斗三升	0.095	0.214	0.319	0.594	0.854	1.163	1.515
一斗二升交麻叶	0.011	0.237	0.42	0.657	0.946	1.287	1.681
三踩单翘品字科	0.217	0.49	0.869	1.159	1.96	2.662	3.476
三踩单昂	0.236	0.63	0.962	1.473	2.121	2.887	3.77
五踩单翘单昂	0.421	0.947	1.68	2.624	3.783	5.15	6.726
五踩重翘品字科	0.362	0.815	1.446	2.26	3.255	4.432	5.173
七踩三翘品字科	0.516	1.258	2.234	3.491	5.027	6.842	8.935
七踩单翘重昂	0.594	1.735	2.373	3.708	5.339	7.266	9.49
九踩四翘品字科	0.924	1.162	2.878	4.498	6.474	8.818	11.54
九踩单翘三昂	0.762	1.715	3.046	4.762	6.241	9.329	12.183
十一踩双翘三昂	0.923	2.077	3.69	5.767	8.304	11.303	14.761
(内)溜金四踩单翘单昂	0.421	0.947	1.682	2.629	3.171	5.15	6.726
霸王拳	0.051	0.115	0.204	0.318	0.459	0.625	0.816
挑尖梁	0.102	0.230	0.408	0.638	0.918	1.25	1.632
老角梁	0.126	0.285	0.506	0.78	1.138	1.549	2.024

续表

口份 / 平米 / 名称	1	$1\frac{1}{2}$	2	$2\frac{1}{2}$	3	$3\frac{1}{2}$	4
	(厘米)						
	3.2	4.8	6.4	8.0	9.6	11.20	12.80
仔角梁	0.092	0.207	0.369	0.574	0.826	1.125	1.469
宝瓶	0.018	0.042	0.073	0.115	0.165	0.225	0.294
斗栱板	0.024	0.055	0.073	0.153	0.22	0.299	0.392
九踩重翘重昂	0.754	1.674	2.985	4.664	6.716	9.141	11.98
(外)溜金五踩单翘单昂	0.448	1.008	1.791	2.80	4.338	5.487	7.164

注：1.每攒斗栱面积双面计算，如作一面，以二分之一计算；2.角科每攒面积相当平身科3.5攒；3.不包括斗栱板及压斗枋；4.表中口份为营造尺单位。

起扎谱子工料表

表 2

工程项目	单位	人工		材料			
	(米²)	基本工	其他工	牛皮纸(张)	粉笔(盒)	炭条(盒)	香墨(块)
大点金	10	8.62	0.86	10	1	1	1
龙草和玺	10	11.46	1.15	10	1	1	1
金龙和玺	10	12.34	1.23	10	1	1	1
雅伍墨，小点金	10	5.92	0.59	10	1	1	1
苏画	10	10.46	1.05	10	1	1	1
天花	10	11.46	1.15	10	1	1	1

和玺彩画工料表 表 3

工程项目	单位	人工		材料											
	(米²)	基本工	其他工	洋绿(公斤)	佛青(公斤)	锭粉(公斤)	石黄(公斤)	烟子(公斤)	水胶(公斤)	大白粉(公斤)	土粉子(公斤)	银朱(公斤)	樟丹(公斤)	光油(公斤)	砂纸(张)
金龙和玺(1)	10	6.29	0.63	0.781	0.188	0.313	0.188	0.017	0.594	1.375	1.375	0.094	0.25	0.063	2
金龙和玺(2)	10	5.66	0.57	0.781	0.188	0.313	0.188	0.017	0.594	1.375	1.375	0.094	0.25	0.063	2
金龙和玺(3)	10	8.18	0.818	0.781	0.188	0.313	0.188	0.017	0.594	1.375	1.375	0.047	0.25	0.063	2
金琢墨和玺	10	12.58	1.26	0.781	0.188	1.00	0.188	0.017	0.594	1.375	1.375	0.094	0.50	0.063	2
龙草和玺(1)	10	5.30	0.53	0.906	0.125	0.438	0.156	0.002	0.50	1.25	1.06	0.094	0.50	0.063	2
龙草和玺(2)	10	6.62	0.66	0.906	0.125	0.438	0.156	0.002	0.50	1.25	1.06	0.094	0.50	0.063	2
和玺苏画	10	5.88	0.59	0.567	0.156	0.85	0.156	0.013	0.50	1.00	1.00	0.017	0.41	0.063	2

注：1.金龙和玺(1)：箍头压斗枋，坐斗枋为片金沥粉。

金龙和玺(2)：死箍头，压斗枋、挑尖梁、霸王拳不作片金。

金龙和玺(3)：贯套箍头五彩云。

2.龙草和玺(1)：死箍头，坐斗枋片金工王云或流云，压斗枋、挑尖梁、霸王拳、为金边拉晕色大粉，垫板金轱辘颜色草(金打拌)。

龙草和玺(2)：压斗枋片金工王云，坐斗枋片金行龙或轱辘草攒退。

旋子彩画工料表

表 4

工程项目	单位	人工		材料											
	(米²)	基本工	其他工	洋绿(公斤)	佛青(公斤)	锭粉(公斤)	石黄(公斤)	樟丹(公斤)	银朱(公斤)	烟子(公斤)	水胶(公斤)	光油(公斤)	土粉子(公斤)	大白粉(公斤)	砂纸(张)
金线大点金	10	5.35	0.54	0.813	0.203	0.50	0.156	0.056	0.0032	0.031	0.41	0.047	1.13	1.13	2
大点金加苏画	10	6.15	0.62	0.719	0.203	0.844	0.109	0.025	0.0032	0.063	0.49	0.031	0.75	0.63	2
墨线大点金	10	4.22	0.42	0.719	0.203	0.344	0.109	0.025	0.0032	0.063	0.49	0.031	1.25	0.63	2
金琢墨石碾玉	10	7.40	0.74	0.938	0.244	0.625	0.219	0.031	0.0013	0.002	0.50	0.063	1.13	1.00	2
石碾玉	10	5.69	0.57	1.00	0.281	0.875	0.188	0.031	0.0063	0.05	0.44	0.063	0.25	1.13	2
雅伍墨	10	3.58	0.36	0.843	0.219	0.375	—	0.188	0.0032	0.063	0.25	—	0.25	0.25	2
一字枋心	10	3.12	0.31	0.89	0.219	0.375	—	0.188	0.0032	0.063	0.25	—	—	0.25	2
墨线小点金	10	3.69	0.37	0.72	0.203	0.344	0.07	0.056	0.0032	0.063	0.25	0.019	0.38	0.38	2
画切活雅伍墨	10	4.12	0.41	0.843	0.219	0.375	—	0.188	0.0032	0.063	0.25	—	0.25	0.25	2
雄黄玉	10	3.58	0.36	0.188	0.053	0.438	0.188	1.44	—	0.047	0.31	—	0.25	0.25	2

注：1.金线大点金：死箍头龙锦枋心，坐斗枋降幕云，压斗枋金边拉晕色，垫板池子红地博古，绿地作染花或切活，盒子龙西蕃莲。
2.大点金加苏画：活箍头，盒子枋心画山水人物翎毛花卉线法等。
3.金琢墨石碾玉：线路沥粉贴金，压斗枋片金西蕃莲，金琢墨攒退草，坐斗枋金卡子金八宝，金琢墨攒退带子，活箍头，垫板金琢墨攒退，金轱辘雌雄草。
4.墨线大点金：线路勾黑，不拉晕色，其他与金线大点金同。
5.雅伍墨：枋心池子为双夹粉草龙及作染花，坐斗枋降幕云，压斗枋黑边白粉。
6.雄黄玉：池子内无画活，如画者增人工8％。

苏画工料表

表 5

工程项目	单位	人工		材料												
	(米²)	基本工	其他工	洋绿(公斤)	锭粉(公斤)	佛青(公斤)	石黄(公斤)	樟丹(公斤)	银朱(公斤)	烟子(公斤)	水胶(公斤)	光油(公斤)	土粉子(公斤)	大白粉(公斤)	广红(公斤)	砂纸(张)
金琢墨苏画	10	33.73	3.37	0.625	0.938	0.141	0.125	0.41	0.019	0.09	0.474	0.047	1.00	0.82	0.031	2
金线苏画	10	20.38	2.04	0.50	0.875	0.125	0.141	0.41	0.013	0.016	0.50	0.047	0.88	0.82	0.031	2
黄线苏画	10	15.50	1.55	0.50	0.91	0.125	0.141	0.50	0.01	0.019	0.25	—	0.25	0.25	0.031	2
海漫苏画	10	6.43	0.64	0.625	0.63	0.156	0.188	0.50	0.01	0.019	0.25	—	0.125	0.125	0.125	2

注：1.金琢墨苏画：烟云筒子软硬互相对换，烟云最少七道，垫板作锦上添花，枪头线法山水、博古，箍头西蕃莲、回纹、万字金琢墨作法·连珠金琢墨，丁字锦或三道回纹，软硬金琢墨卡子。

2.金线苏画：垫板小池子死岔口，画金鱼桃柳燕。藻头四季花、喇叭花、竹叶梅、全作染。枪头博古山水。箍头片金花纹，片金卡子。老檐金边，包袱画线法山水人物花鸟，烟云七道。

3.海漫苏画：死箍头没金活，颜色卡子跟头粉，垫板三蓝花，枪头作染花，枪帮三蓝竹叶梅，海漫流云，黑叶子花。

4.黄线苏画：包袱内画山水人物翎毛花卉线法金鱼桃柳燕，垫板没池子者，可画作染葡萄、喇叭花。有池子者可画金鱼桃柳燕，死岔口，烟云五道，颜色卡子双夹粉，枪头博古，老檐百花福寿，飞檐倒切万字。

天花彩画工料表

表 6

工程项目	单位	人工		材料													
	(米²)	基本工	其他工	洋绿(公斤)	佛青(公斤)	锭粉(公斤)	石黄(公斤)	樟丹(公斤)	银朱(公斤)	烟子(公斤)	水胶(公斤)	光油(公斤)	土粉子(公斤)	大白粉(公斤)	砂纸(张)	白矾(公斤)	高丽纸(张)
片金天花	10	15.20	1.52	1.06	0.125	0.375	0.25	0.125	0.0032	0.0032	0.50	0.063	1.00	0.75	2	0.125	11
双龙，龙凤天花	10	16.00	1.60	1.06	0.125	0.375	0.25	0.125	0.0032	0.0031	0.50	0.063	1.00	0.75	2	0.125	11
金琢墨岔角云天花(1)	10	20.60	2.06	1.06	0.125	0.625	0.25	0.125	0.0032	0.0031	0.50	0.063	1.00	0.75	2	0.125	11
金琢墨岔角云天花(2)	10	17.90	1.79	1.06	0.125	0.50	0.25	0.125	0.0094	0.0031	0.50	0.063	1.00	0.75	2	0.125	11
金琢墨岔角云天花(3)	10	19.40	1.94	1.06	0.125	0.375	0.25	0.125	0.0032	0.0032	0.50	0.063	1.00	0.75	2	0.125	11
烟琢墨龙凤天花(1)	10	18.20	1.82	1.06	0.125	0.625	0.25	0.125	0.0032	0.0031	0.50	0.063	1.00	0.75	2	0.125	11
烟琢墨四季花，团鹤，西蕃莲(2)	10	17.90	1.79	1.06	0.125	0.50	0.25	0.125	0.0032	0.0031	0.50	0.063	1.00	0.75	2	0.125	11
六字真言天花	10	38.00	3.80	1.06	0.125	—	0.25	0.125	0.0094	0.0031	0.50	0.063	1.00	0.75	2	0.125	11
片金岔角云天花	10	17.90	1.79	1.06	0.125	0.625	0.25	0.125	0.0032	0.0032	0.50	0.063	1.00	0.75	2	0.125	11
燕尾支条(单作)	10	4.80	0.48	0.742	0.125	0.125	0.125	0.025	0.001	—	0.25	0.025	0.50	0.32	2	0.025	3

注：1.片金天花：硬作法包括号天花板，上下天花板，支条燕尾轱辘金琢墨云，片金龙凤或花纹。方圆箍子沥粉贴金，包括井口线。
2.金琢墨岔角云天花(1)：为团鹤、和平鸽、四季花、西蕃莲等。
3.金琢墨岔角云天花(2)：为片金团龙，西蕃莲。
4.金琢墨岔角云天花(3)：为金琢墨西蕃莲汉瓦等。
5.烟琢墨龙凤天花(1)：岔角燕尾均为烟琢墨，圆箍子内坐龙攒退，无金活。
6.烟琢墨、四季花、团鹤、西蕃莲(2)天花：圆箍子内团鹤、和平鸽、四季花、西蕃莲等。
7.支条长×宽计算。
8.片金岔角云天花：为团鹤、和平鸽、四季花。

斗栱彩画工料表

表 7

工程项目	单位	人工		材料						
		基本工	其他工	洋绿（公斤）	佛青（公斤）	锭粉（公斤）	石黄（公斤）	烟子（公斤）	水胶（公斤）	砂纸（张）
各种斗栱	10米²	0	0	0.938	0.203	0.375	0.188	0.016	0.375	2
一斗三升	每攒	0.08	0.008							
三 踩	每攒	0.16	0.016							
五 踩	每攒	0.34	0.034							
七 踩	每攒	0.46	0.046							
九 踩	每攒	0.62	0.062							
十一踩	每攒	0.93	0.093							

注：1.斗栱以攒定工，以平方米计算材料。
2.斗栱彩画以黄线而定，不包括贴金。
3.角科斗栱为正身科3.5倍计算。
4.斗科沥粉拉晕色以五踩为准，如七踩系数为1.4，九踩为2.0，十一踩为3.0，三踩为0.5。

卡箍头彩画工料表

表 8

工程项目	单位	人工		材料												
	(米²)	基本工	其他工	洋绿(公斤)	佛青(公斤)	锭粉(公斤)	石黄(公斤)	樟丹(公斤)	银朱(公斤)	烟子(公斤)	水胶(公斤)	土粉子(公斤)	大白粉(公斤)	光油(公斤)	广红(公斤)	砂纸(张)
金琢墨箍头	10	26.98	2.70	0.53	0.153	0.625	0.156	0.125	0.016	0.01	0.41	1.00	0.75	0.063	0.032	2
金线箍头	10	16.30	1.63	0.50	0.125	0.875	0.141	0.41	0.013	0.016	0.50	0.875	0.82	0.047	0.032	2
片金箍头	10	13.04	1.30	0.50	0.125	0.625	0.141	0.125	0.013	0.016	0.50	0.875	0.82	0.063	0.032	2
黄线箍头	10	12.44	1.24	0.50	0.125	0.50	0.125	0.063	0.006	0.01	0.313	0.25	0.25	0	0.032	2
黄线倒里箍头	10	16.17	1.62	0.50	0.125	0.625	0.156	0.063	0.013	0.01	0.313	0.25	0.25	0	0.032	2
黄线连珠箍头	10	14.31	1.43	0.50	0.125	0.875	0.125	0.063	0.013	0.01	0.313	0.25	0.25	0	0.032	2

注：1.金琢墨箍头：枪头画博古线法，枪帮作染花攒活，连珠带三道回纹或万字锦，箍头为金琢墨西蕃莲汉瓦长圆寿字等。椽头沥粉贴金或福寿字，作染百花图。

2.卡箍头代雀替者，其面积按画活计算。

3.卡箍头以实际面积计算。

其他彩画工料表

表 9

工程项目	单位	人工		材料								
		基本工	其他工	洋绿（公斤）	佛青（公斤）	锭粉（公斤）	石黄（公斤）	樟丹（公斤）	银朱（公斤）	水胶（公斤）	砂纸（张）	广红（公斤）
苏装楣子(双面)	10米^2	0.5	0.05	0.313	0.094	0.25	0.094	1.25	0.0063	0.313	2	
苏装楣子(单面)	10米^2	0.4	0.04	0.188	0.075	0.15	0.075	1.25	0.004	0.25	2	
枒子掏里(双面)	个	0.113	0.01	0.06	0.015	0.03	0.01	0.18	0.0007	0.062		
枒子掏里(单面)	个	0.075	0.008	0.036	0.011	0.02	0.007	0.18	0.0006	0.032		
套环掏里(双面)	10米^2	0.375	0.04	1.00	0.0938	0.378	0.125	1.75	0.0625	0.375		0.0938
套环掏里(单面)	10米^2	0.225	0.02	0.50	0.0468	0.1875	0.0625	1.75	0.0312	0.25		0.0469
画墙边	米	0.167	0.02	0.28	0.03		0.06			0.05		

注：1.苏装楣子以单面计算。

2.枒子以龙草为准，纠粉作法。

3.垂头、挂柱、檩头、枕头木、荷叶墩等随彩画定额。

4.花罩牌楼云板双过桥者面积乘 2，随大木彩画。

贴金工料表 表 10

贴金项目	单位	人工		材料			
	(米²)	基本工	共他工	金胶油(公斤)	大白(公斤)	棉花(公斤)	金箔(张)
金龙和玺	10	6.25	0.625	0.50	0.125	0.031	700
龙草和玺	10	5.25	0.525	0.50	0.125	0.031	650
金线大点金	10	3.56	0.356	0.25	0.125	0.031	400
墨线大点金	10	2.94	0.294	0.25	0.125	0.031	250
金琢墨石碾玉	10	6.25	0.625	0.50	0.125	0.031	700
金线烟琢墨石碾玉	10	3.56	0.356	0.25	0.125	0.031	400
墨线小点金	10	1.43	0.143	0.06	0.125	0.031	100
金琢墨苏画	10	3.50	0.350	0.25	0.125	0.031	400
大点金苏画	10	3.56	0.356	0.25	0.125	0.031	330
和玺苏画	10	4.95	0.495	0.25	0.125	0.031	500
金线苏画	10	3.50	0.350	0.18	0.125	0.031	300
片金天花	10	5.55	0.555	0.50	0.125	0.031	700
金琢墨岔角云天花	10	5.80	0.580	0.50	0.125	0.031	630
六字真言天花	10	38.00	3.80	0.50	0.125	0.031	700
只作燕尾	10	2.78	0.278	0.25	0.125	0.031	300
椽头万字老檐金边	10	12.90	1.29	0.50	0.125	0.031	1500
椽头万字支花寿字	10	16.80	1.680	0.50	0.125	0.031	2000
椽头万字支花虎眼	10	10.40	1.04	0.50	0.125	0.031	1200

续表

贴金项目	单位（米²）	人工		材料			
		基本工	其他工	金胶油（公斤）	大白（公斤）	棉花（公斤）	金箔（张）
垫栱板三宝珠	10	6.10	0.61	0.11	0.125	0.031	350
垫栱板坐龙，花草	10	6.10	0.61	0.22	0.125	0.031	700
花活贴金扣油	10	5.15	0.515	0.50	0.20	0.10	1200
混金贴金扣油	10	2.65	0.265	0.50	0.20	0.10	1621
框线贴金	10	0.80	0.08	0.11	0.10	0.01	41
斗栱金边贴金 1 寸口份	10	3.84	0.384	0.156	0.125	0.031	150
斗栱金边贴金$1\frac{1}{2}$寸口份	10	2.94	0.294	0.156	0.125	0.031	150
斗栱金边贴金 2 寸口份	10	2.32	0.232	0.156	0.125	0.031	150
斗栱金边贴金$2\frac{1}{2}$寸口份	10	1.20	0.120	0.156	0.125	0.031	150
斗栱金边贴金 3 寸口份	10	1.17	0.117	0.156	0.125	0.031	150
斗栱金边贴金$3\frac{1}{2}$寸口份	10	1.15	0.115	0.156	0.125	0.031	150
斗栱金边贴金 4 寸口份	10	1.14	0.114	0.156	0.125	0.031	150

注：1.彩画贴金以两道金胶油为准。

2.石碾玉同金线大点金用料。

3.框线贴金以 3 厘米计算。

4.云头挂檐、云盘线，每10米²用金800张。倒挂眉子、菱花扣、栏杆套环每10米²用金400张。

5.混金以平面为准，如龙凤雕刻混金。每10米²用金为5100张。

6.本表口份按营造尺计算。

画活名词解释表　　表 11

名词	解释
拉大粉	凡是用尺棍靠近晕色画一道白粉者，谓之拉大粉
行粉	顺着花草纹阳面画一道细白线，名为行粉。唯旋花之白线名为吃小晕
框粉	凡是画锦一律使尺棍画者，均为框粉，颜色多种
嵌粉	凡是在深色上用白粉找出阴阳面者，谓之嵌粉
跟头粉	凡是攒退活攒中间者为行双粉，攒一边者谓之跟头粉
纠粉	凡是将粉搭水笔润开者，谓之纠粉
切活	用墨画出花纹地而露出花活者，谓之切活
压老	凡是最后一道工序用墨或色者，谓之压老
掏	凡是两色之间画一黑线者，谓之掏

画工俗语与官式名词对照表　　表 12

俗语	官式名词	俗语	官式名词
上行条	挑檐桁	坐斗枋	平板枋
道士帽	挑尖梁头	压斗枋	挑檐枋
荷包、烂眼边	斗栱眼	烟袋锅	升
金刚圈	霸王拳	烟袋脖	翘
灶火门	垫栱板	猪栱嘴	昂
将出头	穿插梁头		

南北方名词对照表　　表 13

北方地区(北京)	南方地区(苏州)	北方地区(北京)	南方地区(苏州)
枋心	樘子	箍头线	隔线
包袱	袱	岔口线	樘子框线
藻头	地	退晕	退开
箍头	衬边	贴金	装金
付箍头	包头	天花	棋盘顶

第七章　搭　材　作

搭材作，是清代建筑中所采用的一个专用名称，搭材作现代称作“脚手架”，为了通俗起见，在本章的正文中，一律把搭材作称作脚手架。

脚手架主要是为建造和修缮建筑物服务的，每当一座建筑物建成或修缮完毕，它就完成了任务，并随即把它拆除，所以，历史上没有脚手架的实物被保留下来。考古工作中有时发现古代城墙，留有原建时插脚手架杉杆的洞眼，这些痕迹说明在修筑这些城池时，利用过脚手架。随着建筑事业的发展，尤其是高层建筑的出现，搭脚手架的技术也随之提高和成熟，例如现存我国最高的建筑物之一，河北省定县宋代开元寺塔十一层，高约八十四米，若没有出色的脚手架，它的建造和修缮是不可能的。我国历史上最著名的两部有关建筑的经典：宋《营造法式》和清工部《工程做法》中记述了一些有关脚手架的内容，如宋《营造法式》中有“卓立搭架”、“绾系鹰架”、“缚棚阁”；清工部《工程做法》中提得更加具体称搭脚手架叫“搭材作”。各种架子有：“竖立大木架子”、“随木作坐檐架子”、“搭戗桥”、“安锭天花井顶隔扎脚手架子”、“随瓦作砌墙扎脚手架子”、“搭持杆”、“菱角架子”、“券洞架子”等等。这些都说明只要进行营造和修缮，就要使用脚手架。搭设技术随着建筑事业的发展而不断提高，和其它建筑技术一样有着悠久的历史。

我国的古建筑种类繁多，无论是造型还是结构都差别很大，有各自的特点；同时建造和修缮它们时各工种有不同的工作内容，因此，怎样搭好脚手架，满足各类建筑及各个工种的不同要求，有着工程上和经济上的意义。下面将分节叙述有关脚手架的传统做法和内容。

第一节　材料、工具和保管

脚手架主要材料有：杉槁、横木（又叫六尺杠子、排木）、脚手板（松木板）、标棍、扎缚绳、三股绳、连绳等。上述材料的性能、规格及用途分述如下：

［杉槁］ 主要产于长江以南地区，有时用东北产的松木篙子代替，因产地不同外观与性能亦有差异，例如江西产的杉槁木心呈粉色；而湖南、湖北产的木心更偏红色，它们表皮的组织较细且较厚，物理性能刚柔相济，重量较轻，是搭脚手架的理想材料，东北产的松木篙子木心呈浅黄或白色，表皮的组织较粗糙且较薄，物理性能较脆，根径和稍径差距较大，不得已时才用其代替南方的杉槁。杉槁的标准长度是4～6及8～10米两类，其有效部分的直径：小头不得小于6厘米；大头最好不超过18厘米为宜。凡腐朽、隐折、劈裂、枯节的杉槁均不得使用。

［横木］ 一般用杉槁或硬杂木做成，长度一般不小于2米，小头直径不得小于10厘米，如果小于10厘米则必须加密使用。其质要求与杉槁相同。

［脚手板］ 一般用5厘米厚的松木板。每块板的宽度不能小于20厘米，长度3～5米为宜。凡腐朽、虫蛀、扭纹、易折断，有大横透节，或者含有粘液的榆木板，均不得使用。

［扎缚绳］ 俗称扎绑绳，用白色苘麻做成两股的麻辫子，长度3米，粗1.2厘米，每根重0.2公斤上下，耐拉力强，缺点易腐烂和松扣。

［三股绳］ 一般是用黄色线麻做成，长度6米，重为0.15公斤，耐拉力比扎缚绳大，缺点易腐烂，且造价较高。

［连绳］ 用黄色线麻制成，长度为6米，粗径0.4厘米，每把六根重约0.25公斤。连绳做法有两种：一为反花，一为正花。正花优点较多。

［标棍］ 一般用硬杂木，长度30～40厘米，粗径为3～7厘米。

［工具］ 常用工具有四种：斧子：用其砍杉槁和横木上的木节子、剁绳等。锯：用其锯标棍。鱼形刀：俗称“刺子”，开绳和裁席用。弯针：缝席用。

杉槁的堆放和保管：杉槁和横木运到工地，应选择地势较高之处存放。存放的方法应视其长期还是短期存放而定，如果短期即用，可以倚墙斜着竖立起来；也可以选较高地面平放，平放必须支垫，离开地面20厘米以上。如果较长时期的存放，则应搭存放杉槁的架子（图7-1），用这种方法保管的优点是既保证了杉槁的安全，又便于清点。

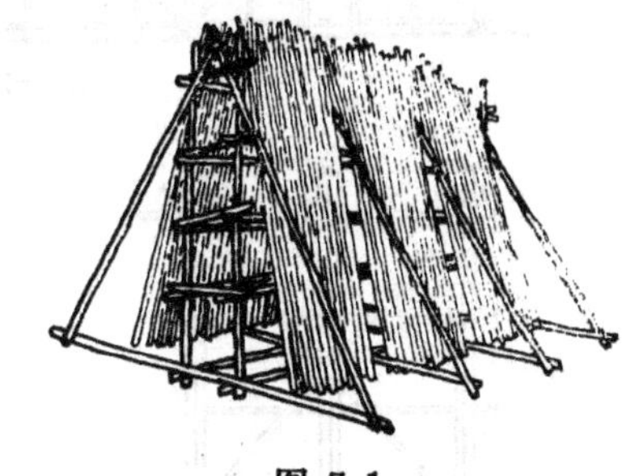

图 7-1

第二节 各部杆件名称

［立杆］ 又叫立柱、冲天杆、站杆。即与地面垂直而搭的杉槁，一般立杆间距为1.50米。

［顺杆］ 又叫顺水、脚手、边圈。即与地面平行而搭的杉槁，一般顺杆间距为1.20米。

上述两种构件起着传载和承载的作用，在脚手架中起着骨干作用。

［横木］ 又叫六尺杠子、码子、排木、横楞、横杆。即承托脚手板的横杆。它主要起承托作用，一般间距为1米。

［扫地杆］ 又叫锁杆，即脚手架根部顺杆，主要起固定立杆根部的作用。

［双笔管］ 即两根杉槁并立在一起的立杆。主要是为了加大立杆的承载能力和稳定性。

［荞麦棱］ 即三根杉槁并立在一起的立杆。作用与双笔管相同。

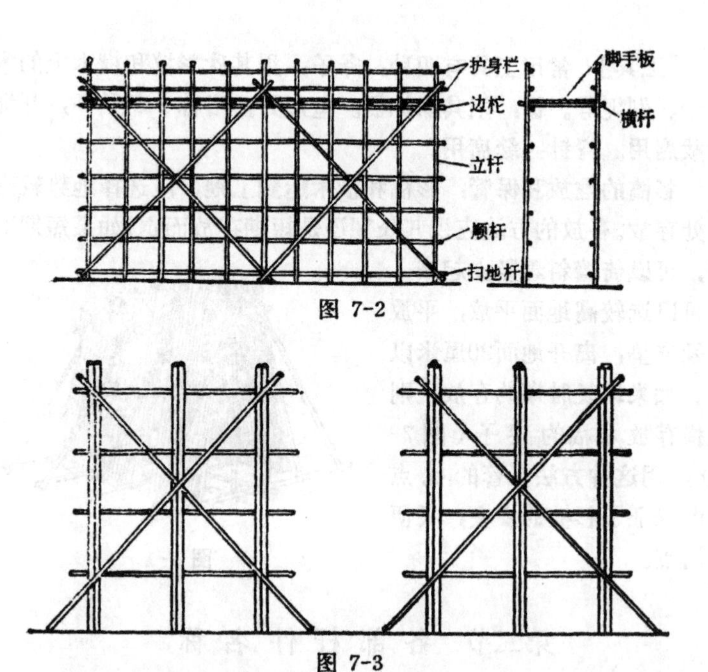

图 7-2

图 7-3

[边杧] 又叫边圈。是承托横木的顺杆。

[护身栏杆] 又叫栏杆。主要作用是保护工作人员在脚手架上，安全工作。

上述八项见图7-2、7-3。

[进深戗] 又叫五字戗，也叫迎门戗。即用它来增加马道、外檐双排立杆之间的稳定性和加大承载能力（图7-5）。

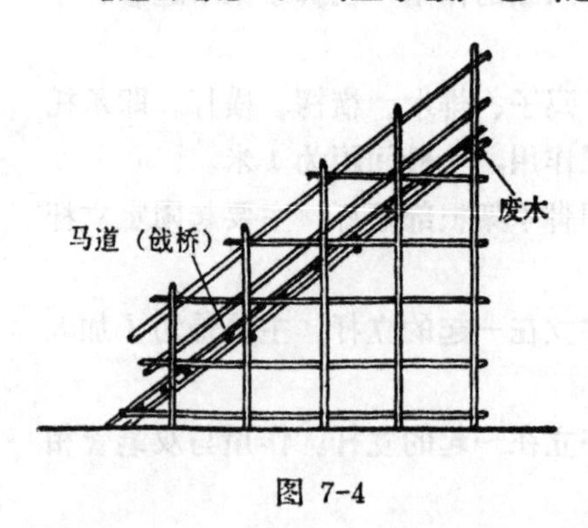

图 7-4

[废木] 即用它来承托和稳固进深戗。废木用在马道架子上，除上述作用外，还可以用它定出马道的坡度（图7-4）

[握杆] 即用它来挑

出跨空的立杆。

［提金］ 又叫倒支。即用它来增加握杆的强度。

［悬接］ 即下脚悬空的立杆。

上述三项多用在探海架子或脚手架的进 出料通道（图7-6）。

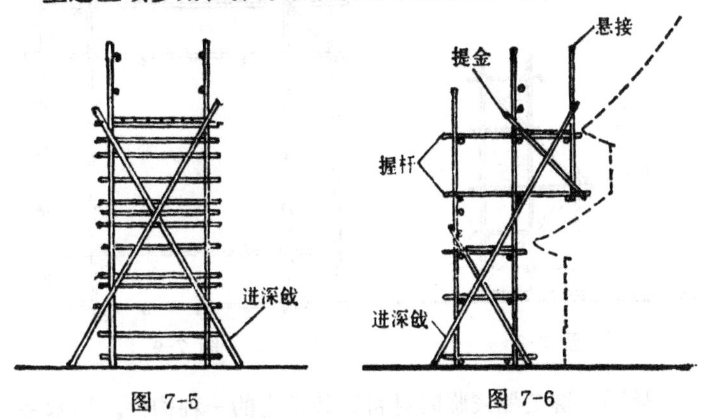

图 7-5　　图 7-6

［开口戗］ 又叫腿戗。即与背口戗相反方向的戗杆。

［背口戗］ 即与开口戗相反方向的戗杆。

［清当］ 即两立杆之间没有顺杆搭接的叫清当。

［双头］ 即两顺杆搭头的部位叫做双头。

［大头］ 就是顺杆的根部。

上述五项见图7-7。

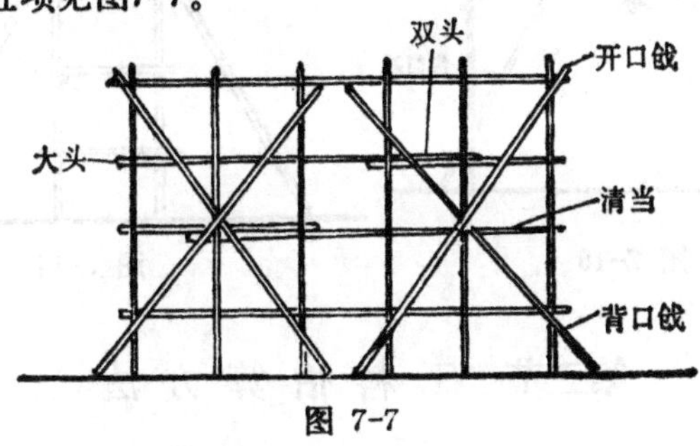

图 7-7

［坐车］ 为了防止较高较长的戗杆塌腰，并为增加戗杆接头的强度而搭的架子叫坐车（图7-8）。

［抹角］ 如果搭的脚手架较高时，例如古塔脚手架，为了增强外檐脚手架框架的稳固性，在每隔四步或五步的四角各绑扎一根水平斜杆叫抹角（图7-9）。

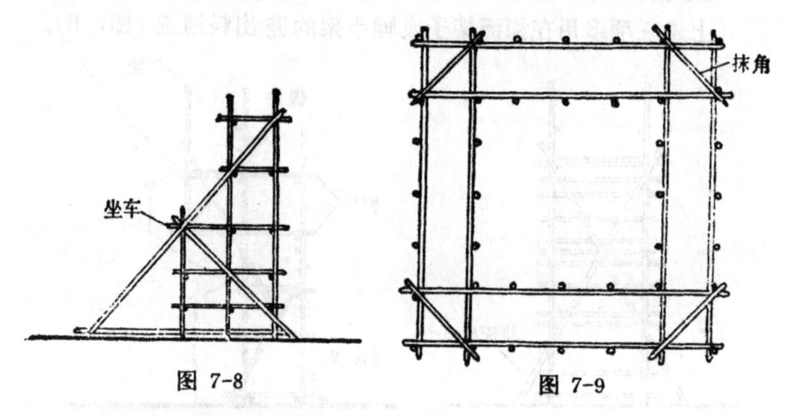

图 7-8　　图 7-9

［码梁］ 搭工棚或临时材料库架子上的一种构件。楞木每步为1～1.20米（图7-10）。

［架金戗］ 用在起重的脚手架上（图7-11）。

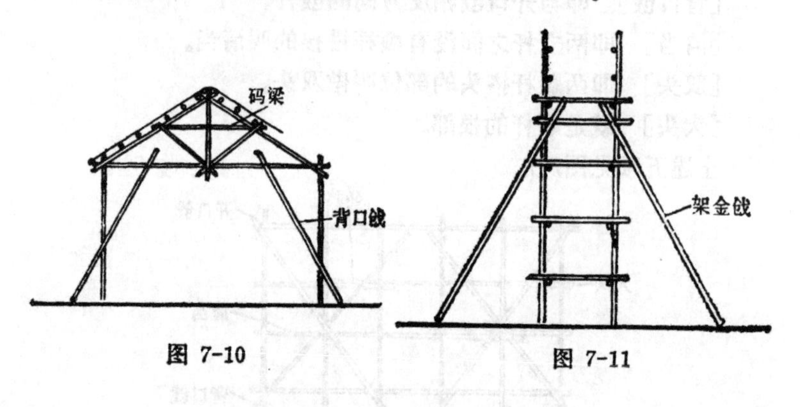

图 7-10　　图 7-11

第三节　工 料 估 算 方 法

杉槁的用量一般是根据立杆与顺杆的距离（杉槁长度平均按6米计算）结合建筑物的具体尺寸计算出来的。其方法：首先计算出围绕建筑物一周圈的顺杆需要多少根，立杆需要多少根，如果是双排脚手架可加倍计算，再根据建筑物的高度，就可以将整座建筑物的主要脚手架，所需要的顺杆和立杆的杉槁数量计算出来。至于护身栏杆、打戗、马道等附属脚手架所需杉槁的数量也是根据实际情况逐项计算。

扎缚绳：是根据杉槁的数量计算出来的，一般一根杉槁需用扎缚绳0.75公斤。

标棍及连绳：一般一根杉槁各用三根。

人工：一般每工日均按搭18根杉槁计算，如果是单层檐的建筑，每工可做到25根杉槁，最多不能超过30根（包括50米以内距离的运输），因此，根据每座建筑物的脚手架所需杉槁的总数，就可以把搭架所需人工数量计算出来。

第四节　荷载能力的估计方法

因各种脚手架的用途不同，各个立杆的水平距离和各个顺杆的垂直距离也不尽相同，所以，脚手架的载重能力很难做出统一规定，只有根据具体情况，按部位分别考虑。但是有一点可以肯定，那就是必须取它最薄弱的环节估计，最薄弱的环节能负担的荷载，即为整座脚手架的安全荷载。

脚手架载重能力的估计，一般的是根据顶层的立杆与顺杆之间绳结的数量来估计。例如立杆面宽与进深的距离均为1.50米，顺杆每步为1.20米，并用扎缚绳绑扎，每根立杆与顺杆之间的绳结所能承受的荷载为300公斤，由这一层绳结的总数可算出所承受的荷载共是多少公斤．再算出该层面积的总平方米数，即可求出每平方米能承受的荷载。这就是脚手架承载能力的计算方法。至于顺杆、立杆、横木及脚手板本身的强度，只要在保证质量及正常间距的情况下，都可以满足上述荷载的要求。

整座脚手架通常最弱之点，多在立杆的接头处，及横木与立杆的接头处，特别是承受起重大木的承重架子，更要多加注意。

所以，绑扎脚手架的绳结技术也是决定整座脚手架强度的重要因素之一。

第五节　绳　结

无论在生产中还是日常生活中，绳结的利用，我国已有悠久的历史。为了适应各种要求其种类也很多，打法也变化多端。今就搭设脚手架时常用的几种绳结叙述如下：

［麻花结］ 顾名思意，其外观就象麻花一样，这种结的打法简单，易于掌握，这种绳结的特点是越勒越紧，在搭设脚手架时经常使用它（图7-12）。

［银锭结］ 因为它的形状似元宝所以叫银锭结，也叫平结。它的特点是越勒越紧，不易松扣，打法简单，易于掌握，这种结用的范围很广，在古建修缮中经常使用它，如树立大木构件等等（图7-13）。

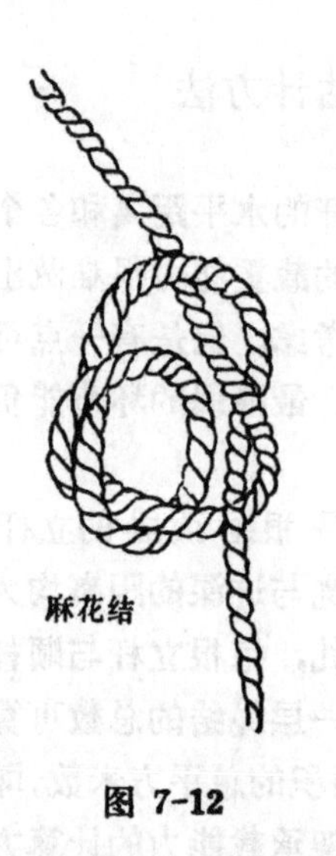

图 7-12

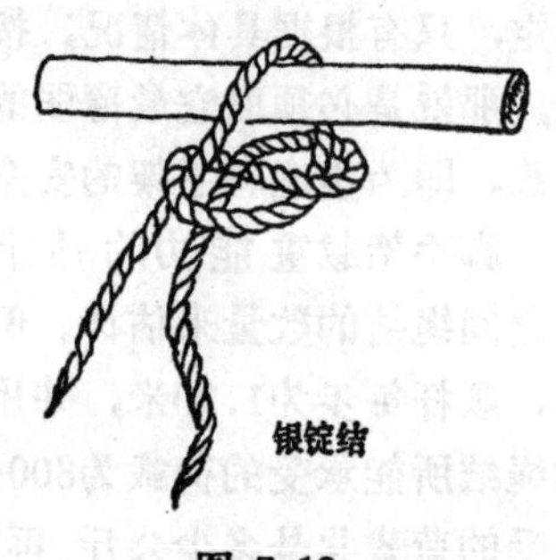

图 7-13

［弓弦结］ 古代常用这种结系弓弦，由此得名弓弦结。它的特点是绑定之后不松扣，且越勒越紧，在绑扎脚手架时经常用这种结起吊重物，如吊运杉槁、脚手板或大木构件等等(图7-14)。

［半边掖结］ 这种绳结在搭设脚手架中使用很普遍。它的优

点是打法简便，速度快，在固定绳索一端的情况下，越勒越紧；缺点是杉槁滚动时容易脱结（图7-15）。

［瓶子结］ 这种绳结，打法比较复杂，优点是绳结的抽头由双根组成，绳索能受较大的拉力，同时越拉绳结越紧，不松扣。常用于绑扎蜈蚣梯和吊装宝顶（图7-16）。

图 7-15

图 7-14

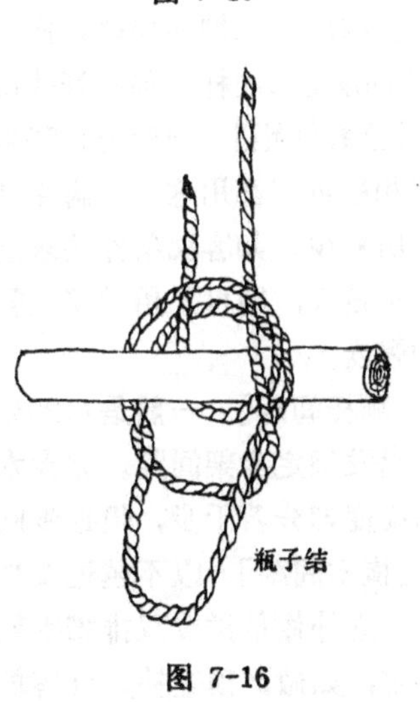

图 7-16

第六节 操作要点和要求

［配备杉槁］ 开始搭脚手架之前，按照杉槁的不同长度，用途配备好，一般长度为8～10米的做立杆和支戗用，约占杉槁总数的1/4；5～8米的做顺杆和二层以上的立杆用，约占总数的1/2；5～4米的做握杆、提金等用，约占总数的1/4。

根据脚手架的不同用途、架子周围的地形、什么地方上下料方便，场内的运输距离短等条件，确定在什么地方搭设马道，什么地方搭设起重平台脚手架，做出全面的安排。

要进行修缮的古建筑，一般都残坏不堪，构架变形，倾斜，构件损坏甚至有的把飞椽截短等，因此，确定立杆位置时，要按照修复后的尺寸搭立脚手架，预留出拨正、归安大木所需的空间，不要就和原有建筑，造成新的误差。

确定落架重修的古建筑搭脚手架时，不得借用建筑物搭架子，以免拆卸建筑物后，脚手架不能独立存在。支戗大木的架子要独立搭立，不得与工作的脚手架发生关系。

[立杆] 如地面松软，应在立杆根部垫木板或方砖，并在立杆根部绑扎扫地杆，加固好基础。

[立杆间距] 一般为1.50米，如果大木需做落架修缮，并且安装和起重亦都用这一个脚手架时，其立杆的间距应根据具体情况有所减少。如客观条件要求立杆的间距必须超过1.5米，且架子承重较大，则可采用“双笔管”或“荞麦棱”的立杆方法，以增加强度。

[顺杆间距] 一般是1.20米为一步架，在特殊情况下，应从实际出发确定步架间距。立大木架子的顺杆，应以穿插枋距离地面的高度匀分若干步，但每步间距也不要大于1.4米。

[横木间距] 以不越过1米为宜。

搭立外檐单排或双排脚手架，要根据古建筑的不同修缮方案来确定，如做瓦顶查补，可搭单排柱子腿戗脚手架；如果做瓦顶揭宽（音“袜”），必须搭外檐双排齐檐脚手架。

外檐双排脚手架里皮与建筑物距离的尺度，应根据脚手架的不同用途来确定，一般拆卸大木的脚手架，距离正身飞椽头30～35厘米（贴着翼角飞椽头），拆卸斗栱时则利用平板枋另铺平盘。外檐双排脚手架的宽度，一般为1.20～2米。

上下两根立杆的搭接长度，不得小于1.5米，并以小头搭接大头，相邻立杆的接头，应相互错开。

顺杆搭接的长度，必须超过两根立杆之间的距离，也应小头搭接在大头上，相邻顺杆的接头，应相互错开（图7-17）。

脚手板的尽端应压在横木上，两块脚手板顶接时，应增设横木，并用扎缚绳绑扎牢固或用扒锔钉牢，切勿出探头，留下不安全的隐患（图7-18）。

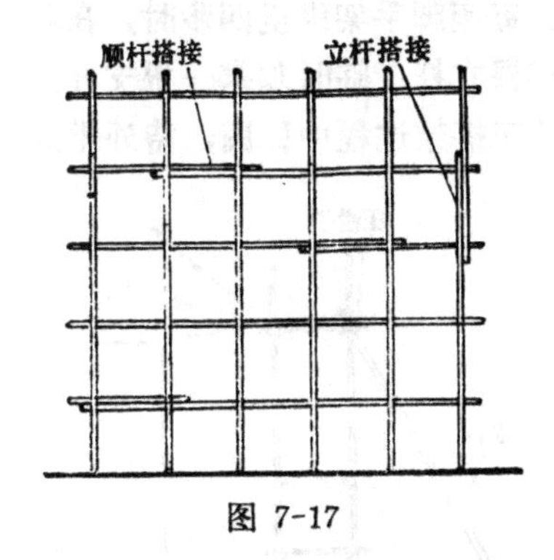

图 7-17

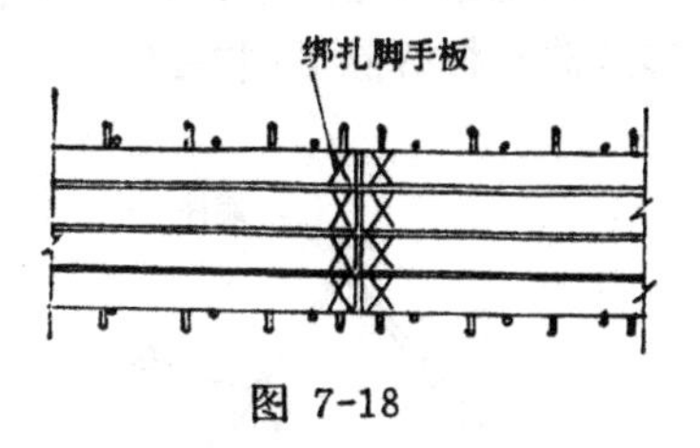

图 7-18

外檐双排脚手架，先立外排立杆，后立里排立杆，里外排立杆都应先立角杆，后立中杆。

［三角架］ 一般树立立杆时，利用临时支搭的三角架进行绑扎，每隔3～4棵立杆，绑扎一付三角架，并以两步顺杆把它们绑扎稳固后，再将其它立杆全部树立起来，绑扎牢固（图7-19）。

［树立立杆］ 也可以利用建筑物，临时用支杆和锁杆树立立

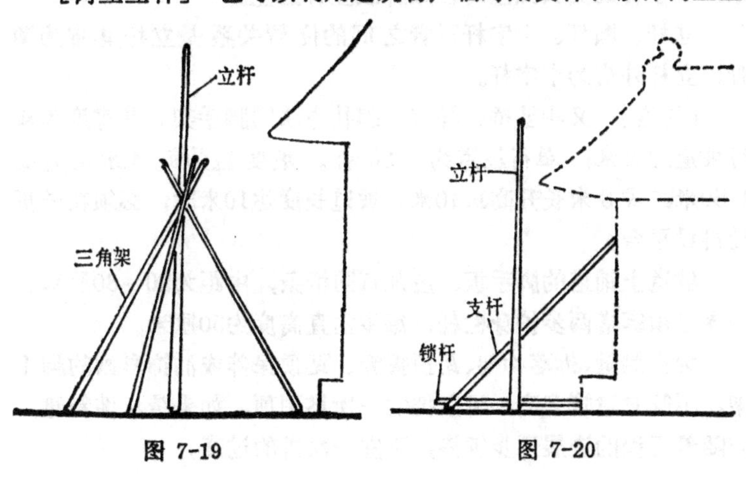

图 7-19　　　图 7-20

杆（图7-20）。

［顺杆］ 绑扎第一步顺杆时，可以利用马架进行绑扎（图7-21）。

［支杆］ 又叫压栏子，大戗。每座脚手架绑至四步时，在脚手架外皮和转角处，一般每隔4～6棵立杆，临时加绑一根支杆，形成一个直角的等腰三角形，使其在搭架过程中稳固，待外排立杆的面宽戗绑搭完后，再将临时绑搭的支杆拆除（图7-22）。

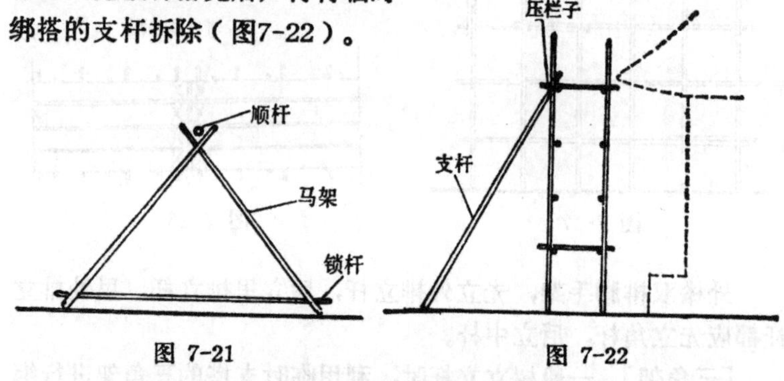

图 7-21　　图 7-22

在外檐双排脚手架外排立杆外皮和单排脚手架立杆的外皮，每隔六棵立杆之间，绑扎一付十字杆，又叫剪刀撑，也叫面宽戗，十字杆的交叉点应绑在顺杆或立杆之上。

立杆、顺杆、十字杆三者之间的位置关系是立杆里皮为顺杆，立杆外皮为十字杆。

［坡道］ 又叫戗桥、马道。绑扎方法同脚手架。其宽度为双行坡道约2米；单行坡道约1.20米。坡度应为每4米长升高1.50米；或3米长升高1.40米。坡道长度达10米时，必须在转折处搭设平台。

坡道上铺搭的脚手板，应加钉防滑条，中距为20～30厘米。两侧必须绑搭两步护身栏杆，每步垂直高度约50厘米。

绑搭测量、拆落构架、瓦顶揭瓮、瓦顶保养或油饰彩画的脚手架，不管它建筑多高，可以把它一次搭到顶，如果是从地新建，应随着工程的进展逐步绑搭，不宜一次搭的过高。

拆除脚手架的顺序：是由上而下由外而内，即按先绑搭的后拆，后绑搭的先拆的顺序逐步拆除。如先拆掉护身栏杆、拆掉十字杆上部的各绳结，再拆顺杆。拆顺杆时应先解清当的各绳结，次解两顺杆相搭接部分的绳结。拆剩两三步时，每隔3～4棵立杆，即绑扎一个三角架，把立杆支戗牢固。顺杆拆剩一步时，先拆未绑三角架的立杆，后拆用三角架支戗的立杆，最后拆除三角架。

每根顺杆由2～3人拆除，其中一人解清当绳结，另两人分别解两端两根搭接部分的绳结，将绳结全部解开后，由中间一人将顺杆大头顺下并握住小头，尽量向下送，将顺杆传给下层同志，待下层的同志握牢后再放手，如此由上至下逐层将杉槁传到地面。顺下杉槁时要垂直向下稍有坡度，杉槁稍靠着脚手架着地。如果拆除高层建筑的脚手架，则应利用绳索将杉槁与脚手板送下。

拆卸下来的杉槁，脚手板等应及时清点数量，分类堆放，以备继续使用。

第七节　搭材种类功能、构造与要求

一、落架工程外檐双排脚手架

功能：此架用于拆卸各层檐的瓦顶、椽飞连檐、瓦口、望板、檩枋、斗栱等。如果拆落较大的梁枋，则必须在室内另行绑搭承重脚手架。

构造与要求：为了不使脚手架有碍出入搬运构件，要在建筑物的主要出入口，采用偷两步顺杆，并且悬起一根立杆的方法，亮出进出的通道。另外为了下运瓦兽件、椽飞、连檐、瓦口、望板等构件，需要在建筑物的一侧搭设探海平台架子。立杆封顶时大头从上，以求整齐美观。

立杆要垂直、顺杆要水平、脚手板两端要绑牢、绳结要打紧；双排立杆之间的水平距离应保持1.50米，每排立杆之间的水平距离亦为1.50米，顺杆每步垂直距离为1.20米，坡道（即马道、戗桥）的坡为1:4；在脚手架的外皮，每隔4～6棵立杆，绑扎一付十字杆；在各层檐头之上各绑扎两步护身栏杆，每步35～40厘米；不准利用建筑物的柱子、斗栱等构件绑扎杉槁；在搭脚手架时应注意，不准碰伤建筑物和各种瓦兽件（图7-23、7-24）。

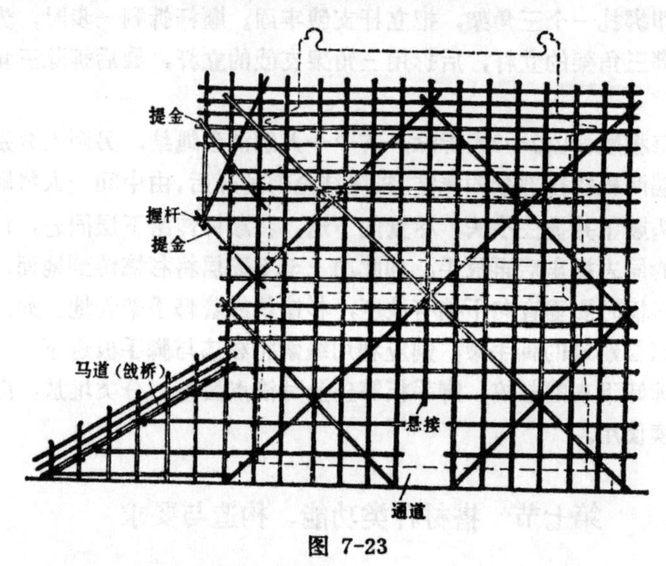

图 7-23

二、安装大木满堂脚手架

功能：此架主要用于大木落架后的安装。如安装梁、枋、檩等大木构件。

构造与要求：这种脚手架搭设比较复杂，在开始搭架之前，要熟悉设计图纸，清楚地了解将修缮的各种大木构件、斗栱的尺寸、位置、以及拆卸、安装的施工程序，留出搬运各种构件所需要的空间，然后确定立杆、顺杆及戗杆的位置。

首先要确定头层梁枋下顺杆的高度，即梁枋下皮距离地面的高度减去40厘米，然后按不大于1.40米的间距均分若干步，计算出头层梁枋下顺杆的步数。头层梁枋以上则在不影响安装大木构件的情况下搭设顺杆。围廊内顺杆的步数也用这个方法来计算。立杆的数量按纵横1.50～1.80米的水平间距来计算。单层檐的建

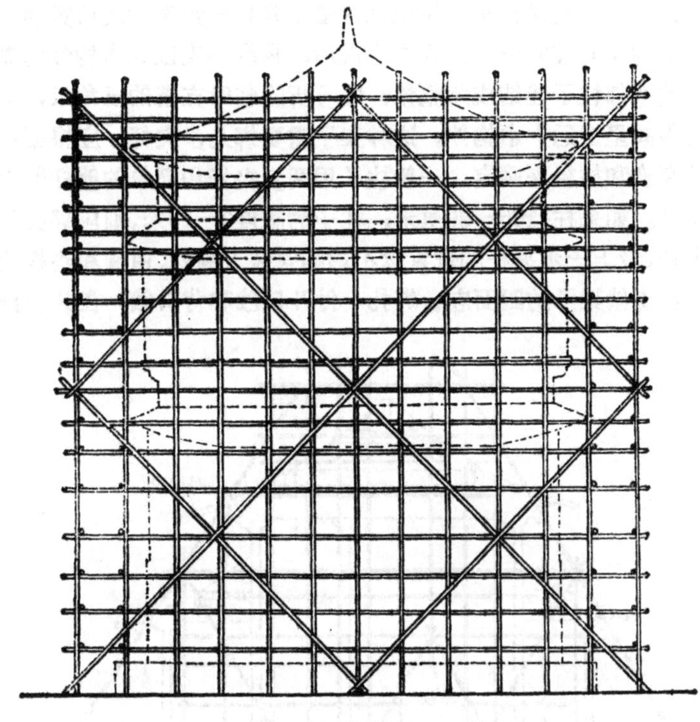

图 7-24

筑可用一根杉槁做立杆，两层以上较高的建筑可用两根杉槁做立杆（即双笔管），如果古建筑过高或梁枋重量较大，还可以用更多的杉槁并立在一起做立杆。各种戗杆的倾斜角度均以60度为宜。待脚手架搭设完毕，于主要出入口处，偷一步顺杆，做为进出的通道（图7-25）。

三、支戗大木架子

功能：用于支戗新安装的柱子。

构造与要求：这种架子要求比较严格，必须把已安装好的大木构件固定。柱子树立起来，临时支搭三角架把柱子支戗住，检查一下柱子四面的中线是否已对准柱顶石的中线，用吊线的方法检查柱子正面的中线是否垂直，然后再检查两侧面的侧脚线是否垂直，对误差及时校正，用生铁片垫牢并将三角架的绳结紧固。俟全部柱子安装完毕，经检查无误后，再绑搭支戗大木构件的架子，使全部柱子连结成为整体，即可拆除临时支搭的三角架，以免妨碍向里搬运大木构件。这种架子需要绑几步夹杆，应根据柱子的高度和柱径来确定，一般柱子用两步夹杆和简单的戗杆即能稳固好。如果柱径65～80厘米，柱子的高度8～10米，则应绑扎三步夹杆，最上一步夹杆的位置以不影响安装大额枋、由额和垫板为宜。在支戗架子的四面应各绑扎一付开口戗和背口戗，在其上部

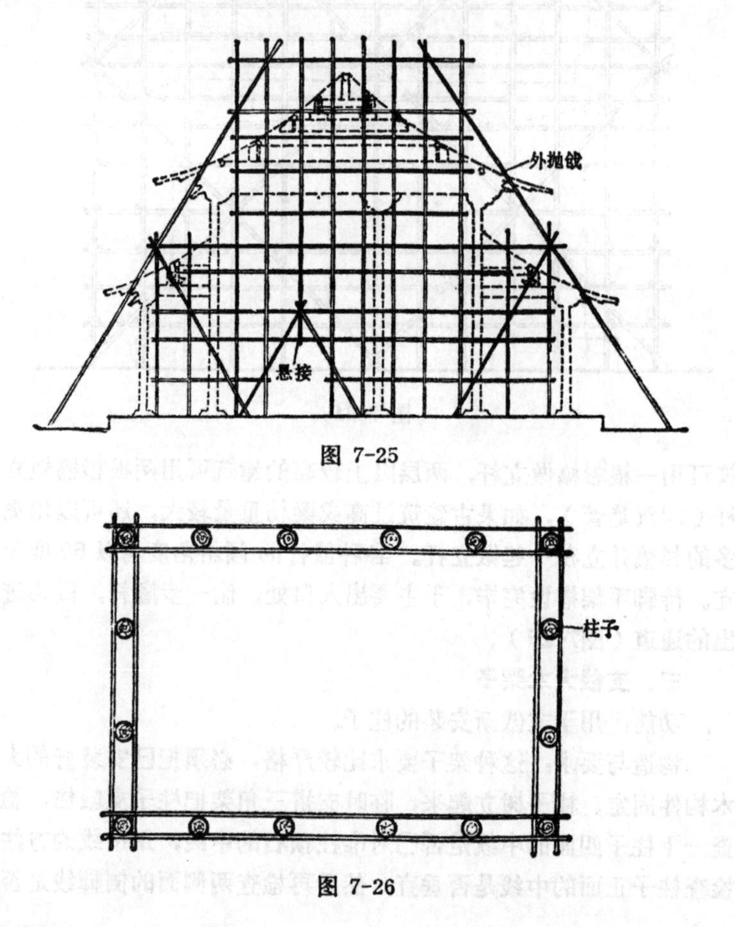

图 7-25

图 7-26

正中位置各绑扎一付十字戗。使它成为稳固的框架。这种架子不准与工作用的脚手架发生关系，必须待瓦顶宽完瓦再拆除，以免因受压不均产生变形（图7-26、7-27、7-28、7-29）。

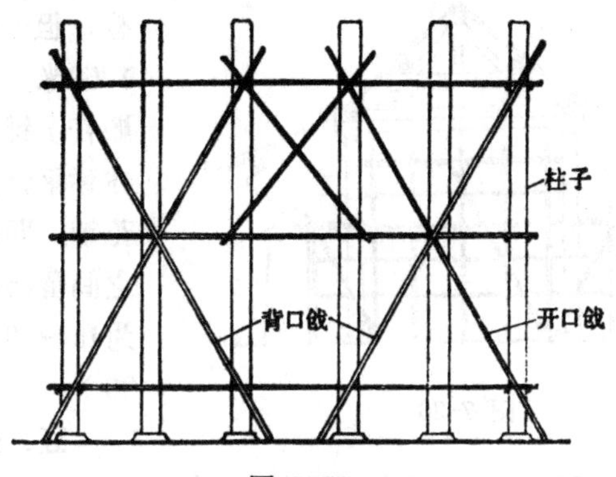

图 7-27

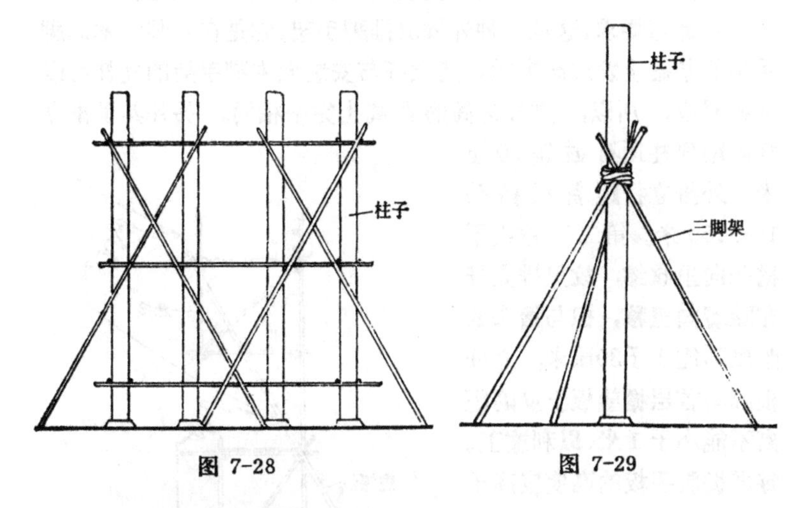

图 7-28

图 7-29

四、安装天花满堂脚手架

功能：用于安装帽儿梁、天花支条和天花板。

构造与要求：这种脚手架所承受的荷载不大，以满足工作人员的安全为主。立杆纵横之间的距离，按照建筑物的面宽和进深尺寸匀分，但一般不应大于2米。最高层的顺杆与最下缝梁架之间的距离分别按不同情况确定：安装帽儿梁和天花支条的为1.20米；安装天花板的为1.70米。顺杆每步之间的距离，按最上一步顺杆与地面的距离匀分，但一般不应大于1.50米，在最高一步顺杆上铺搭脚手板，亦称平盘，脚手板应花铺，即两块脚手板之间留出空当，空当为15～20厘米（图7-30）。

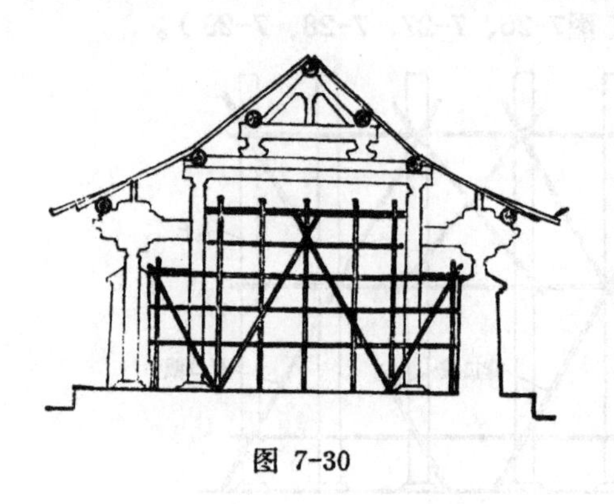

图 7-30

五、落檐脚手架

功能：用于钉铺各层檐的圆椽、飞椽、望板、连檐。

构造与要求：这是一种外檐双排脚手架，它是在安装大木的脚手架的基础上发展起来的，其立杆与安装大木脚手架的立杆可以互相对应，所以，立杆之间的距离也完全相同。另外其里排立杆应距离柱顶石鼓镜70厘米；外排立杆距首层檐头1～1.50米。第二层檐由于檐头向里收缩，故里排立杆亦随着向里移，但与檐头的距离不能小于30厘米，立杆根部与首层檐望板上皮的距离不能小于1米，以利施工。每层檐脚手板的高度应高于相应的大额枋，为此，承托脚手板的横杆应搭设在大额枋的上皮。各层檐护身栏杆，最少两步，每步垂直距离为35～40厘米（图7-31）。

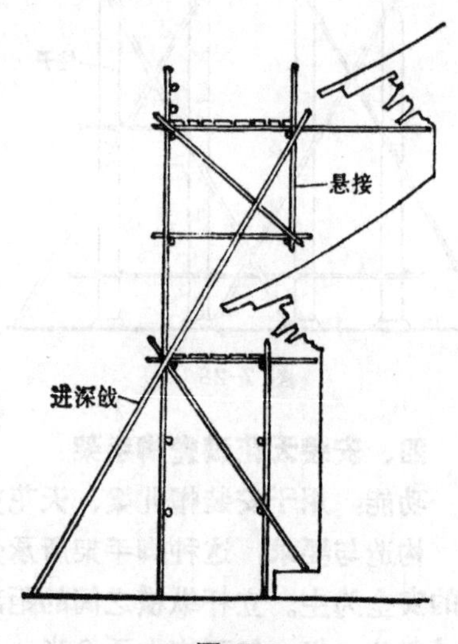

图 7-31

六、齐檐脚手架

功能：用于屋顶钉安瓦口、苫背、号陇、宽瓦。

构造与要求：这种脚手架是由落檐脚手架发展起来的，即把落檐脚手架的脚手板（即平盘），由大额枋上皮提高到檐口的高度。首先把落檐脚手架各层檐的护身栏杆拆除，在飞椽之下20厘米处绑扎顺杆与横杆，上面顺铺脚手板。并在各层平盘的外排立杆上重新绑扎两步护身栏杆每步35～40厘米。这样使齐檐脚手架的工作面比落檐脚手架的工作面提高了约一步架。另外进深戗的倾斜角度亦为60°～70°，位于屋面上的立杆与瓦顶上皮的距离亦不能小于1米。各立杆、顺杆之间的距离要求与落檐脚手架相同（图7-32）。

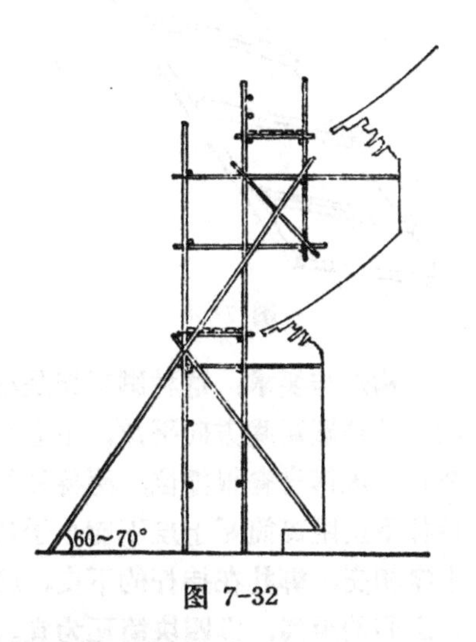

图 7-32

七、梯子板和蜈蚣梯

功能：用于屋顶上苫铺各层灰泥背和宽瓦。

构造与要求：梯子板就是在一块长3～6米，宽35～40厘米，厚2.5厘米的松木板上每隔35～40厘米横向钉一根板条，借以人员上下防滑。使用时把它放平在屋顶的坡面上，下端顶住大连檐即可。蜈蚣梯：它是在两根直径2厘米的长绳上，每隔35～40厘米，用瓶子结绑扎一根直径6～8厘米的圆木棍。借以上下人员踩蹬。使用时将蜈蚣梯搭在屋顶上，两端与前后檐的脚手架绑牢。这两种脚手架工具构造都很简单，使用方便，即可单独使用，也可配合使用，而且这种工具都不固定，可以随着工作的进展任意移动（图7-33、7-34）。

八、持杆脚手架

功能：用于调脊和捉节夹陇

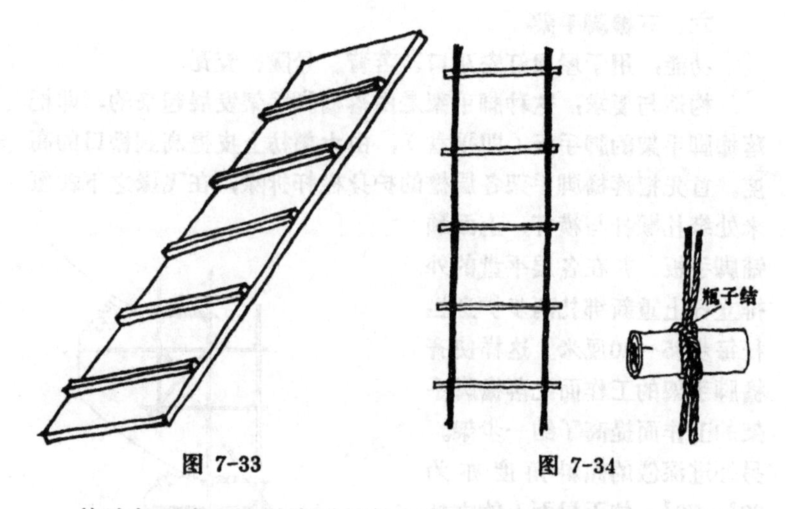

图 7-33　　图 7-34

构造与要求：这种脚手架是在齐檐脚手架的基础上发展而来的，持杆顺瓦陇方向平放，下端与里排立杆绑扎在一起，上端顶在正脊或博脊脊根部位，两持杆的间距与里排立杆的间距相同，持杆下皮距离筒瓦上皮不能小于18厘米。爬杆彼此平行且与持杆十字相交，绑扎在持杆的下皮，爬杆不宜压放在筒瓦节上，两爬杆之间的距离，以四块筒瓦为宜。爬杆应先绑固两端后绑清当。俟瓦顶捉节夹陇完毕，再利用持杆上端接搭调正脊和博脊的平盘，即在持杆上端绑扎顺杆，其上绑扎承托脚手板的横木。宽度为50厘米（图7-35）。

九、一平两斜和一平四斜排山脚手架

功能：用于硬山、悬山和歇山排山安装博风、勾滴、调垂脊和正吻。

构造与要求：这两种脚手架均是由齐檐脚手架发展起来的，一平两斜脚手架是把山面立杆长高至屋面以上，里排立杆的位置应离开排山勾头6～8厘米，随着前后坡博风板的坡度在里外排立杆上分别绑扎两道倾斜的顺杆。两道斜顺杆的位置须在博风板混砖之下约30厘米处，以绑好横木和铺上脚手板后，不影响混砖的安装为宜。再于外排立杆里皮绑两步栏杆，中距应为35～40厘米。俟

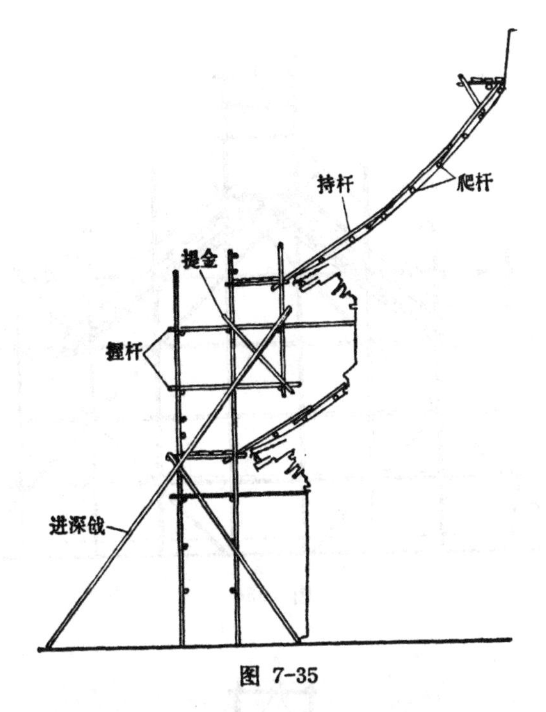

图 7-35

排山安装好博风板和调好垂脊，再依正吻的高度，加长中间的两棵立杆，一般要高出正吻1～1.50米，并随之长高一步或两步脚手架，上铺脚手板和两步横杆，用以安装大吻。

如果山面坡度太陡，搭设一平两斜脚手架工作人员无法操作，可以改为一平四斜脚手架，即把较陡的倾斜顺杆分为两段，分别用较缓的倾斜顺杆来代替，以减小工作面的斜度，利于工作人员在架上的操作（图7-36、7-37）。

十、安装大吻脚手架

功能：用于安装各样大吻

构造与要求：这种架子是在几种脚手架的基础上发展起来的，例如贴着大吻后尾的两棵立杆，即由排山脚手架的立杆搭接上来的；而大吻两侧面的立杆又是由持杆脚手架接搭上来的。因大吻是由数块拼装起来的，所以，搭几步架子应根据每座大

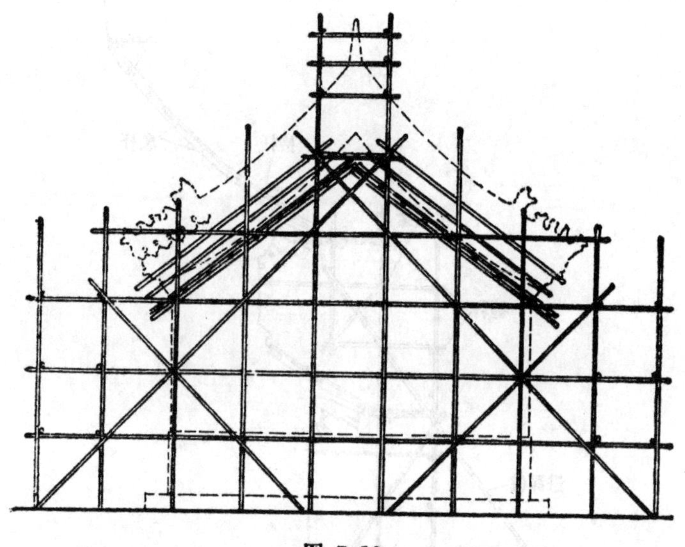

图 7-36

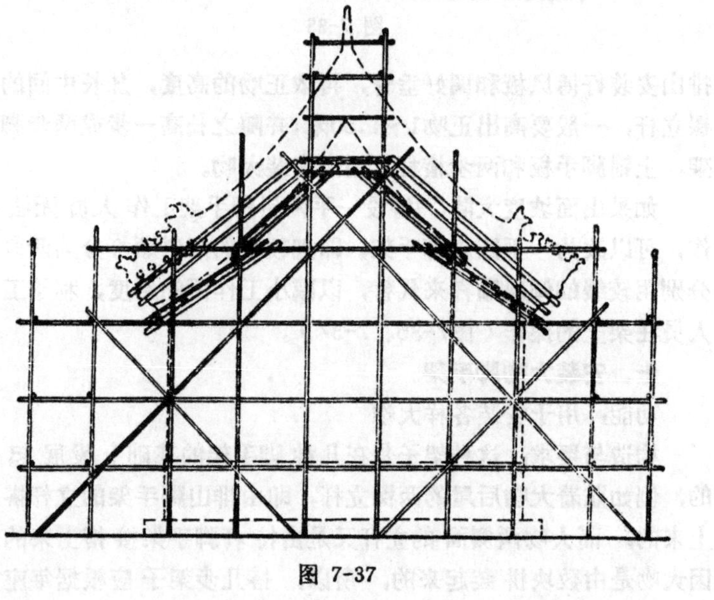

图 7-37

吻的拼装情况和总的高度来确定；每步的高度应稍低于大吻每拼高度约5厘米，以便逐层拼装。最上一步横、顺杆应高于大吻50～100厘米，以便吊装。在大吻头尾两面的立杆上各绑扎一付五字戗，戗的根部与持杆绑牢；大吻前后两面贴着立杆各绑扎一付十字戗杆，以便使整座安装大吻的脚手架稳固（图7-38，7-39）。

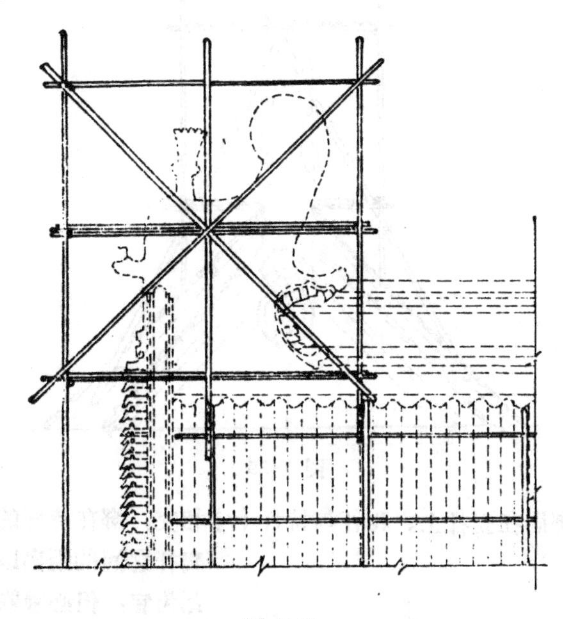

图 7-38

十一、单排柱子腿戗脚手架

功能：用于查补瓦顶、局部添配瓦兽件等瓦顶修缮工程。

构造与要求：这种脚手架不需承受较大的荷载，以满足工作人员上下安全为主，是一种较简便的脚手架。一般立杆与屋檐勾头的水平距离不能小于1米，两立杆之间的面宽距离为1.50米。每步顺杆之间的垂直距离为1.50米左右。这种脚手架的戗杆是主要构件，其倾斜角度必须在60度以上。持杆顺着瓦陇铺设，面宽的中距与立杆相同为1.50米，其上端顶住正脊脊根或博脊脊根

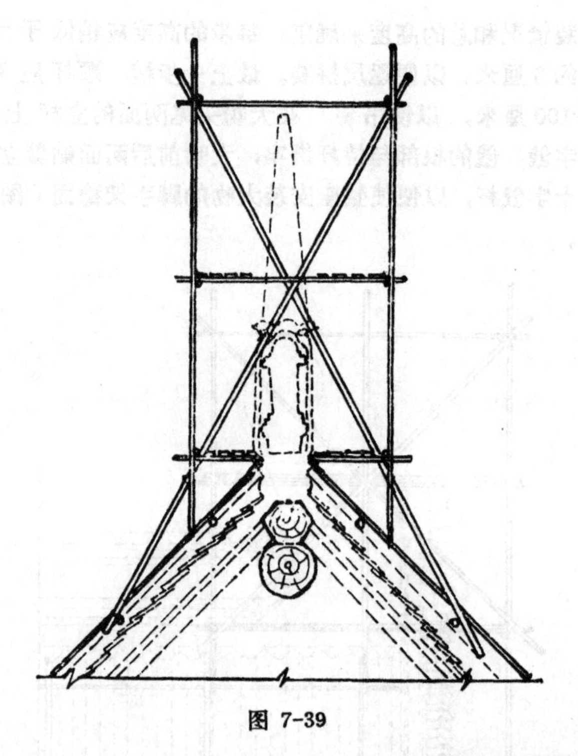

图 7-39

而下端绑固在立杆上。爬杆与持杆十字相交，绑在持杆的下皮，

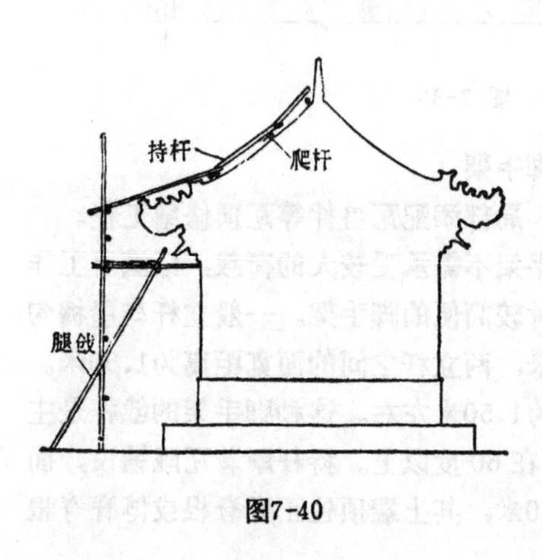

图7-40

爬杆之间的距离以四块筒瓦为宜，但必须躲开筒瓦节，以免影响筒瓦捉节。在脊根部位用两根爬杆上下夹住持杆，上面承托脚手板的横杆。檐头部位的横杆，须在飞椽下与戗杆绑扎，以免影响脚手板的铺设。并在立杆上绑扎两步护身栏杆，每步35～40厘米（图7-40）。

十二、券胎满堂脚手架

功能：用于砌筑城门洞、无梁殿、桥洞等建筑物的栱券。

构造与要求：首先应弄清所发拱券的形状如半圆拱，椭圆拱等等。然后按栱券的原大尺寸放出大样，如半圆拱则以其洞宽为半径，在开始发券高度向上画一半圆即成洞券的底线。根据洞券底线的不同标高确定各个立杆的高度，配备的每棵立杆必须比实际需要的尺寸小于5厘米，用以调整每棵立杆的高度，按这个要求将全部立杆配备整齐，尽量做到合理的使用杉槁，防止大材小用。

这种架子用于发券，是承重架子，因此，每棵立杆用三根杉槁绑搭（即荞麦棱，一般立杆纵横之间的水平距离均为1～1.20米；每步顺杆之间的距离为1.20米，也可以按照券洞顶至地面的高度匀分几步架，但是最大距离不能大于1.20米。立杆根部须绑扎一步扫地杆。整个脚手架在垒砌洞 券后便承受 到了一定 的压力，为了便于拆卸洞券架子，每棵立杆根部须用两块楔形厚木板支垫，同时这个垫板也可用于调整每棵立杆的高度，使之符合券胎的弧线。这种承重架子要求严格，立杆小头直径不能小于6厘米，楔形垫板最厚部分的尺寸不能小于8厘米。每个绳结要绑紧。架子绑扎完后，由木工来做券胎（图7-41、7-42）。

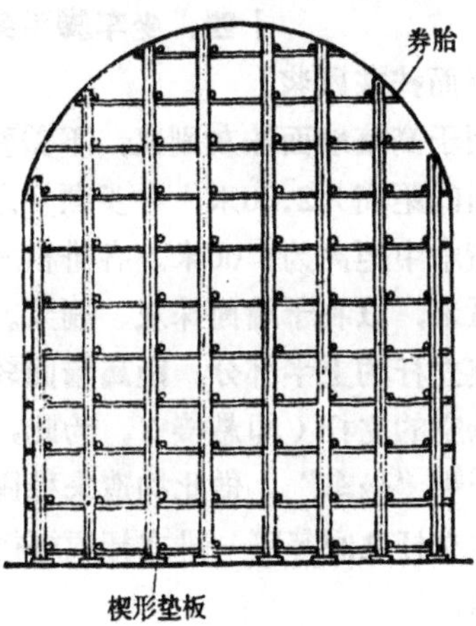

券胎

楔形垫板

图 7-41

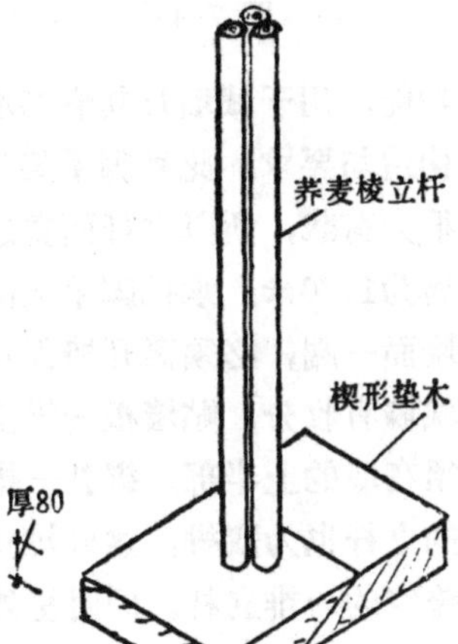

荞麦棱立杆

楔形垫木

厚80

图 7-42

十三、券洞脚手架

功能：用于城门洞、无梁殿等建筑的洞内抹灰和刷浆。

构造与要求：因此种脚手架不需要承受很大的荷载，只要满足工作人员在架子上操作方便、安全以及便于进入材料即达到了要求。所以，各立杆纵横之间的距离为1.80～2.00米；纵横方向各步顺杆之间的距离为1.50～2.00米，但是最上一步承托脚手板的各步顺杆，须距离券的底面1.60米，以适合工作人员站在架子上操作。承托脚手板横杆的中距为1米。横向顺杆和横木靠近墙面一端须离墙面10厘米。脚手板可花铺，两块脚手板之间的空当最大不超过10厘米。在洞券的中间悬起两棵立杆，作为运输材料的通道，在横向的每排立杆之间绑扎一付戗杆，使整座脚手架更加稳固（图7-43）。

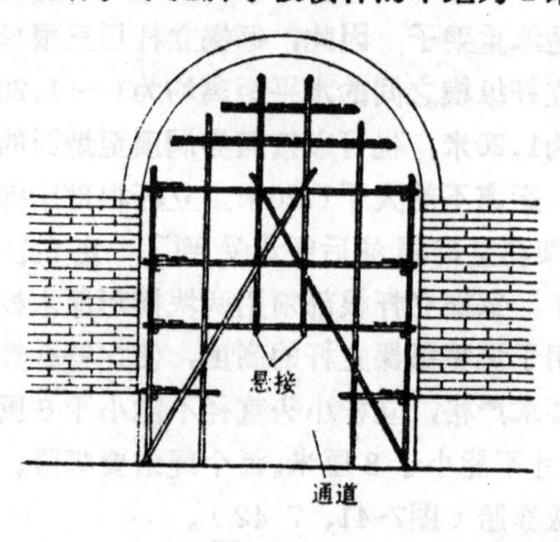

图 7-43

十四、坐车脚手架

功能：用于城墙及其它高墙墙面抹灰刷浆。

构造与要求：此种脚手架只用于高墙墙面抹灰刷浆，不需要承受很大荷载，所以立杆面宽之间的距离为2.00米；各步顺杆之间距离为1.70米；承托脚手板的横木中距离为1.00米。各排横木靠近墙面一端，必须离开墙面10厘米，以利于墙面抹灰、刷浆。由于城墙有收分，贴墙根一排垂直立杆的上半部分，距离墙面较远，须在墙的上半部，绑扎一排悬空的立杆（即悬接），为此，落地的立杆也为双排，这外排立杆叫“坐车”，借此构造来稳固挑出跨空的一排立杆。同时里外排立杆之间每隔一排立杆须绑搭一付五字戗（也叫腿戗）见图7-44。

十五、油画活脚手架

功能：用于油饰和彩画。

构造与要求：这种脚手架主要是为满足油饰和彩画各道工序的需要，做到上下安全方便，操作便利即可，对荷载要求不高。外檐双排立杆的位置：里排立杆应离开柱顶石鼓镜50～70厘米；外排立杆应离开飞椽头30厘米；两立杆之间的面宽为1.50～1.80米。内檐及周围廊立杆纵横方向之间距离为1.50～1.80米，同样离开柱顶石鼓镜50～70厘米。各处顺杆之间的垂直距离均为1.20～1.50米。铺设脚手板的位置：内檐及周围廊以距天花板1.40～1.50为宜；外檐以距瓦口1.40～1.50米为宜。翼角部分的脚手板位置：必须随着翼角翘起的高度进行调整，以适合工作人员在架子上站着操作。五间以上的建筑物每面绑扎面宽戗两付，并在每面双排立杆之间各绑扎两付五字戗。贴金和在地仗上做油皮，遇上大风或气温较低时，必须在脚手架周围及上顶缝席封护，以防金箔刮失及尘土污染油皮，影响油皮超亮（图7-45、7-

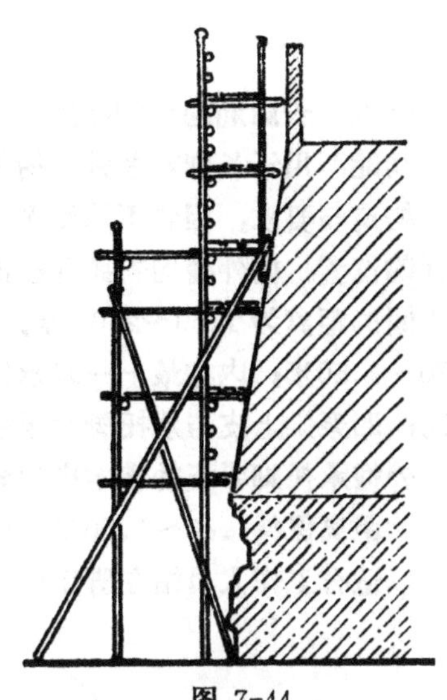

图 7-44

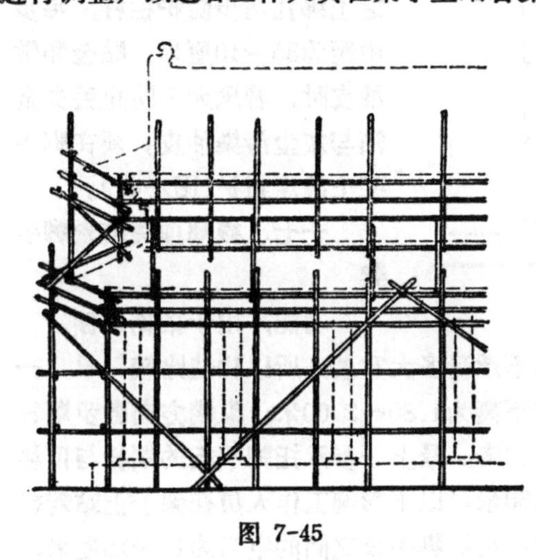

图 7-45

46）。

十六、长廊油画活脚手架

功能：用于长廊和各种亭榭的油饰彩画工程。

构造与要求：因它不承受多大重量，所以搭起来比较简单。立杆的位置：内外檐均须离开柱顶石鼓镜50～70厘米；各立杆纵横之间的距离为1.50～2.00米；纵横向各步顺杆之间的距离为1.20～1.50米；内檐最上一步承托脚手板的横杆与罗锅椽之间的距离；四架梁上皮与承托脚手板横杆之间的距离均为1.40～1.50米。外檐承托脚手板的横木应随着椽飞的倾斜度搭设，其与椽飞之间的距离保持1.40～1.50米，因而承托横木的两道顺杆一高一低，以适合工作人员站在脚手架上，方便地操作。内檐横向每排立杆之间各绑扎一付开口戗；前后檐横向里外排立杆之间各绑扎一付五字戗，以使整座脚手架稳固。脚手板为花铺，两块脚手板之间的空当不能大于10～15厘米。外檐脚手架平盘之上绑扎两步防护栏杆，每步中距为35～40厘米。贴金和做油皮时，若风大为防止丢失金箔与灰尘污染油皮，须在脚手架上缝席封护(图7-47)。

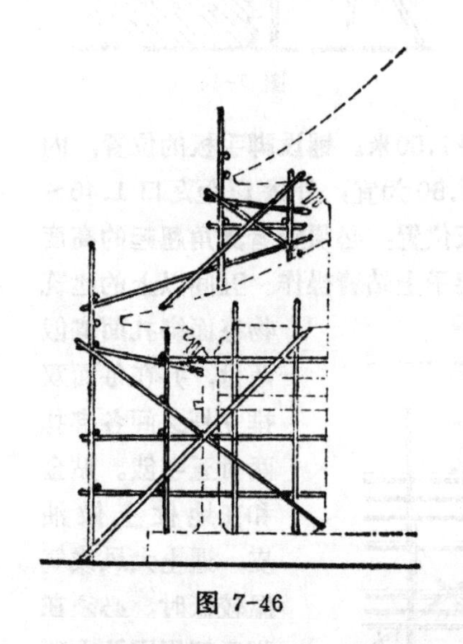
图 7-46

十七、裱糊顶棚满堂脚手架

功能：用于裱糊顶棚。

构造与要求：因它不承受多大重量，所以构造比较简单，一般立杆纵横方向之间的距离为1.80～2.00米；纵横方向各步顺杆之间的距离为1.50～2.00米。最上一步承托脚手板的顺杆与顶棚之间的距离为1.40～1.60米，以不影响工作人员在架子上站着操作为宜。脚手板宜花铺，两块脚手板之间的空当为10～15厘米，

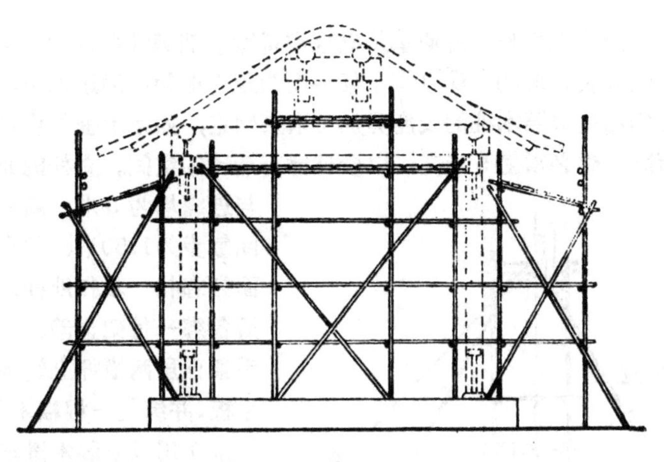

图 7-47

脚手板的两端须与架子绑扎牢固，保证工作人员的安全。顶棚距离地面在3.0米以下的建筑物，不需要搭脚手架，用高凳进行裱糊即可（图7-48）。

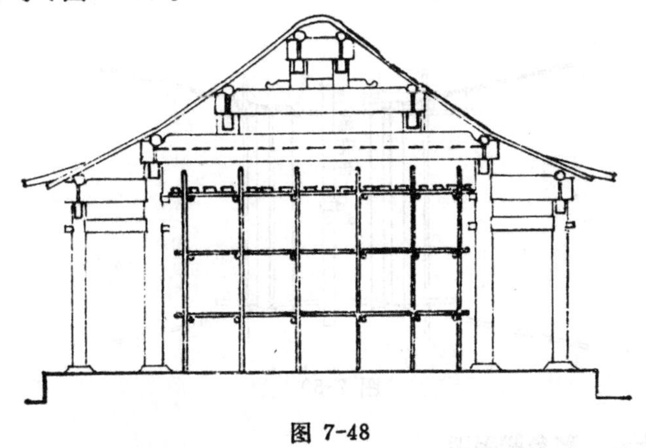

图 7-48

十八、打桩脚手架

功能：用于房屋、桥梁及其它建筑物的基础打桩。

构造与要求：这种脚手架的形状与高度，系根据木桩的分布情况和桩的长度而定。打柱根基础的梅花桩或马牙桩时，脚手架平面一般为正方形；打墙基基础桩或桥墩基础满堂打桩时，平面也可以是长方形的。现以脚手架平面为正方形为例简述如下：脚手架的高度依照木桩的长度另加1米来确定，如果木桩长度是4米而脚手架必须搭5米高，以资桩锤有活动的空间。立杆的面宽与进深均为2米；顺杆之间每步为1.50米，并在四面各绑扎一步扫地杆，前后各绑一付架金戗。在脚手架顶层两横杆之间铺脚手板，并绑扎一根横木(即承重）用以安装木滑车承拽桩锤，桩锤中穿铁芯，铁芯长度必须比木桩长出2米，使人站立在脚手架上便于掌握铁芯，以免锤落击偏桩心（图7-49、7-50）。

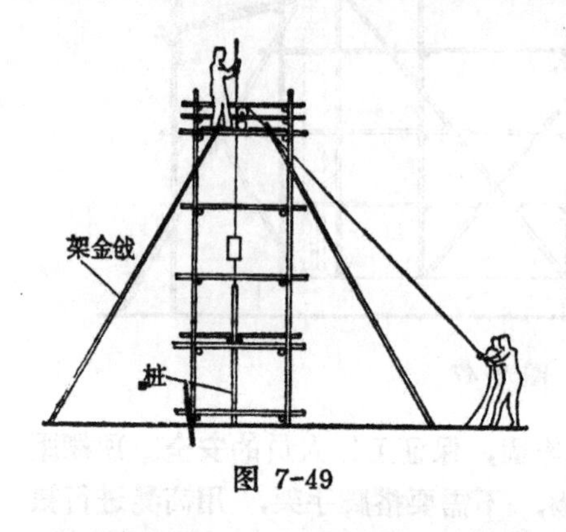

图 7-49

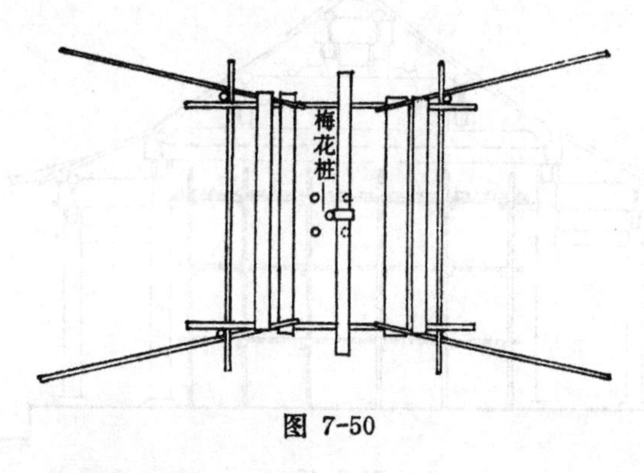

图 7-50

十九、菱角脚手架

功能：用于树立和油饰幡杆、旗杆。

构造与要求：这种脚手架的外观象三棱锥，高度要比幡杆、旗杆的高度高出1米为宜。如幡杆通高为9米，而脚手架应通高10米，其根部每面各宽2米。10米以上者，每加高1米根部每面宽度各增加6厘米；10米以下者，每减高1米，根部每面宽度各减少6厘米。两顺杆之间的垂直距离为1.50～1.70米，为使斜立杆稳固，在根部加绑一步扫地杆。竖立幡杆过程中每隔两步，临时绑扎两根顺杆夹固幡杆，待幡杆吊立垂直基础用夹杆石座稳固后，再将夹固幡杆的顺杆拆除。幡杆做油饰时，在各步顺杆上花铺脚手板，花铺脚手板之间的空当为10～15厘米（图7-51）。

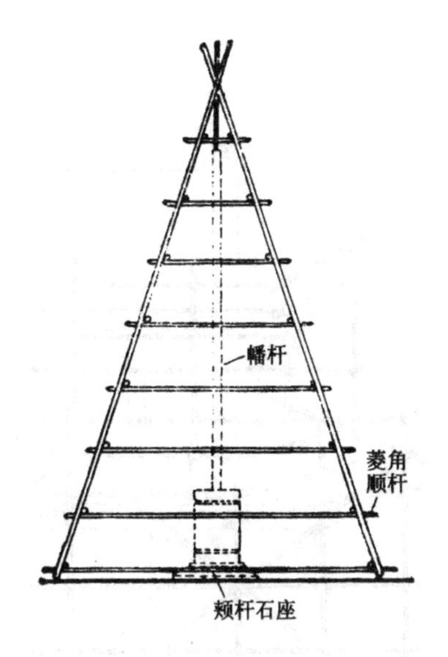

图 7-51

二十、船形脚手架

功能：用于建筑的勘查和测量。

构造与要求：这是一种外檐双排脚手架，因随着翼角的翘起而升高，所以，又叫船形脚手架。这种架子要满足工作人员对出檐、斗栱、角梁、柱高、各种枋子和装修等的勘查和测量，即达到了要求。所以，各立杆面宽的距离为2.50米；里排立杆位置须离开柱顶石鼓镜70厘米，而外排立杆的位置必须离开仔角梁头20厘米。各步顺杆之间距离为1.20～1.50米。由于第二层檐向里收缩，因此，脚手架亦同时向内收缩且搭设在第一层檐的瓦顶上，为使立杆稳固须在第一层檐脚手架每棵外排立杆上接搭一根持杆，锁住第二层脚手架立杆的根部，各层脚手架在翼角部位的顺杆，必须随着翼角翘起而升高，脚手板与飞椽头的距离为1.40～1.50米。每层脚手架的纵向立杆之间各绑扎一付五字戗；并在每面各绑扎1～2付面宽戗。各层檐头的外排立杆上，均绑扎两步栏杆，栏杆之间的距离为35～40厘米。工作人员上下脚手架，可以利用不固定的梯子，随着工作进展的需要任意移动（图7-52、7-53）。

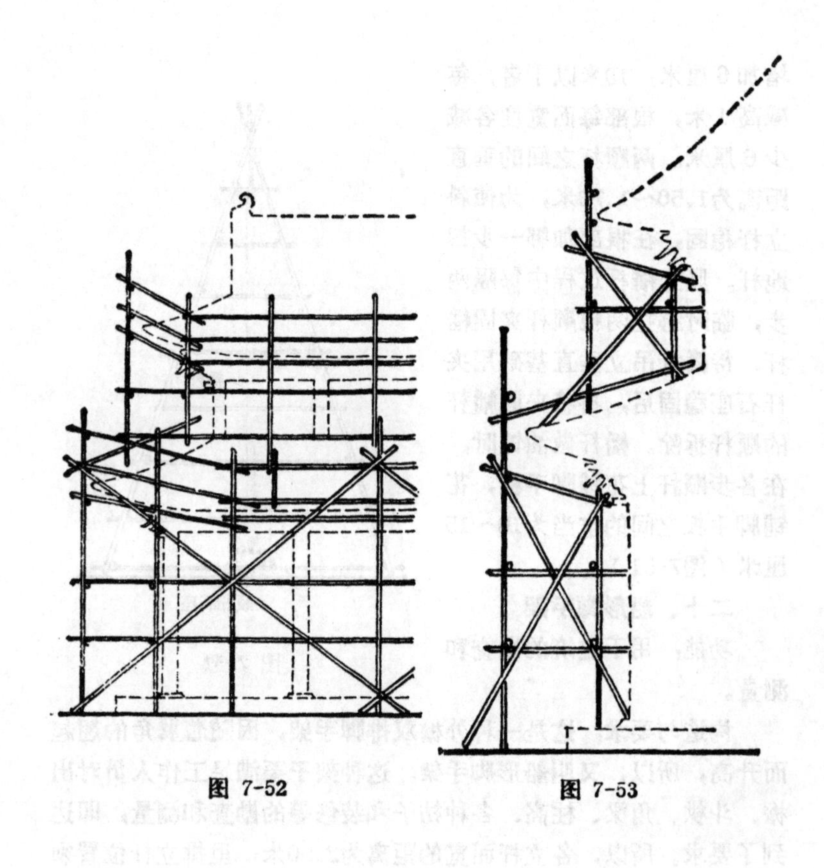

图 7-52　　图 7-53